ComfyUI工作流搭建

与多领域实践全解析

绘蓝书源 著

化学工业出版社

·北京·

内容简介

《ComfyUI 工作流搭建与多领域实践全解析》是一本为 AI 创作者量身打造的专业指南，旨在帮助读者高效运用 ComfyUI 这一强大工具。全书系统地介绍了 ComfyUI 的基础知识、核心工作流和高级应用技巧，并结合丰富案例，展示其在不同领域的创新应用。

书中从基础入门讲起，涵盖部署运行、自定义节点安装等内容，为读者筑牢理论基础；随后深入解析文生图、图生图、ControlNet 等核心工作流，分析要点并结合案例，展示如何将技术应用于实际创作；此外，书中还详细讲解了高级应用，如节点预设、提示词技巧和图像反推文本等，助力创作者提升效率与创新思维。

《ComfyUI 工作流搭建与多领域实践全解析》不仅适合设计师、艺术家，还适合学生等众多 AI 创作爱好者。通过学习本书，读者将优化创作流程，提升效率，创作出更具吸引力的作品。

图书在版编目（CIP）数据

ComfyUI工作流搭建与多领域实践全解析 / 绘蓝书源著. -- 北京 : 化学工业出版社, 2025. 11. -- ISBN 978-7-122-48862-6

Ⅰ. TP391.413

中国国家版本馆CIP数据核字第20254D6M61号

责任编辑：刘晓婷　　责任校对：田睿涵

出版发行：化学工业出版社

（北京市东城区青年湖南街13号　邮政编码100011）

印　　装：河北尚唐印刷包装有限公司

787mm×1092mm　1/16　印张15　字数400千字

2026年1月北京第1版第1次印刷

购书咨询：010-64518888　　售后服务：010-64518899

网　　址：http://www.cip.com.cn

凡购买本书，如有缺损质量问题，本社销售中心负责调换。

定　　价：99.00元

前言

在当今数字化时代，创意与技术的结合正在不断重塑艺术创作的边界。ComfyUI 作为一种高效、灵活的创作工具，基于 Stable Diffusion 的创作平台，以其强大的功能和灵活的工作流，吸引了众多创作者的关注。它能够高效地处理复杂的图像和文本数据，并通过深度学习和算法优化，创造出令人惊叹的视觉效果。这种技术的融入，使得创作不再局限于传统的思维模式，而是能够突破常规，展现出前所未有的创新与活力。

在《ComfyUI 工作流搭建与多领域实践全解析》这本书中，我们首先从 ComfyUI 的基础知识入手，深入讲解了 Stable Diffusion 用户界面、部署与运行、自定义节点管理等关键要素。这些基础知识为读者构建了一个坚实的理论框架，帮助大家更好地理解 ComfyUI 的核心理念。随后，书中通过丰富的实操案例，展示了 ComfyUI 在不同创作场景中的应用。从基本的文生图工作流到复杂的 ControlNet 工作流，书中涵盖了从提示词技巧到图像遮罩提取的多种技术，详细分析了每种工作流的核心要点，并通过具体案例展示了如何将这些技术应用于实际创作中。

在当今竞争激烈的创意市场中，如何通过设计和技术提升作品的独特性和吸引力，成了创作者的重要课题。书中通过具体的案例解析，展示了 ComfyUI 如何帮助创作者优化创作流程、提升创作效率，并通过创新的设计理念实现个性化创作，这些案例不仅涵盖了常见的创作类型,还特别关注了创新设计的策略。

此外,本书还深入讲解了 ComfyUI 在创作中的应用对社会、文化和版权等方面的影响。随着 AI 创作作品的增多,关于版权、署名权和道德责任等问题也逐渐浮现。书中对这些问题进行了深入的讨论，旨在帮助读者更好地理解和应对 ComfyUI 技术带来的挑战，同时也为构建一个更加健康和可持续的创作生态提供了思路。

在编写这本书的过程中，我们始终坚持以开放和包容的态度，尊重每一种创作理念的独特性和价值。ComfyUI 技术并不是要取代人类创作者，而是要与创作者共同协作，共同创造。通过 ComfyUI，创作者可以更高效地实现创意，同时也可以探索更多新的创作可能性。

《ComfyUI 工作流搭建与多领域实践全解析》不仅是一本关于 ComfyUI 技术应用的指南，更是一次对创意与技术融合的深刻解析。我们希望通过这本书，能够激发更多创作者对 ComfyUI 技术的兴趣和热情，同时也能够促进创意界和科技界的交流与合作。

目录
contents

第1章　ComfyUI 基础入门 1

1.1　Stable Diffusion 用户界面概览 2

1.1.1　ComfyUI 与 WebUI 2

1.1.2　ComfyUI 的优点和缺点 3

1.2　ComfyUI 的部署与运行指南 4

1.2.1　ComfyUI 配置要求 4

1.2.2　ComfyUI 官方版桌面端安装 5

1.3　自定义节点的安装与管理 7

1.3.1　自定义节点的安装 7

1.3.2　自定义节点的管理 9

1.4　Stable Diffusion 的核心原理 9

1.5　ComfyUI 基础操作指南 10

1.5.1　拆分 ComfyUI 操作界面 10

1.5.2　ComfyUI 节点 11

1.5.3　ComfyUI 基础操作 12

1.6　ComfyUI 常用插件及模型 13

1.6.1　ComfyUI 常见插件 13

1.6.2　ComfyUI 常见模型 13

1.6.3　ComfyUI 插件安装 14

1.6.4　ComfyUI 模型安装 15

1.7　工作流管理 16

第2章　基本文生图工作流 19

2.1　提示词技巧的规则与实践 20

2.1.1　认识正面提示词 20

2.1.2　结构化正面提示词 21

2.1.3　认识 SD 负面提示词 22

2.1.4 认识 Embedding 模型 23
2.1.5 常用 Embedding 模型 24
2.2 中文提示词的输入与优化 27
2.2.1 质量提示词 27
2.2.2 掌握提示词权重 27
2.2.3 调整权重的技巧与思路 29
2.2.4 提示词顺序与注释对图像效果的影响 30
2.3 常用核心节点 31
2.3.1 输入节点 31
2.3.2 处理节点 33
2.3.3 输出节点 36
2.4 工作流完善的步骤与技巧 37
2.4.1 文生图工作流的节点选择 37
2.4.2 文生图工作流的节点连接 39
2.4.3 文生图工作流案例实操 40
2.4.4 提示词翻译节点的使用 42

第 3 章 图生图工作流 47

3.1 图生图常规流程解析 48
3.1.1 图生图工作流的节点选择 48
3.1.2 图生图工作流节点的连接 49
3.1.3 图生图工作流流程实际操作 51
3.2 局部重绘的工作流与技巧 53
3.2.1 局部重绘工作流搭建 53
3.2.2 局部重绘工作流实操 54
3.3 图像遮罩的自动提取 56
3.4 最强工具局部重绘插件 58
3.4.1 FLUX.1 Fill 安装 58
3.4.2 FLUX.1 Fill 局部重绘工作流节点的选择 60
3.4.3 FLUX.1 Fill 局部重绘工作流节点的连接 61
3.4.4 FLUX.1 Fill 局部重绘实际操作 62

3.5 实时涂鸦绘画流程与技巧……63
3.5.1 基础实时涂鸦绘画工作流……63
3.5.2 Lora 实时涂鸦绘画工作流……65

第 4 章 进阶文生图工作流……67

4.1 高清修复的附加流程详解……68
4.1.1 节点高清缩放……68
4.1.2 模型高清放大……69
4.1.3 高清修复放大……71
4.2 Refiner 的工作流介绍……75
4.2.1 Refiner 标准工作流搭建……75
4.2.2 Refiner 标准工作流案例实操……78

第 5 章 ControlNet 工作流……81

5.1 ControlNet 的基础运用……82
5.1.1 ControlNet 预处理器和模型安装……82
5.1.2 ControlNet 的运用……83
5.2 角色姿势的精确控制……84
5.2.1 OpenPose 预处理器……84
5.2.2 OpenPose 实例操作……85
5.3 图片细节的完美修复……88
5.3.1 Tile 预处理器……88
5.3.2 Tile 实例操作……89
5.4 深度图与法线贴图……91
5.4.1 Depth……92
5.4.2 Normal Map……92
5.5 场景氛围的调整……93

第 6 章 强力自定义节点合集……97

6.1 "肖像大师"捏脸技术……98
6.1.1 "肖像大师"工作流搭建……98

6.1.2 “肖像大师”工作流实操......100
6.2 风格迁移和多图融合技术......103
6.2.1 IPAdapter 工作流搭建......103
6.2.2 IPAdapter 节点......110
6.2.3 IPAdapter 风格迁移工作流......113
6.2.4 IPAdapter 多图融合工作流......115

第 7 章 ComfyUI 节点预设与高级应用......121

7.1 节点预设图概念与重要性......122
7.1.1 节点预设的基本结构......122
7.1.2 节点预设图的重要性......122
7.2 预设的创建与保存......123
7.2.1 节点的基本操作......123
7.2.2 预设创建与保存的注意事项......124
7.3 在不同工作流中的预设使用......125
7.3.1 文生图工作流中的预设应用......125
7.3.2 图生图工作流中的预设应用......125
7.3.3 ControlNet 中的预设应用......126
7.3.4 风格迁移与修复工作流中的预设应用......126
7.4 社区优秀预设获取与使用指南......127
7.4.1 获取优秀预设的主要途径......127
7.4.2 高效使用获取的预设......130

第 8 章 高阶知识与技巧......131

8.1 提示词进阶高级技巧......132
8.1.1 停止绘制......132
8.1.2 阻断和融合提示词......132
8.1.3 提示词交替绘制......133
8.2 图像反推文本技术......133
8.2.1 WD14 反推提示词扩展介绍......133
8.2.2 WD14 反推提示词扩展安装......134

8.2.3 WD14 反推提示词扩展节点详解......135
8.2.4 WD14 反推提示词扩展工作流搭建......136

第 9 章 电商设计领域......139

9.1 商品海报创作流程......140
9.1.1 商品海报工作流搭建......140
9.1.2 商品海报工作流实操......143
9.2 服装互换创作流程......144
9.2.1 服装互换工作流搭建......144
9.2.2 服装互换工作流实操......147
9.3 家居用品创作流程......149
9.3.1 家居用品工作流搭建......149
9.3.2 家居用品工作流实操......152
9.4 局部线稿创作流程......154
9.4.1 局部线稿工作流搭建......154
9.4.2 局部线稿工作流实操......156

第 10 章 艺术创作领域......157

10.1 万物简笔画创作流程......158
10.1.1 万物简笔画工作流搭建......158
10.1.2 万物简笔画工作流实操......163
10.2 局部重绘创作流程......165
10.2.1 局部重绘工作流搭建......165
10.2.2 局部重绘工作流实操......168
10.3 图片转 3D 动漫形象创作流程......170
10.3.1 图片转 3D 动漫形象工作流搭建......170
10.3.2 图片转 3D 动漫形象工作流实操......175
10.4 线稿上色创作流程......178
10.4.1 线稿上色工作流搭建......178
10.4.2 线稿上色工作流实操......182

第 11 章 摄影领域 185
11.1 老照片修复创作流程 186
11.1.1 老照片修复工作流搭建 186
11.1.2 老照片修复工作流实操 188
11.2 手部修复创作流程 190
11.2.1 手部修复工作流搭建 190
11.2.2 手部修复工作流实操 194
11.3 换脸技术创作流程 196
11.3.1 换脸工作流搭建 196
11.3.2 工作流实操 199
11.4 商业广告创作流程 201
11.4.1 工作流搭建 201
11.4.2 工作流实操 204
第 12 章 视频领域 207
12.1 图片转视频创作流程 208
12.1.1 图片转视频工作流搭建 208
12.1.2 图片转视频工作流实操 209
12.2 动漫小视频创作流程 211
12.2.1 动漫小视频工作流搭建 211
12.2.2 动漫小视频工作流实操 216
12.3 跳舞视频创作流程 219
12.3.1 跳舞视频工作流搭建 219
12.3.2 跳舞视频工作流实操 223
12.4 AI 特效创作流程 225
12.4.1 AI 特效工作流搭建 225
12.4.2 AI 特效工作流实操 228

1

第1章

ComfyUI基础入门

ComfyUI 是用于操作 Stable Diffusion 的图形用户界面（GUI），采用节点工作流设计理念，把复杂的稳定扩散算法拆分为多个独立操作节点。通过这种巧妙的可视化和节点式设计显著增强了工作流的灵活性与可定制性，让用户能够精准调整和优化每一个步骤，确保稳定扩散过程的可靠性和高效性。

1.1 Stable Diffusion 用户界面概览

Stable Diffusion 是由 Stability AI 公司推出的基于潜扩散模型（Latent Diffusion Model）开发的模型架构。该架构由 Stability AI 与 CompVis 和 LAION 的研究团队合作开发。人工智能公司 Runway 的首席研究科学家 Patrick Esser 和慕尼黑大学机器视觉学习组的 Robin Rombach 在 2022 年计算机视觉大会（CVPR）上合作发表了关于潜扩散模型的研究，为 Stable Diffusion 提供了核心技术。

Stable Diffusion 能够根据文本描述生成相应的高质量图像，具备开源、快速、可控、可解释以及多功能的特点。不仅如此，Stable Diffusion 还支持图像翻译、图像修复和风格迁移等多种任务。

1.1.1 ComfyUI与WebUI

ComfyUI 和 WebUI 都是基于 Stable Diffusion 的两大主流交互界面，但它们在设计理念、功能定位和使用场景上有一些差异。

ComfyUI 以其高度的灵活性和自由度，为用户提供了丰富的定制选项和工作流复用功能。同时，系统配置要求较低，能够有效提升图像生成速度。然而，由于集成了大量插件节点并设计了较为复杂的操作流程，用户在学习时可能会面临一定的挑战。

WebUI 的一个显著特点是其固定的操作界面，这使得用户能够获得更直观的操作体验，便于学习和快速上手。经过一年的发展，WebUI 已经搭建了一个成熟且稳定的开源生态系统。不过，与 ComfyUI 相比，WebUI 在性能上可能略显不足，且在工作流复用方面存在一定的局限性，用户每次操作时都需要手动进行配置和设置。

除了使用流程的差异，ComfyUI 和 WebUI 在配置和界面等方面也存在显著不同，具体如下。

（1）界面操作

ComfyUI 采用节点式操作界面，具有很强的灵活性和自定义性，便于管理和操作；而 WebUI 则提供一个固定的可视化界面，更有利于长期记忆和操作习惯的形成。

（2）安装配置

ComfyUI 对显卡的最低要求是 3GB 显存，配置要求较低，效率较高；WebUI 则需要至少 4GB 显存，速度相对较慢，对小显存用户不够友好。

（3）性能方面

ComfyUI 占用的显存资源较少，生成大图时速度更快，效率更高；而 WebUI 显存占用相对较多，生成速度较慢。

（4）适用场景

ComfyUI 更适合需要批量生成图像或有特定工作流程的用户，尤其是那些追求高品质输出和精细化控制的用户；WebUI 则更适合初学者，特别是那些希望快速尝试和探索新功能的用户，尤其是对不熟悉 Stable Diffusion 工作流程的人来说更为合适。

总而言之，ComfyUI 和 WebUI 各有优势。用户在选择时应根据自身需求和偏好进行权衡。如果追求高质量输出和精细化控制，ComfyUI 无疑是更好的选择；而对于初学者而言，WebUI 则提供了更便捷的入门体验和丰富的功能。

在国内以 Liblib 网页部署为例，在网页左侧的创作模块中单击“在线生图”，即可看到 WebUI 的具体操作面板，如图 1.1-1 和图 1.1-2 所示。

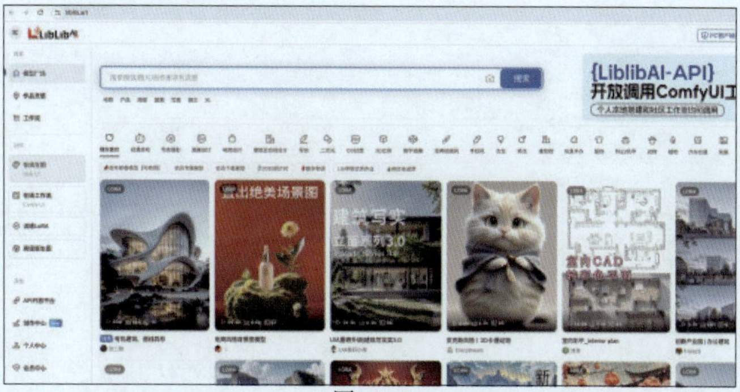

图1.1–1

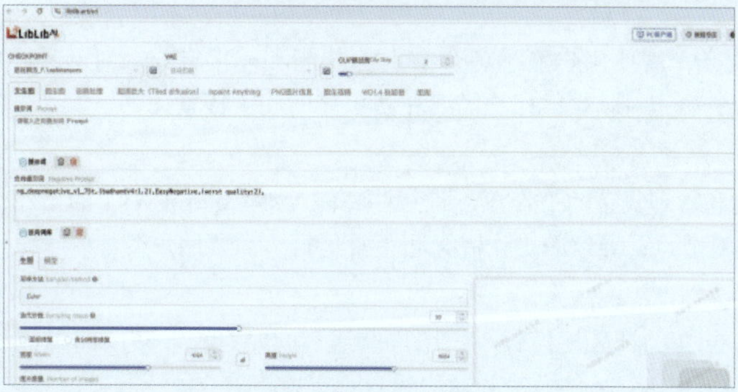

图1.1–2

1.1.2 ComfyUI的优点和缺点

ComfyUI 是一款适合有一定技术基础和专业需求的用户使用的 AI 绘图工具。在灵活性、性能优化和工作流管理方面表现出色，但较高的学习成本和复杂的操作流程可能会对新手造成一定障碍。如果追求高度定制化和高效的工作流程，ComfyUI 是一个不错的选择；如果是初学者或追求简单易用，WebUI 或其他更简化的工具可能更适合。

1. ComfyUI的优点

ComfyUI 的优点有很多，主要集中在：高度灵活与定制化、性能优化与硬件友好、工作流管理与复现性高、社区与生态发展、学习与使用体验这五部分。

（1）高度灵活性与定制化

用户可以通过连接不同的节点来搭建复杂的工作流，满足多样化的图像生成需求，适合专业用户和有特定需求的创作者。并且支持用户开发和添加自定义节点，进一步提升工具的适应性和功能。

（2）性能优化与硬件友好

相比其他工具（如 WebUI），ComfyUI 对硬件配置要求较低，适合低显存设备，运行更加轻巧。渲染速度更快，能够高效利用硬件资源，尤其在批量生成图像时表现优异。

（3）工作流管理与复现性高

用户可以将工作流保存为文件，方便后续调用和修改，且只需重新运行更改的部分，大大节省时间。通过保存工作流，可以高度复现生成结果，适合需要精确控制生成过程的场景。

（4）社区与生态发展

虽然起步较晚，但插件资源正在不断丰富，例如 ControlNet 等插件为用户提供了更多功能。随着用户群体的增加，社区活跃度和文档资源也在逐步提高。

（5）学习与使用体验

对于有一定技术基础和编程思维的用户，ComfyUI 提供了更强大的功能和自由度。开发团队不断更新功能和优化性能，用户可以持续受益。

2. ComfyUI的缺点

ComfyUI 的优点很鲜明，其缺点也明显，主要集中在：学习成本高、操作复杂、社区与生态不足、硬件与兼容性问题这四部分。

（1）学习成本高

节点式操作界面复杂，需要用户熟悉各个节点的功能和连接方式，对新手不够友好。相比 WebUI，ComfyUI 的文档和学习资源相对较少，用户需要花费更多时间去探索。

（2）操作复杂

用户需要自行搭建和管理复杂的工作流，且某些功能（如 ControlNet）的操作较为繁琐。更新可能会引入新的节点或修改现有节点，导致旧工作流无法正常运行，需要用户调整。

（3）社区与生态不足

相比 WebUI，ComfyUI 的社区规模较小，用户在遇到问题时获取帮助的渠道相对有限。虽然插件生态正在发展，但与 WebUI 相比，插件数量和功能仍有一定差距。

（4）硬件与兼容性问题

虽然对低显存设备友好，但在一些不常见的硬件或系统环境下可能会出现兼容性问题。使用过程中可能会出现各种报错信息，需要用户具备一定的技术能力去排查和解决。

1.2 ComfyUI 的部署与运行指南

在使用 ComfyUI 前，确保设备满足基本的运行条件是十分重要的。只有在硬件和软件环境都符合要求的情况下，才能顺利完成后续的安装和运行过程。

1.2.1 ComfyUI配置要求

ComfyUI 的配置要求比 WebUI 低很多，具体配置可参考下文。

1. 操作系统

支持 Windows、macOS 或 Linux。为了在本地安装 ComfyUI 且获得最佳的性能，需要使用 Windows 10 或 Windows 11 操作系统。如果是 AMD 显卡用户，需要使用 Linux 系统。同时也支持 macOS 操作系统。

2. 显卡

NVIDIA 显卡，显存≥ 6GB。虽然 ComfyUI 官方声明支持显存小于 3GB 的 NVIDIA 显卡，但在实际使用中，即使是配置 4GB 显存的 GTX1650 显卡也可能在某些资源密集或复杂的场景中遇到显存爆满的问题。如果是没有独立显卡（GPU）的用户，ComfyUI 可以通过 CPU 运行计算，但这种方式往往比使用

GPU 的速度慢很多。所以为了体验更佳的性能，官方推荐使用显存至少为 6GB 的 NVIDIA 显卡。需要注意的是，显存大小不能直接决定生成图片的速度，而是影响系统在高负载任务下的流畅性与稳定性。

3. 硬盘

SSD 固态硬盘≥ 128GB。推荐使用至少 128GB 的 SSD 固态硬盘，以确保 ComfyUI 稳定高效运行。SSD 的高数据读取速度可显著提升软件使用体验。此外，由于 ComfyUI 对模型资源高度依赖，单个大模型可能占用约 2GB 存储空间，因此充足的硬盘空间对避免存储不足问题至关重要。

4. 内存

内存≥ 16GB。ComfyUI 的流畅运行需要足够的内存支持。对于仅运行预训练模型的用户，系统至少需配备 16GB 内存。若要开展模型训练，内存需求会随数据集规模和训练批次的增加而上升。为确保训练顺利，建议至少配备 32GB 内存，以满足更高的需求。

5. 网络要求

ComfyUI 对网络连接没有具体要求，但 ComfyUI 为了确保用户可以顺畅使用所有功能，会与用户进行互动。在已拥有模型资源的情况下，离线环境下也可正常运行。

1.2.2 ComfyUI官方版桌面端安装

ComfyUI 官方桌面端已发布，默认附带 ComfyUI 管理器，支持中文。并且能自动安装 Python 环境，大幅降低了部署难度。我们可以自行搜索安装包下载，将安装包下载到本地以后即可安装，这里以 Github 的文件分享为例，具体操作如下。

步骤 01 在浏览器打开 Github 网站的 ComfyUI Desktop（beta）界面，单击“Windows（NVIDIA）NSIS x64”后方的“Download”按钮下载安装包到本地，如图 1.2-1 所示。

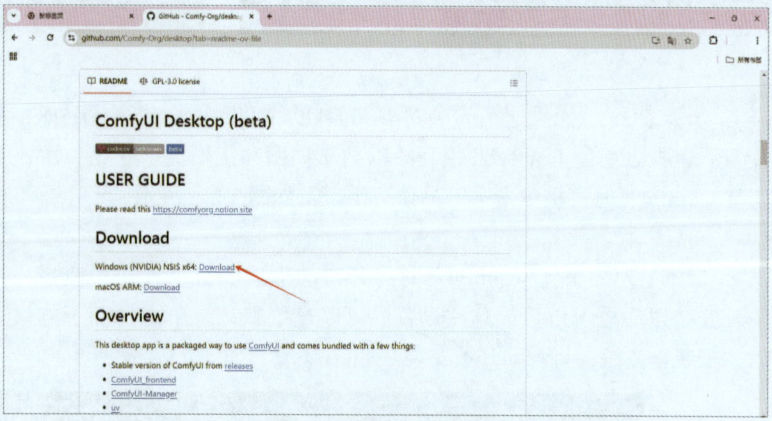

图1.2–1

步骤 02 在本地文件夹中找到下载好的文件，笔者写作时最新版本为 0.4.12，因此这里是“ComfyUI Setup 0.4.12 - x64”文件，双击打开，如图 1.2-2 所示。

图1.2–2

步骤 03 等待加载进程完成后，就可以进入欢迎界面，单击“开始使用”按钮，如图 1.2-3 所示。

图1.2-3

步骤 04 选择设备的 GPU 类型，接着单击界面下方的“下一个”按钮，如图 1.2-4 所示。

步骤 05 单击界面中文件目录后方的文件夹图标按钮，选择一个安装路径，这里需要注意，在安装路径中不能出现中文，否则无法正常使用。在选择好合适的路径后，单击界面下方的“下一个”按钮，如图 1.2-5 所示。

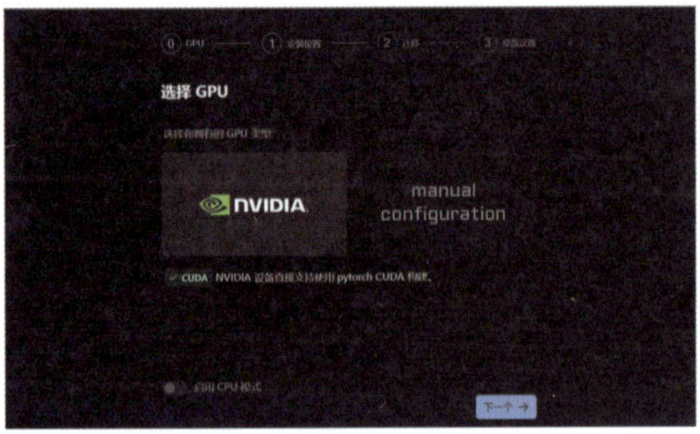

图1.2-4

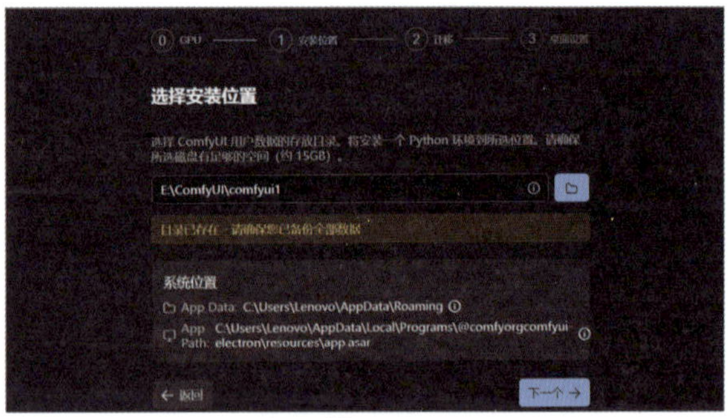

图1.2-5

步骤 06 如果之前安装过 ComfyUI，可以单击文件夹图标按钮后选择之前的 ComfyUI 根目录以共享模型和工作流。在第一次安装 ComfyUI 时直接单击“下一个”按钮，如图 1.2-6 所示。

图1.2-6

步骤 07 配置 ComfyUI 时打开自动更新和自动发送崩溃报告，安装以后也可以更改这些设置。可以直接默认，单击界面下方的“安装”按钮，将自动开始安装 Python 环境，如图 1.2-7 所示。

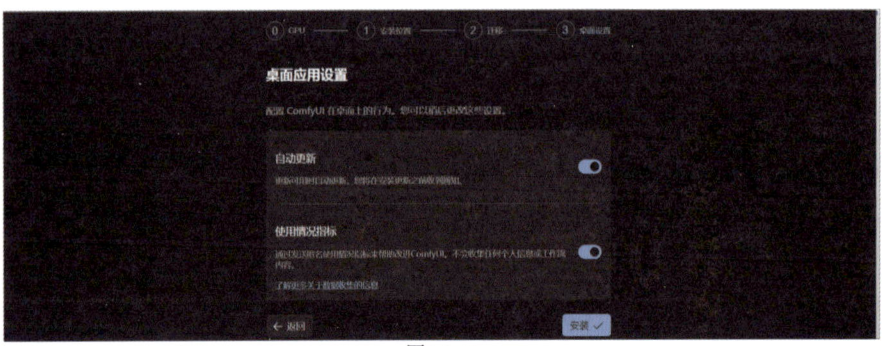

图1.2-7

等待完成 Python 环境安装之后，将会自动运行进入 ComfyUI 的操作界面，至此，ComfyUI 官方桌面版安装就完成了，如图 1.2-8 所示。

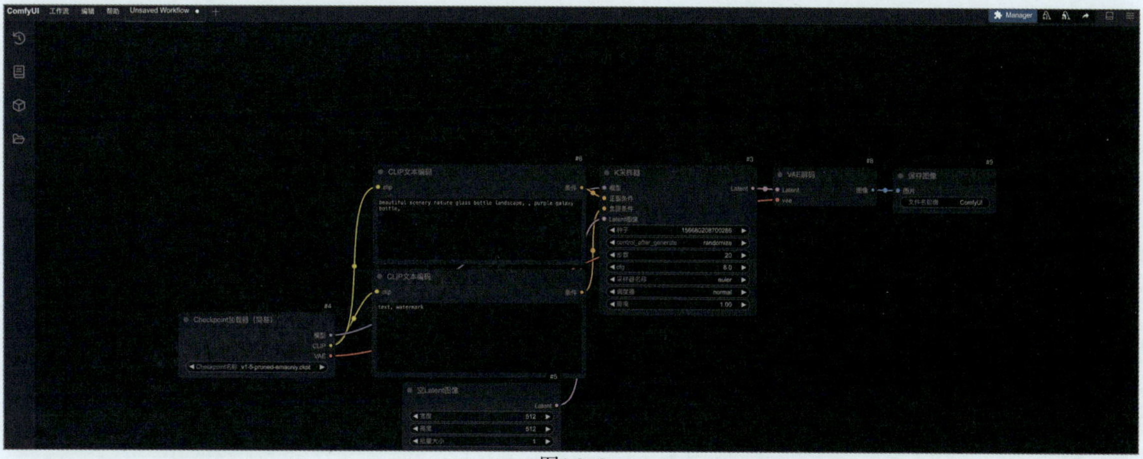

图1.2–8

1.3 自定义节点的安装与管理

ComfyUI 的核心优势在于其强大的可扩展性，能够根据创作者自身需求开发和应用自定义节点，为创作者打造高度定制化的工作流提供了可能性。

1.3.1 自定义节点的安装

在 ComfyUI 中，安装节点共有三种方式：Git 安装、本地安装、Manager 安装。

1. Git安装

Git 安装需要在 Git 客户端软件，通过命令行或者终端输入 Git 安装命令，在线安装节点。注意该操作需要配置网络，不推荐使用。

将 Git 客户端软件安装到本地。具体操作如下。

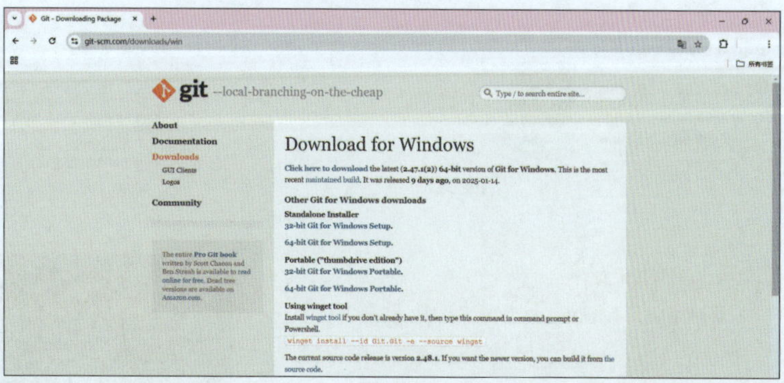

图1.3–1

步骤 01 在浏览器打开 Git 官网下载页面，单击“Click here to download”下载按钮，如图 1.3-1 所示。

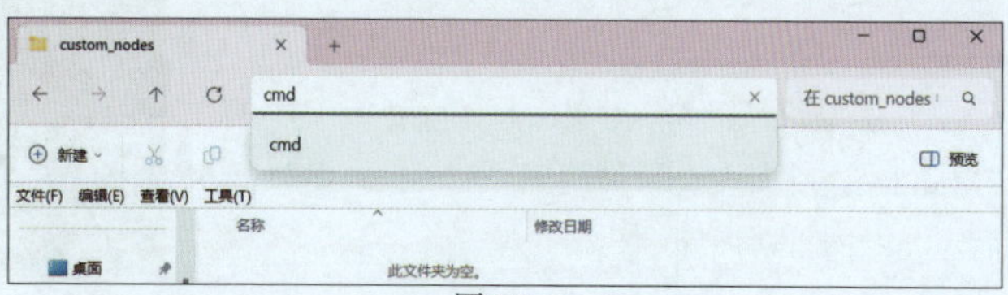

图1.3–2

步骤 02 Git 安装完成后进入 ComfyUI 根目录的“custom_nodes”文件夹中。在文件路径中输入“cmd”，按 Enter 键后进入终端界面，如图 1.3-2 所示。

步骤 03 在文件路径后面输入“git clone+ 空格 + 节点的代码仓库地址”，如图 1.3-3 所示，按 Enter 键，等待下载完成就可以运行了。

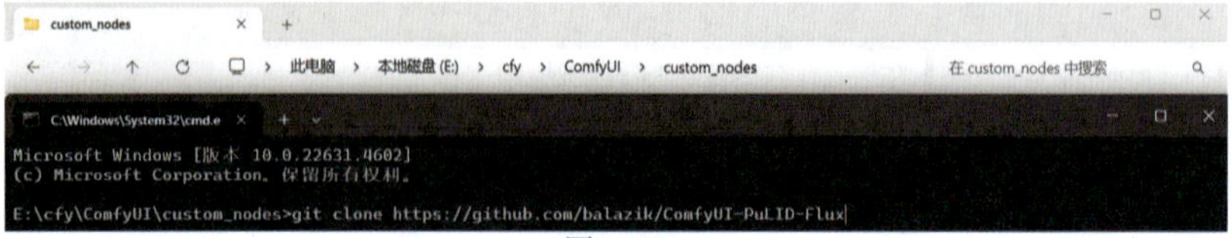

图1.3–3

2. 本地安装

在 ComfyUI 中，手动安装节点的方式和 Web UI 装插件类似。可以自行搜索需要的节点文件，下载到本地后再进行安装。这里以开发者发布在 Github 的下载节点为例，具体操作如下。

步骤 01 在浏览器进入 Github 网页 AIGODLIKE/AIGODLIKE-ComfyUI-Translation 节点仓库，单击“Code”后，在出现的下拉框中单击“Download ZIP”进行下载，如图 1.3-4 所示。

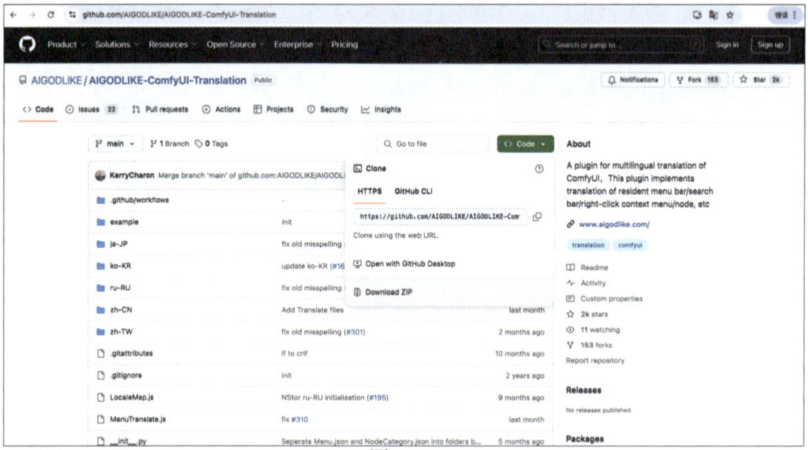

图1.3–4

步骤 02 将下载后的文件右键解压，如图 1.3-5 所示。

步骤 03 将完成解压的文件直接拖进 ComfyUI 根目录的“custom_nodes”文件夹中，即可完成安装，如图 1.3-6 所示。

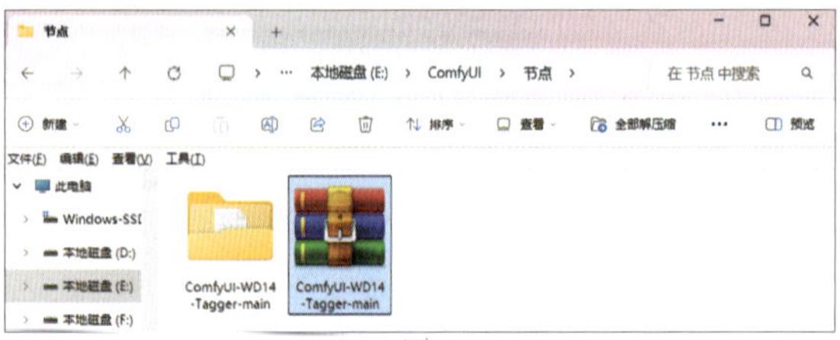

图1.3–5

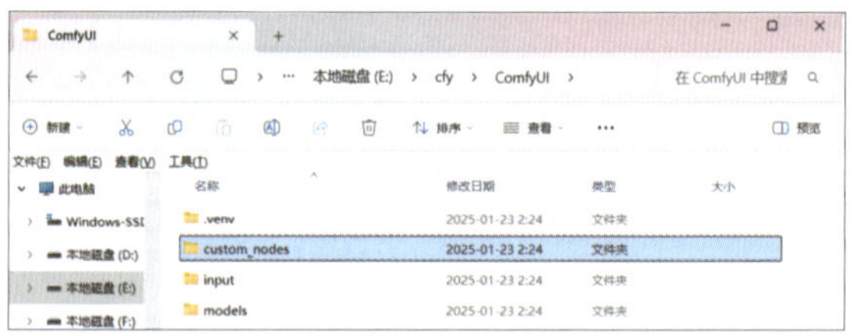

图1.3–6

3. Manager安装

ComfyUI-Manager 包含了几乎所有开发者开发的节点，也是目前最高效的节点安装和管理途径，具体操作如下。

步骤 01 单击右上角菜单中的“Manager”按钮，即可打开 Manager 菜单界面，如图 1.3-7 所示。

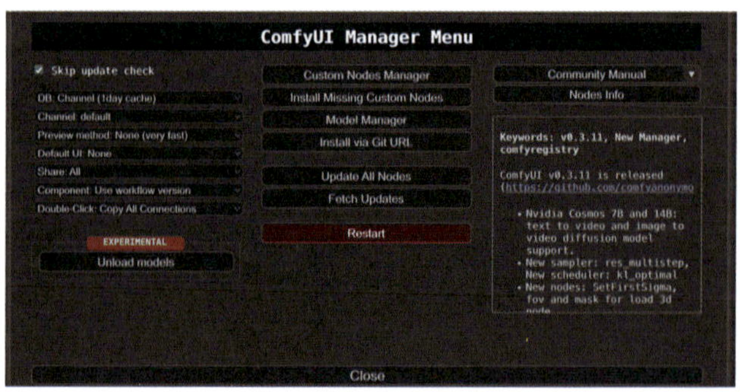

图1.3–7

步骤 02 单击菜单中的“install Custom Nodes”选项，打开节点安装界面。在上方搜索框可以搜索想安装的节点，找到需要安装的节点，单击“Install”进行安装，如图 1.3-8 所示。

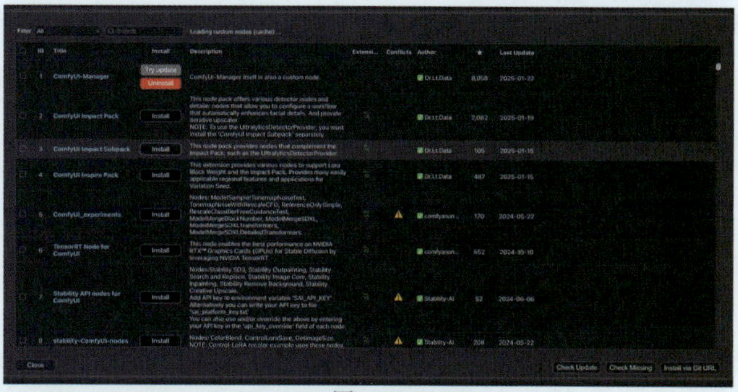

图1.3–8

步骤03 等待安装的节点出现“Restart Required”字样后说明安装成功，单击左下方“Restart”按钮后重启 ComfyUI，即可完成安装，如图 1.3-9 所示。

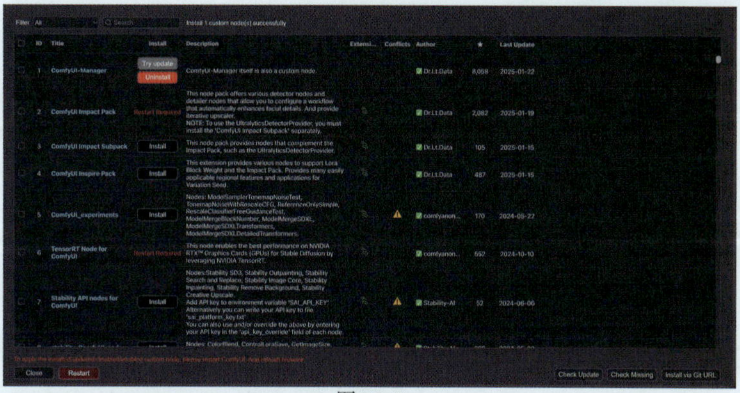

图1.3–9

1.3.2 自定义节点的管理

ComfyUI-Manager 是一个用来管理节点的扩展工具，可以安装、移除、禁用和启用各种自定义节点，这里需要注意，要应用已安装、更新、禁用和启用的自定义节点，都需要重新启动 ComfyUI 并刷新浏览才可以运行。打开节点安装界面后，具体操作如下。

更新节点：单击需要更新的节点上的“Try update”按钮，如图 1.3-10 所示。暂时性禁用：单击需要暂时禁用的节点上的“Disable”按钮。卸载：单击需要卸载的节点上的“Uninstall”按钮。

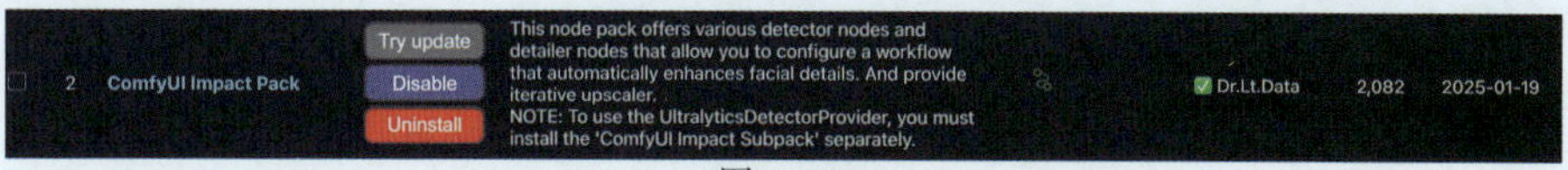

图1.3–10

1.4 Stable Diffusion 的核心原理

ComfyUI 的工作流模式比 WebUI 更遵循 Stable Diffusion 的核心原理。虽然 ComfyUI 对新手创作者有一定学习门槛，但掌握后使用 ComfyUI 会变得很轻松，了解 Stable Diffusion 的核心原理对设计师未来发展也有帮助。Stable Diffusion 中的 Stable，是出自其公司名为 StabilityAI。基础模型是 Latent Diffusion Model（LDM），即潜在扩散模型。

简单来说，图片生成的主要流程都在潜在空间中进行。在这个空间里，图片以人类无法识别的向量形式存在。这些向量所表示的信息与图片几乎相同，但数据尺寸却大幅缩小，类似于压缩过程。因此，在潜在空间运行可显著降低运行内存。整个过程可以概括为：往潜在空间输入文件，处理完数据后生成图片输出，如图 1.4-1 所示。

图1.4–1

以文本生图为例，输入文件通常包括文本和图片，分别对应 Text2Image 和 Image2Image。计算机无法直接理解文本和图片内容，因此需要转换为计算机可理解的信息。文本转换使用的是 CLIP 模型，图片转换则使用 VAE 模型，如图 1.4-2 所示。

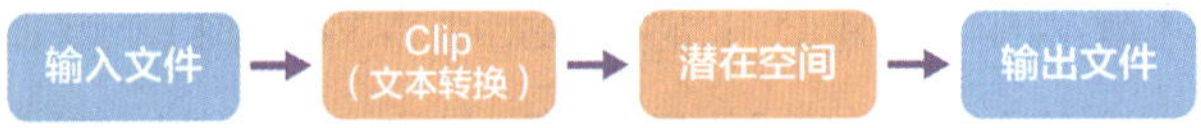

图1.4–2

在 WebUI 里，控制图片生成部分的模型的采样器是 KSampler，在这里用户可以控制迭代次数、种子数等，这个步骤在潜在空间里进行，如图 1.4-3 所示。

图1.4–3

到这里可以知道，人类无法读取潜在空间的内容，需要转换输入的文本，也需要转换输出的图片，这个过程使用了 VAE 模型。

1.5 ComfyUI 基础操作指南

ComfyUI 直观的节点式界面通过模块化的方式，让用户能够灵活定制图像生成流程。相比 WebUI 固定的工作界面和流程，ComfyUI 的操作门槛较高，初学者需熟悉 ComfyUI 的界面组成和基础操作方法。在掌握基础操作后，可以进一步深入学习其高级功能，以充分发挥该工具的强大潜力，实现更加复杂和个性化的界面设计需求。

1.5.1 拆分ComfyUI操作界面

首次启动 ComfyUI 后的界面默认是文生图的工作流。具体操作界面如图 1.5-1 所示。

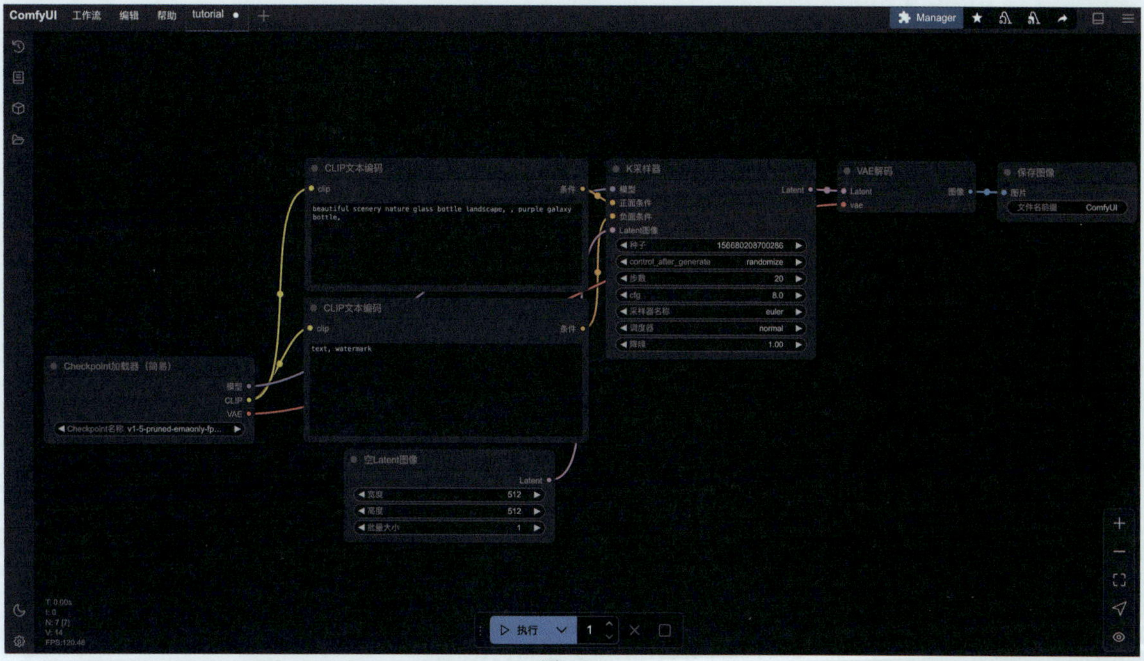

图1.5–1

- **工作区**

ComfyUI 的工作区是用户进行工作流搭建的区域，几乎占据了整个界面，提供广阔的空间实现个性化的搭建和艺术表达。

- **侧边栏**

侧边栏集成了四种功能模块，便于用户进行管理和操作。

- **菜单面板**

ComfyUI 的菜单面板布局与大多数软件类似，均位于界面的顶部。

- **画布操作**

画布操作位于右下方，用户可以灵活调整画布视图，以适应不同的创作需求。

- **底部面板**

工作流的执行、终止以及生成的数量，均在底部面板进行操作和更改。

1.5.2 ComfyUI节点

在 ComfyUI 中，节点构成了搭建图像生成工作流的基础。每个节点都具备独特的功能和作用，通过连线交互和协作，共同实现从文本到图像的转换。下面以“VAE 解码”为例，通过节点的组件、输入和输出三个方面来深入了解节点，如图 1.5-2 所示。

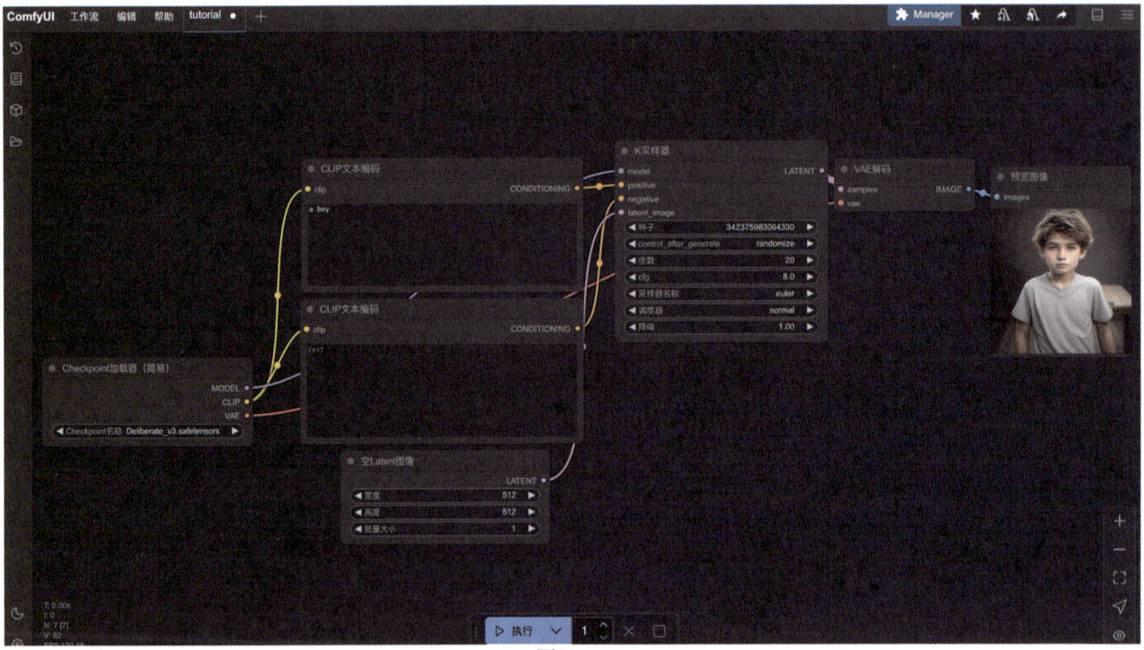

图1.5–2

- **节点的组件**

构成节点功能和特性的基本要素是组件。这些组件协同工作，使节点能够执行特定的任务或操作。在“VAE 解码”节点中，潜在空间向量的组件字段部分需要被解码，目的是希望模型能够将这些向量还原成具体的图像内容。

- **节点的输入**

每个节点在执行其特定功能时所需的数据或条件。这些输入数据或条件对于节点功能的正常执行至关重要。“VAE 解码”节点中，左侧的输入是潜在空间向量，这些向量是 VAE 编码器生成的低维特征表示，用于解码生成图像。

- **节点的输出**

节点执行特定功能后产生的结果或数据，这些结果或数据将被传递给后续的节点作为输入，从而推动整个工作流进行。经过“VAE 解码”节点处理后，将得到一个解码后的图像，这个图像通常会被传递到后续节点以进行进一步的处理或生成任务。

1.5.3 ComfyUI基础操作

熟悉了 ComfyUI 的操作界面后，下面是 ComfyUI 的基础操作方法。

- **刷新模型库**

打开侧边栏的模型库，单击弹出菜单的刷新。如图 1.5-3 所示。

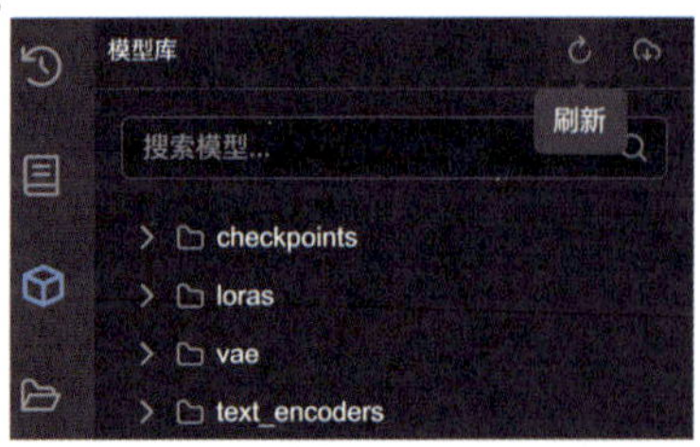

图1.5–3

- **节点的连接和断开**

在不同的连接点上，相同颜色的端口可以相互连接，颜色不同的端口则表示无法建立连接。若要连接节点，只需长按输出端口，拖动以延伸出一条线，移动至另一个节点的输入端口并释放鼠标，即可完成节点间的连接。若要断开已连接的线，长按已连接线的端口并拖出，释放后即可断开连接。

- **画布操作**

在空白区域按住鼠标左键，即可拖动整个画布。利用滚轮，可以放大或缩小画布视图。

- **移动节点**

选择节点后，可以进行移动操作，不会影响节点之间的连接。若要移动多个节点，只需按住“Ctrl”键，并使用鼠标左键单击所选节点，即可一次性移动多个节点。

- **删除节点**

若不再需要特定的节点或多个节点，可采用相同的方法选中这些节点，按“Delete”或“Backspace”键进行删除。

1.6 ComfyUI 常用插件及模型

插件的作用在于扩展 ComfyUI 的基础功能，引入更多样化的工具以适应各种场景的需求；模型则定义了生成内容的风格和品质。无论是提升生成效率、改善图像质量，还是实现更精细的个性化定制，这些插件和模型都能协助用户更有效地实现目标。

1.6.1 ComfyUI常见插件

以下是 ComfyUI 常见的插件及其应用场景。

- **ControlNet 插件**

用于在图像生成过程中提供额外的控制，例如边缘检测、姿态估计、深度信息等。根据用户提供的草图、姿态或其他参考数据生成更符合需求的图像。

- **T2I-Adapter 插件**

提供文本到图像（Text-to-Image）的辅助功能，增强生成的准确性和创意性。需要生成更复杂或特定场景的图像时。支持与多种预训练模型配合，提升细节生成能力。

- **SDXL Tools 插件**

专门针对 Stable Diffusion XL（SDXL）模型优化，支持高级设置如超分辨率、文本细化等。生成高分辨率、细节丰富的图像。兼容 SDXL 的最新模型和权重。

- **LoRA 支持插件**

加载和使用 LoRA（Low-Rank Adaptation）微调模型，用于小数据集的个性化模型训练和生成。个性化创作、特定风格或领域图像生成。低资源消耗，快速训练和切换模型。

- **Prompt Helper 插件**

为用户生成或优化 Prompt（提示词），提升生成效果。帮助新手快速上手生成高质量内容。支持多语言提示优化，实时预览效果。

1.6.2 ComfyUI常见模型

以下是 ComfyUI 支持的常见模型分类及其应用场景。

- Stable Diffusion 1.5

经典稳定，适合通用场景。风景、肖像、卡通风格等多样化内容生成。

- Stable Diffusion 2.x

改进了细节表现，支持更大的分辨率生成。需要更高分辨率、光影效果复杂的场景。

- Stable Diffusion XL (SDXL)

更强的生成能力，细节丰富，支持复杂场景。需要高质量、商业级别的图像输出。

- Anything V4/V5

特定风格模型，高质量二次元风格模型。

- Deliberate

均衡风格模型，适合多场景生成。

- Realistic Vision

特定风格模型，专注于真实感的图像生成。

1.6.3 ComfyUI插件安装

ComfyUI 插件安装方法有很多，压缩包安装其实是最熟悉的安装方法，操作步骤与自定义节点安装相似，操作步骤与自定义节点安装一样，用户通常需要从官方渠道或可信的第三方平台下载适用于 ComfyUI 的插件压缩包。再把里面的文件解压至指定的“custom_nodes”文件夹。具体操作如下。

步骤 01 在浏览器进入 Github 网页 twri/sdxl_prompt_styler 节点仓库，单击“Code”后，在出现的下拉框中单击“Download ZIP”进行下载，如图 1.6-1 所示。

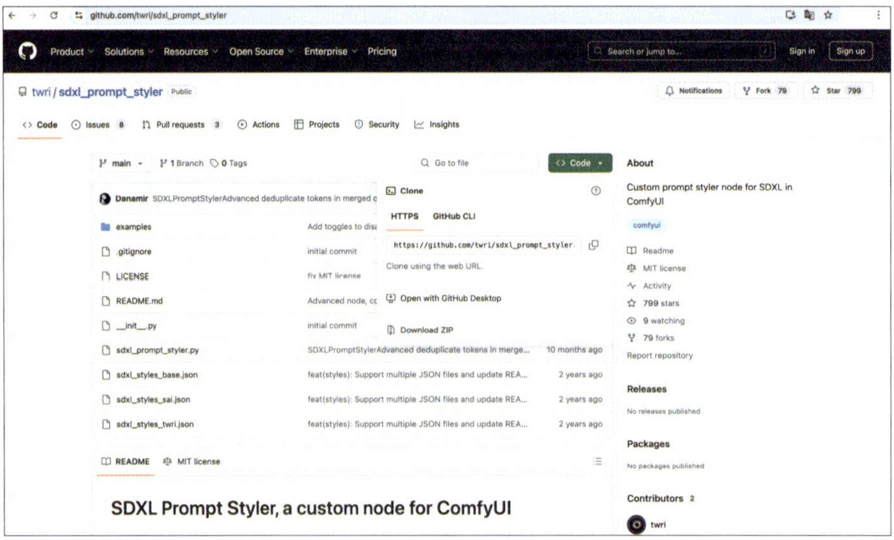

图1.6-1

步骤 02 将下载后的文件右键解压，如图 1.6-2 所示。

步骤 03 将完成解压的文件直接拖进 ComfyUI 根目录的“custom_nodes”文件夹中，即可完成安装，如图 1.6-3 所示。

图1.6–2

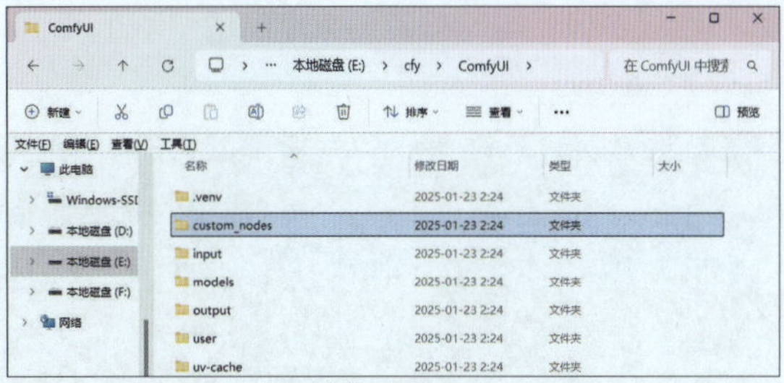

图1.6–3

1.6.4 ComfyUI模型安装

在 ComfyUI 官方桌面版中，在客户端使用 Manager 就可以获取模型并安装。同时用户也可以安装从官方渠道或可信的第三方平台下载的模型。

1. Manager安装

ComfyUI-Manager 包含众多适合 ComfyUI 运行的模型，也是目前最高效的模型安装和管理途径，具体操作如下。

步骤 01 单击右上角菜单中的“Manager”按钮，即可打开 Manager 菜单界面，如图 1.6-4 所示。

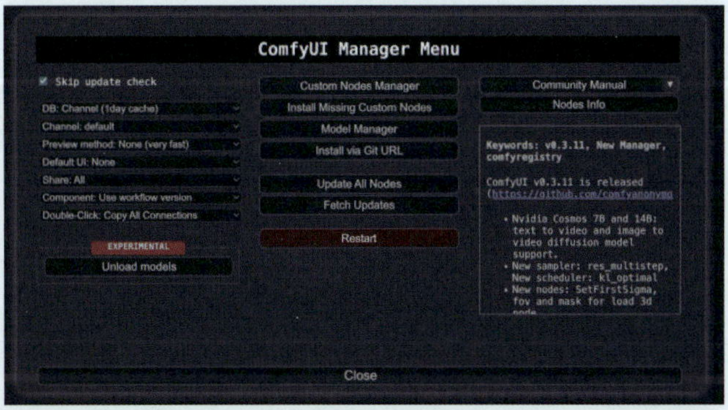

图1.6–4

步骤 02 单击菜单中的“Model Manager”选项，打开模型安装界面。在上方搜索框可以搜索想安装的节点，找到需要安装的节点，单击“Install”进行安装，如图 1.6-5 所示。

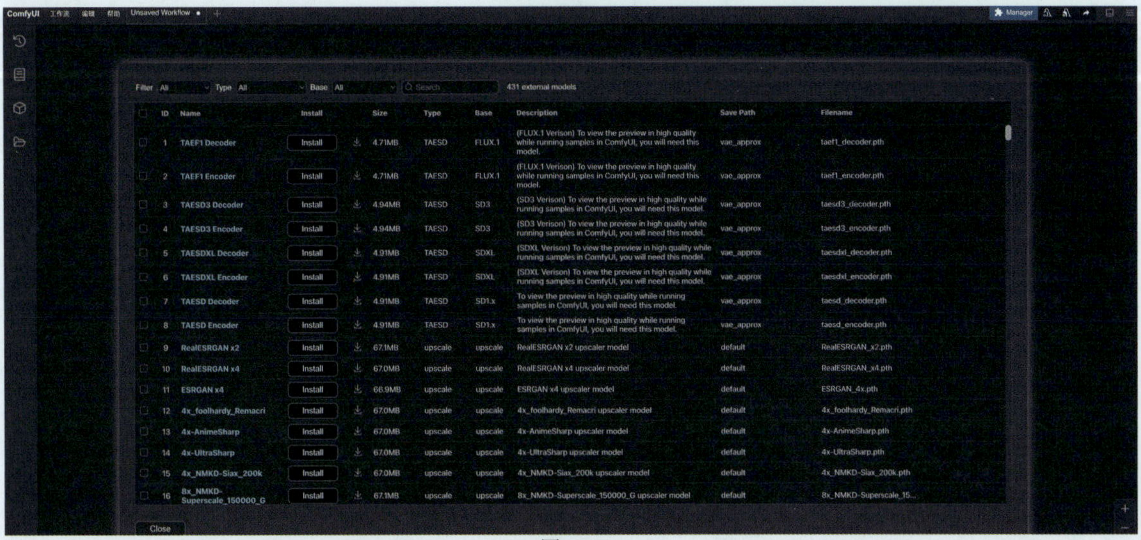

图1.6–5

步骤 03 等待安装的节点出现“Refresh Required”字样后说明安装成功，刷新模型库后即可使用。如图 1.6-6 所示。

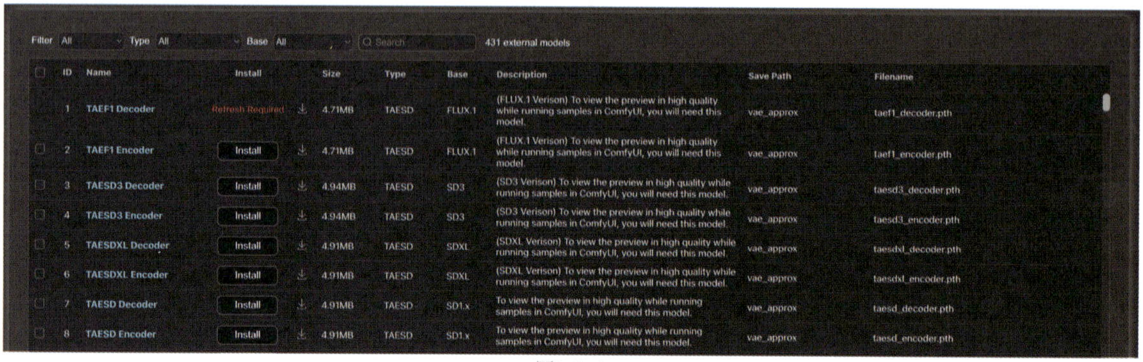

图1.6–6

2. 本地安装

手动安装模型的方式与自定义节点安装以及插件类似。可以自行搜索下载需要的模型文件，只有解压后文件的位置放置不同。具体步骤如下。

步骤 01 打开 ComfyUI 根目录中的“models”文件夹，如图 1.6-7 所示。

图1.6–7

步骤 02 分别把不同种类的模型放到对应位置后，便完成了安装。常见的几种如下。

大模型：放入对应的“checkpoints”文件夹。VAE 模型：放入对应的“vae”文件夹。Lora 模型：放入对应的“loras”文件夹。

1.7 工作流管理

工作流是 ComfyUI 中最核心的概念，通过将多个节点连接起来，可以实现从简单到复杂的 AI 绘图任务。工作流支持自行创建，也可以从外部导入使用。

当用户遇到一个特别喜爱的工作流时，可以先下载至本地，随后在 ComfyUI 界面中导入该工作流，以便学习其搭建过程，并且可以借鉴他人的配置，直接将工作流文件拖入 ComfyUI 工作区并导入工作流。在菜单栏也可以导入工作流，具体步骤如下。

步骤 01 将他人搭建好的工作流下载并保存到本地后，在 ComfyUI 界面中，单击菜单栏的“工作流”选项，如图 1.7-1 所示。

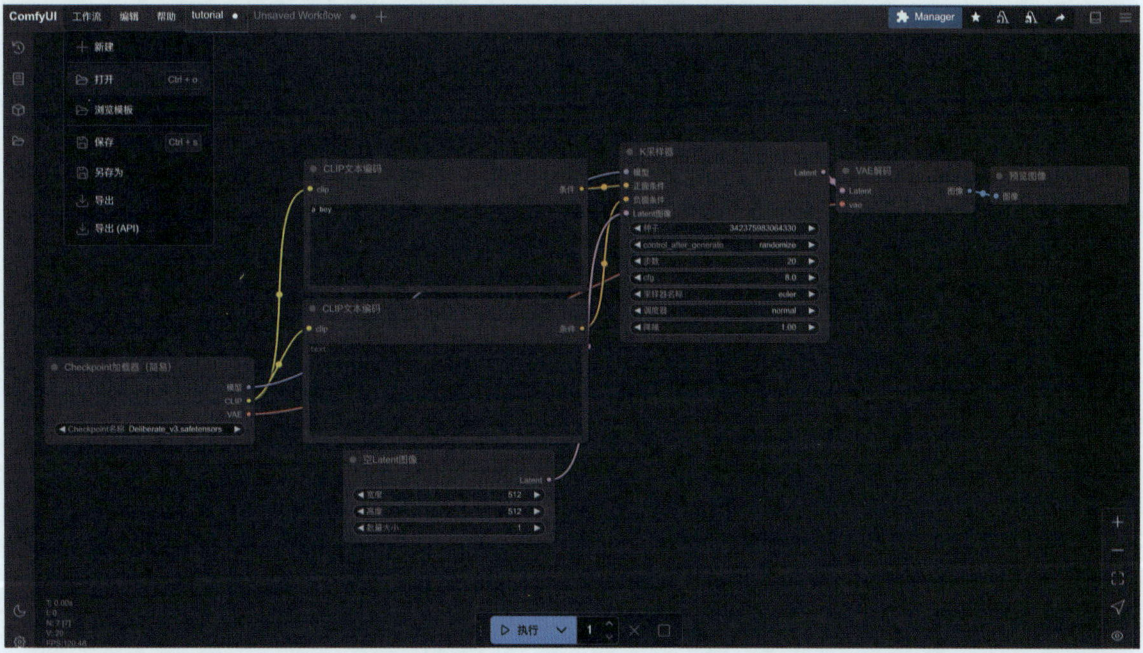

图1.7–1

步骤 02 单击弹出菜单中的“打开”选项，选取之前下载好的工作流文件并打开，如图 1.7-2 所示。

图1.7–2

步骤 03 至此，工作流导入就完成了，可以直接使用或者编辑，如图 1.7-3 所示。

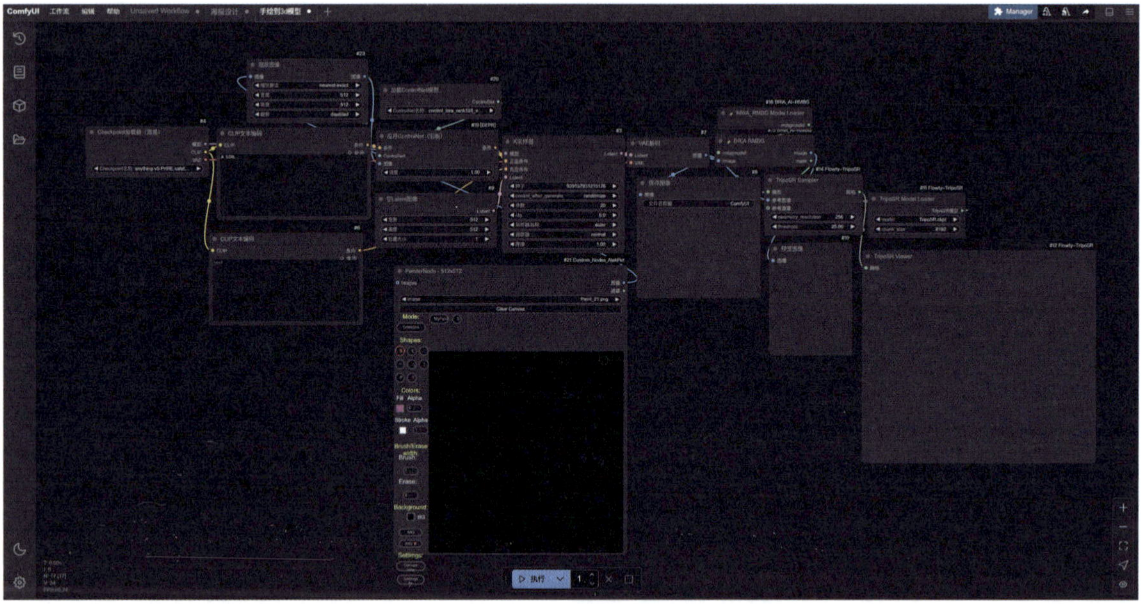

图1.7-3

2

第 2 章

基本文生图工作流

基于文本内容生成视觉画面的创作流程，对于熟悉 WebUI 操作的设计师来说并不新鲜。在这一创作体系中，相关功能模块已经在前面章节进行了全面介绍。本文主要聚焦于模块的筛选方法，不再重复展开具体功能细节的说明。通过这种图像生成机制，用户可以根据文字描述快速搭建对应的视觉呈现，这一技术在当代数字艺术创作中发挥着重要作用。

2.1 提示词技巧的规则与实践

在运用 SD 技术进行视觉创作的过程中，无论是基于文本的生成模式，还是以图像为起点的衍生模式，提示词的设置都是不可或缺的关键环节。这些引导性词汇分为积极导向和消极导向两大类。若缺乏准确而有效的积极提示词，往往难以达到预期的艺术效果。因此，每一位致力于运用 SD 技术的创作者，都必须深入理解和掌握积极提示词的精准表达技巧，这不仅是提升作品质量的重要途径，更是发挥技术潜力的必要前提。

2.1.1 认识正面提示词

在视觉创作过程中，正面提示词发挥着关键作用，它们不仅定义了画面中期望呈现的元素，还决定了作品的艺术风格和品质。在编写这些提示词时，创作者可以灵活运用英文词汇和标点符号，既可采用完整的句子表达，也可以使用简洁的词语组合。由于系统对复杂语句的解析能力尚不完善，让创作过程具有一定的不可预测性，许多艺术家形象地将这种反复尝试、筛选的过程比喻为“艺术抽奖”，如图 2.1-1 所示。

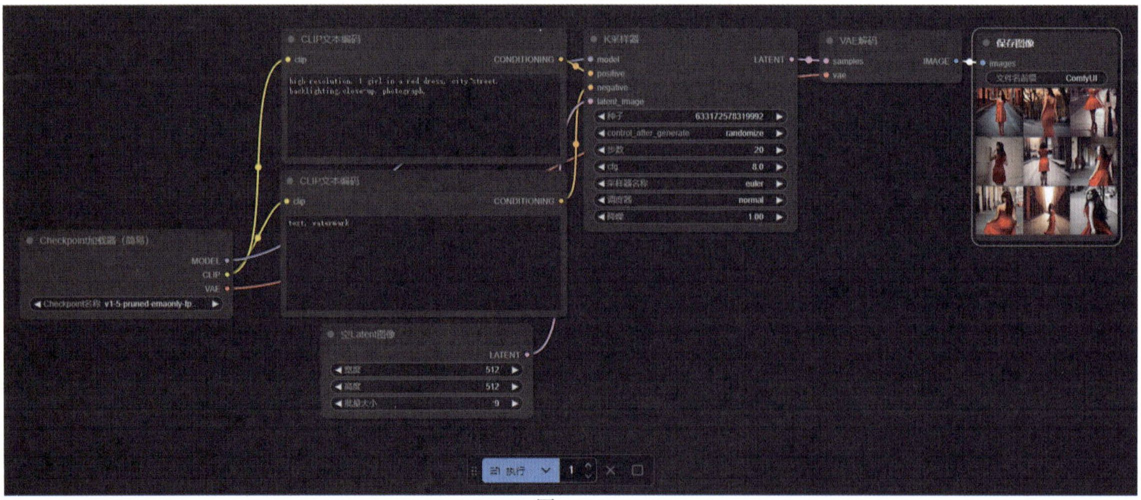

图2.1-1

> **Tips**
>
> 除非使用最新版本的 SDXL 架构，否则不建议采用完整的自然语言描述，即便是 SDXL 版本，也无法保证对中长句的准确理解。

在实践操作中，创作者通常采用两种主要方法来提高创作效率：其一是在“空 Latent”节点的“批次大小”参数中调整数值，从而一次性生成多幅作品，如图 2.1-2 所示；其二是在界面下方的扩展菜单中将“生成批次”调整相应数值，这种方式虽然每次仅生成一幅作品，但可以通过“显示队列”界面实时监控创作进度，如图 2.1-3 所示。

图2.1–2

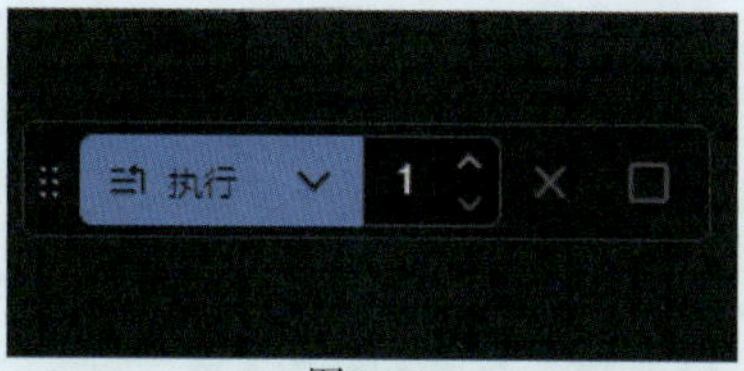

图2.1–3

掌握积极引导词的编写技巧是成功创作的关键，这不仅需要遵循特定的逻辑结构，还涉及语法规范和权重分配等专业知识。在后续内容中，将深入探讨积极引导词的具体搭建方法，为创作者提供实用的指导建议。

2.1.2 结构化正面提示词

撰写正面提示词时，可遵循以下结构化模板，以确保清晰传达创作意图并提升作品质量：质量＋主题＋主角＋环境＋气氛（天气）＋镜头＋风格化＋图像类型。

质量：描述画面的整体质量标准，例如：高分辨率（high resolution）、超清细节（ultra-detailed）、专业级（professional）、精致（exquisite）。

主题：明确创作的核心主题，例如：珠宝设计（jewelry design）、建筑设计（architectural design）、贴纸设计（sticker design）、科幻场景（sci-fi scene）。

主角：描述画面中的核心元素，可以是人物、动物或物体，例如：一位穿着红色连衣裙的少女（a girl in a red dress）、一只展翅飞翔的雄鹰（a soaring eagle）、一辆复古跑车（a vintage sports car），注意细节：大小、造型、动作等。

环境：描述主角所处的场景，例如：室内（indoor）、丛林（jungle）、山谷（valley）、城市街道（city street）。

气氛（天气）：描述光线和天气条件，例如：逆光（backlighting）、弱光（low light）、阳光明媚（sunny）、雨雾弥漫（rainy and foggy）。

镜头：描述画面的构图和视角，例如：全景（wide shot）、特写（close-up）俯视（top-down view）、仰视（low angle）。

风格化：描述图像的艺术风格，例如：中式（Chinese style）、欧式（European style）、赛博朋克（cyberpunk）、极简主义（minimalism）。

图像类型：说明图像的表现形式，例如：插画（illustration）、照片（photograph）、像素画（pixel art）、3D 渲染（3D rendering）。

以下提示词为示例：High resolution, jewelry design, a sapphire-encrusted ring placed on a velvet display stand, soft backlighting, close-up shot, European classical style, 3D rendering（高质量，珠宝设计，一枚镶嵌蓝宝石的戒指，摆放在丝绒展示台上，柔和的逆光，特写镜头，欧式古典风格，3D 渲染效果），如图 2.1-4 所示。

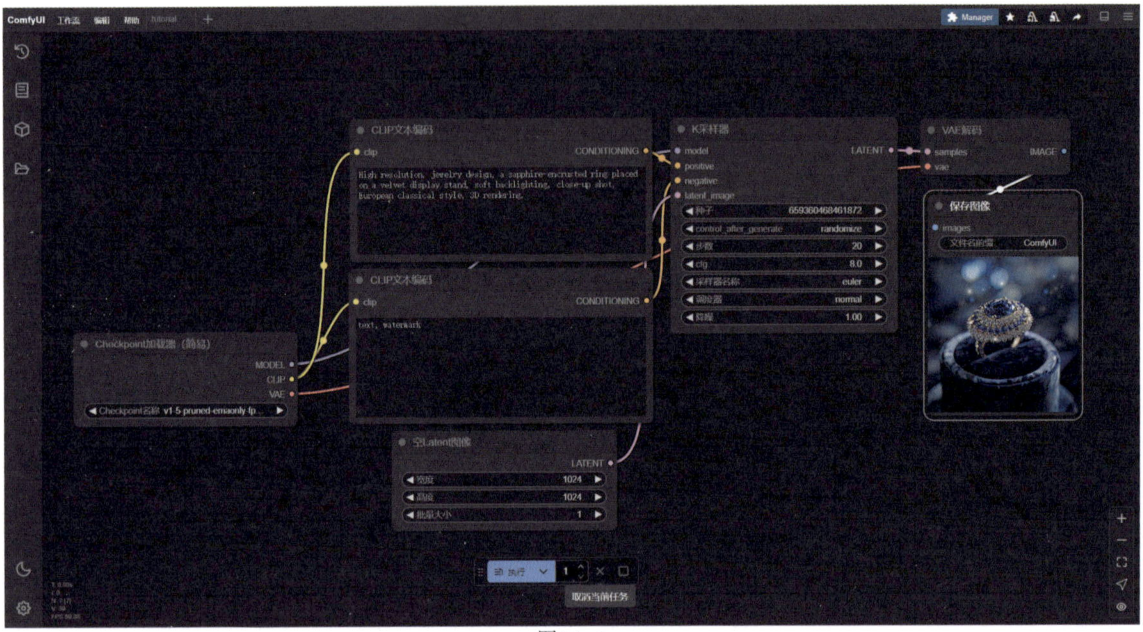

图2.1–4

通过结构化模板撰写提示词，创作者可以更清晰地表达创作意图，从而提升生成图像的质量和准确性。

在撰写提示词时，可以根据需求选择部分或全部要素进行描述，同时避免使用空洞的词汇，例如“美丽的天气”或“压抑的环境”等。词组之间用逗号分隔，逗号前的部分权重较高，逗号后的部分权重较低。因此，提示词的结构通常可以设计为：画面品质 + 核心元素（如人物、主题、构图）+ 次要元素（如装饰、特征、环境细节）。如果希望突出某个主体，可以将其提示词提前，提高权重；若想强调某种风格，风格描述应优先于内容描述，即按照画面品质 + 风格 + 元素 + 细节的顺序排列。

2.1.3 认识SD负面提示词

在文生图过程中，正面提示词固然重要，但负面提示词的作用同样不可小觑。当生成效果与预期相差甚多时，问题往往出在负面提示词的设置上。因此，正确撰写负面提示词同样至关重要。

负面提示词主要有两大功能：一是提升画面质量；二是通过排除不希望出现的元素或特征来优化画面。例如，若希望人物长发遮住耳朵，可以在负面提示词中加入“ear”；若想让画面更像照片而非绘画，可添加“painting”“comic”等词条；若想避免人物出现多手多脚，可加入“too many fingers”“extra legs”等描述。通过合理设置负面提示词，可以更精准地控制生成结果，使其更符合创作意图。

在同一组正面提示词“A girl,jewelry,earrings,necklace,solo,half-length,classic skirt（一个女孩，珠宝，耳环，项链，单人，半身，古典裙子）”，未添加负面提示词和添加负面提示词生成效果分别如图 2.1-5 和图 2.1-6 所示。

图2.1-5

图2.1-6

相比之下，负面提示词的撰写逻辑比正面提示词更为简洁，常用的方法主要有两种：一种是直接使用负面提示词，另一种是借助 Embedding 模型。通常情况下，将这两种方法结合使用，能够取得更好的效果。

2.1.4 认识Embedding模型

Embedding 模型能够将大段描述性提示词整合为一个简洁的提示词，并达到同等甚至更好的效果，因此常被用于优化负面提示词。在 WebUI 中，使用 Embedding 模型的方法与使用 Lora 模型类似，只需在模型选项中直接选择已下载的 Embedding 模型即可。而在 ComfyUI 中，由于没有专门的节点来添加 Embedding 模型，需要手动在负面提示词文本框中输入相关指令，具体操作步骤如下。

步骤 01 以“坏图修复 EasyNegative_EasyNegative.safetensors”为例，将从模型网站下载 Embedding 模型文件放入 ComfyUI 根目录下的“comfyui/models/embeddings”文件夹中，如图 2.1-7 所示。

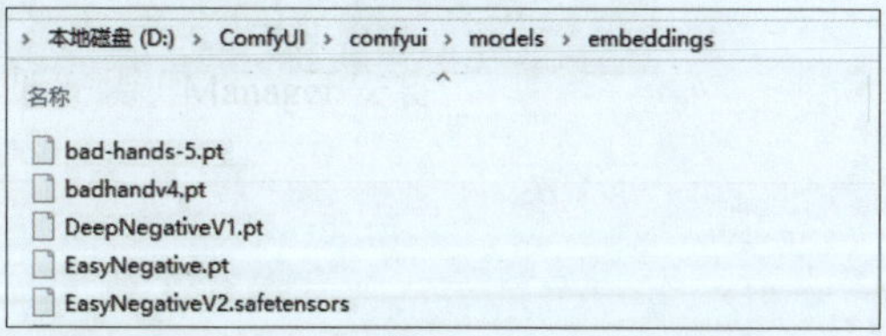

图2.1-7

步骤 02 进入 ComfyUI 界面，新建一个“CLIP 文本编码器”节点，在文本框中输入“embedding：”，此时文本框下方会弹出 Embedding 模型列表，点击所需的模型即可成功添加，如图 2.1-8 所示。

步骤 03 需要注意的是，“embedding：”一次只能添加一个模型。如果需要使用多个 Embedding 模型，需再次输入“embedding：”并选择其他模型，如图 2.1-9 所示。

图2.1-8

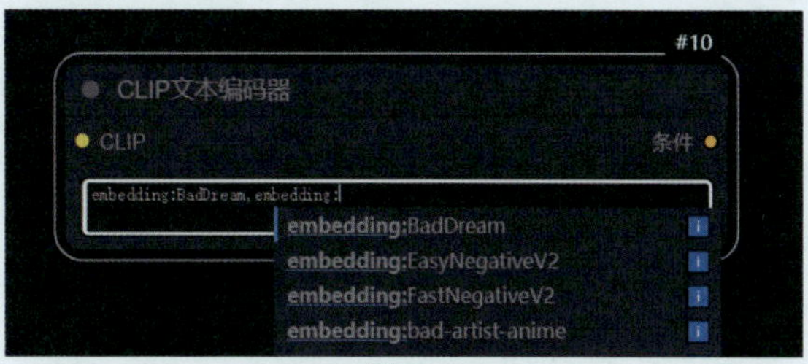

图2.1-9

Tips

“embedding：”的首字母不能大写，否则模型将无法生效。同时，使用 Embedding 模型时务必结合相应的大模型，避免将 SD1.5 的 Embedding 模型用于 SDXL 大模型，否则生成的图片质量会大幅下降。

2.1.5 常用Embedding模型

以下是一些常用的 Embedding 模型，它们几乎涵盖了所有负面提示词的需求，在生成图像时可以叠加使用。这些模型可以根据需求灵活组合，帮助生成更高质量的图像。

1. EasyNegative

EasyNegative 是使用频率极高的 Embedding 模型，能够显著提升画面的精细度，有效避免模糊、灰暗色调以及面部扭曲等问题，特别适合搭配动漫风格的大模型使用。

该模型在 civitai 的下载页面如图 2.1-10 所示，在 liblib 的下载页面如图 2.1-11 所示。

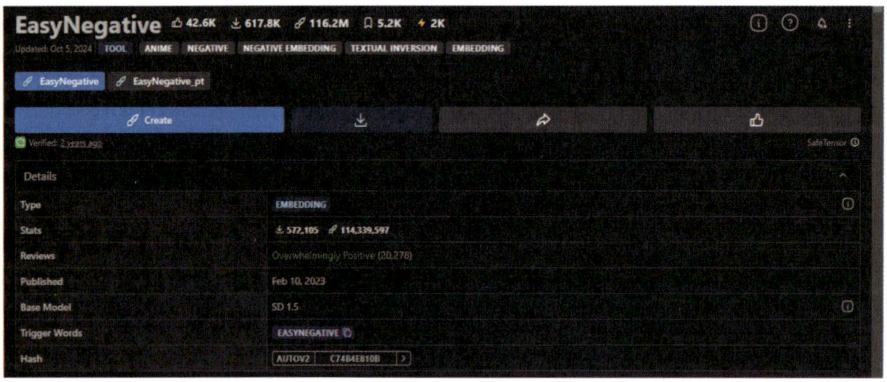

图2.1-10

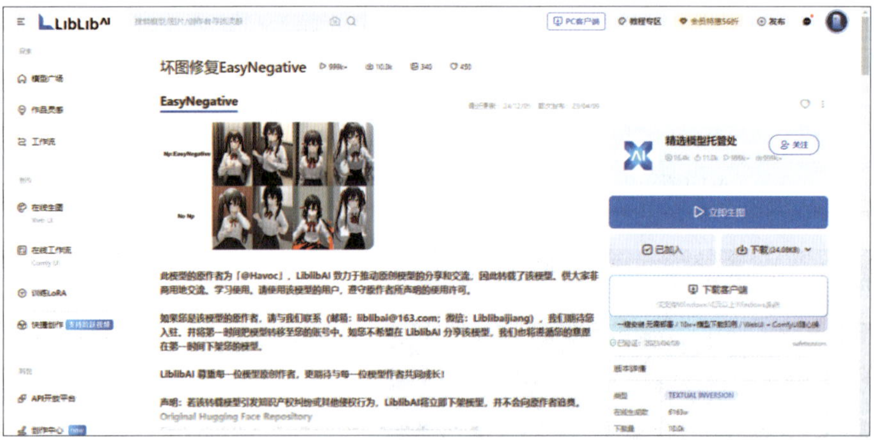

图2.1-11

2. Deep Negative_v1._75t

该模型能够优化图像的构图和色彩表现，减少面部扭曲、人体结构错误以及空间结构颠倒等问题，适用于动漫风格和写实风格的大模型。

该模型在 civitai 的下载页面如图 2.1-12 所示，在 liblib 的下载页面如图 2.1-13 所示。

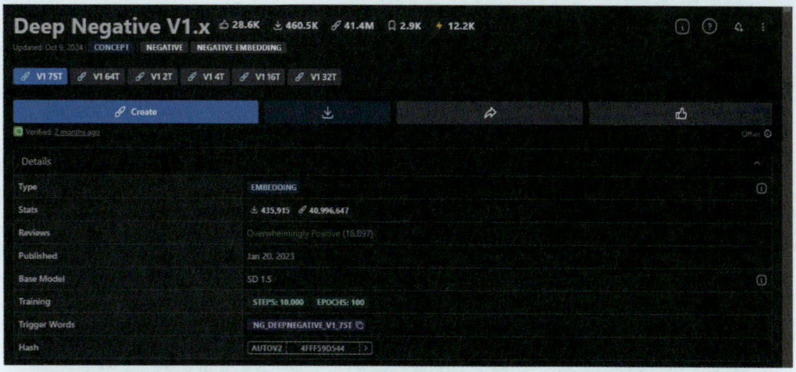

图2.1–12

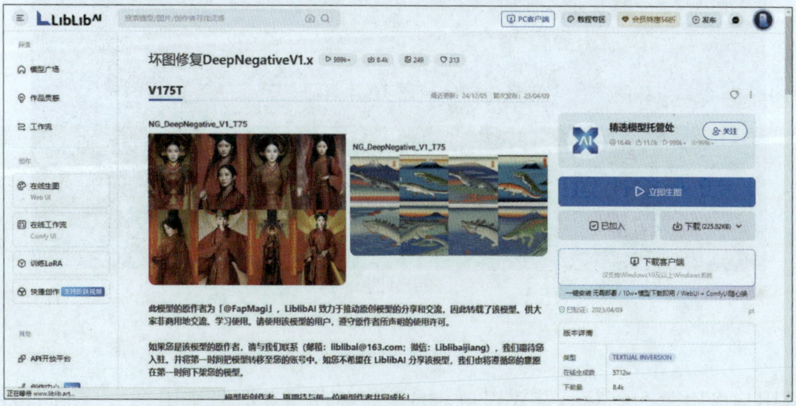

图2.1–13

3. badhandv4

这是一个专门针对手部优化的负面提示词 Embedding 模型，可以在不影响整体画风的前提下，减少手部残缺、手指数量错误以及多余手臂的情况，适合搭配动漫风格的大模型。

该模型在 civitai 的下载页面如图 2.1-14 所示，在 liblib 的下载页面如图 2.1-15 所示。

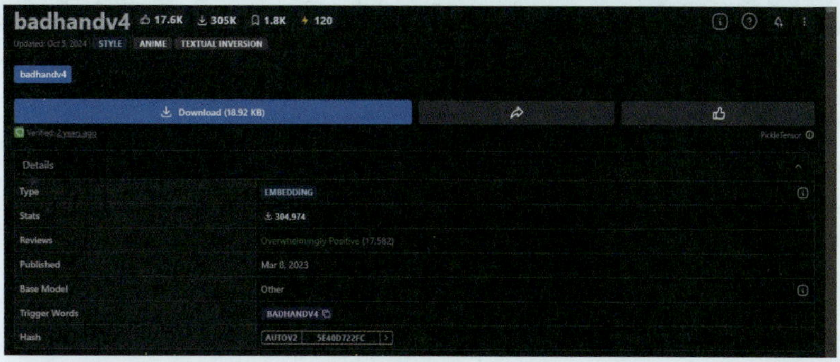

图2.1–14

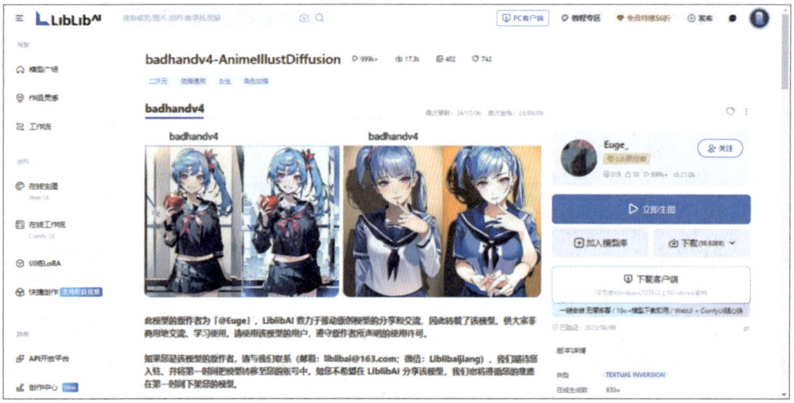

图2.1–15

4. Fast Negative

该模型整合了常见的负面提示词，能够在最小化影响原画风和细节的前提下，提升画面的精细度，适用于动漫风格和写实风格的大模型。

该模型在 civitai 的下载页面如图 2.1-16 所示，在 liblib 的下载页面如图 2.1-17 所示。

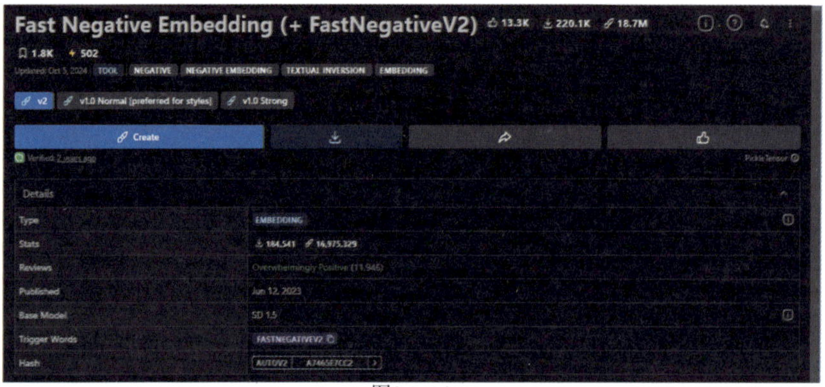

图2.1–16

图2.1–17

2.2 中文提示词的输入与优化

ComfyUI 作为一种极具潜力的生成式人工智能技术，正以其独特的图像生成能力吸引着众多关注。中文提示词的输入与优化，不仅是实现精准图像生成的关键环节，更是连接人类语言与机器创作的桥梁。

2.2.1 质量提示词

图片的质量直接影响整体观感，其评判标准包括分辨率、清晰度、色彩饱和度、对比度以及噪声控制等。高质量的图片在这些方面表现更为出色。常见的质量提示词包括“best quality（最佳质量）”“masterpiece（杰作）”“ultra detailed（超精细）”“UHD（超高清）”“HDR”“4K”“8K”等。

对于 SD1.5 版本的模型，在提示词中添加质量词是非常必要的。因为该版本在训练时使用了不同质量的图片，需要通过质量提示词引导模型优先使用高质量数据生成图像。然而，对于较新的 SDXL 版本模型，由于其默认生成高质量图片，质量提示词的影响较小，因此可以不必特意添加。

在使用完全相同的底模和生成参数的情况下，仅仅对提示词做出改变，图 2.2-1 为未使用任何质量提示词，图 2.2-2 则是在提示词中加入质量提示词：best quality, masterpiece。通过对比可以明显看出，右侧图像的质量显著高于左侧，具体表现在分辨率、细节清晰度、色彩表现以及整体观感等方面。这一对比充分说明了质量提示词在提升图像效果中的重要作用。

图2.2–1

图2.2–2

2.2.2 掌握提示词权重

在撰写提示词时，可以通过调整单词权重来影响图像的局部效果，接下来一起来看具体方法。

1. 使用括号提升调整权重

为提示词添加大括号“{ }”，可以使其权重增加 1+5%，即提升至 1.05 倍。

为提示词添加小括号“( )”，可以使其权重增加 1+10%，即提升至 1.1 倍。

为提示词添加双括号“(( ))”可以叠加权重，每次增（1+10%）×（1+10%）的权重，最终可使提示词权重提升至 1.21 倍。最多可以叠加 3 个双括号，从而使提示词权重提升至 1.331 倍。

当提示词为“A man, smiling, handsome guy, (half body: 0.6), wearing shorts and vest, curly hair, standing in a deep blue lake, with many ripples on the water, many floating leaves, reeds, enhanced shadows, portrait angle（1 名男子，笑脸，帅气的男人，（半身：0.6），穿着短裤和背心，卷发，站在深蓝色的湖中，水面上有许多涟漪，许多漂浮的叶子，芦苇，阴影增强，肖像角度）”时。

调整其中“reeds”的权重，为其叠加 3 个双括号后的提示词为“A man, smiling, handsome guy, (half body: 0.6), wearing shorts and vest, curly hair, standing in a deep blue lake, with many ripples on the water, many floating leaves, (((reeds))), enhanced shadows, portrait angle（1 名男子，笑脸，帅气的男人，（半身：0.6），穿着短裤和背心，卷发，站在深蓝色的湖中，水面上有许多涟漪，许多漂浮的叶子，(((芦苇)))，阴影增强，肖像角度）”。

可以看到相比图 2.2-3，图 2.2-4 增加了许多芦苇。

图2.2–3

图2.2–4

2. 使用括号降低权重

为提示词添加中括号“[ ]”，可以使其权重减少 10%，即降低至 0.9，最多可使用 3 个。

当提示词为“A girl, shining eyes, pure girl, (full body:0.5), (((falling leaves))), luminous petals, short hair, branch, angle, contour deepening, cinematic angle（1 个女孩，闪亮的眼睛，纯洁的女孩，（全身：0.5），(((落叶)))，发光的花瓣，短发，树枝，角度，轮廓加深，电影角度）”时，生成的图像如图 2.2-5 所示。

将“falling leaves”叠加 3 个中括号后提示词为“A girl,shining eyes,pure girl,(full body:0.5),[[[falling leaves]]],luminous petals,short hair,branch, angle,contour deepening,cinematic angle（1 个女孩，闪亮的眼睛，纯洁的女孩，（全身：0.5），[[[落叶]]]，发光的花瓣，短发，树枝，角度，轮廓加深，电影角度）”，生成的图像如图 2.2-6 所示，落叶的数量有明显差异。

图2.2–5

图2.2–6

3. 使用冒号“：”调整权重

在提示词后添加冒号后写数字，可以为提示词添加相应的权重。在提示词“Falling petals”后写 1.8，即“(Falling petals:1.8)”表示为提示词“Falling petals”添加 1.8 倍的权重。

当提示词为“best quality, masterpiece, super detailed, in the forest, a girl, long skirt, full body, mushrooms, surrounded by a stream, soft mist at dusk, close-up, ethereal and dreamy（最佳品质，杰作，超详细，在森林中，一个女生，长裙，全身，蘑菇，环绕着小溪流，黄昏时分的柔和薄雾，特写镜头，空灵而梦幻）”时，分别为“mushrooms”添加 1.1、1.5、1.9 的数字权重，生成不同效果的图像如图 2.2-7 ~ 图 2.2-9 所示。

图2.2–7

图2.2–8

图2.2–9

2.2.3 调整权重的技巧与思路

在 AI 图像生成中，通过调整提示词权重可以优化图像效果。使用快捷键（Ctrl + 上下方向键）为词语添加括号，可快速调整权重。初始生成图像后，根据效果加强或降低权重以精确修改元素，但需注意权重过高或过低可能导致元素消失或风格改变。若调整无效，可能是模型或 LoRA 缺乏相关训练素材，需更换底模并重新调整权重。

1. 调整权重的技巧

在正面或负面提示词中选择一个词语后，按住“Ctrl 键”和“上下方向键”按钮，可以快速为该词语添加括号，从而调整权重。

2. 调整权重的思路

首先，率先使用无权重的正面提示词生成图像；其次，根据生成图像的效果，加强或降低某些单词的权重，以精确修改图像效果；最后，降低权重会削弱图像元素，而提高权重则会增强元素。但如果权重降低过多，元素可能会完全消失；权重提高过多，则可能导致图像风格完全改变。例如，当权重提升至 1.6 时，图像可能会发生显著变化。

3. 调整权重失败的原因

如果使用较高权重值仍无法影响图像，可能是因为 LoRA 或模型中缺乏相关单词的训练素材。

例如，当提示词为“high definition, Jade texture, 1 female sculpture, surrounded by intricate carvings and sacred symbols, serene atmosphere with soft sunlight filtering through, mid-shot, elegant and mystical, realistic sculpture（高清，玉石质感，一个女性雕塑，周围有复杂的雕刻和神圣的符号，宁静的氛围，柔和的阳光透过，中景，优雅而神秘，逼真的雕塑）”时，虽然将“jade”的权重调至 1.7，但仍然无法得到白玉材质的效果，如图 2.2-10 所示。

这时，可以尝试更换底模并修改 LoRA 模型。在本案例中，将底模调整为“majicMIX realistic 麦橘写实”，LoRA 模型调整为玉石 LoRA 模型，将“jade”的权重调至 1.3，成功得到玉石材质的神女像，如图 2.2-11 所示。当权重进一步调至 1.6 时，效果更加理想，如图 2.2-12 所示。

图2.2-10

图2.2-11

图2.2-12

2.2.4 提示词顺序与注释对图像效果的影响

在生成图像时，提示词的使用至关重要，它直接影响图像的呈现效果。接下来深入探讨提示词顺序和注释的用法，了解如何通过调整顺序和添加注释，精准地控制图像生成，避免干扰，确保每个元素都能准确呈现。

1. 提示词顺序对图像效果的影响

在提示词中，排在前面的词汇权重更高。如果发现有些元素在图像里没有呈现出来，可以通过以下两种方式让它显现：一是采用叠加括号的方法；二是把该单词挪到句子前头。

当提示词为“high definition,cyberpunk cityscape , android detective,neon-lit skyscrapers and crowded streets,rainy night with lightning,wide-angle shot,gritty and atmospheric,digital art（高清、赛博朋克城市景观、机器人侦探、霓虹灯照亮的摩天大楼和拥挤的街道、闪电的雨夜、广角拍摄、粗犷而大气、数字艺术）”时，生成的图像如图 2.2-13 所示。

当提示词为“high definition, cyberpunk cityscape,rainy night with lightning,android detective,neon-lit skyscrapers and crowded streets,wideangle shot , gritty and atmospheric, digital art（高清、赛博朋克城市景观、闪电的雨夜、机器人侦探、霓虹灯照亮的摩天大楼和拥挤的街道、广角拍摄、粗犷而大气、数字艺术）”时，生成的图像如图 2.2-14 所示。

图2.2-13

图2.2-14

2. 提示词注释对图像效果的影响

有时单纯调整权重无法避免提示词之间的相互干扰，尤其是涉及颜色描述时，很容易误将一种颜色应用到其他主体上。此时，提示词注释就派上用场了，它能将不同主体的描述清晰分开，格式为“主体\（注释 1，注释 2）”。

当提示词为“A super delicate and confident woman, elegant white dress, holding a yellow hand-held flower, holding an umbrella, a small rain lawn wedding, romantic lighting, full body, charming and exquisite,（超细致、自信的女人、优雅的白色连衣裙、拿着黄色的手捧花，撑着伞、小雨草坪婚礼、浪漫的灯光、全身、迷人而精致，)”时，生成的图像如图 2.2-15 所示，可以看到图像中的裙子和伞也变成了黄色，但提示词中填入的是白色的连衣裙。

但如果使用提示词注释格式，将提示词调整为“A super delicate and confident woman\(elegant white dress, holding a yellow hand-held flower), holding an umbrella, a small rain lawn wedding, romantic lighting, full body, charming and exquisite,（超细致、自信的女人 \(优雅的白色连衣裙、拿着黄色的手捧花)，撑着伞、小雨草坪婚礼、浪漫的灯光、全身、迷人而精致，)”，则生成的图像中裙子变成了白色，并没有被黄色干扰，如图 2.2-16 所示。

图2.2-15

图2.2-16

2.3 常用核心节点

在上文中，已经对节点有了初步的了解，认识到节点在 ComfyUI 中的重要性。节点是搭建工作流的关键要素，因此，若想深入掌握 ComfyUI 的使用方法，熟悉各个核心节点是必不可少的。本文将对 ComfyUI 中常用的核心节点进行深入剖析，具体介绍如下。

2.3.1 输入节点

输入节点是 ComfyUI 工作流的起点，主要用于加载模型、文本提示和参考图像。例如，“Checkpoint 加载器（简易）”加载模型，“CLIP 文本编辑器”将文本提示转换为条件信息，“加载图像”导入参考图像。这些节点为后续的图像生成和处理提供了基础数据。

1. Checkpoint加载器（简易）

“Checkpoint 加载器（简易）”是 ComfyUI 中用于加载预训练模型的核心节点。它允许用户从本地文件中选择并加载 Stable Diffusion 模型（如 SDXL、SD1.5 等），为后续的图像生成任务提供基础模型支持。

该节点如图 2.3-1 所示。

图2.3-1

（1）功能与作用

模型权重加载：支持加载 .ckpt 或 .safetensors 格式的模型文件，如 SDXL 3.0 等。

多模态组件装配：同时加载并初始化 UNet 模型（用于去噪）、CLIP 文本编码器（用于处理提示词）和 VAE 解码器（用于图像解码）。

（2）扩展功能

支持加载 LoRA（模型微调权重）和 ControlNet（用于控制生成方向）。

提供配置文件支持，可适配特定模型的参数设置。

（3）输出

模型：UNet 模型，用于潜在空间图像的去噪。

CLIP：CLIP 文本编码器，将文本提示转换为语义向量。

VAE：变分自编码器，将潜在空间图像解码为像素图像。

2. CLIP文本编辑

“CLIP 文本编码”是 ComfyUI 中一个关键节点，用于将自然语言文本转换为模型可以理解的嵌入向量。这些向量用于指导扩散模型生成符合文本描述的图像，为图像生成提供语义信息。“CLIP 文本编码”节点如图 2.3-2 所示。

图2.3-2

（1）功能与作用

文本到向量的转换：“CLIP 文本编码”节点通过其内部的 Transformer 架构，将输入的文本提示（如“夕阳下的城市”）逐词处理并编码为高维向量（如 512 维或 768 维）。这些向量能够捕捉文本的语义信息，并用于引导图像生成。

权重控制与语法解析：该节点支持对提示词中的权重语法进行解析，从而实现对特定词汇的语义强调或弱化。通过插件，可以进一步优化权重控制，解决默认编码器在语法识别上的偏差。

多语言支持：虽然默认的 CLIP 模型主要支持英文输入，但通过扩展插件或使用多语言版本的 CLIP 模型，可以实现对其他语言的支持。

（2）输入

需要提供 CLIP 模型（clip）和要编码的文本（text）。文本可以是简单的描述性语句，也可以包含复杂的语义信息。

（3）输出

生成一个条件向量，该向量用于指导后续的图像生成过程。

Tips

对于非常长的文本提示，CLIP 的表现可能受限，此时可以考虑结合其他文本编码器（如 T5）。

3. 加载图像

在 ComfyUI 中，“加载图像”节点是用于将本地图像文件导入工作流的关键节点。支持从本地选择或上传图像文件，支持常见的图像格式。如果图像包含透明区域，可以自动生成遮罩，用于后续的局部重绘或蒙版编辑。加载的图像可以在节点中预览，并且可以通过右键选择“Open in MaskEditor”进入遮罩编辑器进行手动绘制或修改。

（1）功能与作用

加载图像：支持从本地选择或上传图像文件，支持常见的图像格式（如 PNG、JPG、WEBP 等）。

生成遮罩：如果图像包含透明区域（如 PNG 图像的 alpha 通道），可以自动生成遮罩，用于后续的局部重绘或蒙版编辑。

预览与编辑：加载的图像可以在节点中预览，并且可以通过右键选择“Open in MaskEditor”进入遮罩编辑器进行手动绘制或修改。

（2）输入

选择图像：点击节点中的“选择文件上传”按钮，选择本地图像文件。

（3）输出

连接输出：将“加载图像”节点的“图像”输出端口或“遮罩”输出端口连接到后续处理节点，如“VAE 编码器、图像增强或预览”节点。

（4）注意事项

默认情况下，上传的图像会保存到 ComfyUI 的 input 文件夹中。如果需要对图像进行局部编辑，可以结合遮罩功能使用。加载的图像可以作为多个处理链路的输入，例如同时用于样式注入或局部放大。“加载图像”节点如图 2.3-3 所示。

图2.3–3

2.3.2 处理节点

处理节点是 ComfyUI 的核心部分，用于对输入数据进行处理和生成。例如，“K 采样器”节点通过去噪生成图像，“ControlNet”节点提供额外的控制信号以引导生成过程。这些节点通过复杂的算法和参数设置，实现图像的生成和优化。

1. K采样器

“K 采样器”节点是 ComfyUI 中用于生成图像的核心节点，负责将随机噪声逐步转换为符合提示词的图像。它通过去噪过程，结合正向和负向条件，生成最终的潜空间图像。“K 采样器”如图 2.3-4 所示。

图2.3–4

（1）功能与作用

噪声控制：根据设定的“种子”和“降噪”参数，对潜空间图像添加噪声并逐步去除。

条件引导：结合“正面条件”和“负面条件”，指导图像生成的方向。

风格与质量调节：通过调整“步数”“cfg”和“采样器名称”，可以控制图像生成的风格、细节和质量。

（2）输入

模型：用于去噪的模型。

正面条件：定义希望图像中包含的内容。

负面条件：定义希望图像中排除的内容。

（3）参数

latent 图像：输入的潜空间图像，可以是空白潜空间或已有的图像。

种子：随机种子，用于生成初始噪声，相同的种子在相同条件下可生成相同的图像。

control_after_generate：控制种子在生成后的变化方式（固定、随机、递增、递减）。

步数：去噪过程中的迭代步数，步数越多，图像细节越丰富。通常设置在 10 ~ 50 之间，步数过高会增加生成时间。

cfg：控制提示词对生成图像的影响强度，过高可能导致图像质量下降。建议设置在 6 ~ 8 之间，以平衡提示词的指导性和图像质量。

采样器名称：选择的采样器类型，影响生成的速度和质量。Euler 是默认且较为平衡的选择，其他采样器可根据需求使用。对于 dpmpp 系列推荐 karras(首选),exponential,sgm_uniform,simple 对于效率模型使用 sgm_uniform,simple,ddim_uniform, 可以最快速度生成图像 normal 作为次优选择，不推荐 karras,exponential。

调度器：调度器类型，控制去噪过程的节奏。

降噪：降噪强度，决定去除多少比例的噪声。

（4）输出

Latent：经过去噪处理后的潜空间图像，需通过“VAE 解码”节点转换为最终的像素图像。

2. 空Latent图像

“空 Latent 图像”节点是 ComfyUI 中用于生成初始潜空间图像的节点。它为图像生成流程提供了一个空白的“画布”，后续可以通过采样器节点将其逐步转换为具体的图像内容。“空 Latent 图像”节点如图 2.3-5 所示。

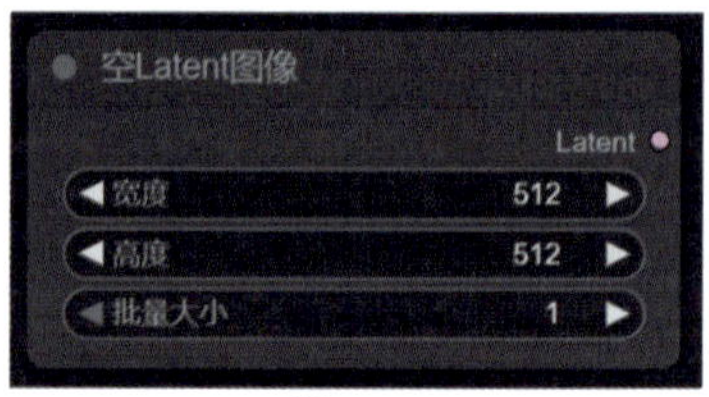

图2.3–5

（1）功能与作用

生成潜空间图像：创建一个空白的潜空间图像，作为图像生成的起点。

自定义尺寸与分辨率：允许用户指定生成图像的宽度、高度和批次大小，以满足不同的生成需求。

兼容性：生成的潜空间图像可以直接连接到采样器节点，作为生成图像的基础输入。

（2）参数

宽度：生成图像的宽度（以像素为单位）。

高度：生成图像的高度（以像素为单位）。

批量大小：生成图像的批次大小，通常用于批量生成多张图像。

（3）输出

Latent：生成的空白潜空间图像，可以直接用于后续的图像生成流程。

Tips

尺寸限制：生成的潜空间图像尺寸需符合模型支持的范围（如 SDXL 支持的最大尺寸为 2048x2048）。确保潜空间图像的格式与加载的模型兼容，否则可能导致生成失败。较大的图像尺寸或较高的批次大小会增加生成时间和内存占用，需根据硬件性能合理设置。

3. 图像缩放

图像缩放节点是 ComfyUI 中用于调整图像尺寸的实用工具节点。它允许用户在工作流中对图像进行放大或缩小操作，以满足不同的生成需求或优化图像质量。“图像缩放”节点如图 2.3-6 所示。

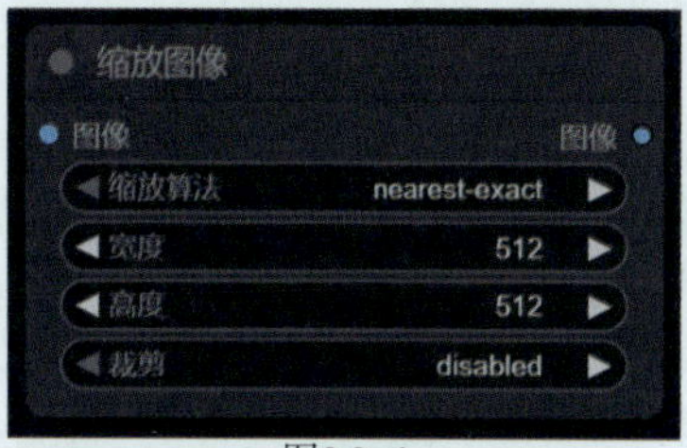

图2.3–6

（1）功能与作用

调整图像尺寸：可以将图像放大或缩小到指定的宽度和高度，同时保持图像的视觉质量。

支持多种插值算法：提供多种插值方法（如最近邻、双线性、双三次插值等），以适应不同的缩放需求。

灵活的尺寸控制：用户可以指定目标宽度和高度，也可以选择按比例缩放，确保图像的宽高比保持一致。

（2）输入

Image：需要进行缩放的输入图像。

（3）参数

缩放算法：用于放大或缩小图像，不同算法影响质量、细节和速度。

Nearest-exact：速度快，但像素化严重，适合对质量要求不高的场景。

Bliinear：过渡平滑，细节稍模糊，适合一般场景。

Area：保持细节，适合缩小图像。

Bicubic：过渡更平滑，细节保留好，但速度较慢，适合高质量场景。

Lanczos：细节保留最佳，但计算量大，速度最慢，适合高质量放大。

宽度：目标宽度（以像素为单位）。

高度：目标高度（以像素为单位）。

裁剪：调整图像以适配目标尺寸。

Disabled：直接拉伸，可能变形。

Center：从中心裁剪多余部分，避免变形，但可能裁掉内容，需谨慎使用。

（4）输出

图像：经过缩放后的图像。

Tips

插值方法选择：不同的插值方法会影响图像质量。例如，双三次插值适合高质量放大，而最近邻插值适合像素风格。在选择“Fit to Width/Height”模式时，节点会自动调整图像的宽高比以避免变形。较大的图像尺寸会增加处理时间和内存占用，需根据硬件性能合理设置。

2.3.3 输出节点

输出节点是 ComfyUI 工作流的终点，用于将处理后的图像输出为最终结果。例如，“VAE 解码”将潜空间图像解码为像素图像，“保存图像”或“预览图像”节点用于保存或预览图像。这些节点确保用户可以查看和保存生成的图像

1. VAE解码

“VAE 解码”节点是 ComfyUI 中用于将潜在空间图像解码为像素空间图像的关键节点。它在图像生成流程中扮演着“翻译官”的角色，将经过采样器处理的压缩数据转换为可视化的图像。“VAE 解码”节点如图 2.3-7 所示。

图2.3-7

(1) 功能与作用

解码潜在图像：将来自采样器的潜在空间图像解码为像素图像，使其能够被保存或预览。

支持多种 VAE 模型：可以使用大模型自带的 VAE，也可以加载独立的优化版 VAE 文件，以提升细节解码效果。

(2) 输入

Latent：输入的潜在空间图像，通常来自“K 采样器”节点。

vae：指定用于解码的 VAE 模型，可以是默认加载的模型，也可以是独立加载的优化版 VAE。

(3) 输出

图像：解码后的像素图像，可以直接连接到保存或预览节点。

> **Tips**
>
> 模型兼容性：确保加载的 VAE 模型与大模型版本匹配，避免因版本不一致导致的解码错误。显存优化：对于高分辨率图像，可使用分块解码（Tiled Decode）节点，以降低显存占用。部分优化版 VAE（如 TAESD）可加速解码，但可能牺牲部分细节。

2. 保存图像

“保存图像”节点是 ComfyUI 中用于将生成的图像保存到本地文件系统中的节点。它是工作流的最后一个环节，确保用户可以将生成的图像永久存储或进一步使用。“保存图像”节点如图 2.3-8 所示。

图2.3-8

(1) 功能与作用

保存生成的图像：将像素空间图像从 VAE 解码节点输出保存为常见的图像格式。

自定义保存路径：允许用户指定保存图像的文件夹路径。

自动命名：支持自动生成文件名，也可以手动指定文件名。

批量保存：如果输入图像为批次生成（如批量生成多张图像），可以依次保存每张图像。

(2) 输入

图片：需要保存的像素图像，通常来自 VAE 解码节点的输出。

(3) 输出

默认保存到 ComfyUI 的输出目录。

Tips

确保指定的保存路径是有效的，并且程序有权限写入。选择合适的格式，例如 PNG 适合高质量保存，JPG 适合压缩后保存。如果指定的文件名已存在，系统可能会自动重命名或覆盖，具体行为取决于 ComfyUI 的配置。如果输入图像为批次生成，确保路径和文件名设置能够支持批量保存。

3. 预览图像

“预览图像”节点是 ComfyUI 中用于实时查看图像生成结果的节点。它允许用户在工作流中快速检查生成的图像，而无须保存到本地，从而提高调试和优化的效率。“预览图像”节点如图 2.3-9 所示。

图2.3-9

（1）功能与作用

实时预览：在工作流运行时，即时显示生成的图像，方便用户快速检查生成效果。

支持多种格式：可以直接预览像素空间图像（如从 VAE 解码节点输出的图像）。

交互式查看：支持放大、缩小和拖动图像，方便用户仔细检查图像细节。

多图像预览：如果输入为批次生成的多张图像，可以逐个查看每张图像。

（2）输入

图像：需要预览的像素图像，通常来自 VAE 解码节点的输出。

（3）输出

无直接输出：预览图像节点主要用于显示图像，不生成文件或数据流输出。

Tips

预览图像节点显示的是工作流运行时的即时结果，不会保存到本地。预览图像的质量通常与实际保存的图像一致，但可能会因显示设备的限制而略有差异。

多图像查看：如果输入为批次生成的多张图像，确保节点能够正确处理并显示每张图像。预览图像节点主要用于调试和优化生成效果，建议在最终保存图像前使用。

2.4 工作流完善的步骤与技巧

在运用工作流进行视觉创作的过程中，无论是基于文本的生成模式，还是以图像为起点的衍生模式，工作流的完善都是不可或缺的关键环节。若缺乏合理而高效的工作流设计，往往难以实现预期的生成效果。因此，每一位致力于运用 SD 技术的创作者，都必须深入理解和掌握工作流完善的步骤与技巧，这不仅是提升作品质量的重要途径，更是发挥技术潜力的必要前提。

2.4.1 文生图工作流的节点选择

文生图工作流是基于输入文字生成图片的过程。在工作流中，可以分为三部分，第一部分为准备阶段；第二部分为潜空间去噪阶段；第三部分为输出阶段，是准备节点选择是关键环节，以下是具体步骤。

步骤 01 首先需要加载大模型，鼠标左键双击空白处，在弹出的搜索框中输入“Checkpoint”，在搜索框下方节点中单击添加“Checkpoint 加载器（简易）”节点，如图 2.4-1 所示。

图2.4–1

步骤 02 由于 SD 绘图依赖于潜在空间，因此需要先建立潜在空间，也就是采样器。添加节点还有两种方式：方法一，鼠标右键单击空白处，在弹出的子菜单中执行“添加节点→采样→ K 采样器”操作，添加“K 采样器”节点，如图 2.4-2 和图 2.4-3 所示；方法二，在左侧节点库中直接搜索“K 采样器”节点并添加，如图 2.4-4 所示。可根据个人感受使用步骤 01 和步骤 02 中提到的第三种添加节点方式。

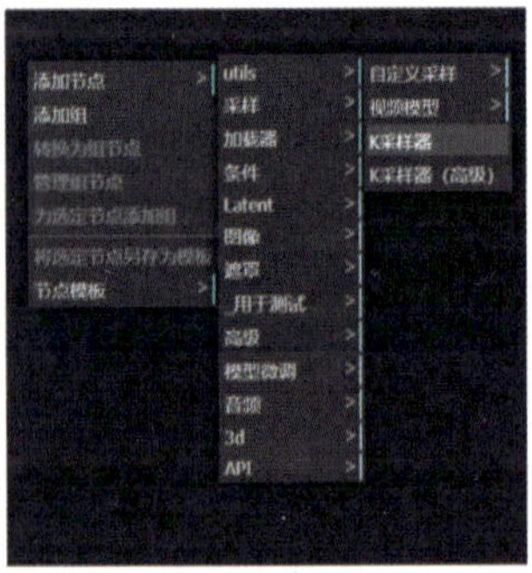

图2.4–2

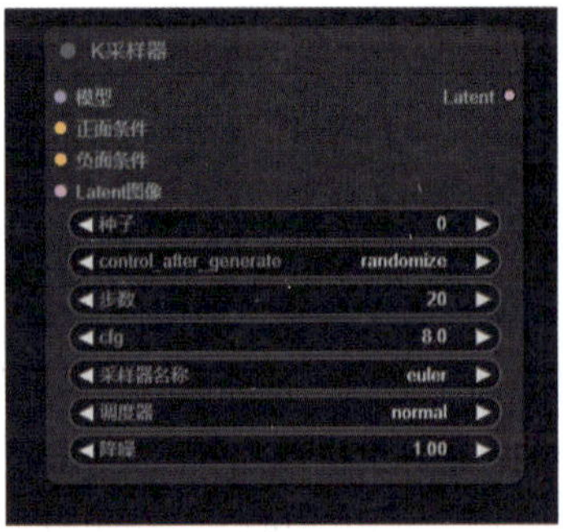

图2.4–3

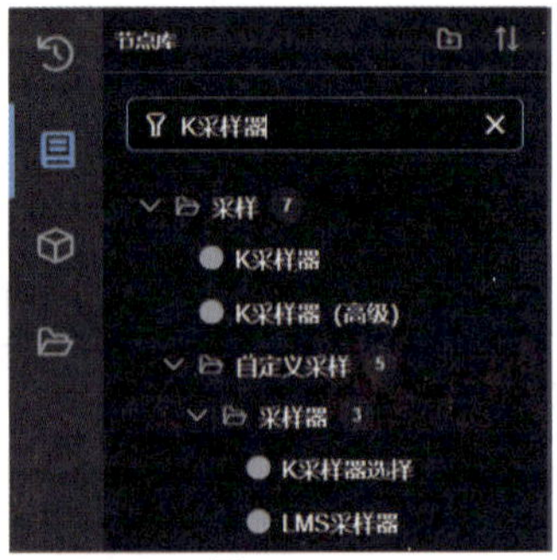

图2.4–4

步骤 03 通过“K 采样器”节点，可以知道潜空间输入默认包含四项：模型、正面条件、负面条件和空 Latent 图像。其中，“Checkpoint 加载器（简易）”节点已添加；“正面条件”和“负面条件”均需要“CLIP 文本编辑器”节点来定义，其节点如图 2.4-5 所示；而“Latent”则需要通过“空 Latent”节点来调整画布大小，其节点如图 2.4-6 所示。

图2.4–5

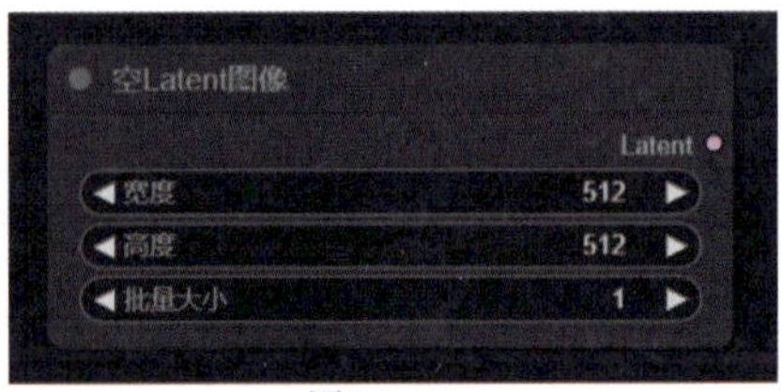

图2.4–6

步骤 04 将潜在空间中绘制的图片解码，需要新建“VAE 解码”节点，通常直接使用大模型中的 VAE 进行解码，“VAE 解码”节点如图 2.4-7 所示。为了查看生成的图像效果，还需要新建“预览图像”

节点来显示图像，“预览图像”节点如图 2.4-8 所示。

图2.4–7

图2.4–8

2.4.2 文生图工作流的节点连接

在完成文生图工作流所需节点的创建后，接下来需要将这些节点按照生成图像的流程进行连接，从而搭建完整的工作流。

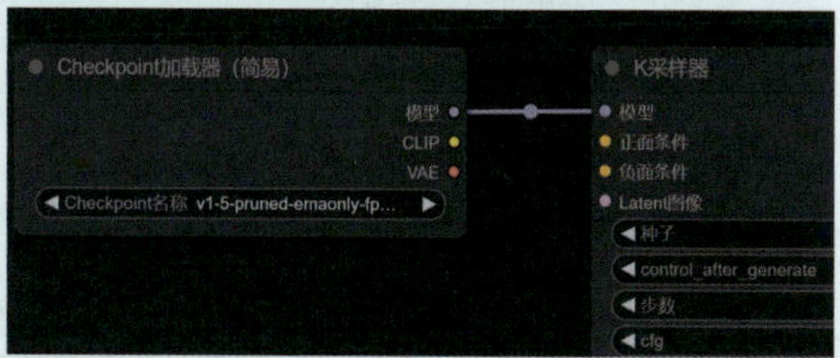

图2.4–9

步骤 01 连接模型节点，将“Checkpoint 加载器（简易）”节点的“模型”输出端口连接到“K 采样器”的“模型”输入端口。如图 2.4-9 所示。

步骤 02 “CLIP”节点的作用是将输入的文本编译为大模型可以听得懂的“语言”。将“CLIP”输出端口分别连接至两个“CLIP 文本编辑器”节点的“CLIP”输入端口，并将两个“CLIP 文本编辑器”节点分别命名为“正向提示词”和“反向提示词”，如图 2.4-10 所示。

图2.4–10

步骤 03 由于该工作流为文生图工作流，所以需要“空 Latent”节点提供画布，将“空 Latent”节点的“Latent”输出端口连接到“K 采样器”节点的“Latent 图像”输入端口，如图 2.4-11 所示。

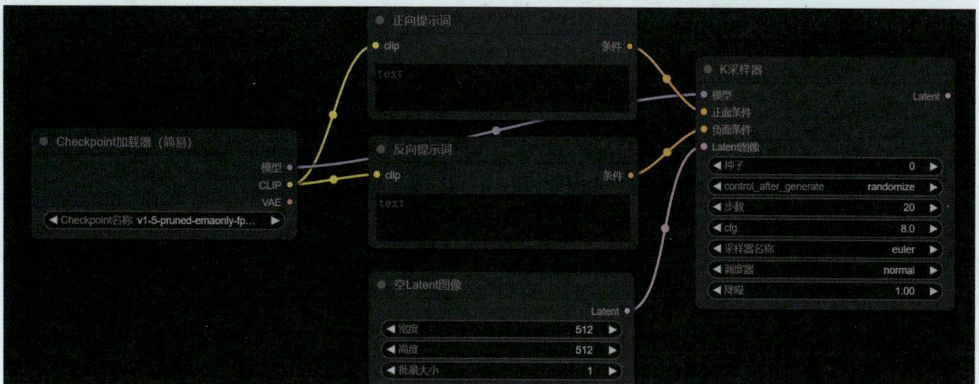

图2.4–11

步骤 04 接下来需要将潜空间中生成的图像，转换为像素空间的图像。需要在目前的工作流中加入“VAE 解码”节点。

将“Checkpoint 加载器（简易）”节点的“VAE”输出端口连接到“VAE 解码”的“VAE”输入端口。

将“K 采样器”节点的“Latent”输出端口连接到“VAE 解码”的“Latent”输入端口。如图 2.4-12 所示。

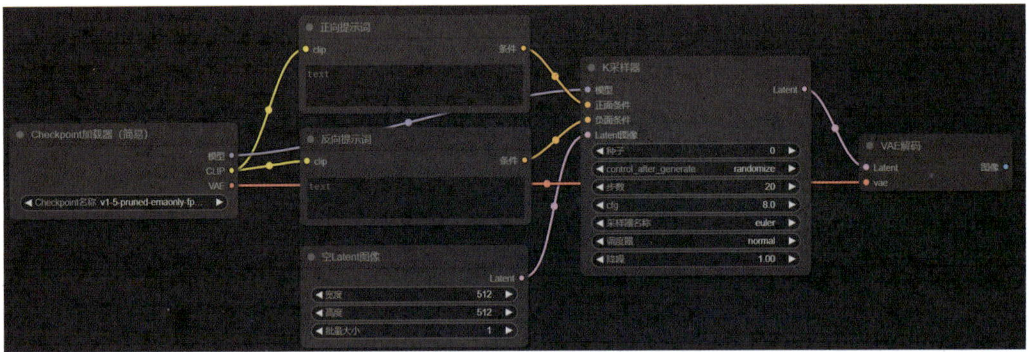

图2.4–12

步骤 05 将“VAE 解码”节点的“图像”输出端口连接到“预览图像”节点的“图像”输入端口。至此，完整文生图工作流节点如图 2.4-13 所示。设置好相关参数后，点击“添加提示词队列”，即可开始生成图像。

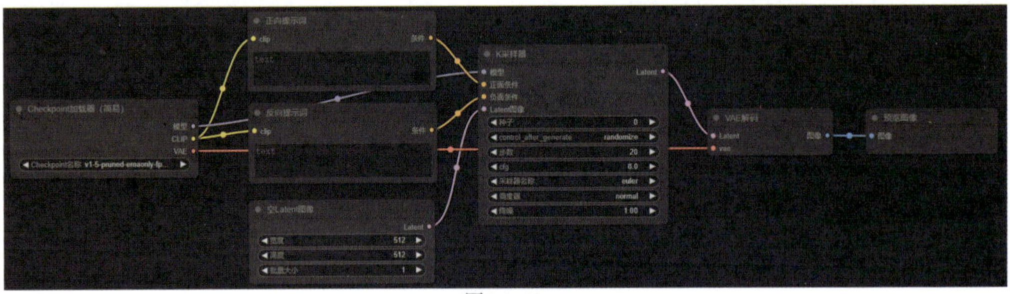

图2.4–13

2.4.3 文生图工作流案例实操

接下来，通过生成牛仔女孩的案例实操，进一步掌握文生图工作流的使用方法，具体步骤如下。

步骤 01 选择合适的写实大模型，在本案例中，使用了“majicmixRealistic_v7.safetensor”作为 Checkpoint 模型，如图 2.4-14 所示。

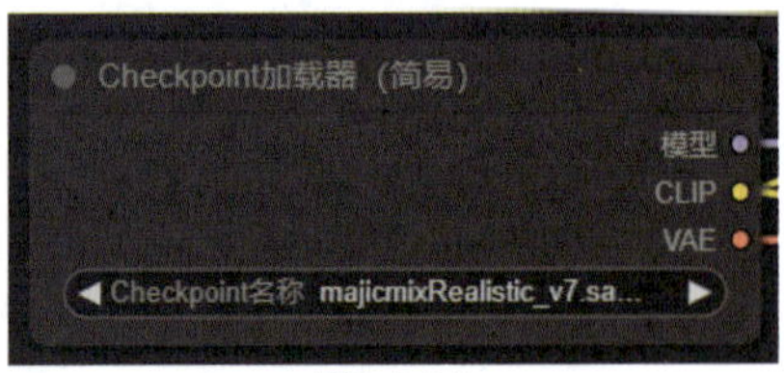

图2.4–14

步骤 02 在正向提示词框中输入描述牛仔女孩的关键词：“masterpiece,best quality,official art,extremely detailed CG unity 8k wallpaper,absurdres,8k resolution,exquisite facial features,A girl solo,night,stars,sky,cowboy shot”；在负向提示词框中输入低质量画面的提示词：“breast,lowres,text,error,extra digit,fewer digits,cropped,worst quality,low quality,normal quality,jpeg”，如图 2.4-15 所示。

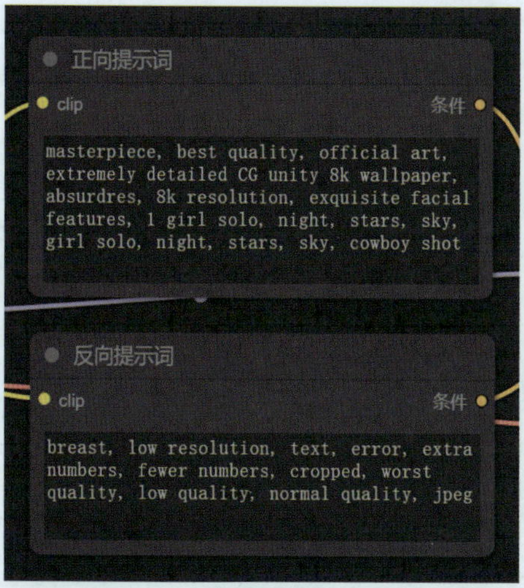

图2.4–15

步骤 03 在“空 Latent”节点中将生成图像的宽度调整为 512，高度调整为 768，批量大小为 1，如图 2.4-16 所示。

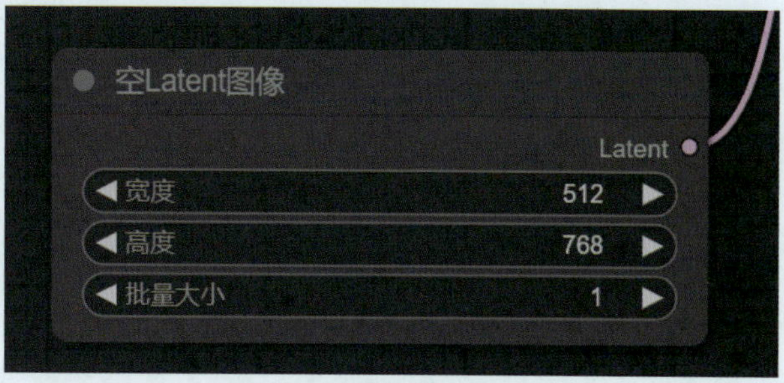

图2.4–16

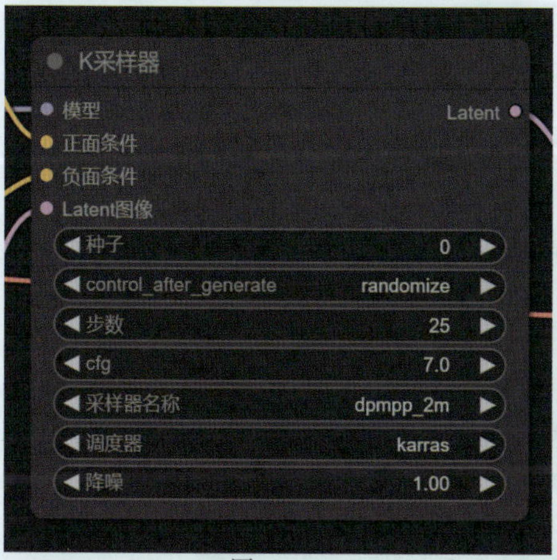

图2.4–17

步骤 04 在“K 采样器”节点中，将“种子”调整为 0；“control_after_generate” 调整为 “randomize”；“步数”调整为 25；“CFG”调整为 7；“采样器名称”调整为“dpmpp_2m”；“调度器”调整为“karras”；“降噪”调整为 1，如图 2.4-17 所示。

步骤 05 单击画面下方中间的“执行”按钮，启动该文生图工作流，生成牛仔女孩图片，如图 2.4-18 所示。

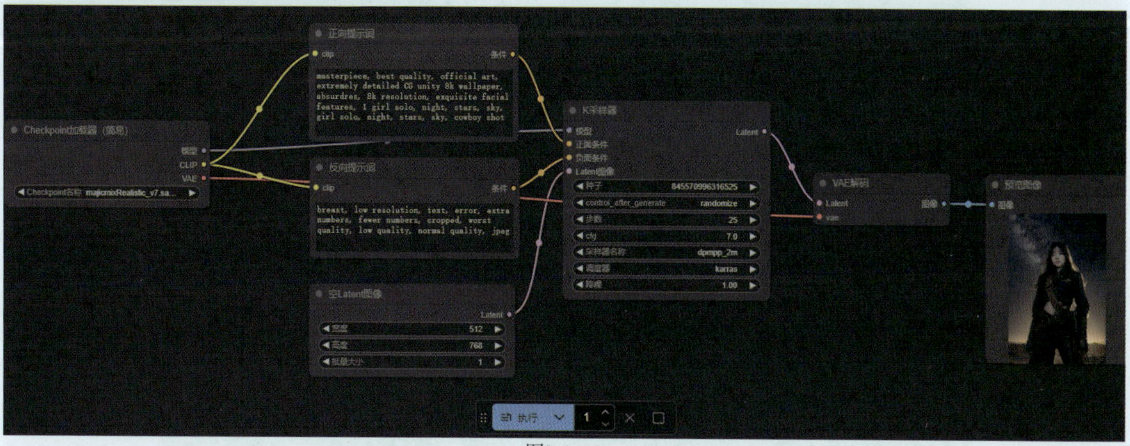

图2.4–18

步骤 06 若需保存图像，可在“预览图像”节点中使用鼠标右键单击图像，选择“Save Image”选项，如图 2.4-19 所示。

图2.4–19

通过以上步骤，成功实践文生图工作流。后续学习中，可在该工作流基础上添加新节点，并将新增节点连接至采样器进行处理。熟练掌握文生图工作流对后续学习至关重要。

2.4.4 提示词翻译节点的使用

在使用 ComfyUI 时，如果英语水平有限，编写提示词需要在翻译软件和 ComfyUI 之间反复切换，操作十分繁琐。虽然有一些 tag 补全插件，但它们是基于本地词库进行对照翻译的，如果词库中没有某个词，就无法完成翻译。

为了解决这个问题，AlekPet 扩展节点可以将中文提示词直接转换为英文提示词，使用起来非常方便。以下是具体的操作步骤。

步骤 01 打开 ComfyUI 界面，单击右上角的“Manager”按钮，在弹出的页面中单击“Custom Nodes Manager”按钮，弹出插件页面，在搜索框中输入“AlekPet”即可看搜索结果，如图 2.4-20 和图 2.4-21 所示。

图2.4–20

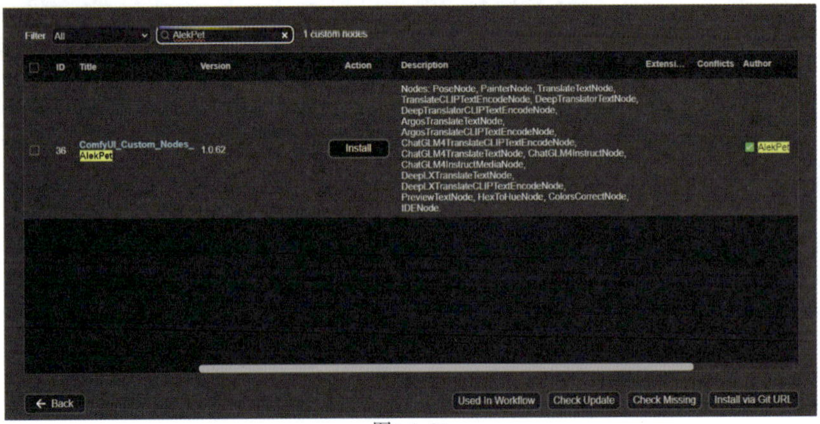

图2.4–21

步骤 02 单击“Install”按钮，在弹窗中选择版本，本案例中选择了 1.0.60，如图 2.4-22 所示。随后单击“Select”按钮，稍等片刻后，在“Install”按钮处出现“Restart Required”时，单击该页面左下角的“Restart”按钮，如图 2.4-23 所示，重启 ComfyUI，完成“AlekPet”节点的安装。

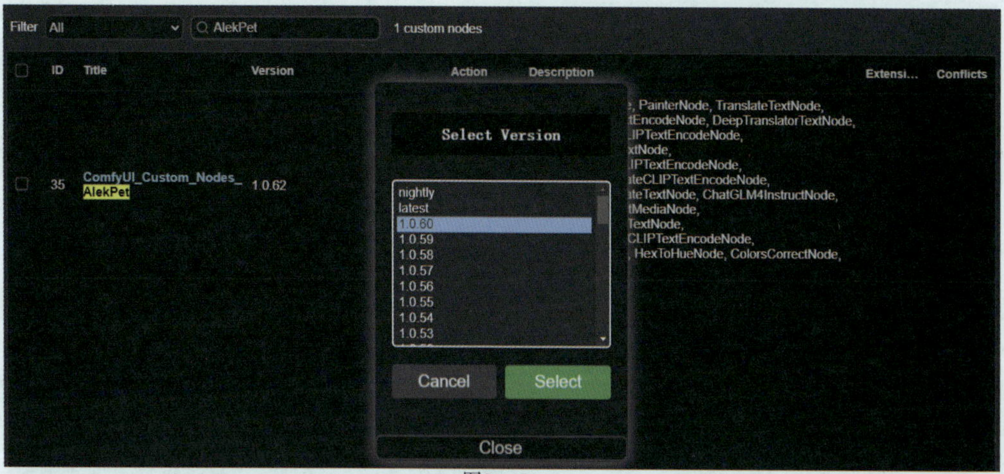

图2.4–22

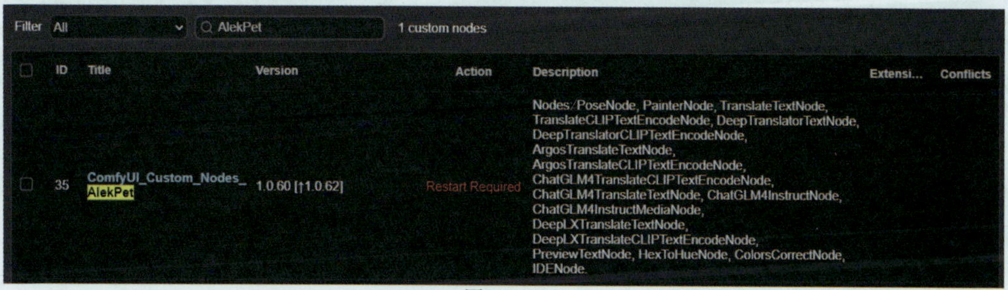

图2.4–23

步骤 03 鼠标左键双击空白处，在弹出的搜索框中输入“argos”，即可看到“Argos Translate Text Node”节点，如图 2.4-24 所示。添加该节点，如图 2.4-25 所示。

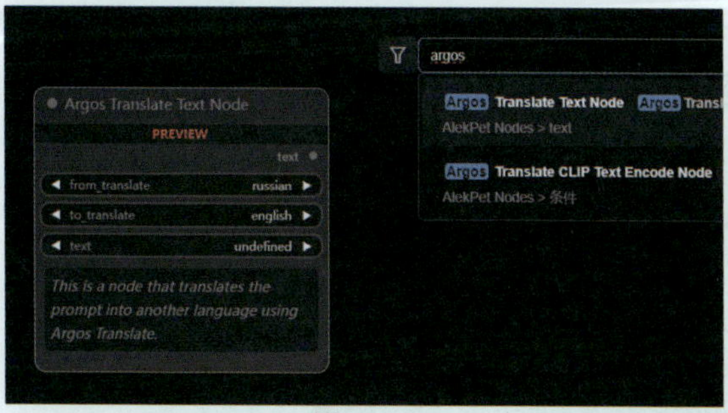

图2.4–24

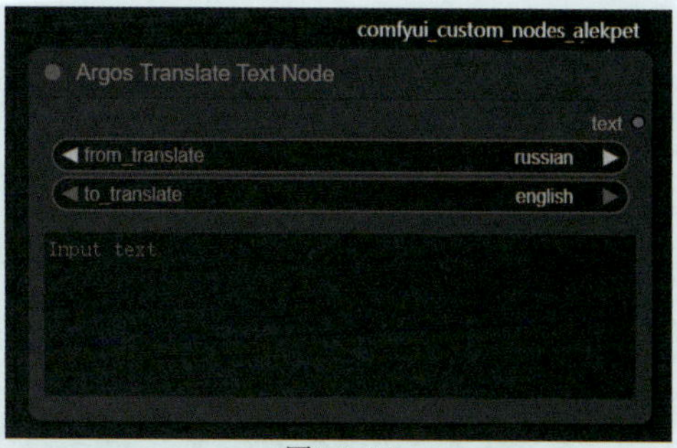

图2.4–25

步骤 04 鼠标左键双击空白处，在弹出的搜索框中输入“preview”，即可看到“Preview Text Node”节点，如图 2.4-26 所示。添加该节点，如图 2.4-27 所示。

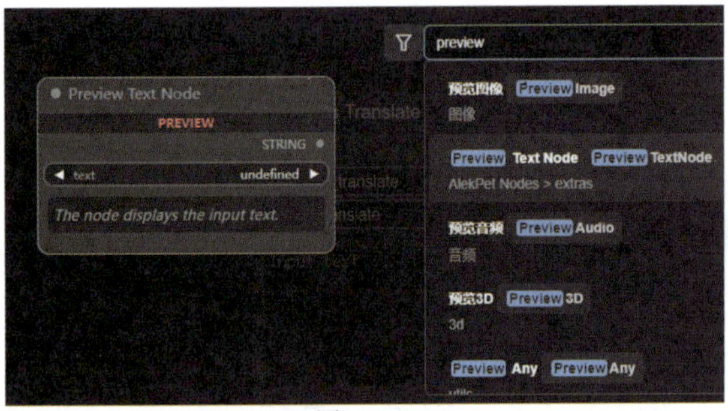

图2.4–26

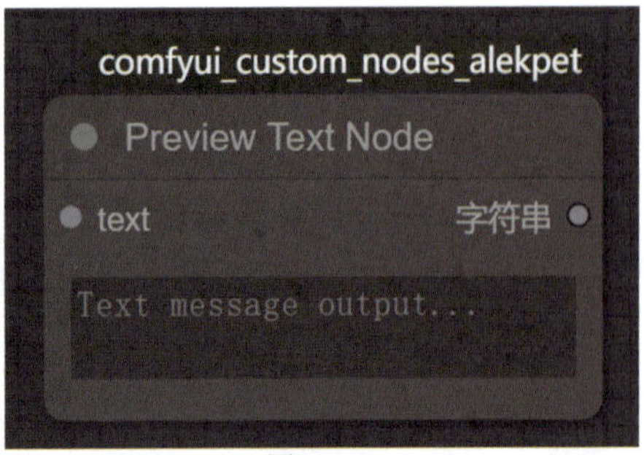

图2.4–27

步骤 05 按照需求，将“Argos Translate Text Node”节点设置为从“chinese(traditional)”到“english”，并将“Argos Translate Text Node”节点的“text”输出端口连接至“Preview Text Node”节点的“text”输入端口，如图 2.4-28 所示。

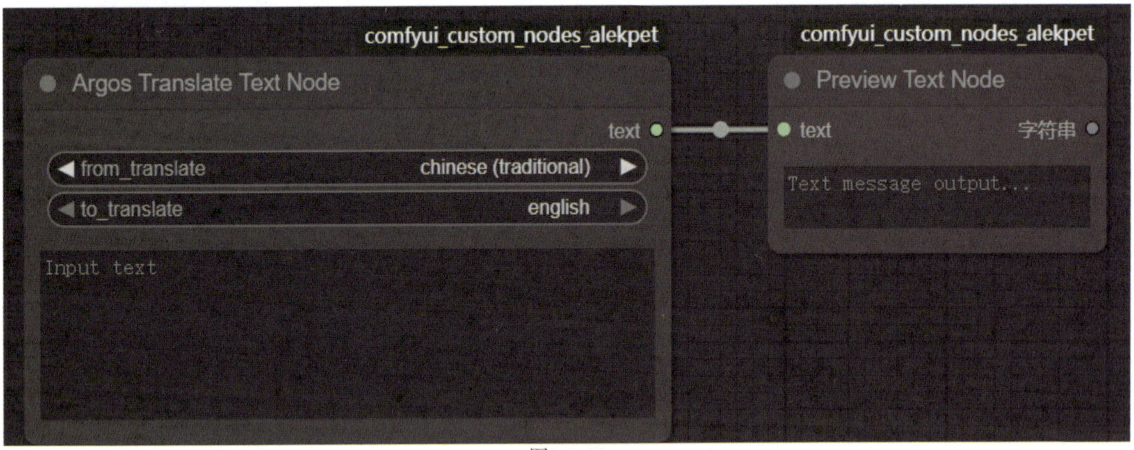

图2.4–28

步骤 06 在“Argos Translate Text Node”节点文本输入框中输入提示词“最佳质量，一个女生，衬衫，牛仔裤，长发，影棚拍摄”，单击“运行”等待翻译完成后，“Preview Text Node”节点显示翻译后的英文提示词，如图 2.4-29 所示。

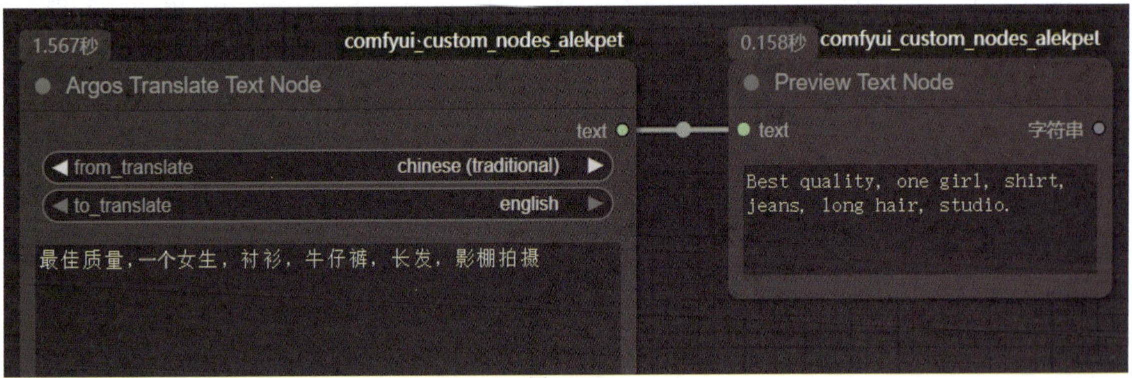

图2.4–29

步骤 07 翻译完成后的提示词需连接到“CLIP 文本编码器”节点，新建“CLIP 文本编码器”节点，将“Preview Text Node”节点的“字符串”输出端口连接至“文本”输入端口，如图 2.4-30 所示。

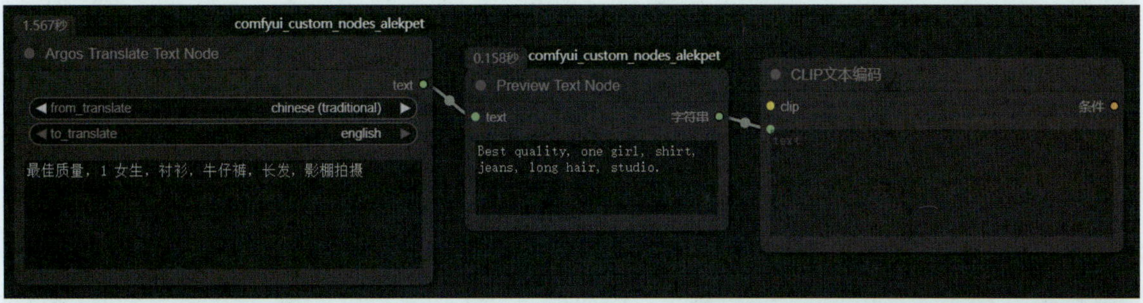

图2.4-30

步骤 08 若无须查看翻译后的英文提示词，可直接新建“Argos Translate CLIP Text Node”节点，并将节点设置为从“chinese(traditional)”到“english”，如图 2.4-31 所示。

步骤 09 加载文生图工作流，因“Argos Translate CLIP Text Node”节点本身就是“CLIP 文本编码”节点，直接删除正负提示词“CLIP 文本编码器”节点，替换为“Argos Translate CLIP Text Node”节点，如图 2.4-32 所示。

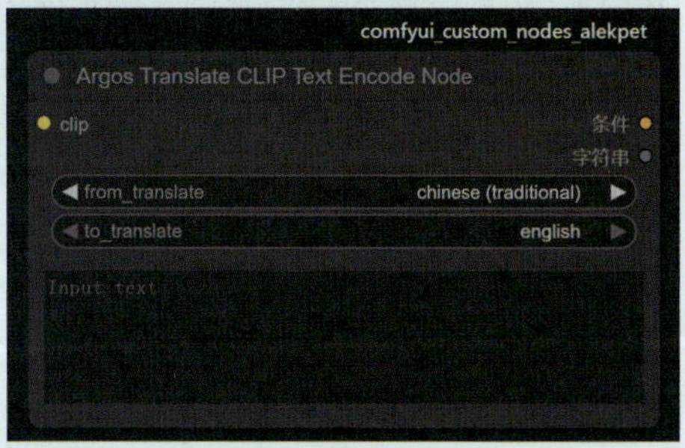

图2.4-31

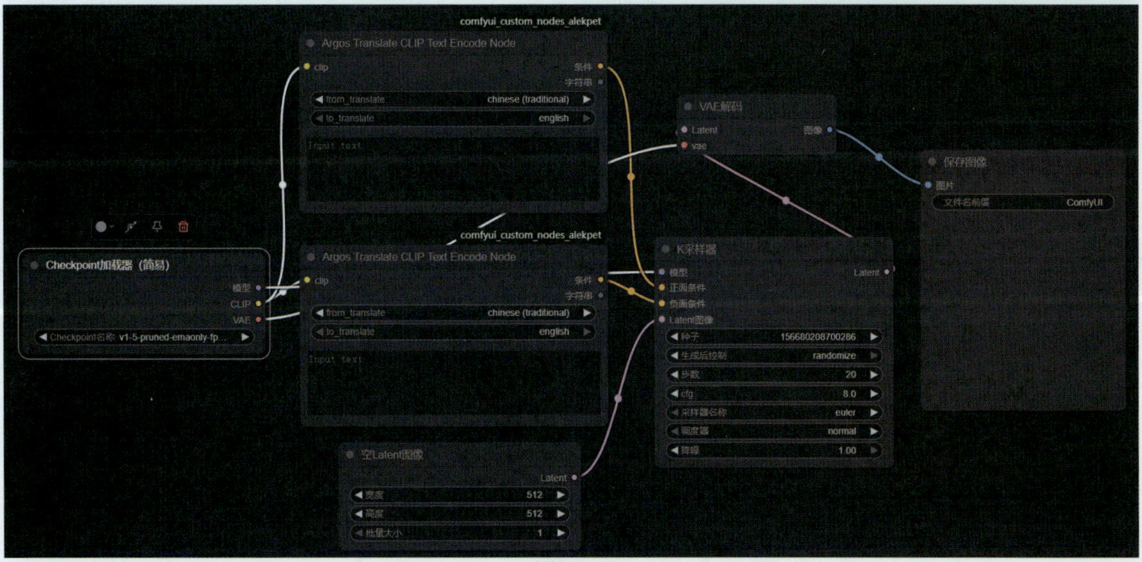

图2.4-32

步骤 10 设置文生图工作流参数，在正向提示词文本框中输入“最佳质量，一个女生，衬衫，牛仔裤，长发，影棚拍摄”，在反向提示词文本框中输入“低分辨率，文本，裁剪，最差质量”，如图 2.4-33 所示。单击“运行”按钮，即可生成根据中文提示词引导的图像。

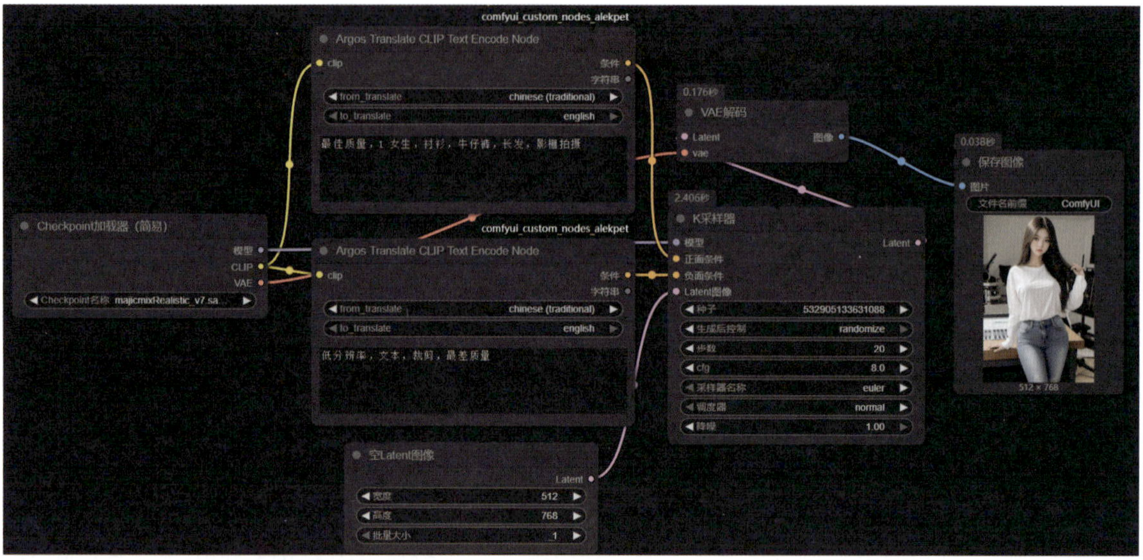
comfyui_custom_nodes_alekpet
Argos Translate CLIP Text Encode Node
clip
条件
字符串
from_translate
chinese (traditional)
to_translate
english
最佳质量，1女生，衬衫，牛仔裤，长发，影棚拍摄
0.176秒
VAE解码
Latent
vae
图像
0.038秒
保存图像
图片
文件名前缀
ComfyUI
512 × 768
Checkpoint加载器（简易）
模型
CLIP
VAE
Checkpoint名称
majicmixRealistic_v7.sa...
comfyui_custom_nodes_alekpet
Argos Translate CLIP Text Encode Node
clip
条件
字符串
from_translate
chinese (traditional)
to_translate
english
低分辨率，文本，裁剪，最差质量
2.406秒
K采样器
模型
正面条件
负面条件
Latent图像
Latent
种子
532905133631088
生成后控制
randomize
步数
20
cfg
8.0
采样器名称
euler
调度器
normal
降噪
1.00
空Latent图像
Latent
宽度
512
高度
768
批量大小
1
图2.4-33

3

第 3 章

图生图工作流

在 ComfyUI 的创作生态系统中，图像生成图像（Image-to-Image，简称 I2I）工作流是实现高效图像创作的关键工具之一。相较于文本生成图像（Text-to-Image），图像生成图像工作流更注重于使用既有的图像作为输入，借助 AI 模型的处理与优化，创造出新的图像内容。本章节将深入探讨图像生成图像工作流的核心技术与实用技巧，以掌握高效、专业的图像生成图像创作方法。

3.1 图生图常规流程解析

图生图工作流的基本流程包括输入图像的预处理、模型的调用以及输出图像的生成。从输入图像的准备到最终生成图像的优化，每一步都为创作者提供了实现高效创作的可能性。然而，要充分发挥图生图工作流的潜力，关键在于合理选择和配置工作流中的节点。节点的选择不仅决定了图像处理的具体路径，还直接影响生成结果的质量和效率。

3.1.1 图生图工作流的节点选择

图生图工作流相较于文生图工作流，仅在流程中新增了图片上传与图片编码的环节，其余环节保持了高度的一致性。对节点选择的具体流程如下。

1. 上传图像并进行编码

在 ComfyUI 中，实现图像生成的前提是必须上传图片，即执行图像加载操作。为此，需创建“加载图像”节点，其创建路径位于“新建节点”菜单下的“图像”分类中的“加载图像”。

加载后的图像以像素形式呈现，但“K 采样器”节点仅能处理数字化图像。因此，必须对图像进行数字编码，需要创建“VAE 编码”节点。该节点的创建路径位于“新建节点”菜单下的“Latent”分类中的“VAE 编码”。

需特别注意，先前在核心节点部分介绍的是“VAE 解码”节点，其功能与“VAE 编码”节点相对，切勿混淆。新创建的“加载图像”节点和“VAE 编码”节点如图 3.1-1 所示。

图3.1–1

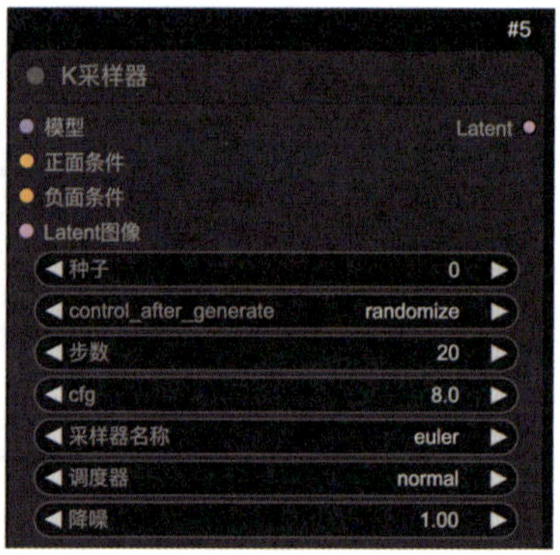

图3.1–2

2. 建立潜空间

Stable Diffusion 的绘图都是建立在隐空间绘制的，该过程依赖于搭建一个隐含空间，即采样器。在此，选择“K 采样器”作为实现工具。因此，将搭建一个“K 采样器”节点，如图 3.1-2 所示。

3. 潜空间输入

通过“K 采样器”节点观察，潜空间的输入默认包含四项，分别为“模型”“正面条件”“负面条件”和“Latent”。其中，“模型”需指定一个去噪潜在变量模型，即“Checkpoint 加载器（简易）”节点；“正面条件”指的是在生成图像过程中期望呈现的元素，需通过“CLIP 文本编辑器”节点提供相应的条件输入；相对地，“负面条件”则指在图像生成中希望避免出现的元素，同样需要借助“CLIP 文本编辑器”节点作为条件输入；“Latent”为潜空间绘图的画布大小，即生成图像的分辨率。

在本案例中，生成图像的尺寸与原图像尺寸相同，因此无须创建“空 Latent”节点，直接采用已编码的图像即可。具体节点的创建方式如图 3.1-3 所示。

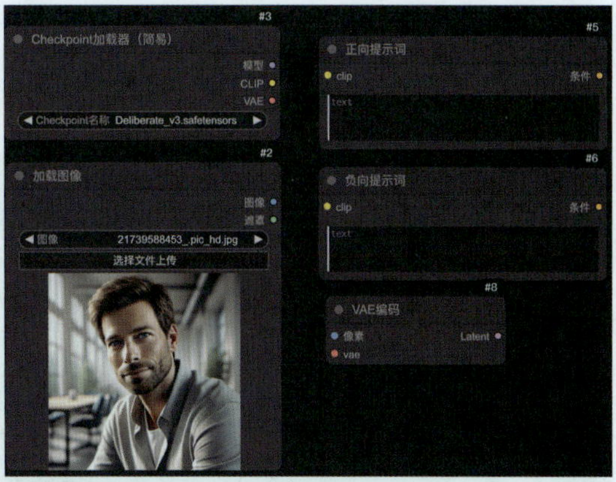

图3.1–3

4. 潜空间图像解码并预览

对潜在空间图像进行解码与预览的过程。为实现潜在空间绘制图像的解码，必须搭建一个“VAE 解码”节点。此节点仅提供输入与输出接口，不包含任何处理单元，因此必须与 VAE 解码模型进行连接。在大多数情况下，会直接利用大型模型内置的 VAE 解码功能。为了能够观察到最终生成图像的效果，还需搭建一个“预览图像”节点以展示生成的图像。新建节点如图 3.1-4 所示。

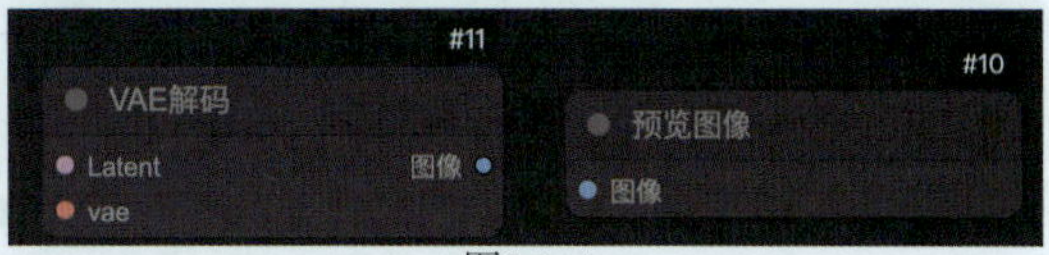

图3.1–4

3.1.2 图生图工作流节点的连接

图生图工作流所需的节点已创建结束，接下来需将这些节点串联起来，以完成工作流程的搭建，具体操作步骤如下。

步骤 01 在“Checkpoint 加载器（简易）”节点中，选择一个与生成图像类型匹配的 checkpoint 模型。将该节点的“模型”输出端连接到“K 采样器”的“模型”输入端口。这一连接为采样器提供用于去噪的潜在变量模型。

将“CLIP”输出端分别连接到两个“CLIP 文本编辑器”节点的“CLIP”输入端口。此连接的作用是通过 CLIP 模型，将正向和反向提示词编码为嵌入信息。将“VAE”输出端分别连接到“VAE 编码”和“VAE 解码”节点的“VAE”输入端口。此连接的作用是：先将上传的图片编码为数字化格式，再将潜在空间生成的图片进行解码。具体连接方式如图 3.1-5 所示。

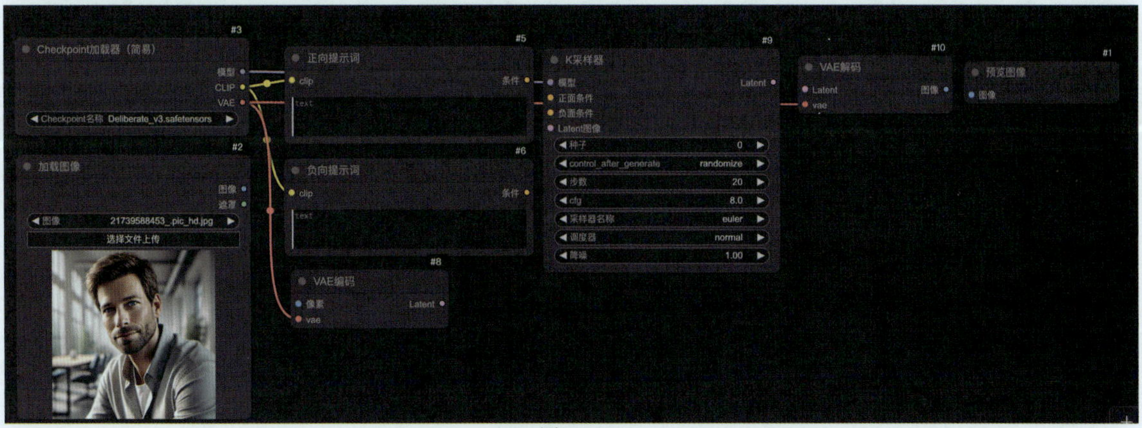

图3.1–5

步骤 02 将两个“CLIP 文本编辑器”节点分别命名为“正向提示词”和“负向提示词”。在“正向提示词”节点中输入希望图像中出现的内容，在“负向提示词”节点中输入希望图像中避免出现的内容。

将“正向提示词”节点的“条件”输出端口连接到“K 采样器”节点的“正面条件”输入端口，同时将“负向提示词”节点的“条件”输出端口连接到“K 采样器”节点的“负面条件”输入端口。这些连接的作用是指导采样器生成目标图像。具体连接方式如图 3.1-6 所示。需要注意的是，虽然此功能为图生图，但仅靠一张图片是不够的，还需要文本辅助以优化生成效果。

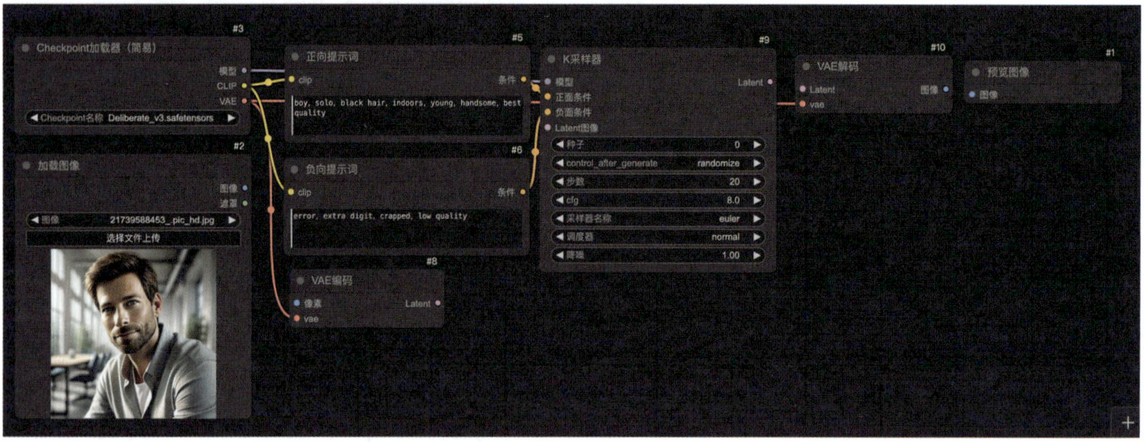

图3.1–6

步骤 03 在“加载图像”节点上传一张素材图片，将该节点的“图像”输出端连接到“VAE 编码”节点的“图像”输入端口。

将“VAE 编码”节点的“Latent”输出端连接到“K 采样器”节点的“Latent”输入端口。这一连接的作用是将上传的图像编码为“K 采样器”能够识别的数字化格式，并根据上传图片的尺寸确定生成图片的尺寸。具体连接方式如图 3.1-7 所示。

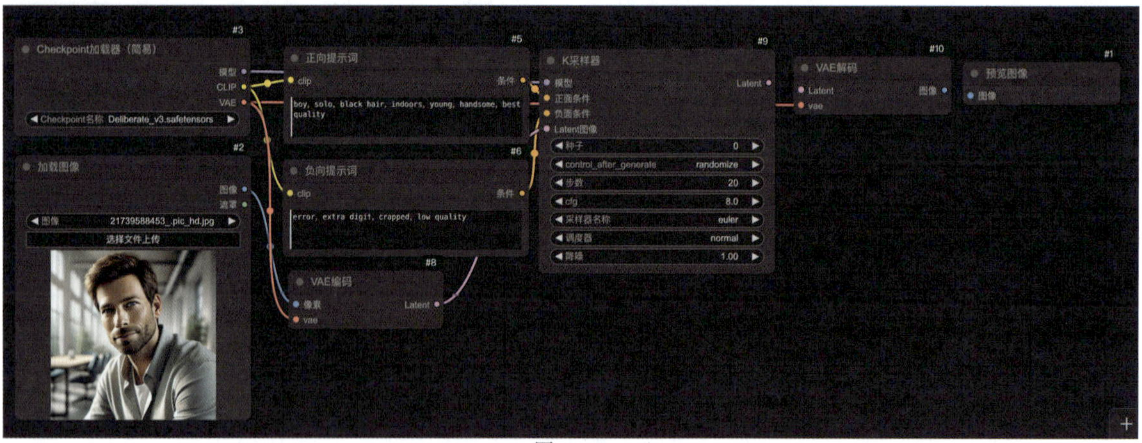

图3.1–7

步骤 04 在“K 采样器”节点中设置生成图像的参数，随后将“Latent”输出端连接到“VAE 解码”节点的“Latent”输入端口。这一连接的作用是将潜在空间生成的图片输入到“VAE 解码”节点进行解码处理，具体连接方式如图 3.1-8 所示。

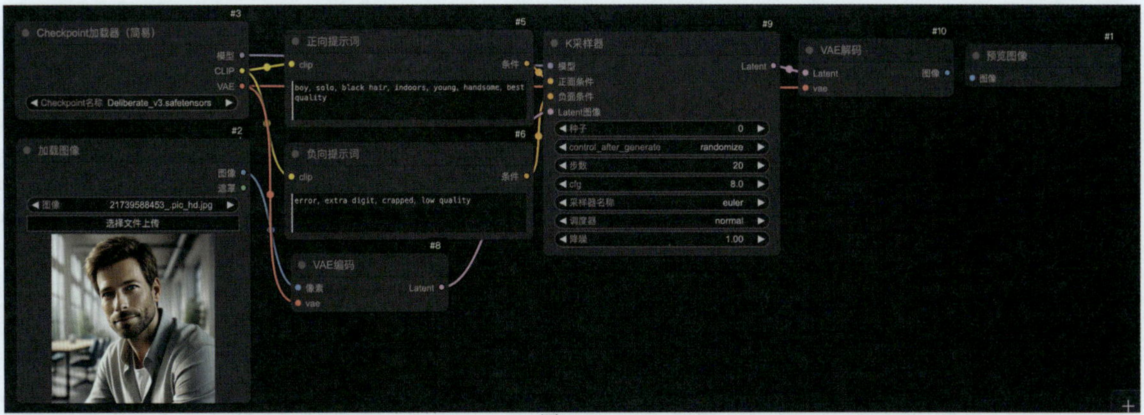

图3.1–8

步骤 05　将“VAE 解码”节点的“图像”输出端连到“预览图像”节点的“图像”输入端口。这一连接用于将解码后的图片展示出来，以便创作者判断效果是否满意。具体连接方式如图 3.1-9 所示。至此，整个图生图流程完成，所有节点均已连接完毕。在设置好参数后，执行该工作流，即可开始生成图像。

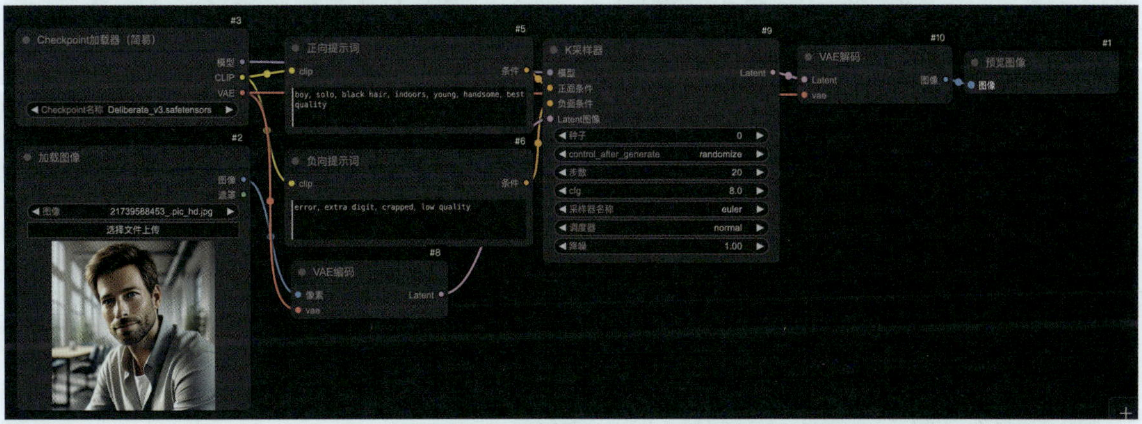

图3.1–9

3.1.3　图生图工作流流程实际操作

在图生图工作流的实际操作阶段，工作流的搭建已经完成。可以进一步深入理解和掌握图生图工作流的具体节点配置及操作技巧。具体的操作步骤如下。

步骤 01　在 Checkpoint 模型选择“colorsketch_v1.safetensors”，如图 3.1-10 所示。

图3.1–10

步骤 02 单击节点“加载图像”的“upload”按钮上传或直接拖入准备好的素材图片，这里准备了一张真实质感的男性图片，如图 3.1-11 所示。

图3.1–11

步骤 03 在正向提示词框中输入对男性图片的描述，并加上美化描述词语，这里输入的是“boy，solo，black hair，indoors，young，handsome，Best quality”，在负向提示词框中输入坏的画面质量提示词，这里输入的是“error，extra digit，cropped，lowquality”，如图 3.1-12 所示。

步骤 04 在“K 采样器”节点中，“种子”设置为 0；“control_after_generate”设置为“randomize”；“步数”设置为 26；“cfg”设置为 8.0；“采样器名称”设置为“dpm_2”；“调度器”设置为“normal”；“降噪”设置为 0.80，如图 3.1-13 所示。

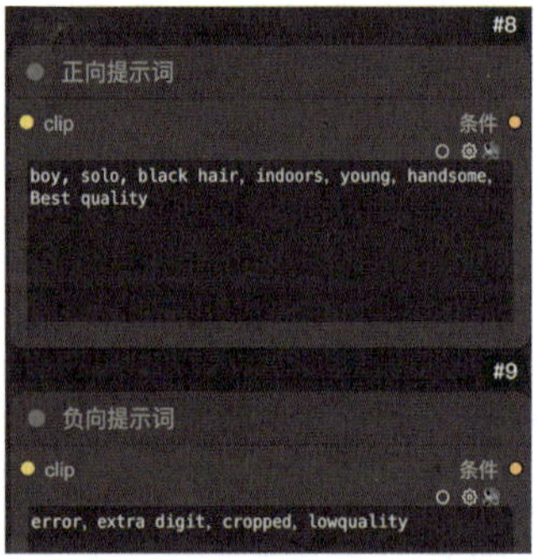

图3.1–12

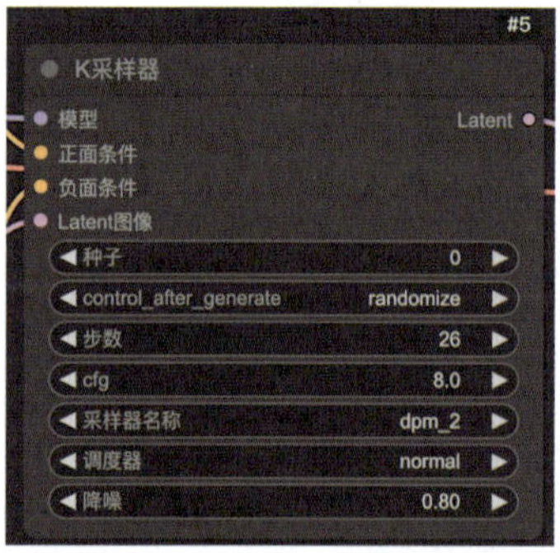

图3.1–13

步骤 05 单击“执行”按钮，即可生成图片，效果如图 3.1-14 所示。

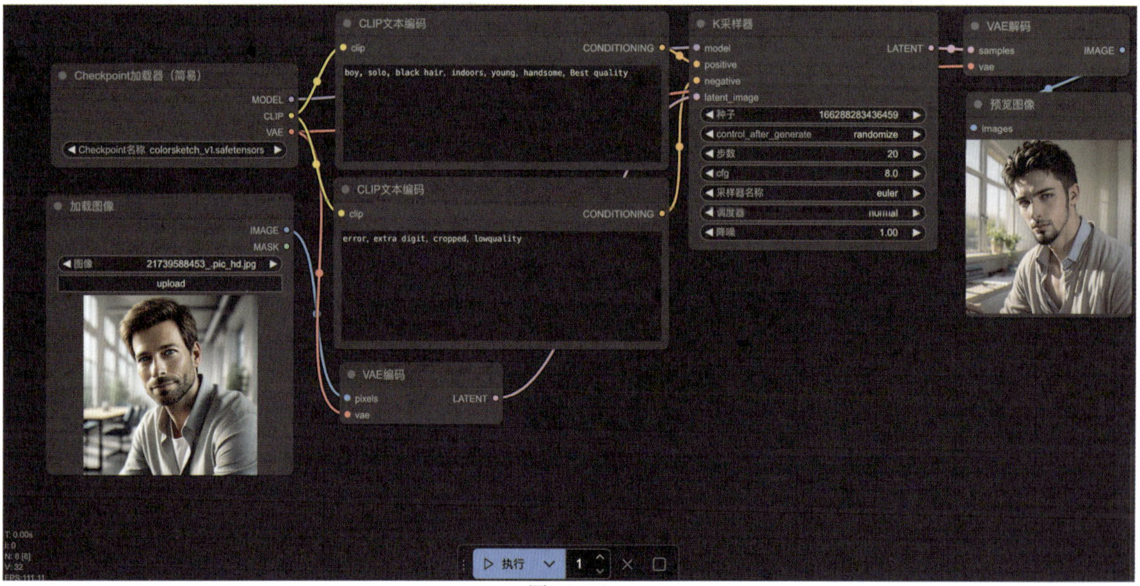

图3.1–14

3.2 局部重绘的工作流与技巧

在图生图创作过程中往往需要对特定区域进行更精细的调整和优化，以达到理想的效果。这便是局部重绘工作流的必要性。在 WebUI 中，局部重绘是图生图界面下的一个功能。同样在 ComfyUI，局部重绘也需要在图生图工作流中操作。

3.2.1 局部重绘工作流搭建

在加载好图生图工作流后，可以开始搭建局部重绘的工作流，详细步骤如下。

步骤 01 在“加载图像”节点中，“遮罩”输出端口未连接任何输入端口，这表明该节点具备遮罩功能。首先需要在“加载图像”节点中上传一张素材图片，如图 3.2-1 所示。

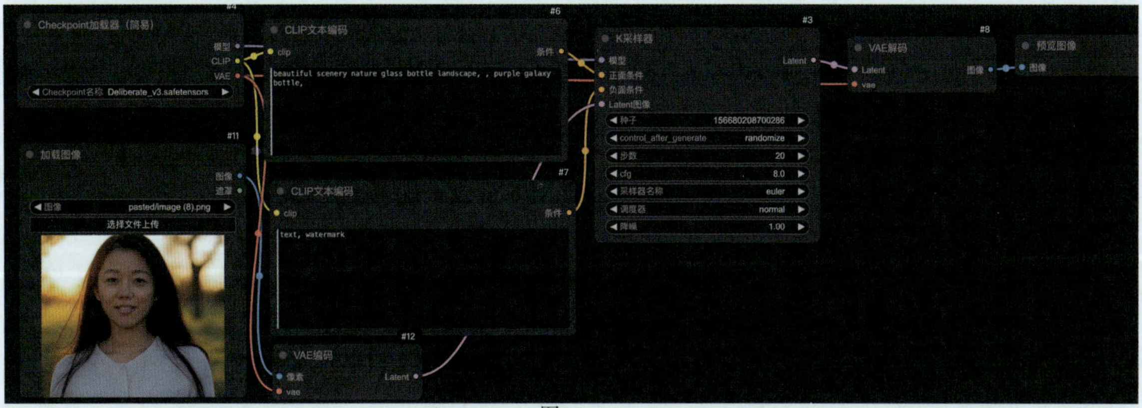

图3.2-1

步骤 02 右键单击“加载图像”节点，从弹出的选项列表中选择“Open in MuskEditor”。遮罩编辑器窗口弹出，如图 3.2-2 所示。

图3.2-2

步骤 03 在右侧窗口调整画笔尺寸，使用画笔覆盖需要重新绘制的区域。覆盖完成后，单击上方菜单栏的“Save”按钮，即可在“加载图像”中展示，具体操作如图 3.2-3 所示。

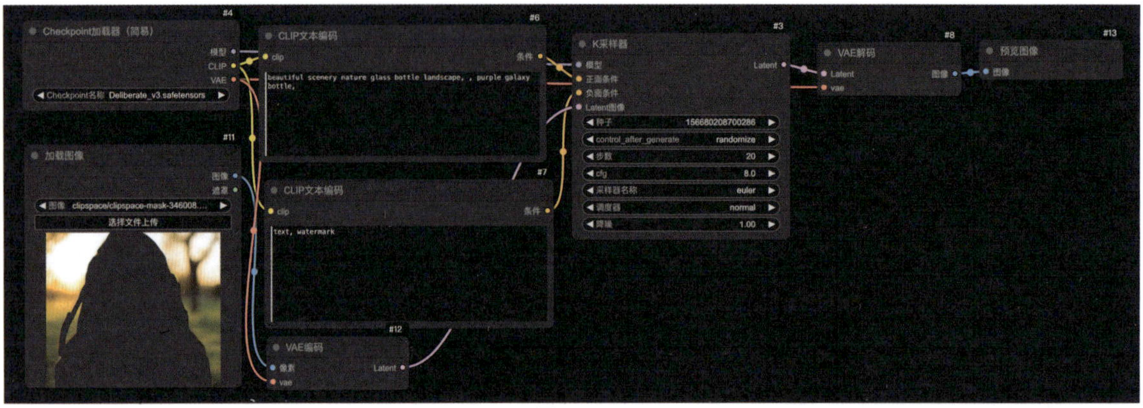

图3.2-3

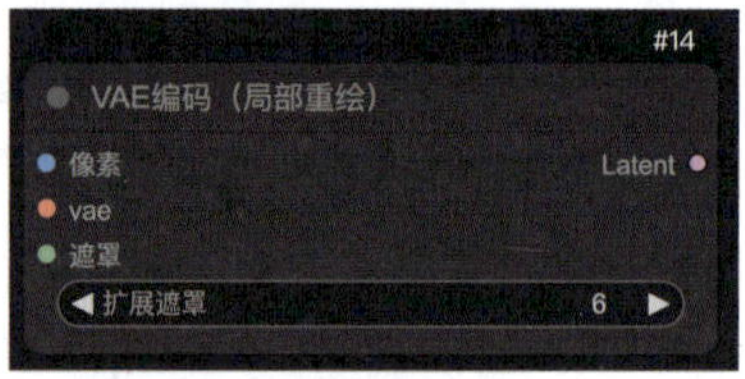

图3.2-4

步骤 04 若直接利用遮罩后的图像生成图片，仅会重绘剩余部分，而非预期的局部重绘效果。因此缺少一个读取遮罩的节点，需新增一个“VAE 编码（局部重绘）”节点，如图 3.2-4 所示。

步骤 05 VAE 编码（局部重绘）节点的连接方式，除了“遮罩”的输入端口外，其余与“VAE 编码”节点相同。将“遮罩”输入端口与“加载图像”节点的“遮罩”输出端口相连，以便将遮罩信息通过编码传递至采样器。在“VAE 编码（局部重绘）”节点中，将“扩展遮罩”数值设定为 6，此数值效果最适合。具体的连接方法与节点配置如图 3.2-5 所示。

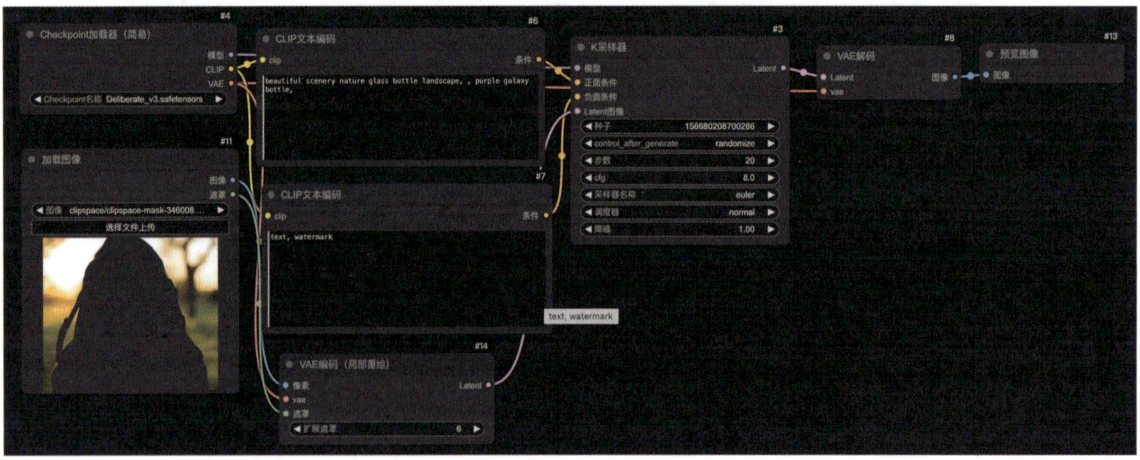

图3.2-5

3.2.2 局部重绘工作流实操

局部重绘的工作流搭建完成，接下来我们可以通过更换模特外观特征的实际操作，进一步熟练掌握局部重绘模型工作流的具体节点设置及操作方法，具体步骤如下。

步骤 01 在“加载图像”节点单击“upload”按钮上传准备好的素材图片。然后在“加载图像”节点单击鼠标右键，在弹出的选项列表中选择“Open in MuskEditor”，打开遮罩编辑器窗口，如图 3.2-6 所示。

图3.2–6

步骤 02 在遮罩编辑器窗口使用画笔涂抹模特脸部和头发部分，使模特的外表部分完全被画笔涂抹覆盖，随后单击“Save”按钮，遮罩后的图像即可在“加载图像”显示出来，如图 3.2-7 所示。

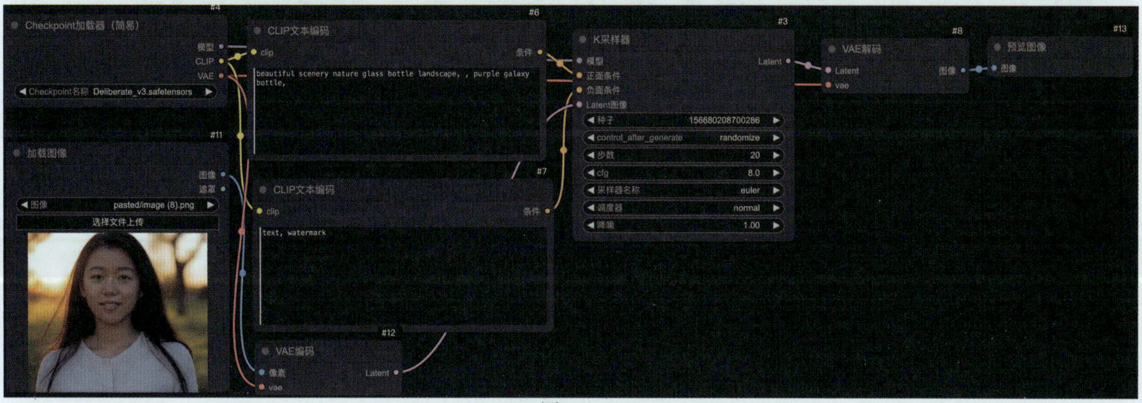

图3.2–7

步骤 03 选择“majicmixRealisticv7.safetensors”写实风格模型。

步骤 04 在正向提示词框中输入对新外表的描述，这里输入的是“masterpiece,best quality,short hair”，在负向提示词框中输入坏的画面质量提示词，这里输入的是“error,fewer digits,cropped,worst quality,low quality”如图 3.2-8 所示。

步骤 05 在“K 采样器”节点将“种子”设为 0；“control_after_generate”设为“randomize”；“步数”设为“21”；“cfg”设为 7.1；“采样器名称”设为“dpmpp_2m”；“调度器”设为“karras”；“降噪”设为 0.90，需要注意的是，“降噪”的数值不能设置低于 0.5，否则重绘效果非常不明显，如图 3.2-9 所示。

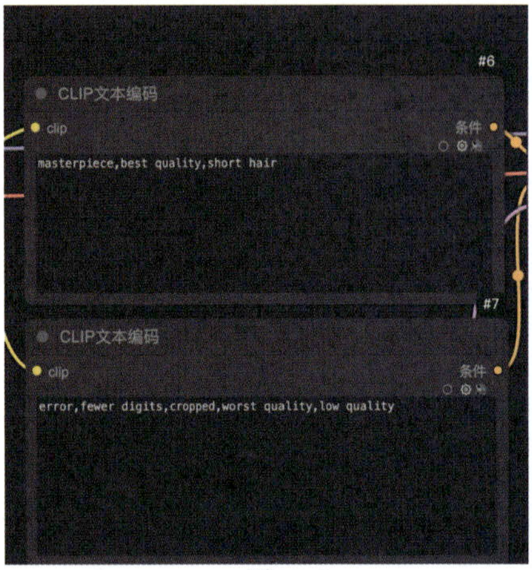

图3.2-8

图3.2-9

步骤 06 单击“执行”按钮，等待片刻，一张模特换外貌特征后的图片就生成了，如图 3.2-10 所示。

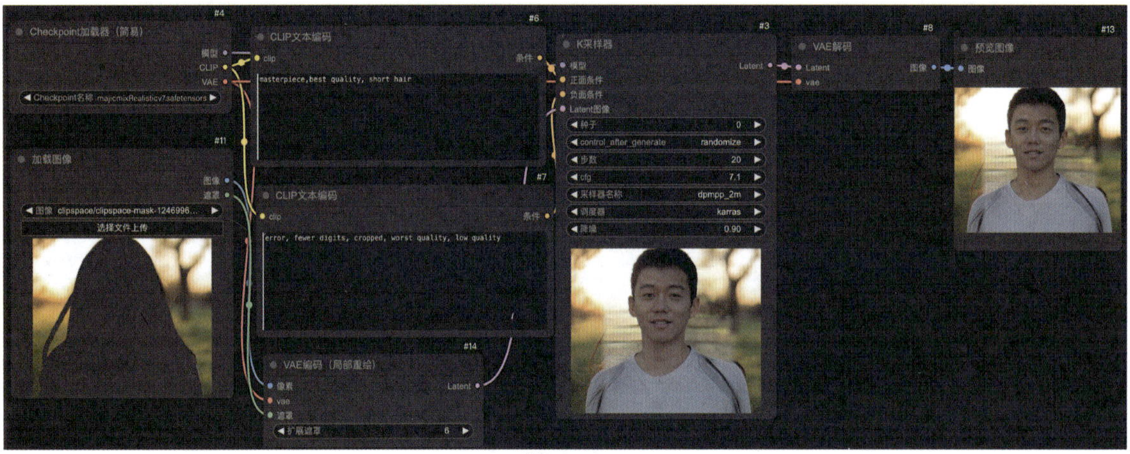

图3.2-10

3.3 图像遮罩的自动提取

为了进一步提升创作效率并减少手动操作的烦琐性，局部重绘中的图像遮罩自动提取技术允许自动识别并提取出图像中的关键区域，这些区域可以是人物的脸部、服装或其他特定部分，从而在进行局部重绘时能够精准地保留或修改这些区域。通过自动提取图像遮罩，用户无须手动绘制遮罩，这不仅节省了时间，还提高了重绘的精确度和效率。

在 ComfyUI 中自动提取图像遮罩是通过 Sam Detector 工具做到的，不用改变局部重绘的工作流，详细步骤如下。

步骤 01 在加载局部重绘的工作流后。在“加载图像”节点中上传一张素材图片，如图 3.3-1 所示。

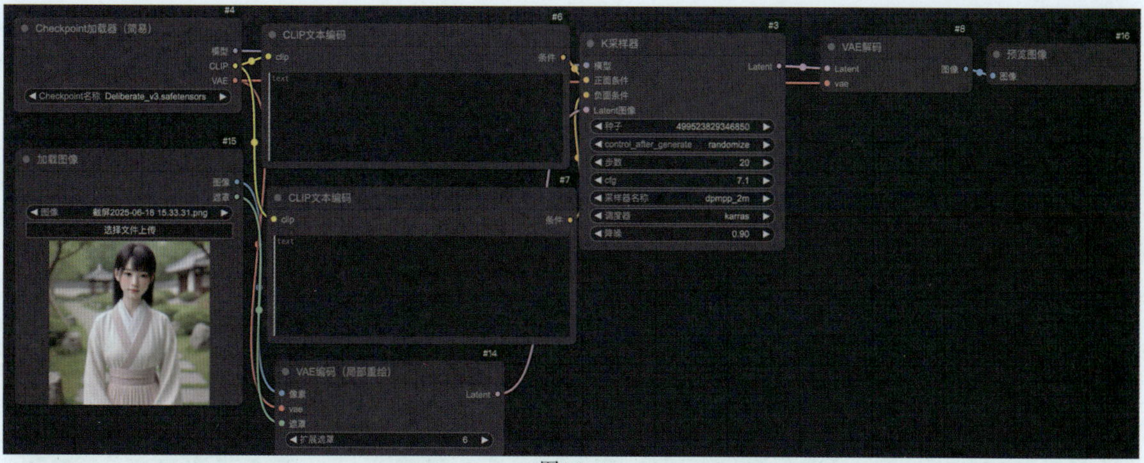

图3.3–1

步骤 02 在“加载图像”节点单击鼠标右键，在弹出的选项列表中选择“Open in Sam Detector”选项，打开遮罩自动提取器窗口，如图 3.3-2 所示。

图3.3–2

步骤 03 通过单击鼠标左键添加正向提示（蓝色点，表示需要包含的区域），单击鼠标右键添加负向提示（红色点，表示需要排除的区域）。通过调整 Confidence-Undo 滑块来优化蒙版的置信度。单击“Detect”按钮生成蒙版。如图 3.3-3 所示。

图3.3–3

步骤 04 在得到想要的图像遮罩后，单击“Save to node”按钮，自动提取图像遮罩就完成了，可以继续进行下一步的局部重绘，如图 3.3-4 所示。

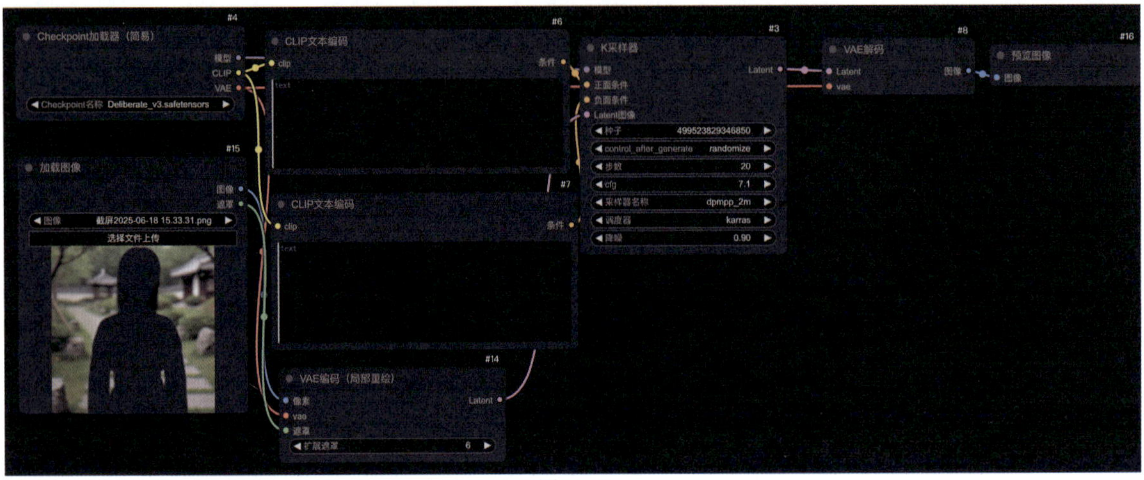

图3.3–4

3.4 最强工具局部重绘插件

为进一步提升局部重绘的效率与效果，引入强大的工具支持显得尤为必要。通过插件的运用，能够实现对图像局部的精准修改与优化，从而为创作过程提供更为有力的技术支撑。FLUX.1 Fill 是 ComfyUI 中用于局部重绘的强大工具，能够对图像的特定区域进行修改和优化，同时保持整体图像的自然度和连贯性。适用于需要对图像的局部细节进行调整的场景，例如修复图像中的瑕疵、修改人物表情或背景等。

3.4.1 FLUX.1 Fill安装

用户通常要从官方渠道或可信的第三方平台下载模型文件并安装。这里需要下载一个 Flux Fill 模型和两个 Clip 模型，具体操作如下。

步骤 01 在浏览器中打开 https://huggingface.co/black-forest-labs/FLUX.1-Fill-dev/tree/main，如图 3.4-1 所示。

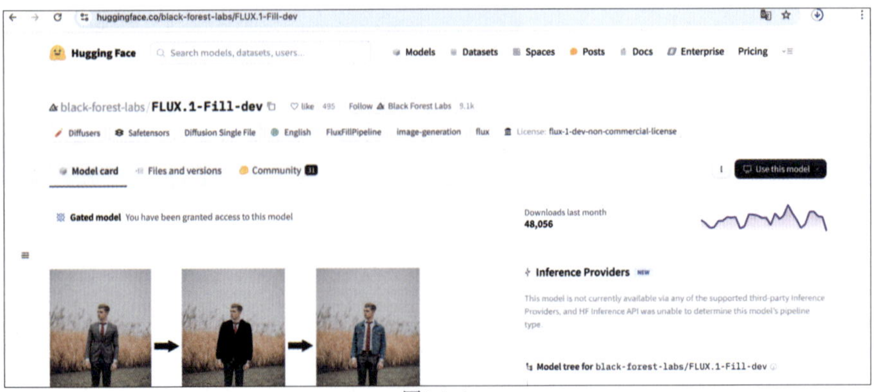

图3.4–1

步骤 02 单击菜单的“Flies and versons”，在文件列表中下载“flux1-fill-dev.safetensors”文件，如图 3.4-2 所示。

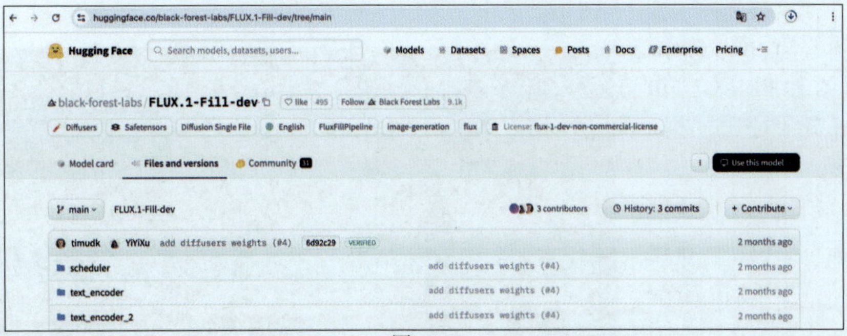

图3.4–2

步骤 03 将下载后的文件拖入 ComfyUI 根目录中“models”下的“unet”文件夹，如图 3.4-3 所示。

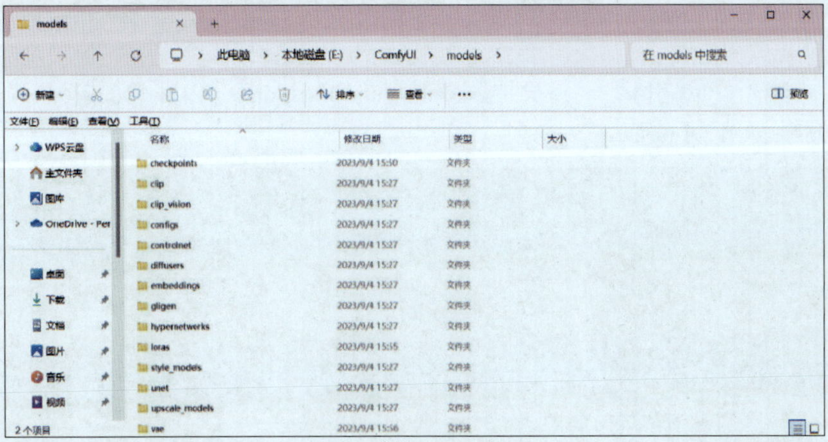

图3.4–3

步骤 04 在浏览器中打开 https://huggingface.co/comfyanonymous/flux_text_encoders/tree/main。下载“clip_l.safetensors”和“t5xxl_fp16.safetensors”文件，如图 3.4-4 所示。

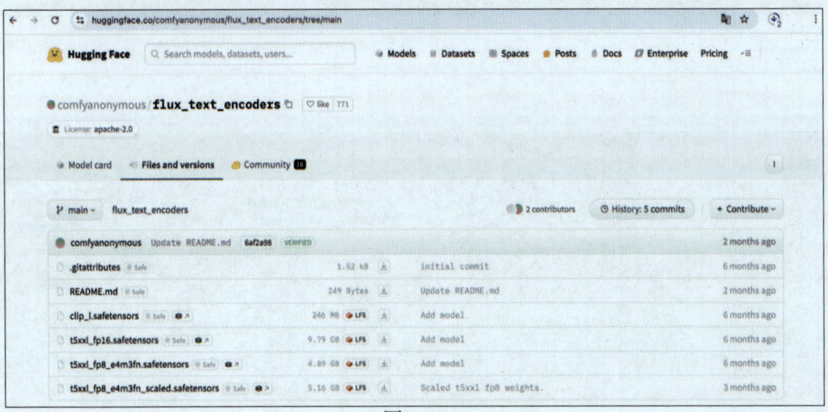

图3.4–4

步骤 05 将下载后的文件拖入 ComfyUI 根目录中“models”下的“clip”文件夹内，即完成安装。

3.4.2 FLUX.1 Fill局部重绘工作流节点的选择

在安装好需要使用到的模型后，需要开始搭建 FLUX.1 Fill 的局部重绘工作流，对节点选择的具体步骤如下。

步骤 01 创建三个加载模型的节点并选择对应模型。新建“UNet 加载器”“双 CLIP 加载器”和“加载 VAE”节点，如图 3.4-5 所示。

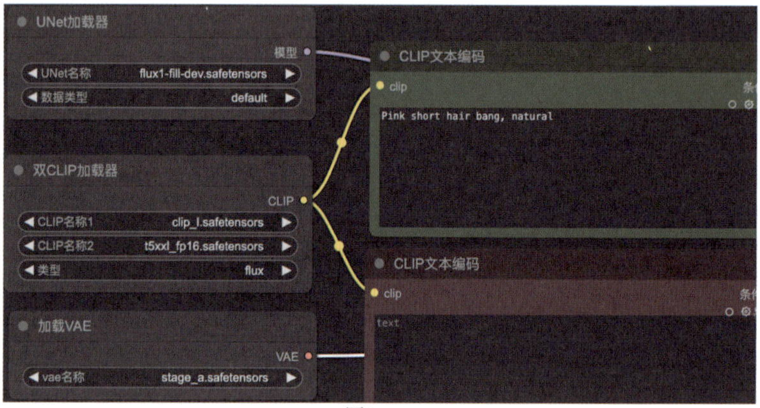

图3.4-5

步骤 02 新建两个“CLIP 文本编码”节点和一个“加载图像”。

步骤 03 创建“Flux 引导”“差异扩散 DifferentialDiffusion”“内补模型条件”“K 采样器”和“VAE 解码”节点，如图 3.4-6 所示。

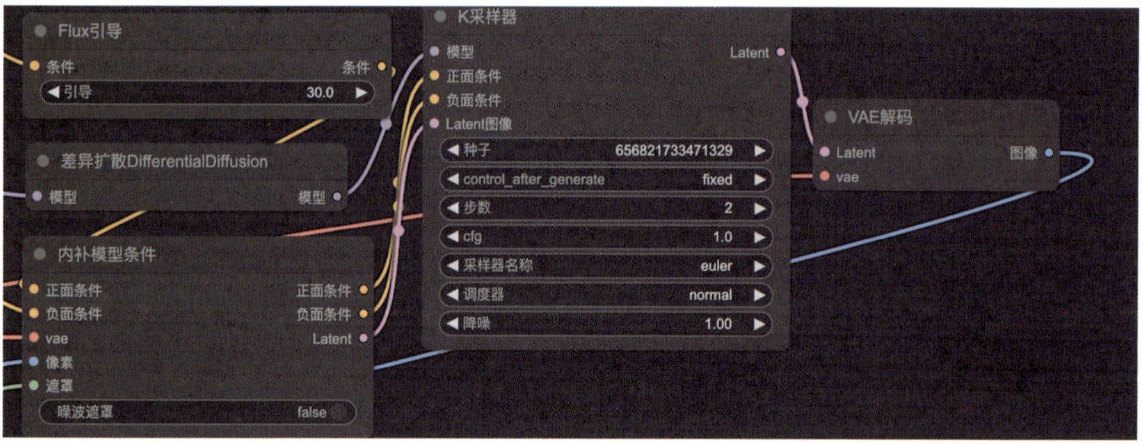

图3.4-6

步骤 04 新建“加载图像”节点和“保存图像”节点，如图 3.4-7 所示。

图3.4-7

3.4.3 FLUX.1 Fill局部重绘工作流节点的连接

Flux.1Fill 局部重绘工作流所需的节点已创建结束，接下来需将这些节点串联起来，以完成工作流程的搭建，具体操作步骤如下。

步骤 01 将“UNet”节点的“模型”输出端口连接到“差异扩散 DifferentialDiffusion”节点的“模型”输入端口。

将“差异扩散 DifferentialDiffusion”节点的“模型”输出端口连接到“K 采样器”节点的“模型”输入端口。

将“双 CLIP 加载器”节点的“CLIP”输出端连接至两个“CLIP 文本编码”的“clip”输入端口。

将“加载 VAE”节点的“VAE”输出口接到“内补模型条件”节点的“vae”输入端口和“VAE 解码”节点的“vae”输入端口。

步骤 02 将第一个“CLIP 文本编码”节点的“条件”输出端口连接到“Flux 引导”节点的“条件”输入端口。

将“Flux 引导”节点的“条件”输出端连接至“内补模型条件”的“正面条件”输入端口。

将第二个“CLIP 文本编码”节点的“条件”输出口接到“内补模型条件”节点的“负面条件”输入端口，如图 3.4-8 所示。

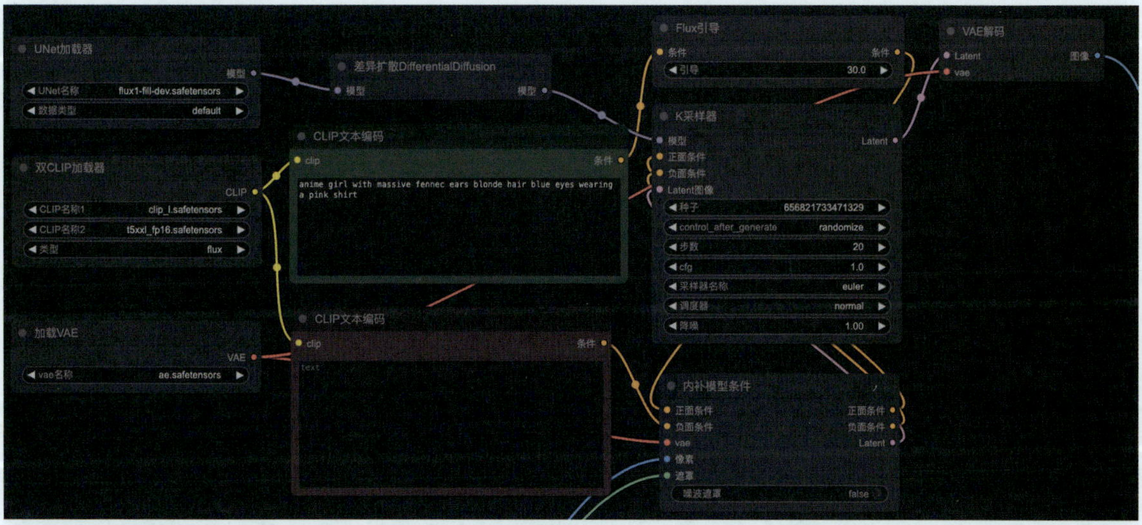

图3.4–8

步骤 03 将“内补模型条件”节点的“正面条件”输出端口连接到“K 采样器”节点的“正面条件”输入端口。

将“内补模型条件”节点的“负面条件”输出端口连接到“K 采样器”节点的“负面条件”输入端口。将“内补模型条件”节点的“Latent”输出端口连接到“K 采样器”节点的“Latent 图像”输入端口。

最后将“K 采样器”的“Latent”输出端连接到“VAE 解码”节点的“Latent”输入口。

步骤 04 将“VAE 解码”节点的“图像”输出端口连接到“保存图像”节点的“图片”输入端口。

将“加载图像”节点的“图像”和“遮罩”输出端连接至“内补模型条件”的“像素”“遮罩”输入端口，如图 3.4-9 所示。

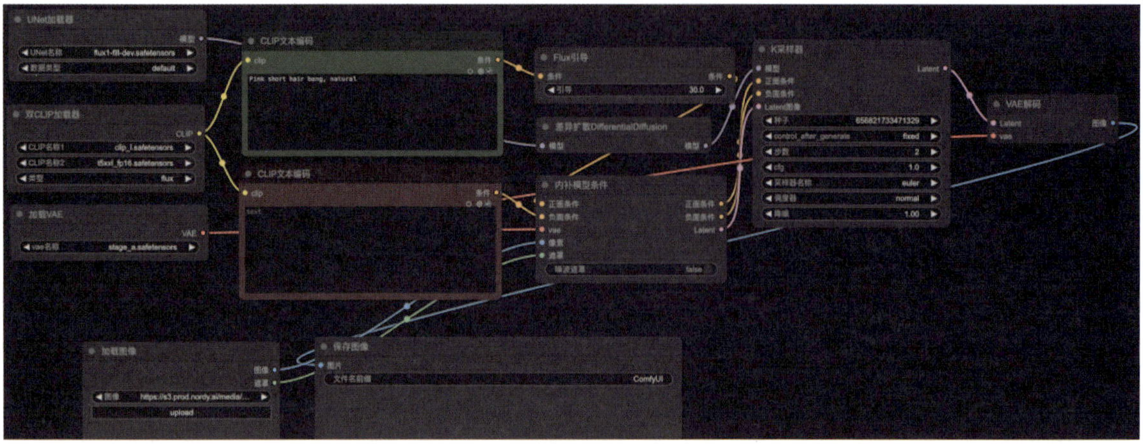

图3.4–9

3.4.4　FLUX.1 Fill局部重绘实际操作

在 FLUX.1 Fill 局部重绘实际操作阶段，工作流的搭建已经完成。可以进一步深入理解和掌握图生图工作流的具体节点配置及操作技巧。这里以给照片里的猫戴上墨镜举例。具体的操作步骤如下。

步骤 01　在“加载图像”节点中上传一张图像，这里上传一张猫的图片，如图 3.4-10 所示。

步骤 02　在“UNet 加载器”节点中选择“flux1-fill-dev.safetensors”模型。在“双 CLIP 加载器”节点选择“clip_l.safetensors”和“t5xxl_fp16.safetensors”，在“加载 VAE”节点选择“FLUX1/ae.safetensors”，如图 3.4-11 所示。

步骤 03　在两个“CLIP 文本编码”节点中分别输入正向的指令“cat wearing a sunglasses”和负面指令“low quality”，如图 3.4-12 所示。

图3.4–10

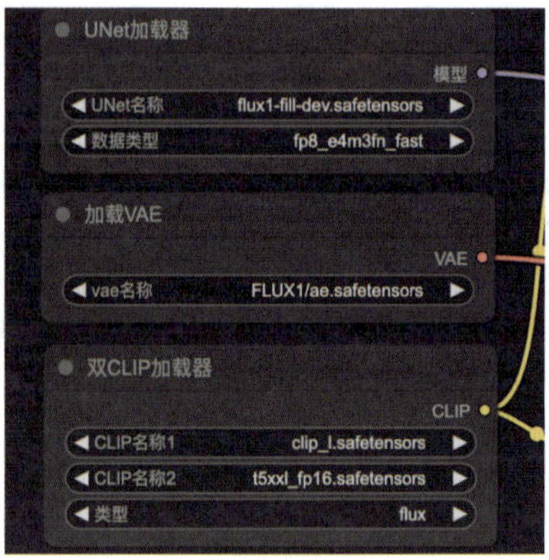

图3.4–11

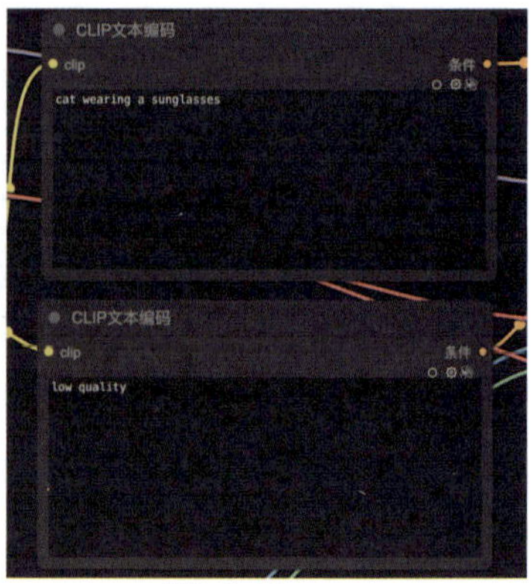

图3.4–12

步骤 04　和普通局部重绘的流程一样，对需要重绘的部分进行蒙版后，执行该工作流，等待片刻后，一张戴着墨镜的猫的图片就生成了，如图 3.4-13 所示。

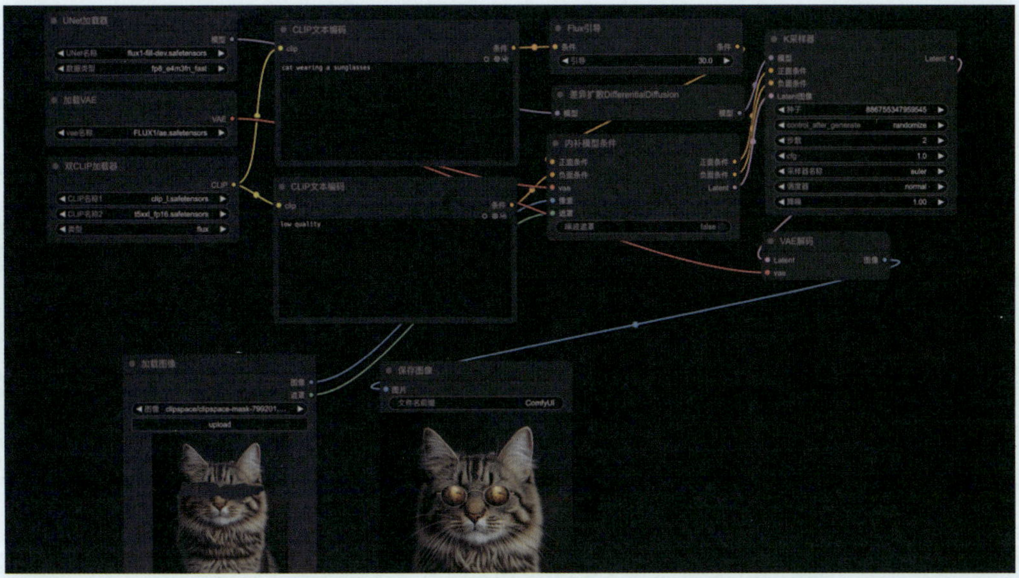

图3.4–13

3.5 实时涂鸦绘画流程与技巧

图生图创作的另一重要领域——实时涂鸦绘画，实时涂鸦绘画作为一种更具创意与自由度的表现形式，允许用户通过手绘草图实时生成图像，能够在图生图环境中实现快速的图像生成与创意表达。图生图创作中的独特价值与应用方法，为创作者提供更为丰富的创作手段。

3.5.1 基础实时涂鸦绘画工作流

实时涂鸦绘画可以在图生图的基础上进行画，这里以带翅膀的维多利亚风格女子照片的提示词为例。可以先打开图生图的工作流，具体流程如下。

步骤 01 打开图生图工作流，如图 3.5-1 所示。

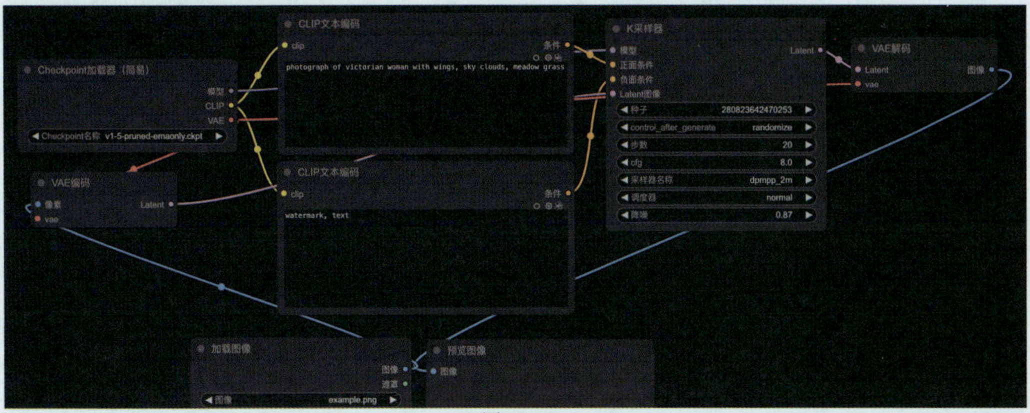

图3.5–1

步骤 02 新建“PainterNode”节点，删除“加载图像”节点并将“VAE 编码”节点的“像素”输入口连接到“PainterNode”节点的“图像输出口”，如图 3.5-2 所示。

步骤 03 在“CLIP 文本编码”节点输入正向指令“photograph of victorian woman with wings, sky clouds, meadow grass”。

步骤 04 将“执行”按钮切换成“执行（实时）”按钮并单击，如图 3.5-3 所示。

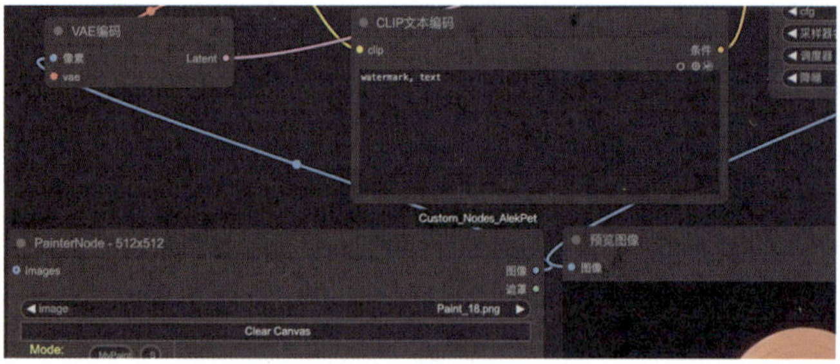

图3.5–2

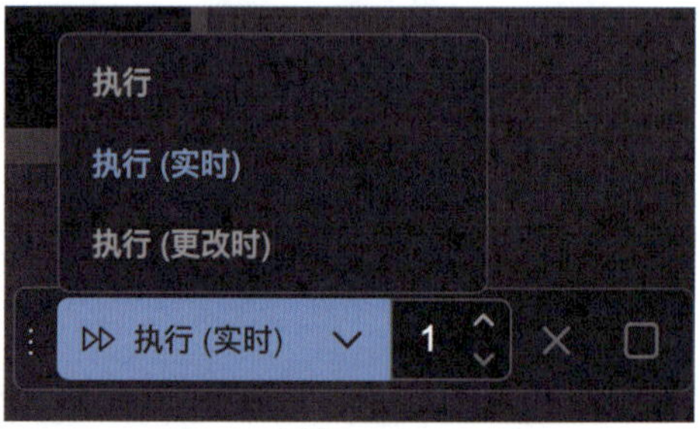

图3.5–3

步骤 05 在“PainterNode”节点进行涂鸦，“预览图像”节点就会实时进行生图，如图 3.5-4 所示。

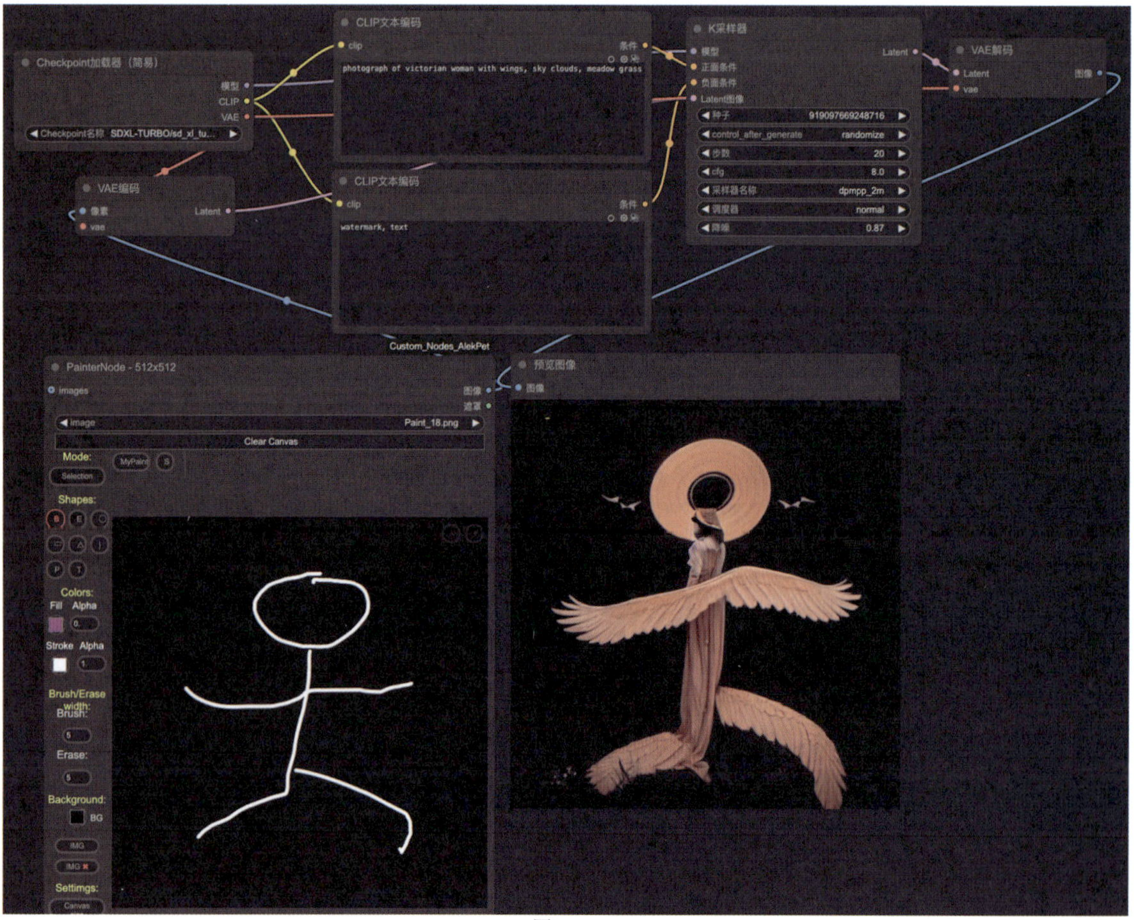

图3.5–4

3.5.2 Lora实时涂鸦绘画工作流

基础的实时绘画耗时很慢，Latent Consistency Model (LCM) LoRA: SDv1-5 模型将解决耗时慢的问题，实现真正的实时绘画，使其 2 ~ 4 步就可以极快地出图。用户通常要从官方渠道或可信的第三方平台下载模型文件并安装，具体流程如下。

步骤 01 打开 Manager 菜单并单击“Model Manager”进入自带模型安装管理器，在搜索框输入“lcm lora”，进行搜索，即可获取到三个 lora 模型，单击“Install”进行安装，如图 3.5-5 所示。

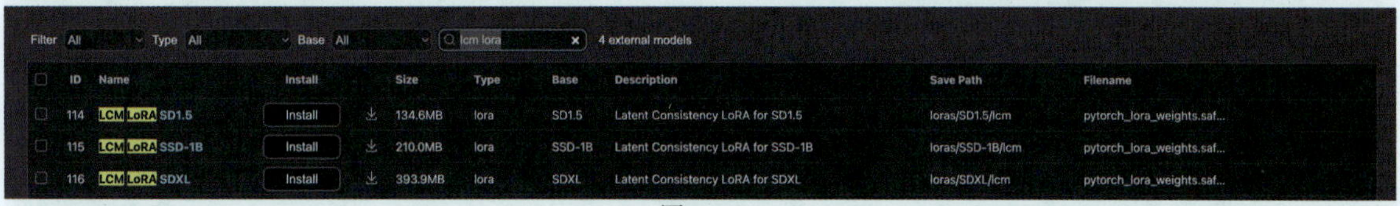

图3.5–5

步骤 02 在 lora 模型配置完成后，继续打开基础的实时涂鸦绘画工作流，将“CheckPoint 加载器（简易）”节点模型切换为对应 SDXL 模型。新建节点“加载 LoRA”，并选择刚刚配置的模型“SDXL/lcm/pytorch_lora_weights.safetensors”，如图 3.5-6 所示。

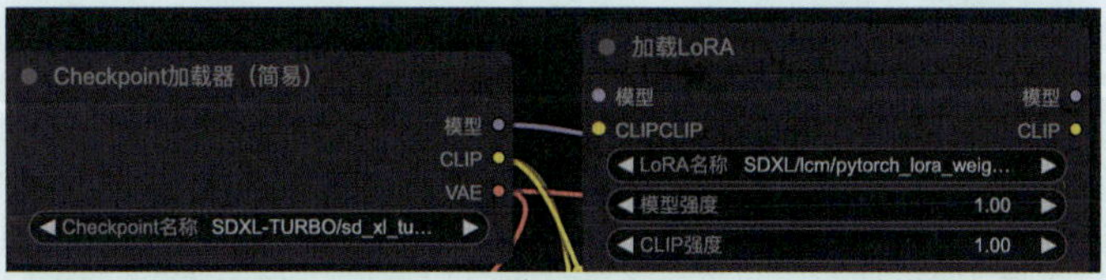

图3.5–6

步骤 03 将“CheckPoint 加载器（简易）”节点的“模型”输出端连接至“加载 LoRA”节点的“模型”输入端口。将“CheckPoint 加载器（简易）”节点的“CLIP”输出端连接至“加载 LoRA”节点的“CLIPCLIP”输入端口。

将“加载 LoRA”节点的“CLIP”输出端连接至输入正向指令的“CLIP 文本编码”的“clip”输入节点。将“加载 LoRA”节点的“模型”输出端连接至“K 采样器”的“模型”输入节点。在“K 采样器”节点，将“步数”设为 4；“cfg”设为 1.6，如图 3.5-7 所示。

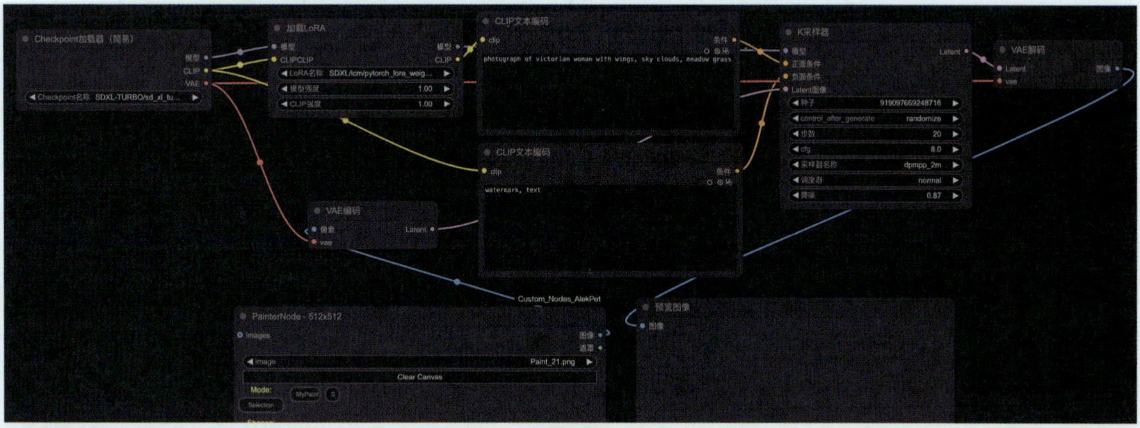

图3.5–7

步骤 04 至此，工作流已经搭建完成，单击“执行（实时）”后能够在图生图环境中实现快速的图像生成，在节点“PainterNode”中涂鸦就可以进行极其快速的实时绘画，如图 3.5-8 所示。

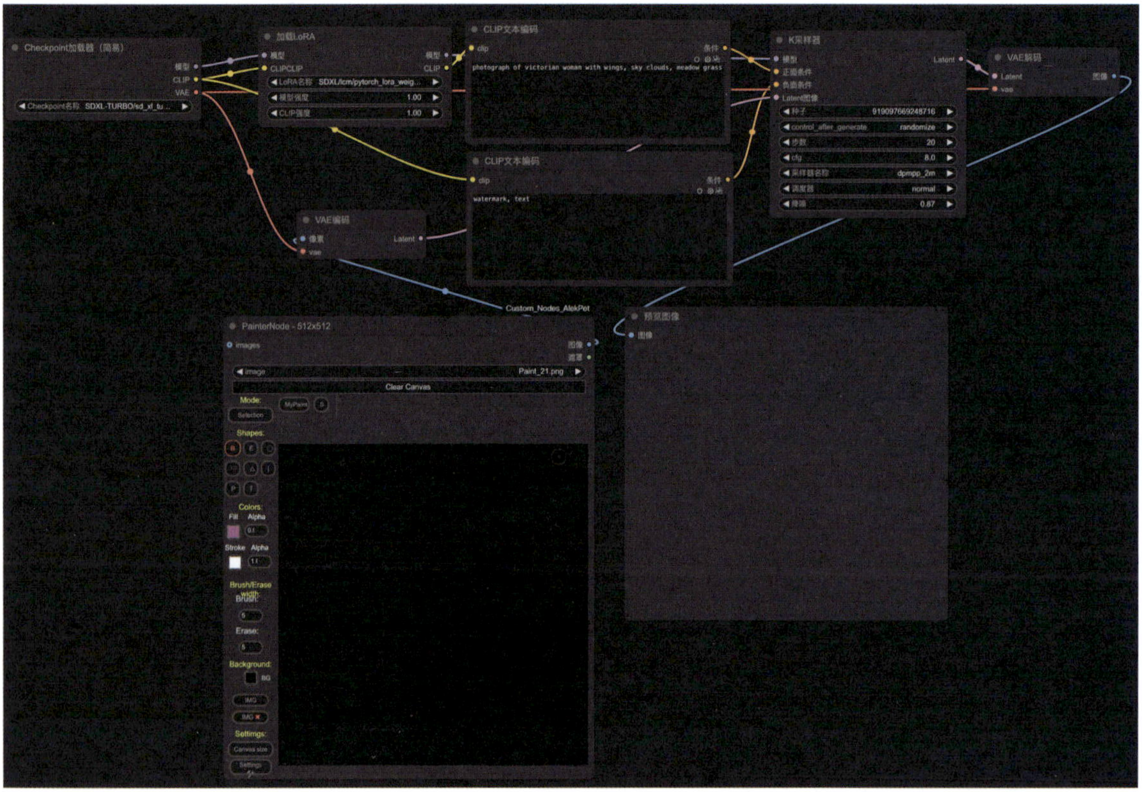

图3.5-8

4

第 4 章

进阶文生图工作流

在当今数字化时代，AI 绘图技术正以惊人的速度改变着创意产业的面貌，而 ComfyUI 作为一款强大的 AI 绘图工具，凭借其高度灵活的工作流和丰富的功能，吸引了众多艺术家、设计师和创意工作者的关注。如果已经掌握了 ComfyUI 的基础文生图操作，那么接下来的进阶之旅将深入探索其更强大的功能，解锁 AI 绘图的无限可能。

4.1 高清修复的附加流程详解

当生成的图片像素较低时，直接改变尺寸会使图像模糊，因此需要借助高清放大技术。在 ComfyUI 中，有三种从简单到复杂的高清放大方式：一是结合“缩放图像”节点进行放大；二是使用放大模型，通过“使用模型放大图像”节点，快速提升分辨率；三是潜空间放大，利用“Latent 缩放”节点在潜在空间中放大并重新采样，增加细节，适合高分辨率需求且显存有限的情况。

4.1.1 节点高清缩放

在 ComfyUI 中，图像放大技术是一种无须依赖任何模型的放大方法，其核心是通过“缩放图像”节点直接对图像进行尺寸调整。这种方法虽然在图像质量上可能不及模型放大，但其处理速度显著优于其他方法，适合对图像质量要求不高的场景。

1. 缩放图像节点

“缩放图像”系列共包含四种节点类型，均可在“节点库→图像→放大”路径下找到。除了基础“缩放图像”节点外，还包括“缩放图像（比例）”节点和“缩放图像像素”节点，“使用模型放大图像”节点将在下一节展开描述。这些为不同需求提供了多样化的选择，如图 4.1-1 所示。也可双击空白处，在搜索框中输入“缩放”，按照需求添加相应缩放节点，如图 4.1-2 所示。

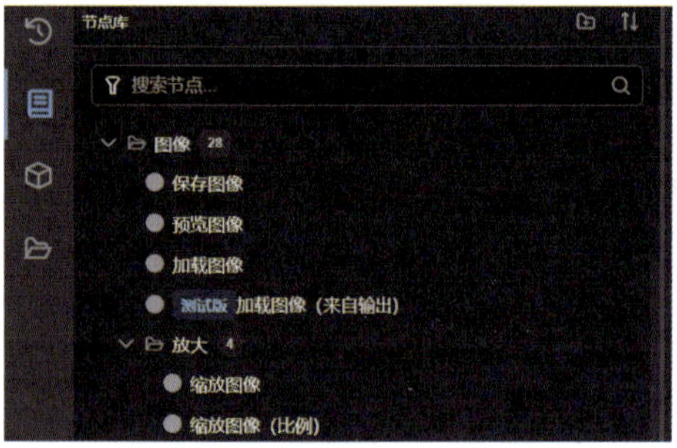

图4.1-1

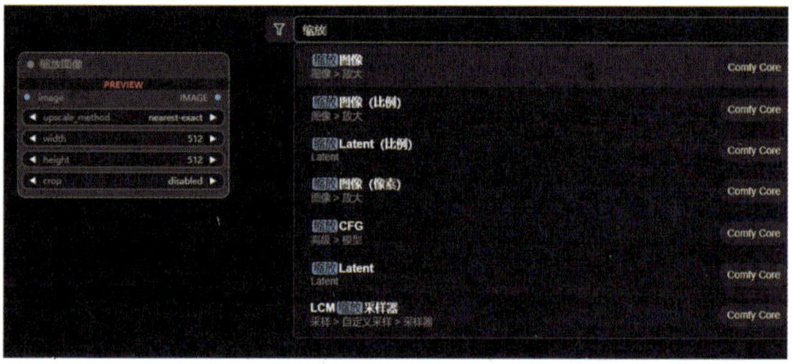

图4.1-2

2. 缩放算法

在具体实现方法上，系统提供了五种缩放算法：“nearest-exact（最近–精准）”“bilinear（双线性插值）”“area（区域）”“bicubic（双三线插值）”“lanczos”，如图 4.1-3 所示。

这些算法本质上都是数学函数，需要根据具体图像特点进行测试和选择，虽然五种方法在整体效果上差异不大，但“nearest-exact（最近–精准）”方法在细节表现上更为出色。

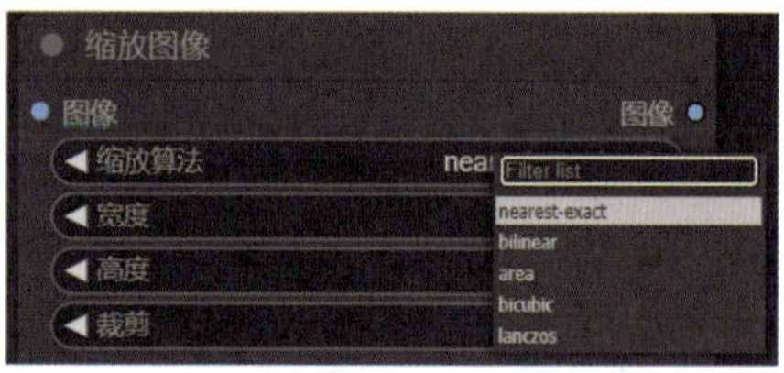

图4.1-3

3. 缩放特点

在功能特点方面，各缩放节点具有不同的特性：“图像缩放”节点支持直接调整宽高像素，并提供两种裁剪模式：“disabled”（非裁剪拉伸）和“center”（中心裁剪），如图 4.1-4 所示。

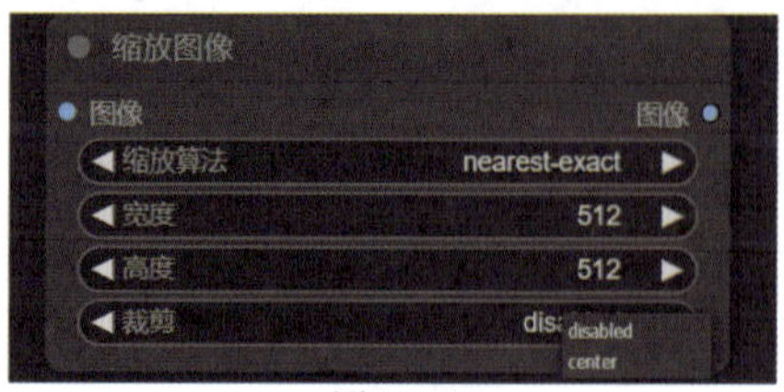

图4.1-4

“缩放图像（像素）”节点则直接以像素值进行缩放，1 对应

100 万像素（1024×1024），2 对应 200 万像素；“缩放图像（比例）”节点通过“缩放系数”参数控制缩放比例，1 表示原始尺寸，2 表示双倍放大，如图 4.1-5 和图 4.1-6 所示。

图4.1–5

图4.1–6

4. 工作流的搭建与实例

在工作流搭建方面，缩放系列节点的应用相对简单。通常将“VAE 解码”节点输出的像素图像传递给缩放节点，再连接至“预览图像”节点即可显示处理结果。为展示具体应用，本示例中将“图像缩放”节点整合到了文生图工作流中，如图 4.1-7 所示。

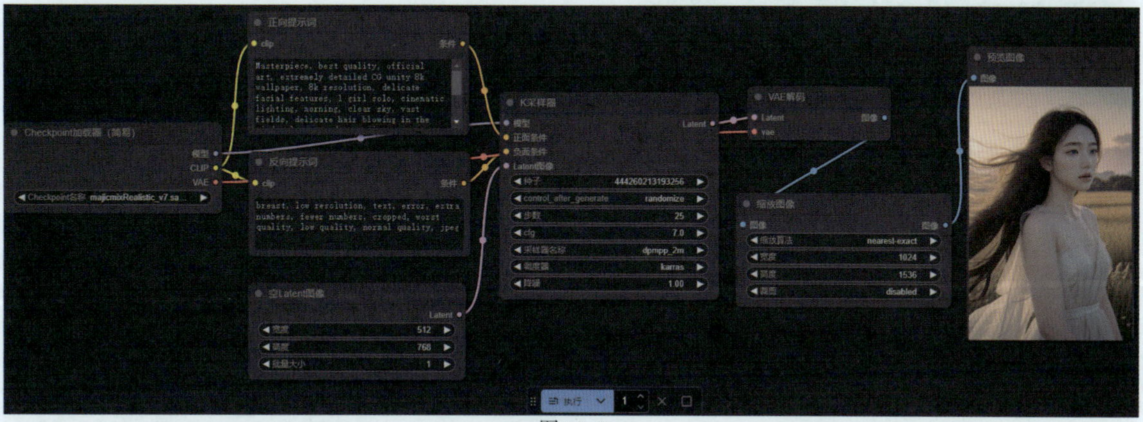

图4.1–7

在实际应用测试中，通过简单配置工作流参数并添加提示词后，单击“执行”按钮，即可生成放大后的图像。测试结果表明，传统节点放大方法在处理速度上具有明显优势，适合对处理效率要求较高的场景。

4.1.2 模型高清放大

模型高清放大技术是一种基于算法对图像进行放大的处理方式。该技术能够提升图像的清晰度，但需要注意的是，其并不能修复图像中缺失的细节信息，因此在处理后的图像中可能会出现某些不自然的部分。不过，由于其处理速度较快，仍不失为一种值得尝试的高清放大方案。

1. 模型放大图像节点

在节点搭建方面，“使用模型放大图像”节点位于“节点库→图像→放大”路径下。与“图像缩放”节点相比，该节点额外配备了一个“放大模型”输入端口，需要与“放大模型加载器”节点进行连接，如图 4.1-8 和图 4.1-9 所示。

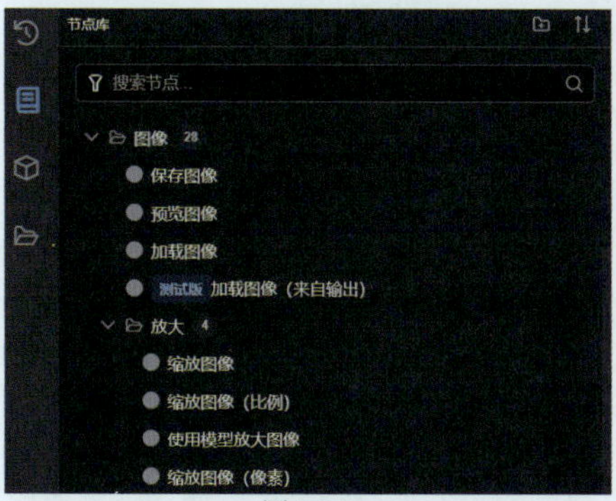

图4.1–8

图4.1–9

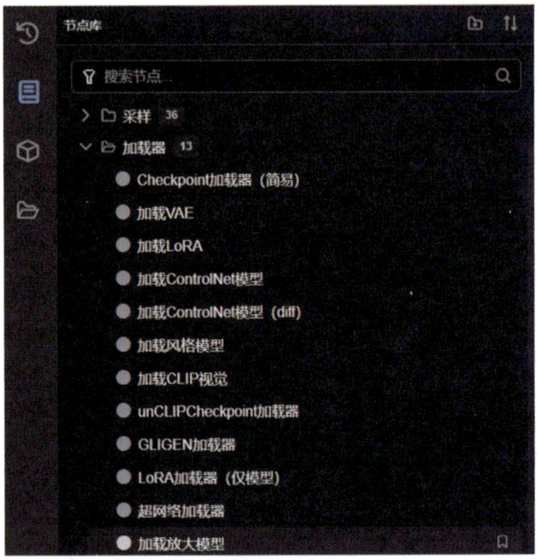

图4.1–10

“加载放大模型”节点可通过“节点库→加载器”路径创建，其仅包含一个“放大模型”输出端口，正好可以与“使用模型放大图像”节点的输入端口匹配。如图 4.1-10 和图 4.1-11 所示。

图4.1–11

2. 放大模型

在具体配置方面“加载放大模型”节点提供了“放大模型名称”的选项，用户可根据需求选择合适的放大模型。通常情况下，模型名称中会标明放大倍数，例如“4xPurePhoto-RealPLSKR.pth”即表示 4 倍放大。

放大模型可在 https://openmodeldb.info/ 下载，下载后放入本地 ComfyUI 文件夹 comfyui/models/upscale_models，如图 4.1-12 和图 4.1-13 所示。

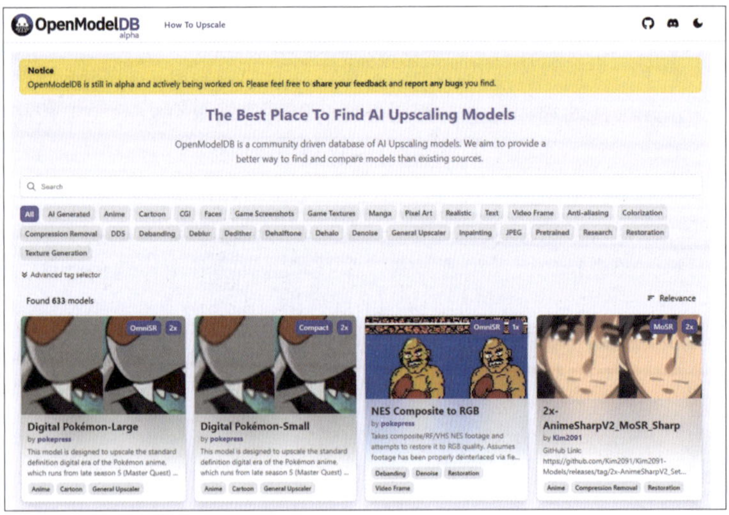

图4.1–12

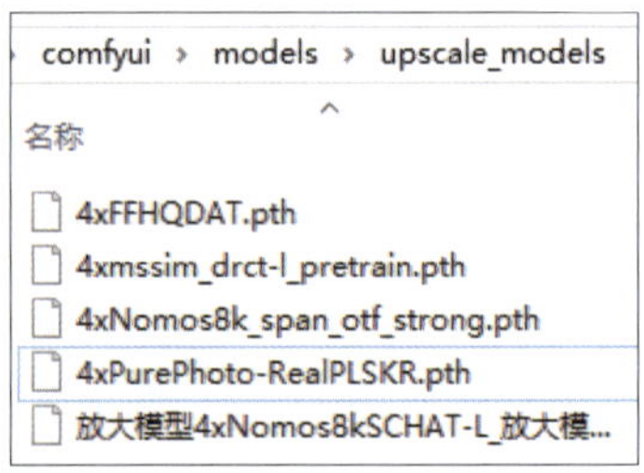

图4.1–13

3. 工作流的搭建与实例

在工作流搭建中，“使用模型放大图像”节点的应用与图像缩放系列类似。接下来讲解具体操作步骤。

步骤 01 将“VAE 解码”节点的“图像”输出端口连接至“使用模型放大图像”节点的“图像”输入端口。随后将该节点与“预览图像”节点相连，即可显示放大后的效果。为便于对比，使用“缩放图像”节点也被纳入了该工作流，如图 4.1-14 所示。

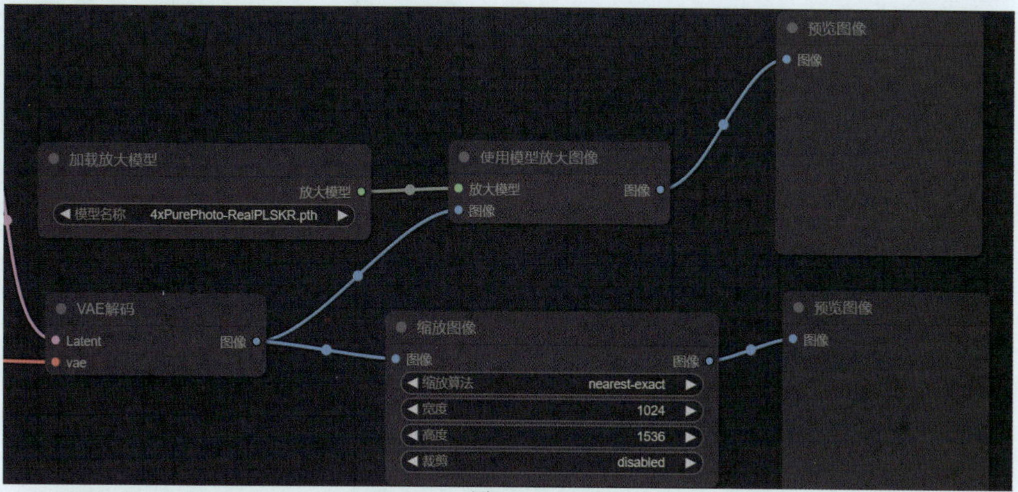

图4.1–14

步骤 02 通过简单设置工作流参数并添加提示词后，单击“执行”按钮即可生成放大后的动漫人物图像。通过对比可以看出，模型放大技术在保持图像整体清晰度的同时，也展现了其快速处理的优势，如图 4.1-15 所示。

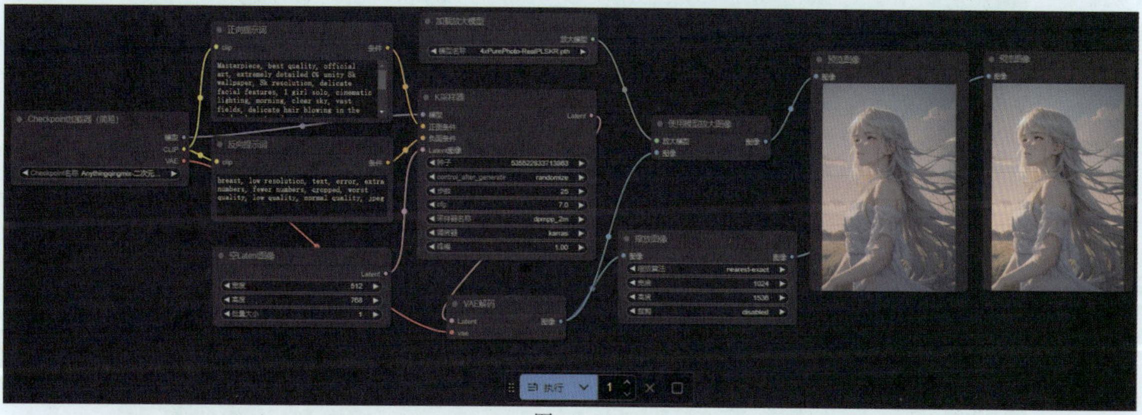

图4.1–15

4.1.3 高清修复放大

在图像处理领域，高分辨率修复技术提供了一种独特的解决方案，与前两种单纯放大方法不同，它不仅能够放大图像，还能有效修复图像中的缺陷，如面部畸变、手部变形等细节问题。尽管该方法的处理速度相对较慢，但其修复效果显著，为追求高质量图像处理的用户提供了更多选择。

1. 缩放Latent图像节点

高分辨率修复的核心机制在于其独特的双重处理流程：首先将潜在空间生成的数字图像通过“缩放 Latent”节点进行放大处理，随后将放大后的图像传输至第二“K 采样器”节点进行二次降噪，最终生成高质量修复图像。“缩放 Latent”节点位于“节点库→Latent→局部重绘”路径下，如图 4.1-16 所示。

在功能特性方面，“缩放 Latent”节点与“缩放图像”节点具有相似的参数设置，主要区别在于输入输出端口的配置。这一相似性使得用户能够快速掌握新节点的使用方法。

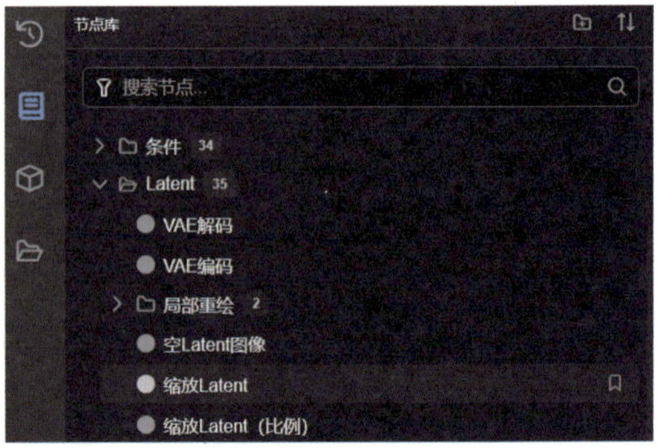

图4.1-16

2. 工作流搭建

高分辨率修复工作流虽然看似复杂，但其核心原理在于引入潜在空间图像放大和二次处理机制。掌握这一原理后，工作流的搭建将变得直观易行。

步骤 01 以文生图工作流为基础，将“K 采样器”节点的“Latent”输出端口与“VAE 解码”节点的“Latent”输入端口断开连接，其他节点连接不变，如图 4.1-17 所示。

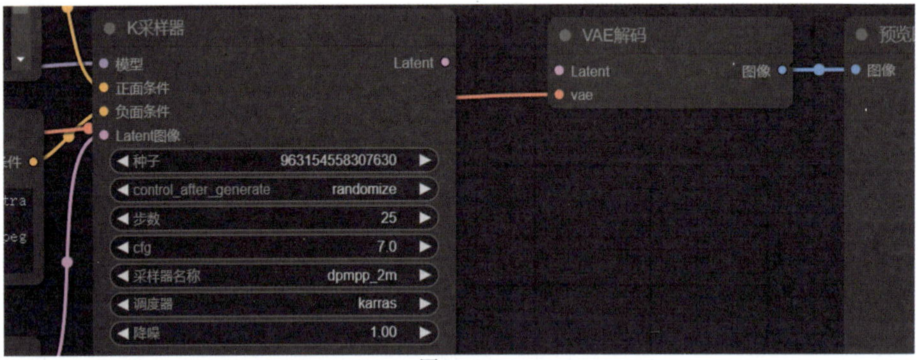

图4.1-17

步骤 02 新建“Latent 缩放”节点，将“K 采样器”节点的“Latent”输出端口连接到“Latent 缩放”节点的“Latent”输入端口，如图 4.1-18 所示。

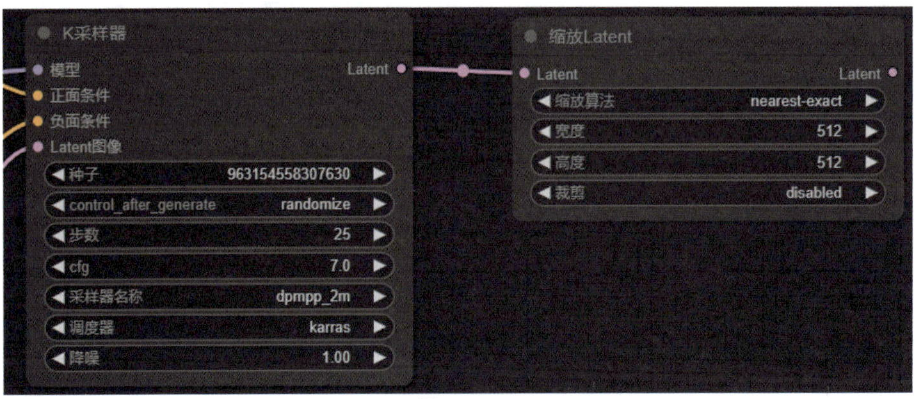

图4.1-18

步骤 03 新建“K 采样器”节点，将“Checkpoint 加载器（简易）”节点的“模型”输出端口连接到“K 采样器”节点的“模型”输入端口。

将“正向提示词”“负向提示词”的输出端口分别和新建“K 采样器”节点的“正向提示词”“负向提示词”的输入端口相连接，如图 4.1-19 所示。

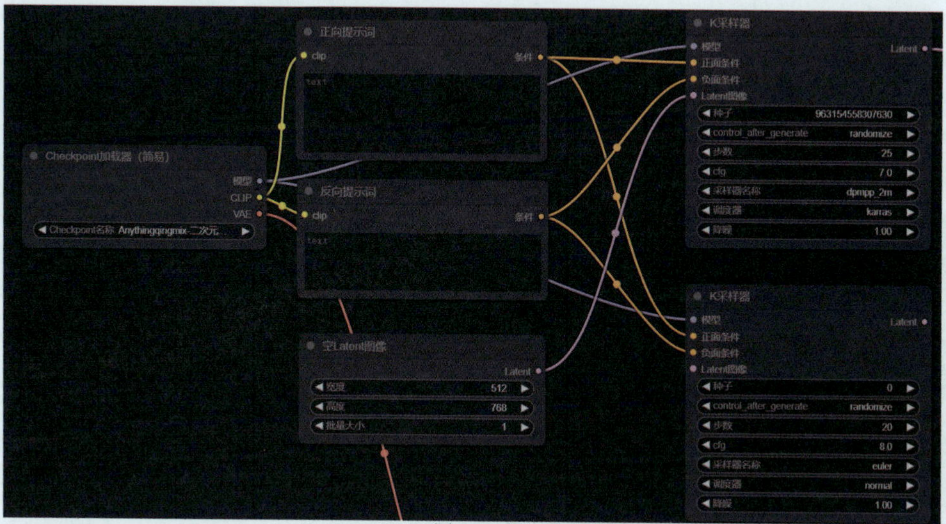

图4.1–19

步骤 04 将“缩放 Latent”节点的“Latent”输出端口连接到“K 采样器”节点的“Latent”输入端口。

将“K 采样器”节点的“Latent”输出端口连接到“VAE 解码”节点的“Latent”输入端口，至此，高清修复放大工作流搭建完毕，如图 4.1-20 所示。

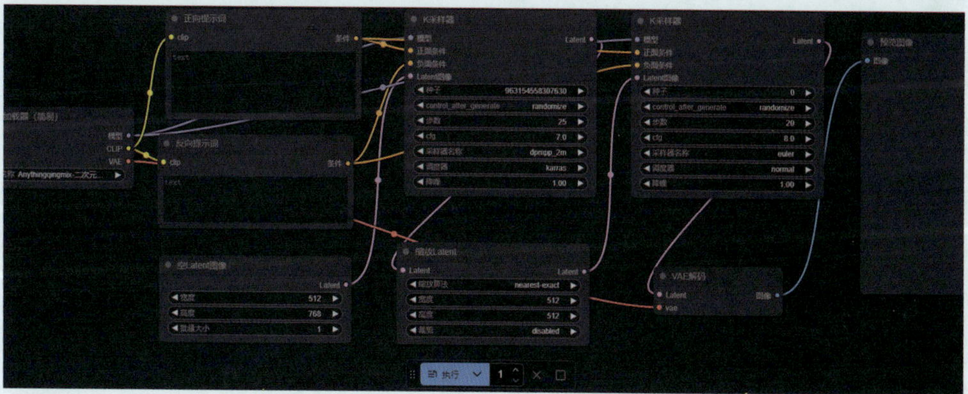

图4.1–20

3. 工作流实例

高清修复放大工作流与之前的工作流在参数上有些许不同，接下来，以写实人像为案例，详细讲解该工作流中的参数。

步骤 01 在“Checkpoint 加载器（简易）”节点中，Checkpoint 模型选择“majicmixRealistic_v7.safetensor”作为底模，如图 4.1-21 所示。

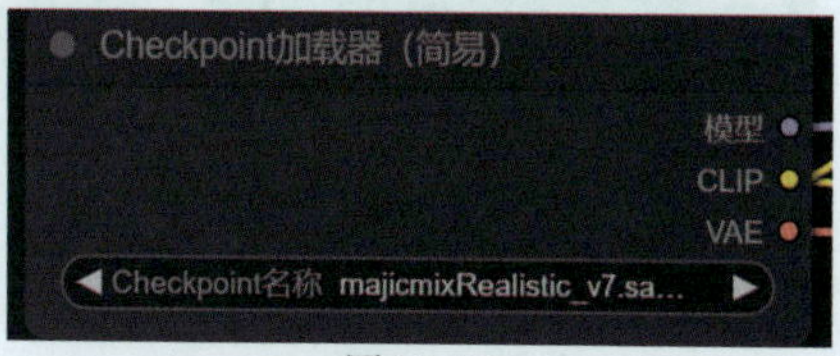

图4.1–21

步骤 02 在正向提示词框中输入提示词“Top masterpiece,best quality,official art,exquisite facial features,extremely detailed CG wallpaper,8k resolution,exquisite facial features,A girl solo,seaside,clear sky,sun hat,lighthouse,exquisite hair blowing in the wind,dreamy atmosphere,perfect composition,ultra-realistic textures,bright and calm colors,dynamic perspective,immersive depth of field”（顶级杰作，最佳质量，官方艺术，精致的面部特征，极其详细的 CG 壁纸、8k 分辨率、精致的面部特征、1 个女孩独奏、海边、晴朗的天空、防晒帽、灯塔、精致的头发在风中飘扬，梦幻般的氛围，完美的构图，超逼真的纹理，鲜艳而平静的色彩，动态视角，身临其境的景深）。

在反向提示词框中输入坏的画面质量提示词，这里输入的是“breast,lowres,text,error,extra digit,fewer digits,cropped,worst quality,low quality,normal quality,jpeg”（胸部、低分辨率、文本、错误、多余数字、较少数字、裁剪、质量最差、低质量、质量正常、图片），如图 4.1-22 所示。

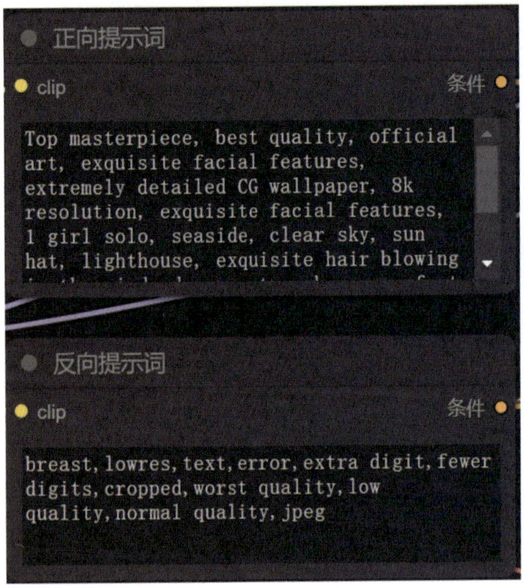

图4.1-22

步骤 03 在“空 Latent 图像”节点设置第一次生图的尺寸，“宽度”调整为 512，“高度”调整为 768，“批量大小”设置为 1，如图 4.1-23 所示。

图4.1-23

步骤 04 第一个“K 采样器”节点的参数设置，需进行如下调整：将“种子”调整为 0；“control_after_generate”调整为“randomize”；“步数”调整为 25；“cfg”调整为 7。在算法选择方面，“采样器”调整为“dpmpp_2m”；“调度器”调整为“karas”；“降噪”调整为 1，如图 4.1-24 所示。

步骤 05 在“缩放 Latent”节点中，需将缩放算法指定为“nearest-exact”（最近－精准）模式，同时将“宽度”调整为 2048，“高度”调整为 3072。这种设置策略的核心在于先对图像进行放大处理，随后进行二次优化。“裁剪”调整为“disabled”，如图 4.1-25 所示。

步骤 06 在第二个“K 采样器”节点的参数设置，需进行如下调整：将“种子”调整为 0；“control_after_generate”调整为“fixed”；“步数”调整为 20；“cfg”调整为 7。在算法选择方面，“采样器名称”调整为“euler”；“调度器”调整为“normal”；“降噪”调整为 0.7，如图 4.1-26 所示。

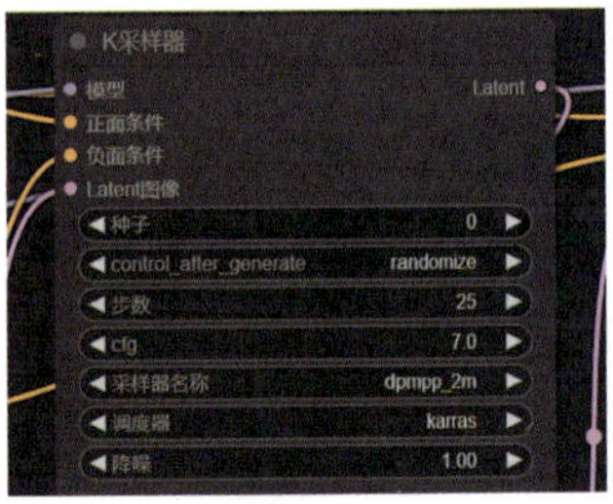

图4.1-24

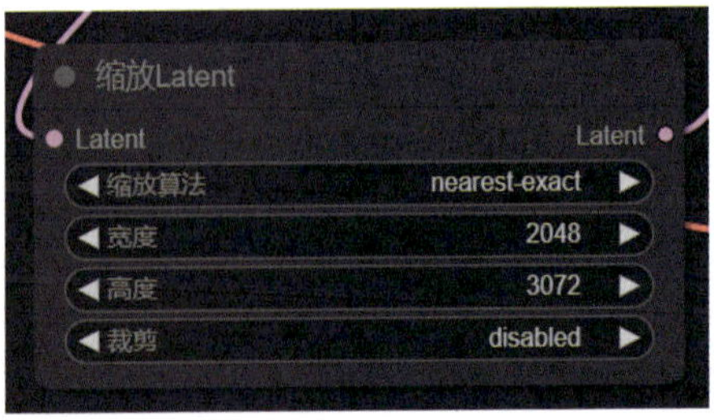

图4.1-25

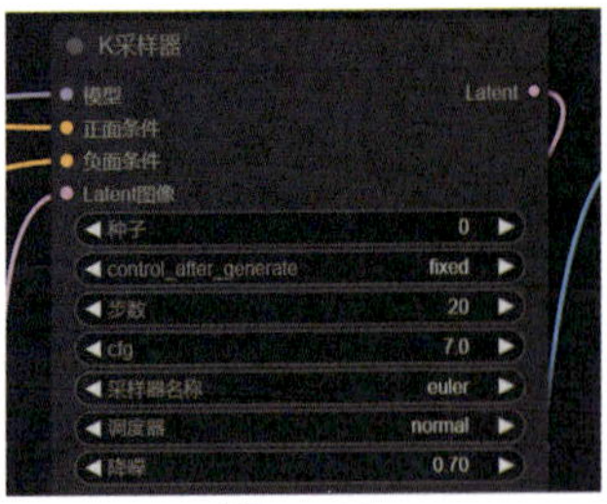

图4.1-26

步骤 07 至此，工作流搭建完毕，如图 4.1-27 所示。

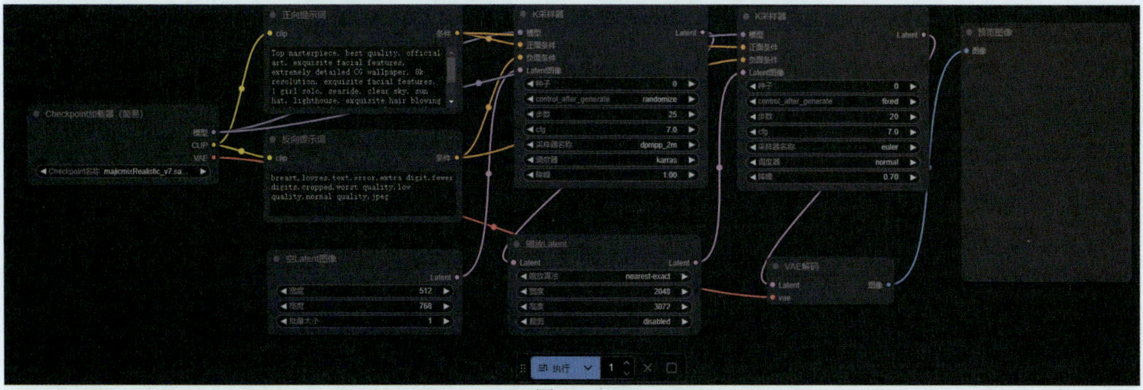

图4.1–27

步骤 08 单击“执行”按钮，一张写实人像高清修复放大后的图像就生成了，如图 4.1-28 所示。如果想保存图像，鼠标右键单击“预览图像”节点，在弹出的选项列表中选择“保存图像”选项即可。

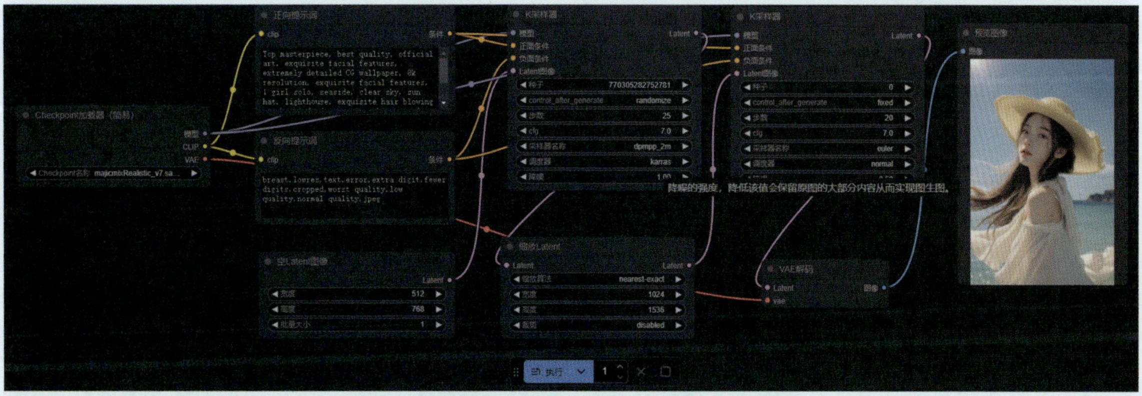

图4.1–28

4.2 Refiner 的工作流介绍

Refiner 的标准工作流采用双模型协同工作机制，其核心在于通过分阶段处理实现更优质的图像生成效果。该流程首先调用 Base 模型完成初步构图，随后交由 Refiner 模型进行细节提升。相较于传统的单一模型生成模式，该架构引入了额外的优化模型加载器，并实现了模型间的动态切换功能。

在部署这一标准工作流之前，需预先完成以下准备工作：获取 Base 模型与 Refiner 模型两种核心模型。同时，还需下载 SDXL 专用的 VAE 模型，以确保图像编码与解码过程的稳定性。这种双模型架构的设计，旨在充分发挥不同模型的优势，实现更高质量的图像输出效果。

4.2.1 Refiner标准工作流搭建

本节将详细介绍双模型标准工作流的搭建步骤，具体操作如下。

步骤 01 打开 ComfyUI 界面，新建两个“Checkpoint 加载器（简易）”节点，分别加载 Base 模型和 Refiner 模型。通过修改节点颜色及名称，方便区分两个加载器，如图 4.2-1 所示。

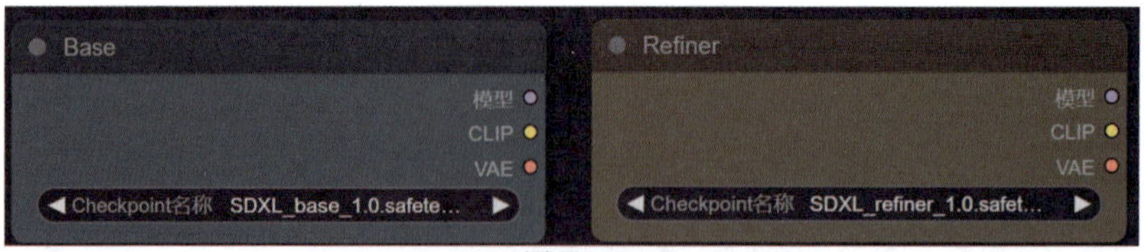

图4.2-1

步骤 02 新建两个“K 采样器（高级）”节点，分别对应 Base 模型和 Refiner 模型节点，加载器“模型”输出端口连接“K 采样器（高级）”节点“模型”输入端口。调整节点颜色及名称，使其分别与加载器节点对应，如图 4.2-2 所示。

图4.2-2

步骤 03 新建“CLIP 文本编辑器”节点，鼠标右键单击“CLIP 文本编辑器”节点，在弹出的菜单中执行“将控件转换为输入→转换文本为输入”操作后，复制三个“CLIP 文本编辑器”节点。调整节点颜色，使其分别与 Base 模型、Refiner 模型加载器节点对应，如图 4.2-3 和图 4.2-4 所示。

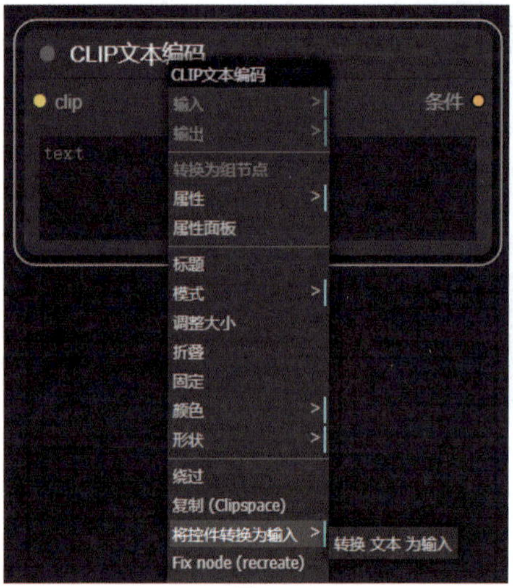

图4.2-3

图4.2-4

> **Tips**
>
> 由于 Refiner 工作流需要 Base 模型和 Refiner 模型，按照前文一个模型需要添加一组正向提示词和反向提示词，那么在 Refiner 工作流中，就需要添加两组提示词。通过使用“Primitive”节点，可以将同一组提示词应用于同一工作流中的 Base 模型和 Refiner 模型。

步骤 04 新建两个“Primitive”节点，分别将“connect to widget input”输出端口，连接至两个“CLIP 文本编辑器”节点的“tect”输入接口。这时，“Primitive”节点上出现提示词输入框，如图 4.2-5 所示。

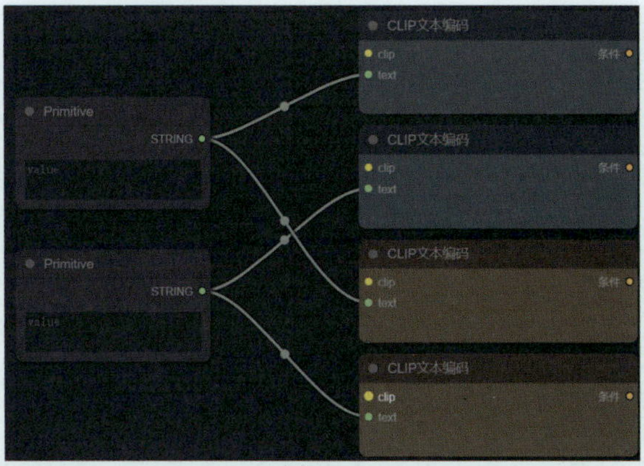

图4.2–5

步骤 05 将四个的“CLIP 文本编辑器”节点的“clip”输入端口分别与模型加载器“clip”输出端口相连接。四个“CLIP 文本编辑器”节点的“条件”输出端口分别与两个“K 采样器（高级）”节点的“正面条件”“负面条件”相连接。按照正向提示词和反向提示词调整“Primitive”节点和“CLIP 文本编辑器”节点的颜色，如图 4.2-6 所示。

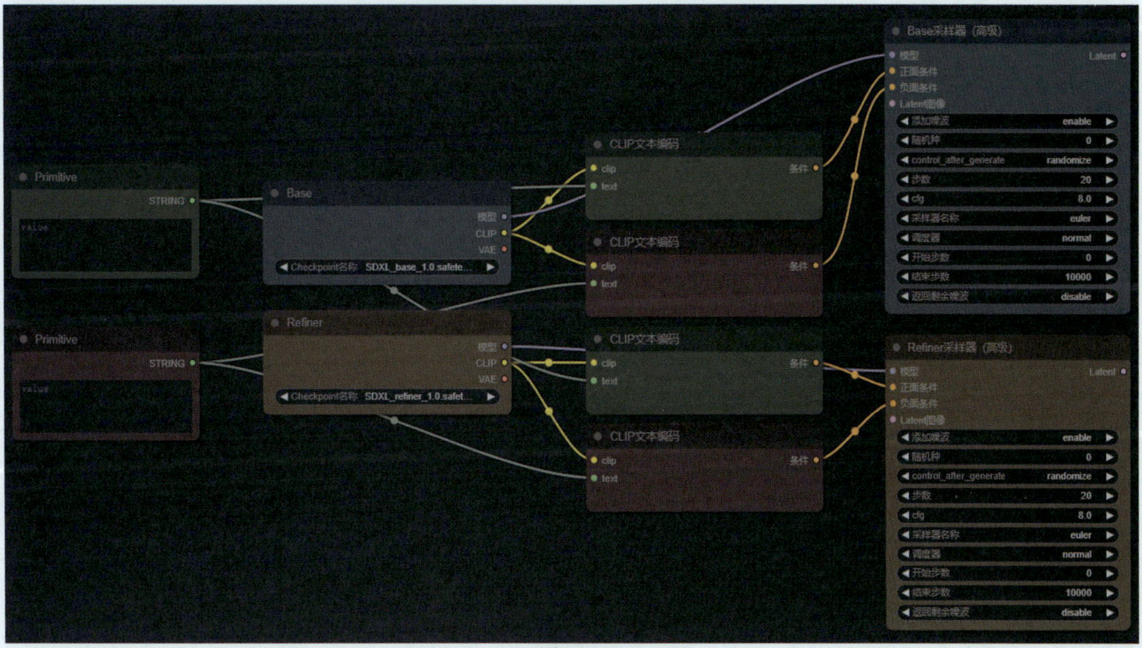

图4.2–6

步骤 06 新建“空 Latent”“加载 VAE”“VAE 解码”节点。“空 Latent”节点的“Latent”输出端口与“Base 采样器（高级）”的“Latent 图像”输入端口相连接。

“Base 采样器（高级）”节点的“Latent”输出端口与“Refiner 采样器（高级）”的“Latent 图像”输入端口相连接。“Refiner 采样器（高级）”的“Latent”输出端口与“VAE 解码”的“Latent”输入端口相连接。“加载 VAE”的“VAE”输出端口与“VAE 解码”的“VAE”输入端口相连接，如图 4.2-7 所示。

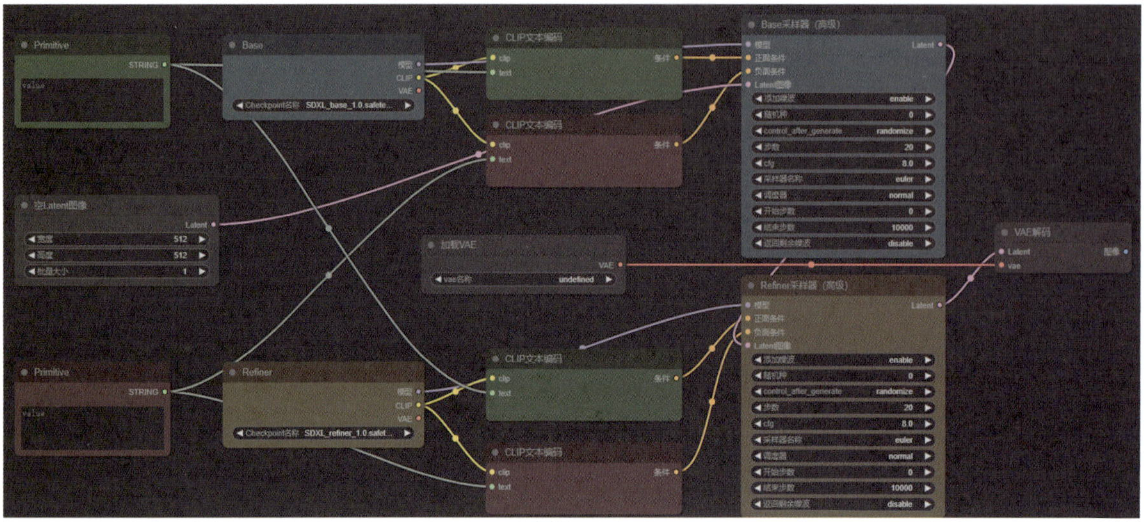

图4.2–7

步骤 07 剩下的节点与文生图工作流的节点基本一致，补充完毕后，完整的 Refiner 的标准工作流就搭建完成，如图 4.2-8 所示。

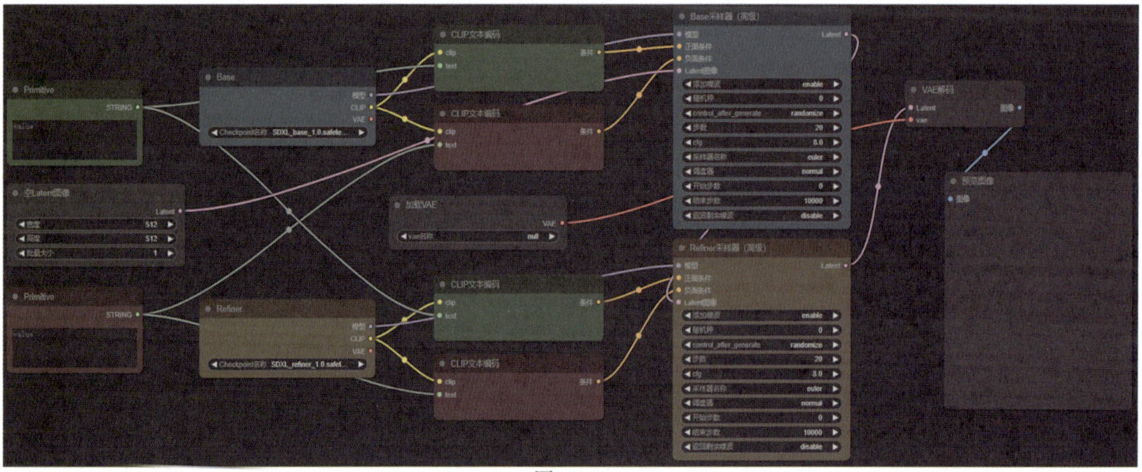

图4.2–8

“K 采样器（高级）”节点与“K 采样器”节点对比，在组件上多了“添加噪波”“开始步数”“结束步数”“返回剩余噪波”，少了“降噪”。作用上“添加噪波”是用来控制是否要生成随机种子，“开始步数”“结束步数”代表从第几步开始降噪和第几步结束降噪，作为 base 模型连接的采样器当然要从第 0 步就开始降噪，但是对于 refiner 模型连接的采样器来说，它的开始步数就要和 base 模型的结束步数相对应，“返回噪波”就是把随机种子返回下一个采样器。

4.2.2 Refiner标准工作流案例实操

Refiner 标准工作流的搭建已经完成，具体的节点设置及操作方法通过生成写实人像案例实操来进一步掌握 SDXL 标准工作流的使用，具体操作如下。

步骤 01 在“Base”节点选择 Base 模型，在“Refiner”节点选择 Refiner 模型，在这里 Base 模型是“SDXL_base_1.0”XL 大模型，如图 4.2-9 所示；Refiner 模型是“SDXL_refiner_1.0”XL 大模型，如图 4.2-10 所示。

图4.2–9

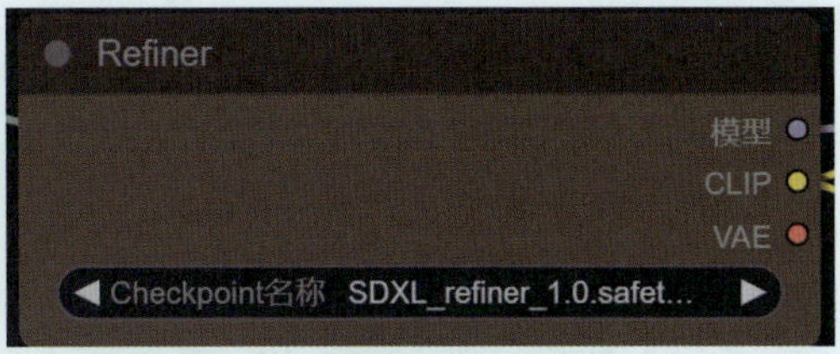

图4.2–10

步骤 02 在正向提示词框中输入对画面的描述，这里输入的正向提示词是“A woman working in a garden, portrait photo, smiling at the camera, minimalist, bright light, film, grainy, smiling, cold, grainy”（一位在花园工作的女性，肖像照片，对着相机微笑，极简，明亮的光线，胶片，颗粒感，微笑，冷，颗粒感）。

在反向提示词框中输入负面提示词“lowres,text,error,extra digit,fewer digits,cropped,worst quality,low quality,norma qualityjpeg”（低分辨率、文本、错误、额外数字、更少数字、裁剪、质量最差、质量低、正常质量），如图 4.2-11 和图 4.2-12 所示。

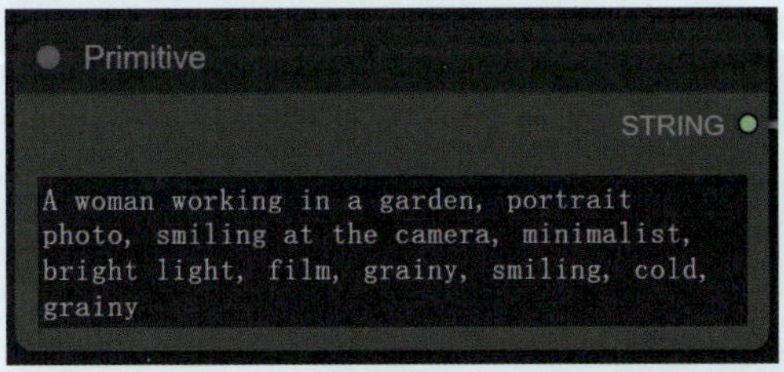

图4.2–11

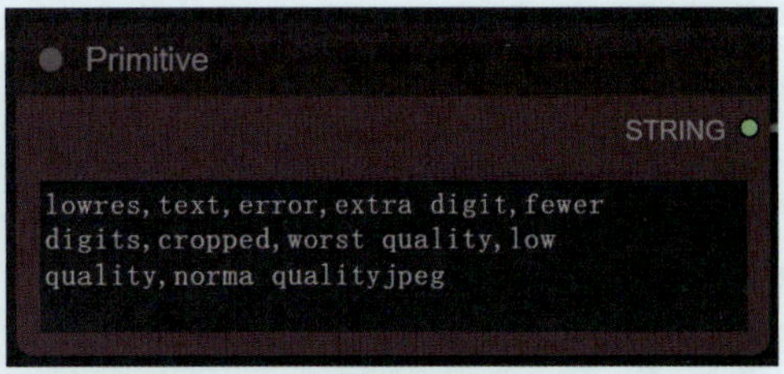

图4.2–12

步骤 03 在“空 Latent 图像”节点将图像的尺寸设置为 1024×512，“批量大小”设置为 1。如图 4.2-13 所示。

图4.2–13

Tips

SDXL 模型的生图尺寸一般采用 1024×1024 以上，当生图尺寸小于这个尺寸时，生图效果一般。

步骤 04 在“Base 采样器（高级）”节点，“添加噪波”和“返回剩余噪波”设置为“enable”；“随机种”设置为 0；“control_after_generate”设置为“randomize”；“步数”设置为 30；“cfg”设置为 7；“采样器”设置为“dpmpp_2m”；“调度器”设置为“karras”；“开始步数”设置为 0；“结束步数”设置为 20，如图 4.2-14 所示。

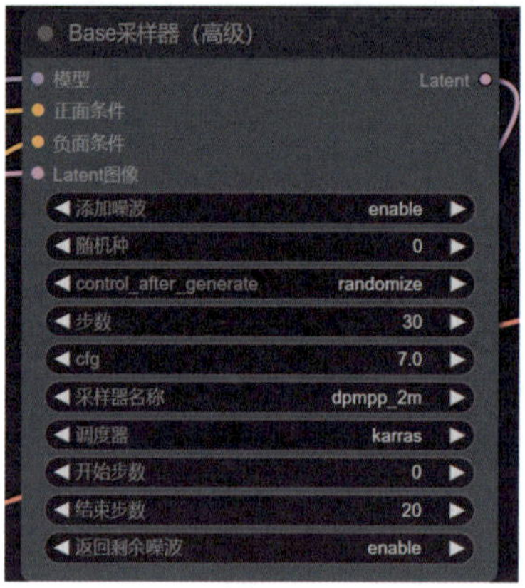

图4.2–14

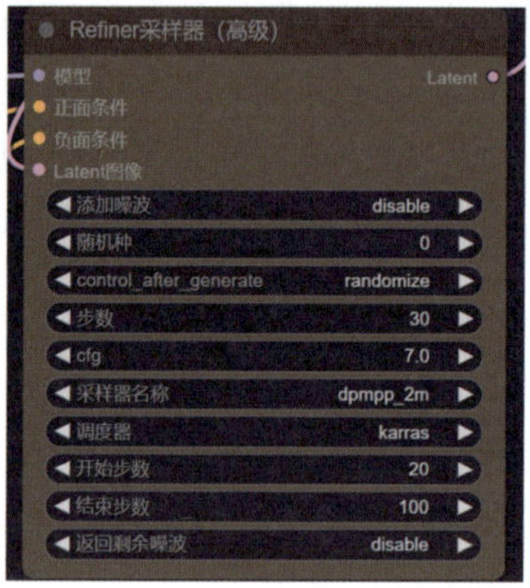

图4.2–15

步骤 05 在“Refiner 采样器（高级）”节点，“添加噪波”和“返回噪波”设置为“disable”；“随机种”设置为 0；“control_after_generate”设置为“randomize”；“步数”设置为 30；“cfg”设置为 7；“采样器”设置为“dpmpp_2m”；“调度器”设置为“karras”；“开始步数”设置为 20；“结束步数”设置为 100；“结束步数”大于“步数”即可，如图 4.2-15 所示。

步骤 06 点击“执行”按钮，一张写实人像图片就生成了，如图 4.2-16 所示。如果想保存图像，在“预览图像”节点单击鼠标右键，在弹出的选项列表中选择“保存图像”选项即可。

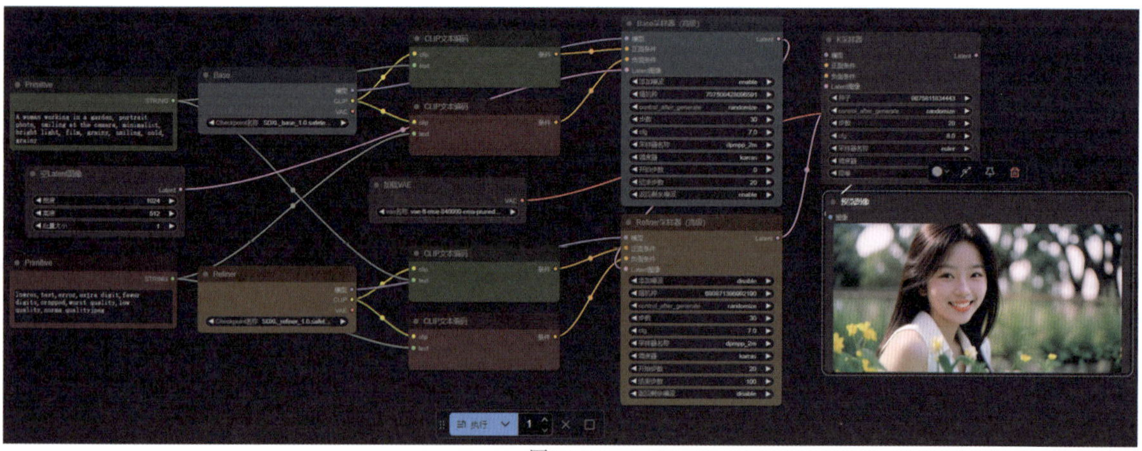

图4.2–16

5

第 5 章

ControlNet 工作流

ControlNet 是 ComfyUI 中用于控制图像生成的强大工具。它允许用户通过多种输入（如草图、蒙版、深度图等）来引导生成过程，从而实现更精确的图像控制。其核心在于采用 Conditional Generative Adversarial Networks（条件生成对抗网络）技术，能够为创作者提供更精细的图像生成控制。这表明创作者能够更精确地调整和控制生成图像的细节，从而实现理想的视觉效果。在 ControlNet 推出之前，创作者通常需要通过大量尝试来生成满意的结果。而 ControlNet 的推出使得创作者可以通过精准控制功能规范图像细节，例如控制人物姿态、图片细节等。

5.1 ControlNet 的基础运用

应用 ControlNet，需要分别安装 ControlNet 预处理器和 ControlNet 模型。预处理器的作用是将图片的结构通过各种预处理方式转换为 ControlNet 模型能够理解的形式。例如 Canny 预处理器可以将图片转换为线稿形式，以便用于线条控制。模型则根据预处理后的图片进行生成控制。

5.1.1 ControlNet预处理器和模型安装

首先需要安装 ControlNet 的预处理器以及模型，在 ComfyUI 的客户端就可以完成，详细步骤如下。

步骤 01 启动 ComfyUI 程序后，单击“Manager”按钮，进入“ComfyUI 管理器”界面，接着单击“Custom Nodes Manager”按钮，以打开安装节点界面。在搜索框内输入“ControlNet”进行搜索，与 ControlNet 相关的节点将显示在窗口中，如图 5.1-1 所示。

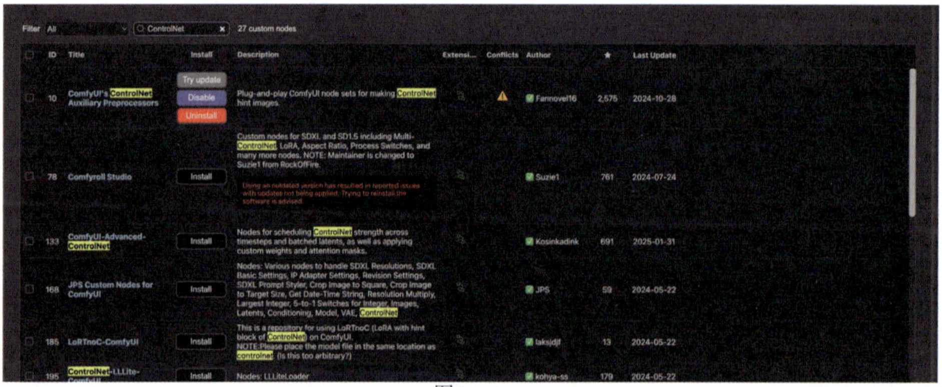

图5.1–1

步骤 02 选择名称为“ComfyUI's ControlNet Auxiliary Preprocessors”的节点进行安装。安装成功后重启即可使用 ControlNet 节点。在 ComfyUI 界面中，单击鼠标右键，在“Add Node”选项列表中新增了“ControlNet Preprocessors”选项。该选项列表内包含了诸多常用的预处理器，详情如图 5.1-2 所示。

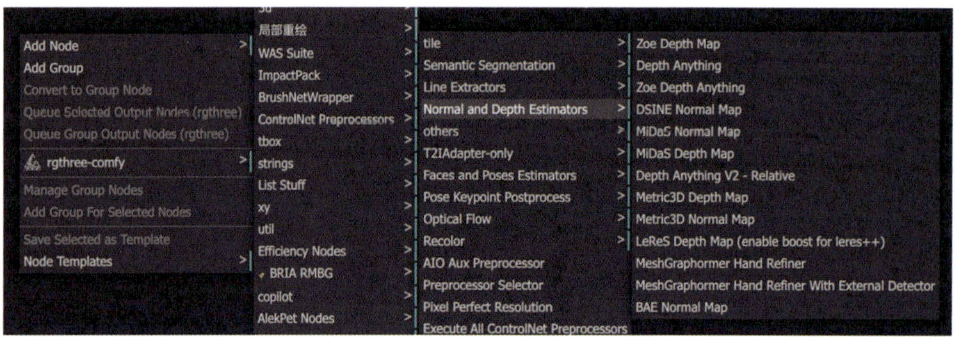

图5.1–2

步骤 03 回到 ComfyUI 的主页面，再次单击“Manager”按钮，接着单击“Model Manager”按钮，以打开安装模型界面。在搜索框内输入“ControlNet”进行搜索，与 ControlNet 相关的模型将显示在窗口中，详情如图 5.1-3 所示。

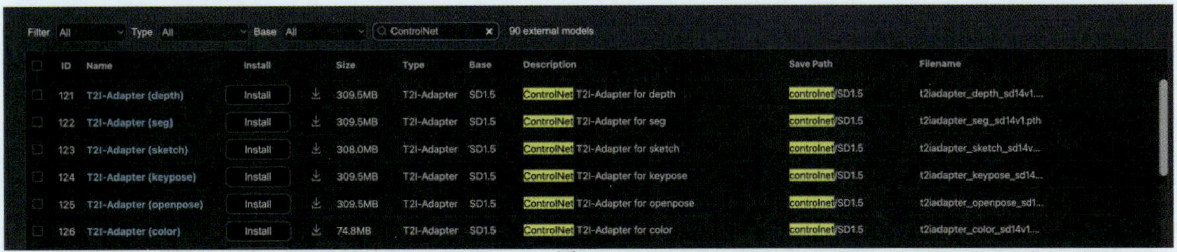

图5.1–3

步骤 04 在模型列表中，通过“Save Path”项的路径信息可以辨识出是 SD1.5 或 SDXL 的模型。依据模型描述，可以确定具体是哪一个处理模型。随后，根据实际需求进行相应的安装。

5.1.2 ControlNet的运用

在 ComfyUI 里，“条件”是指导扩散模型生成特定输出的关键因素，所有“条件”均来自通过“CLIP 文本编码”节点进行嵌入编码的文本提示。这些“条件”通过与其他节点的连接来增强或修改生成图像的效果。

1. ControlNet节点

ControlNet 应用节点能够为扩散模型提供更深入的视觉引导。通过连接多个节点，可以利用多个 ControlNet 来引导扩散模型。例如，通过提供一个包含边缘检测的图像和一个人体姿势检测图像，可以向扩散模型指示最终图像中边缘的具体位置以及人物的位置和姿势。

因此，“应用 ControlNet”节点作为条件，应当连接在“CLIP 文本编码”节点和“K 采样器”节点之间。这样，ControlNet 可以将预处理后的图像信息与文本条件相结合，从而更精准地控制生成图像的细节，这种连接方式使得创作者能够通过多个条件来指导扩散模型的生成过程，如图 5.1-4 所示。

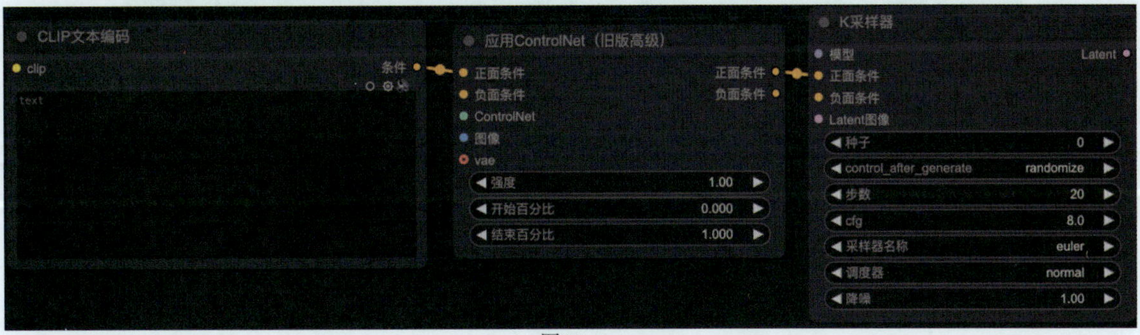

图5.1–4

在 ComfyUI 界面中，双击空白区域可启动节点搜索功能，输入“应用 ControlNet”即可创建节点。其“条件”输入端口可连接至“CLIP 文本编码”节点的“条件”输出端口。若需使用多个 ControlNet 节点，可将一个“应用 ControlNet”节点的“条件”输出端口连接至另一个的输入端口，同时其“ControlNet”输入端口需连接至“加载 ControlNet 模型”节点的“ControlNet”输出端口。其“图像”输入端口则连接至预处理后的引导图像输出端口，最终将节点输出端口连接至“K 采样器”节点的“正面条件”输入端口，具体连接方式如图 5.1-5 所示。

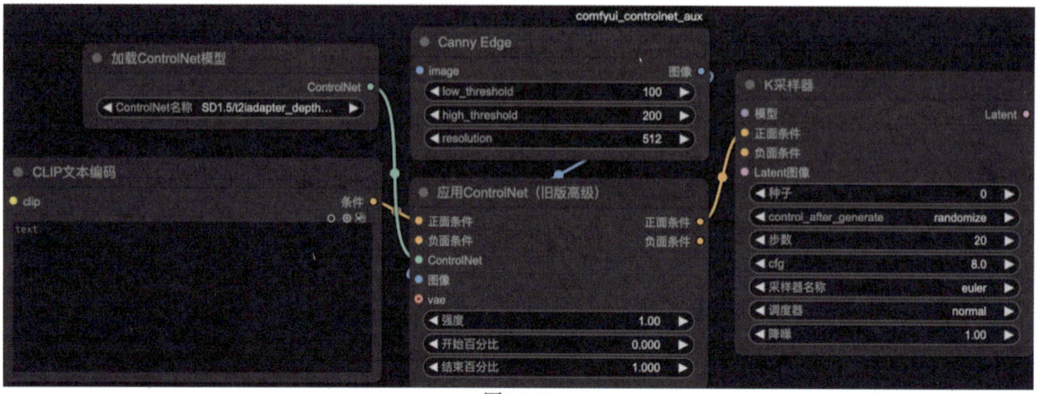

图5.1–5

2. ControlNet预处理器

预处理器节点可将图片预处理为适用于 ControlNet 的引导图像，输出至“应用 ControlNet”节点。其输入输出端口均为“图像”，需连接“加载图像”节点的输出端和“应用 ControlNet”节点的输入端。若想查看效果，可连接至“预览图像”节点。以“Canny Edge”为例，连接方式如图 5.1-6。ControlNet 种类多样，需根据类型搭建匹配工作流。

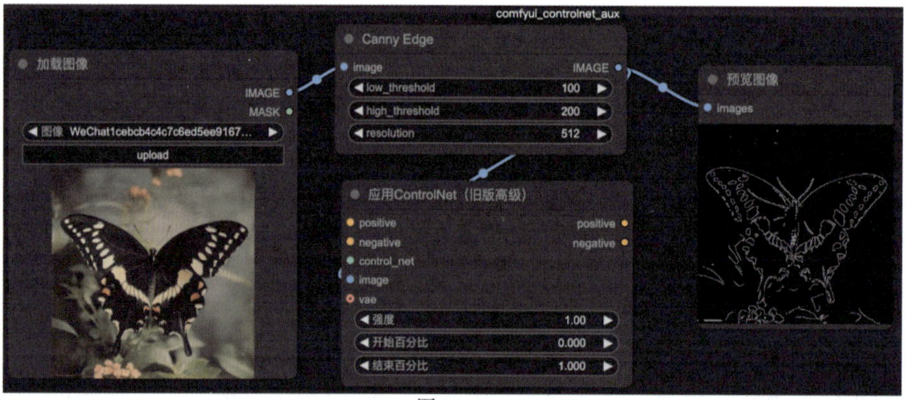

图5.1–6

5.2 角色姿势的精确控制

OpenPose 是一种关键的姿势控制模型，能够检测人体结构的关键点，例如头部、肩膀、手肘和膝盖等位置，同时忽略人物的服饰、发型和背景等细节。它捕捉人物在画面中的结构和位置，来复原其姿势和表情。

5.2.1 OpenPose预处理器

OpenPose 的预处理器节点共有 5 个，分别是“OpenPose Pose”“DensePose Estimator”“DWPose Estimator”“MediaPipe Face Mesh”和“AnimalPose Estimator”。在“OpenPose Pose”和“DWPose Estimator”中，可以指定生成骨骼图的身体部位。“DensePose Estimator”则通过不同颜色区分人体部位，实现姿态控制。这里使用 4 个人物节点对同一张图像生成骨骼图，并用“AnimalPose Estimator”对动物图像生成

骨骼图，具体效果对比如图 5.2-1 所示。

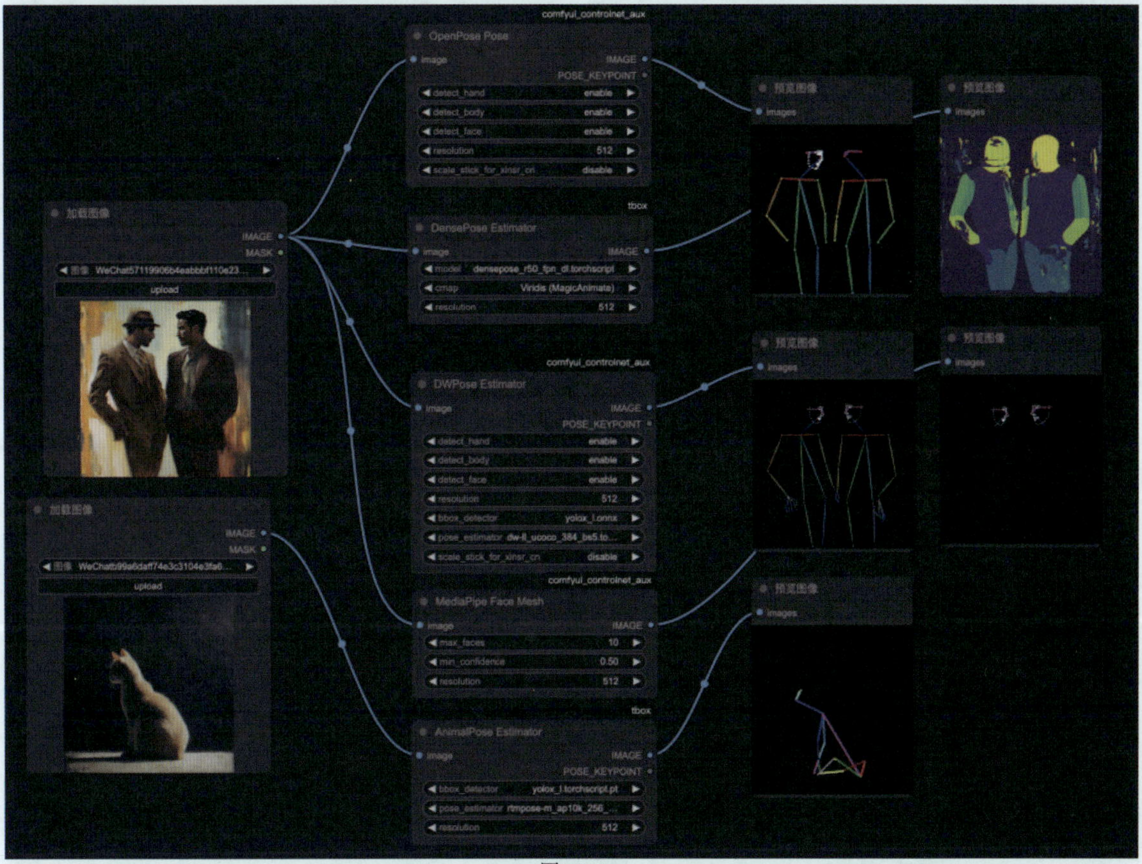

图5.2–1

“MediaPipe Face Mesh”能够实时检测和跟踪人脸，生成包含 468 个关键点的网格。“AnimalPose Estimator”用于检测动物身体结构的关键点并生成骨骼图，但对人像无效。

这 5 个节点在功能、应用场景和特性上存在显著差异。DensePose Estimator 和 DWPose Estimator 侧重于全身姿态分析，MediaPipe Face Mesh 面部网格预处理器专注于面部特征提取，而 OpenPose Pose 和 AnimalPose Estimator 节点则分别提供全身姿态和动物姿态检测。

它们在细节提取程度、应用场景、参数调整和使用方式上各不相同。创作者可根据具体需求和图像特点选择合适的预处理器。

5.2.2 OpenPose实例操作

OpenPose 的工作流搭建和其他模型相似，只需要更换预处理器以及模型，这里用定制相同动作姿势形象的案例实操一遍 OpenPose 的工作流，具体步骤如下。

步骤 01 在 ComfyUI 打开文生图工作流，新建“DWPose Estimator”节点，并连接该节点与“加载图像”和“预览图像”节点相对应的端口，在“加载图像”节点上传准备好的人物动作素材图，如图 5.2-2 所示。

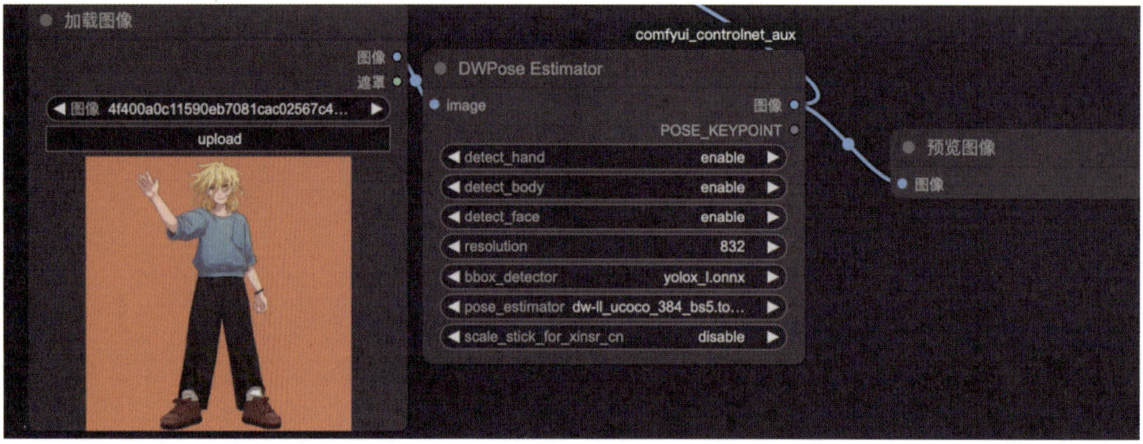

图5.2–2

步骤 02 新建“应用 ContolNet”和“加载 ControlNet”节点并连接，接着在“加载 ControlNet”节点中选择“SDXL/t2i_adapter_openpose_sdxl_1.0.safetensors”模型，将“应用 ControlNet ”节点的图像输入端口连接至“DW 姿态预处理器”节点的“图像”输出端口，如图 5.2-3 所示。

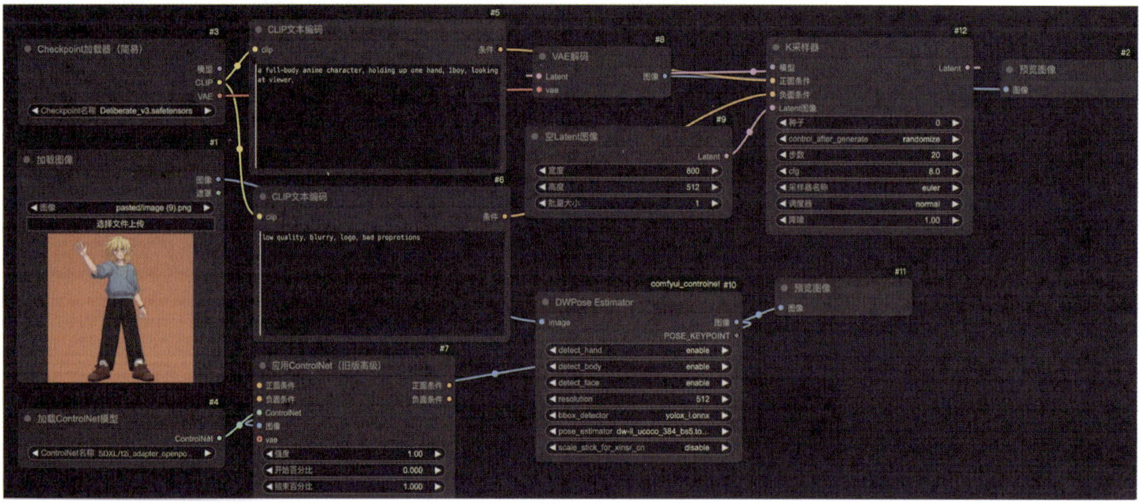

图5.2–3

步骤 03 将“应用 ControlNet”节点的“正面条件”和“负面条件”端口分别连接在两个“CLIP 文本编码”节点和“K 采样器”中间，如图 5.2-4 所示。

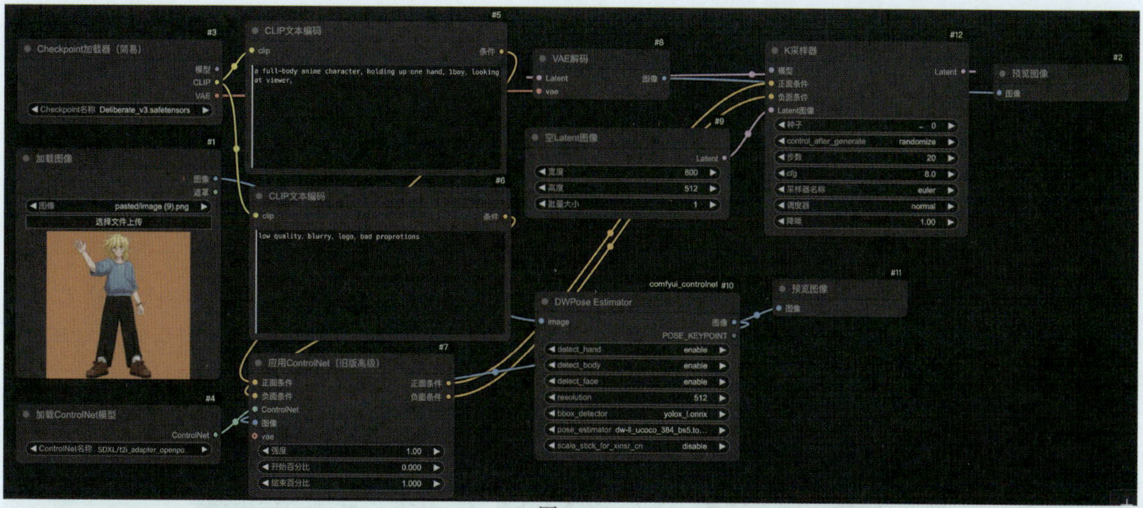

图5.2-4

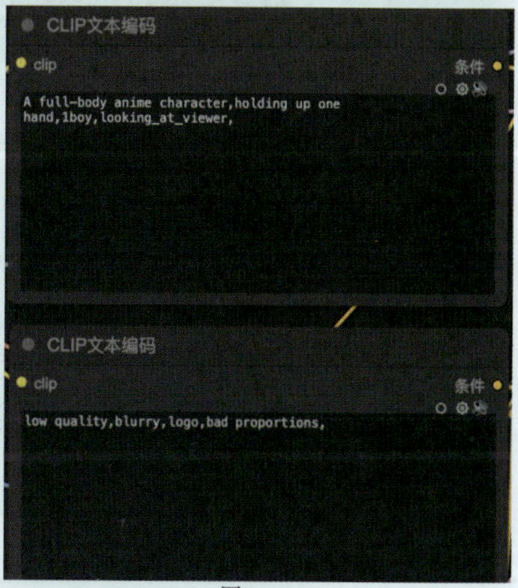

图5.2-5

步骤 04 选择好对应模型后，在正向提示词框中输入对形象的描述，这里输入的是“A full-body anime character, holding up one hand,1boy,looking_at_viewer”，在反向提示词框中输入坏的画面质量提示词，这里输入的是“low quality, blurry,logo,bad proportions”，如图 5.2-5 所示。

步骤 05 启用“DWPose Estimator”节点的所有检测选项，“resolution”设为上传图像的高度，此处为 800。“应用 ControlNet”节点的“强度”设为 1。设置“空 Latent 图像”节点中生图的尺寸，批量大小为 1。

步骤 06 将“K 采样器”节点中的“种子”设为 0；“control_after_generate”设为“randomize”；“步数”设为 24；“cfg”设为 6.8；“采样器名称”设为“dpmpp_2m”；“调度器”设为“karras”；“降噪”设为 1，如图 5.2-6 所示。

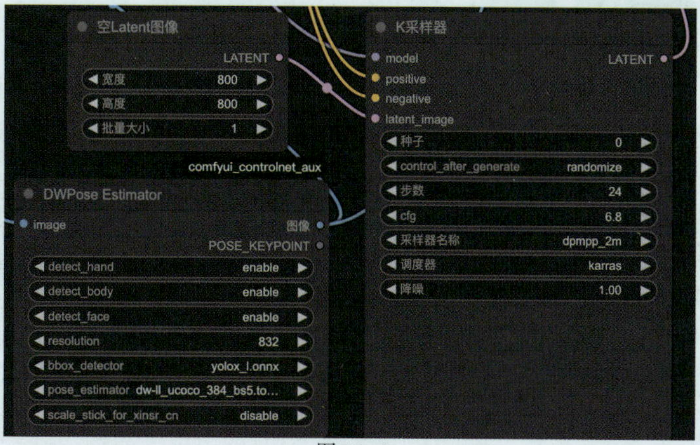

图5.2-6

步骤 07 执行该工作流，等待片刻后，便生成了和上传图像相同动作姿势的形象。通过 OpenPose 可以定制任意想要姿势的形象，让创作的自由度更高，如图 5.2-7 所示。

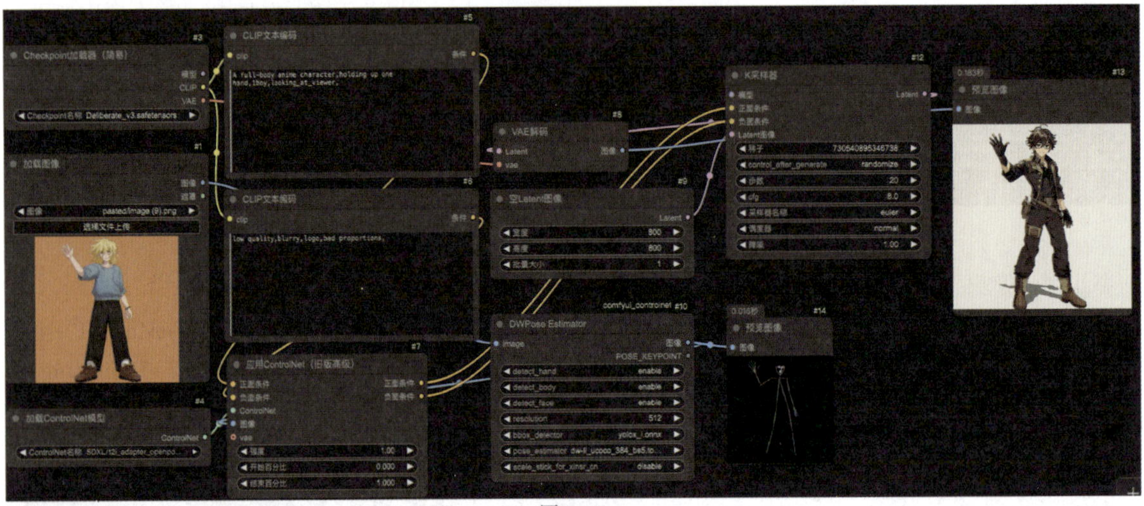

图5.2–7

5.3 图片细节的完美修复

Tile 模型常用于图像细节修复和高清放大。例如，在“图生图”中，增大重绘幅度虽能提升画面细节，但可能导致画面内容出现不可预测的变化。此时，使用 Tile 模型可以有效控图，解决这一问题。Tile 模型的最大特点是优化图像细节的同时，不会改变画面结构。理论上只要分块足够多，配合 Tile 模型便可进行绘制任意尺寸的超大图。

在保持其他参数不变的情况下，使用 Tile 模型将图像分辨率分别提至 1000×1000、2000×2000 和 4000×4000。随着分辨率的提升，图像细节也显著增加，分别如图 5.3-1 ~ 图 5.3-3 所示。

图5.3–1

图5.3–2

图5.3–3

5.3.1 Tile预处理器

Tile 预处理器包含了“迭代次数”和“分辨率”两个组件。“迭代次数”决定上传图像的模糊程度，数值越大，图像越模糊。通常建议设置为 1。这里对一张图像迭代次数分别设置为 1 和 5，对比效果如图 5.3-4 所示。

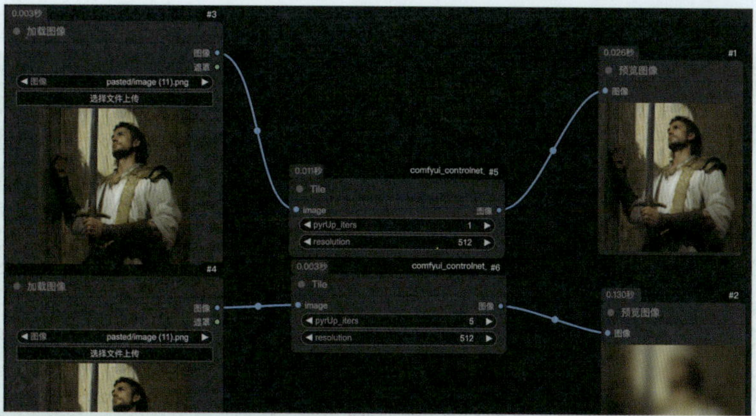

图5.3–4

5.3.2 Tile实例操作

Tile 工作流的搭建与其他模型并无二致，仅需更换预处理器和模型即可。接下来通过模糊图像转高清的实例，具体操作流程如下。

步骤 01 进入 ComfyU 界面后，打开文生图工作流，新建 “Tile” 节点，连接 “加载图像” 和 “预览图像” 节点，在 “加载图像” 节点上传准备好的模糊素材图，如图 5.3-5 所示。

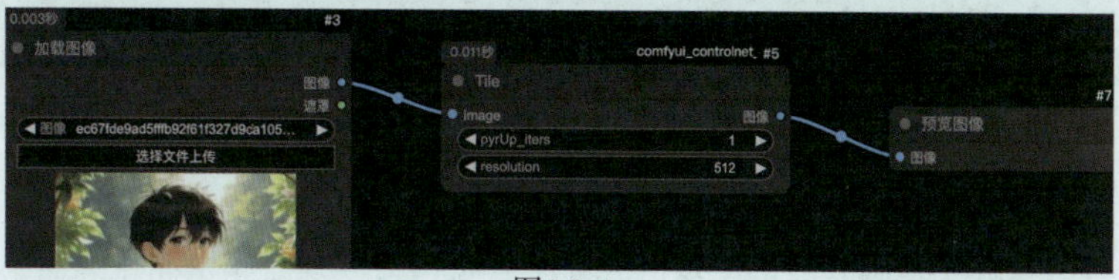

图5.3–5

步骤 02 新建 “应用 ControlNet” 和 “加载 ControlNet 模型” 节点并连接，在 “加载 ControlNet 模型” 选择 Tile 模型，将 “应用 ControlNet” 节点的 “图像” 输入端口连接至 “Tile” 节点的 “图像” 输出端口，如图 5.3-6 所示。

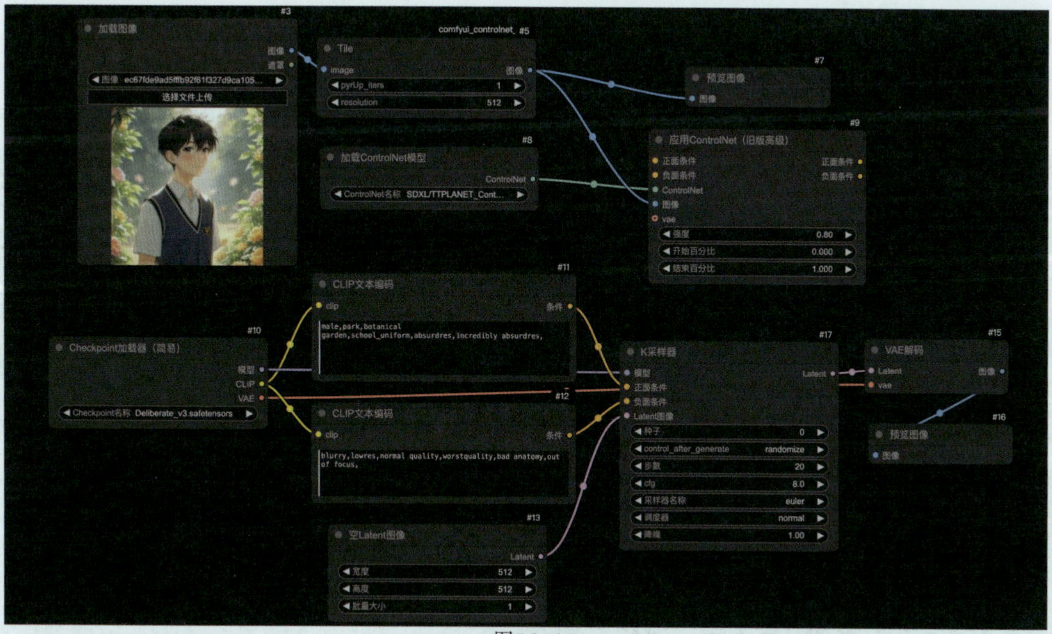

图5.3–6

步骤 03 分别将 “应用 ControlNet” 节点的两个 “条件” 端口连接到两个 “CLIP 文本编码” 节点

和“K 采样器”之间，如图 5.3-7 所示。

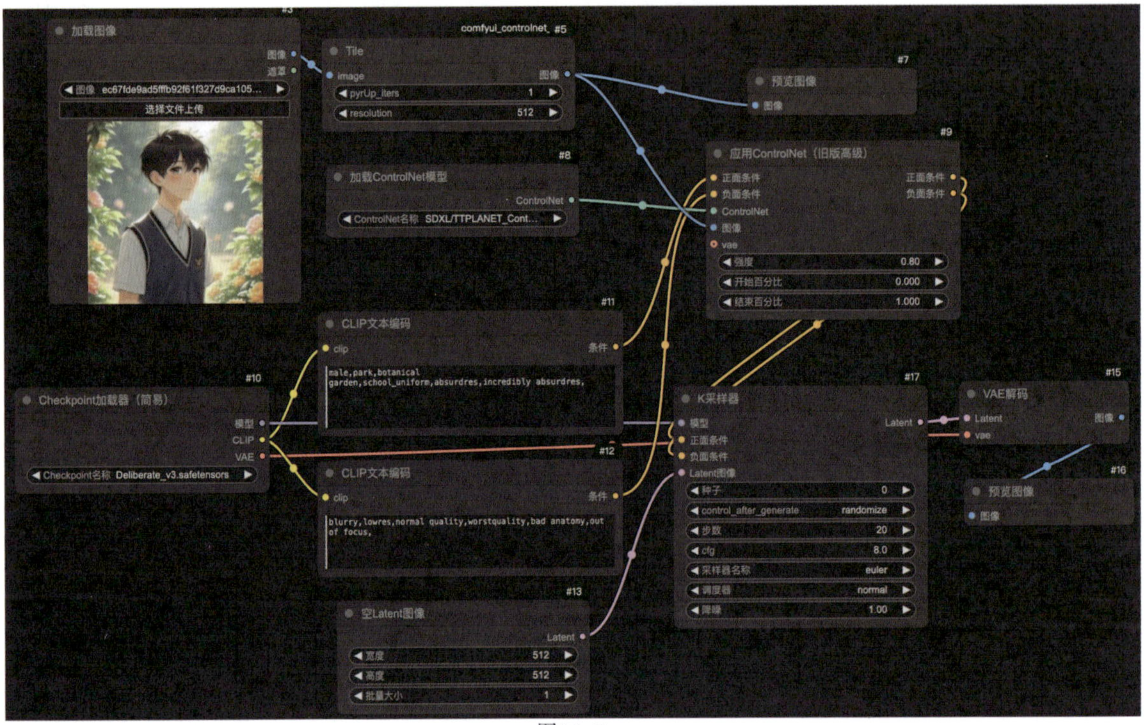

图5.3-7

步骤 04 选择好对应模型后，在正向提示词框中输入对生成高清图片修复细节的描述，这里输入的是“male,park,botanical garden,school_uniform,absurdres,incredibly absurdres,”。

在反向提示词框中输入低差质量画面提示词，这里输入的是“blurry,lowres,normal quality,worst quality,bad anatomy,out of focus,”，如图 5.3-8 所示。

步骤 05 “Tile”节点的迭代次数“pyrUp_iters”设置为 1，分辨率“resolution”设置为上传图像的高度，“应用 ControlNet”节点的“强度”设为 0.8，在“空 Latent 图像”节点设置生图要求的尺寸，生图的批次设置为 1，如图 5.3-9 所示。

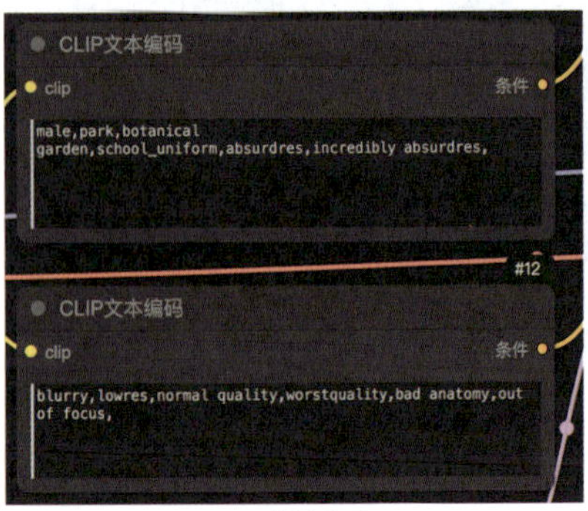

图5.3-8

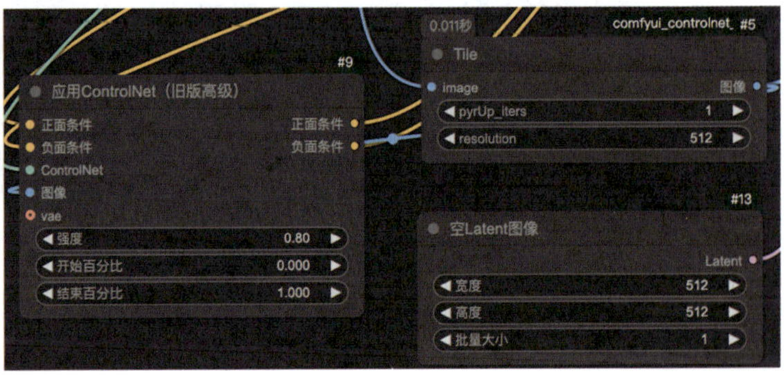

图5.3-9

步骤 06 将“K 采样器”节点中的“种子”设为 0；“control_after_generate”设为“randomize”；“步数”设为 24；“cfg”设为 6.8；“采样器名称”设为“dpmpp_2m”；“调度器”设为“karras”；“降噪”设为 1，如图 5.3-10 所示。

图5.3-10

步骤 07 执行该工作流，等待片刻后，图像细节放大修复后的图像就生成了，不仅放大了图像，也增加了图像的细节，如图 5.3-11 所示。

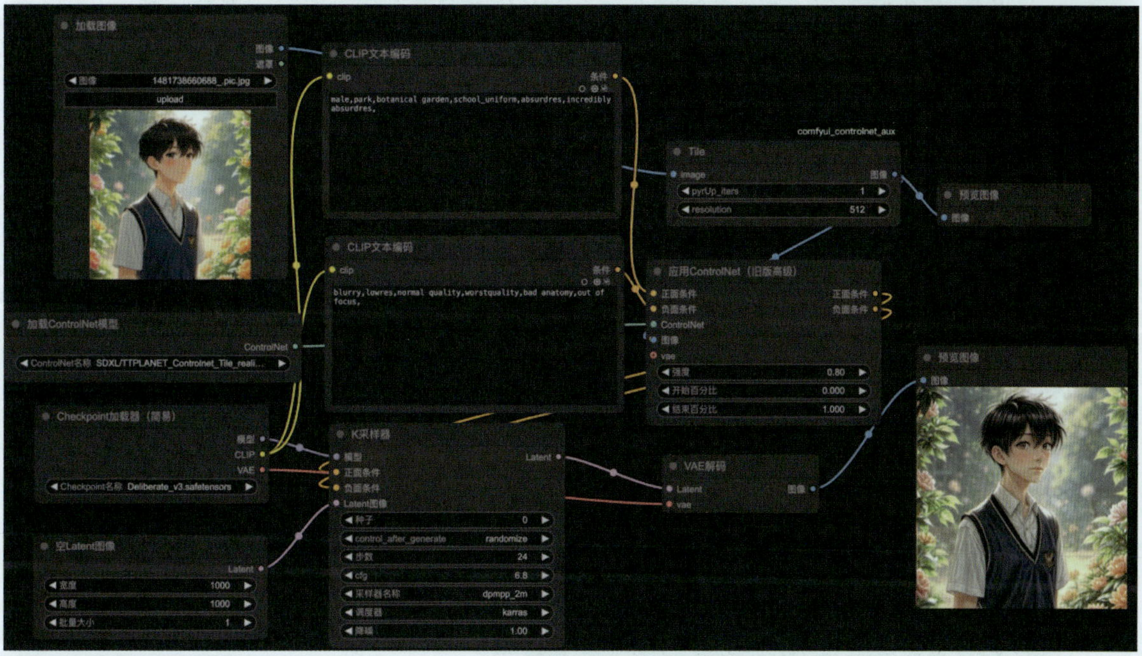

图5.3-11

5.4 深度图与法线贴图

深度图和法线贴图是两种重要的预处理工具，它们通过不同的方式为图像生成提供关键的深度和表面细节信息，从而增强生成图像的真实感和细节表现。

深度图能够体现画面中物体的三维深度关系。通过分析输入图像的深度信息，该图通常以灰度形式呈现，其中白色表示距离镜头较近的物体，黑色表示距离镜头较远的物体。深度图在场景重建、室内设计、建筑可视化等领域中非常有用，因为它能够帮助 AI 在生成新图像时保持正确的空间关系和透视效果。法线贴图能够记录物体表面的法线方向信息，从而在渲染过程中模拟出物体表面的凹凸细节和光照效果。逼真的纹理和光照效果，尤其适用于 3D 建模、游戏开发和增强现实等领域。

5.4.1 Depth

Depth 是一种常用的控制模型，可以根据参考图像生成深度图。深度图也称为距离影像，能够直接体现画面中物体的三维深度关系。在深度图中，只有黑白两种颜色：距离镜头越近，颜色越浅（白色）；距离镜头越远，颜色越深（黑色）。

Depth 模型可以提取图像中元素的前后景关系，并生成深度图，将其应用于绘制图像。因此，当画面中物体的前后关系不够清晰时，可以通过 Depth 模型来辅助控制。

Depth 模型有 3 个预处理器节点，分别是“LeRes Depth Map”节点、“MiDas Depth Map”节点和“Zoe Depth Map”节点。在“LeRes Depth Map”节点中，“前景移除”可移除前景深度信息，“背景移除”可移除背景深度信息，“强化”选项有助于更精准地分离前景与背景，并清晰展示中距离物品的边缘细节。在“MiDas Depth Map”节点中，“角度”选项可优化不同视角下的深度处理，“背景阈值”选项则用于更精准地区分前景和背景。

这 3 个节点各有特点：LeRes 倾向于渲染背景，中距离物品边缘更清晰；MiDas 是经典的预处理器，是官方默认选项；Zoe 的细节提取介于 LeRes 和 MiDas 之间。创作者可根据需求和图像特点选择合适的预处理器。这里分别用 3 个节点对同一张图像生成深度图，具体效果如图 5.4-1 所示。

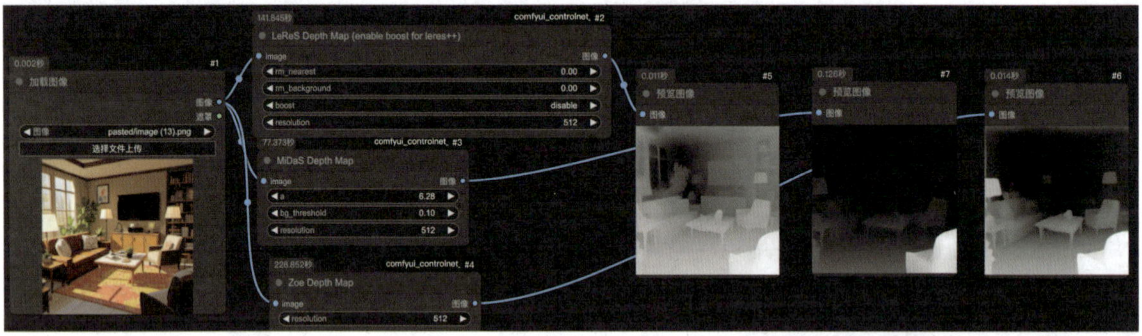

图5.4–1

5.4.2 Normal Map

Normal Map 模型是图像生成领域中一种极具价值的工具，它通过生成法线贴图来增强图像的真实感和细节表现力。法线贴图是一种特殊的纹理贴图，能够记录物体表面的法线方向信息，这些法线信息是物体表面在各个点的垂直方向，它们在二维图像中模拟出三维物体表面的凹凸细节和光照效果。例如，当光线照射到物体表面时，法线贴图可以根据存储的法线方向信息，计算出光线的反射和折射效果，从而在视觉上呈现出物体表面的复杂细节和真实的光影变化。

为了更好地满足不同场景和需求，Normal Map 模型配备了三种预处理器节点，分别是“BAE Normal Map”节点、“MiDas Normal Map”节点和“DSINE Normal Map”节点。这些预处理器节点各有其独特的优势和应用场景。

“BAE Normal Map”节点专注于优化边缘细节和减少噪点。它通过先进的算法对图像进行处理，能够生成更加清晰、细腻的法线贴图。这种节点在生成高清的人物肖像或精细的工艺品图像时，能够显著提升图像的细节表现力。它能够有效减少法线贴图中的噪点，使生成的图像更加平滑和自然，同时保留物体表面的关键细节。

“MiDas Normal Map”节点则基于深度图生成法线贴图。它通过分析图像的深度信息，能够更准确地模拟物体表面的三维结构。该节点还提供了“角度”选项和“背景阈值”选项，其中“角度”选项可以优化不同视角下的深度处理效果，使生成的法线贴图在不同角度下都能保持一致性和准确性；“背景阈值”选项则能够更精准地区分前景和背景，避免背景噪声对法线贴图生成的影响。因此，“MiDas Normal Map”节点特别适合用于深度感知和场景重建相关的图像生成任务，例如在生成虚拟场景或增强现实图像时，能够更好地还原场景的真实感。

“DSINE Normal Map”节点则采用了基于正弦函数的方法来优化光照效果。这种节点在处理具有复杂光照条件或特殊材质的图像时表现出色，例如在生成带有金属光泽或玻璃质感的物体图像时，能够更好地表现出材质的反射和折射特性。它通过优化光照效果，使生成的图像在视觉上更加逼真，能够更好地模拟真实世界中的光照条件。

这里分别用 3 个节点对同一张图像生成法线贴图，具体效果如图 5.4-2 所示。

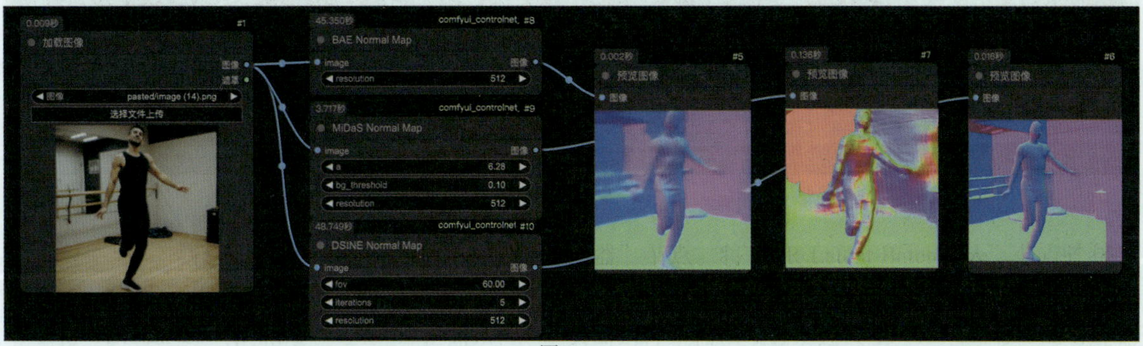

图5.4–2

5.5 场景氛围的调整

场景氛围的调整是提升视觉效果和用户体验的关键环节。使场景更加生动和沉浸。在这项调整过程中，Depth 发挥了至关重要的作用，它提供了场景中物体的空间位置和远近信息，为精确控制光影效果、景深和空间层次提供了必要的支持。

Depth 工作流的搭建和其他模型一样，只需要更换预处理器和模型，这里以调整客厅氛围变成红色风格为例，具体操作如下。

步骤 01 在 ComtyUI 加载文生图工作流，并新建“Zoe Depth Map”节点，并连接“加载图像”和“预览图像”节点，在“加载图像”节点上传准备好的客厅素材图，如图 5.5-1 所示。

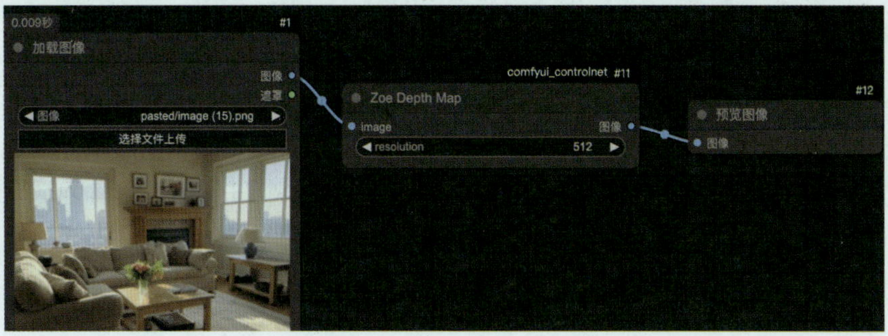

图5.5–1

步骤 02 新建“应用 ControlNet”和“加载 ControlNet 模型”节点且连接，在“加载 ControlNet 模型”选择“Depth”模型。将“应用 ControlNet”节点的“图像”输入口与“Zoe Depth Map”节点的“图像”输出端口连接，如图 5.5-2 所示。

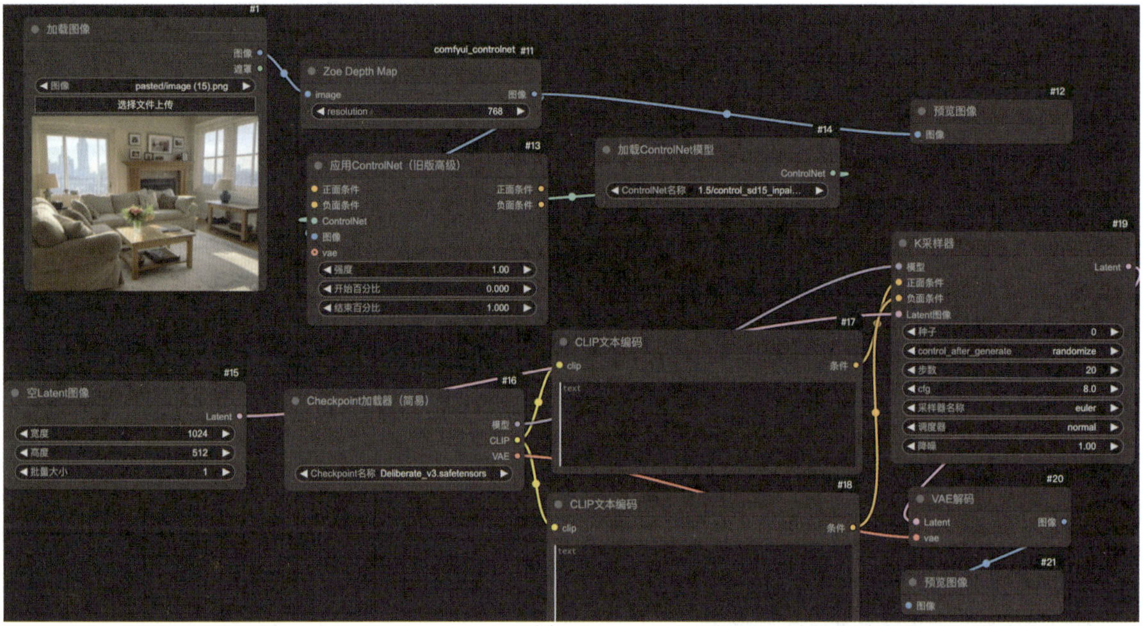

图5.5-2

步骤 03 分别将“应用 ControlNet”节点的两个“条件”端口连接到两个“CLIP 文本编码”节点和“K 采样器”之间，如图 5.5-3 所示。

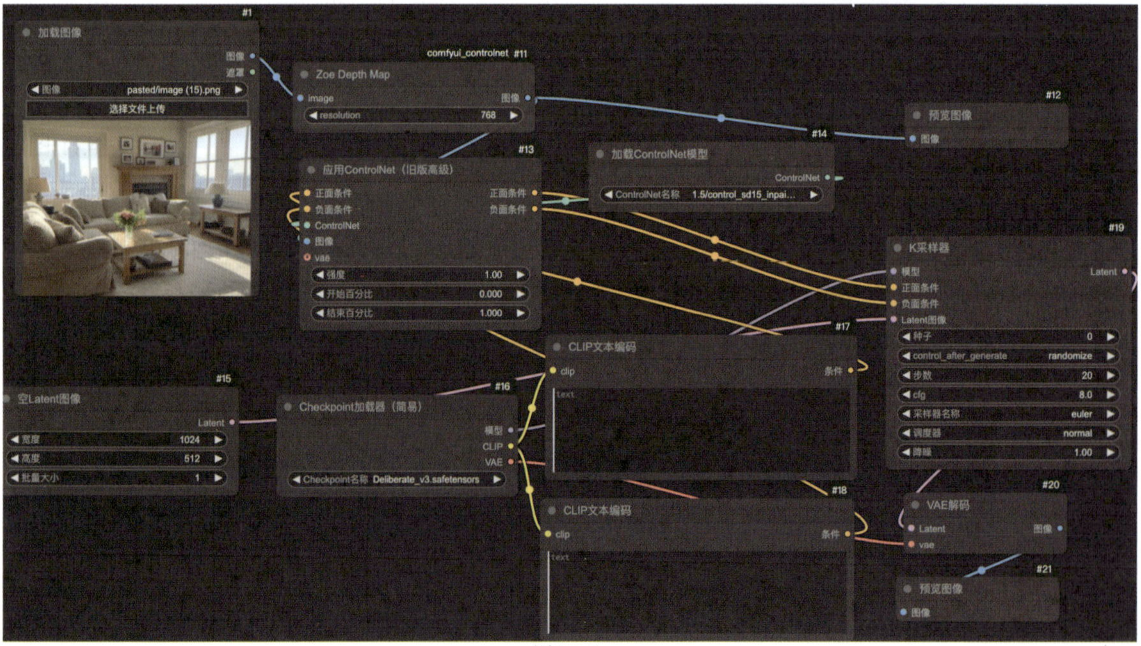

图5.5-3

步骤 04 选择好对应模型后，在正向提示框中输入对改变客厅氛围的描述，这里输入了“Indoor,living room,red,couch,table,closet,flowers on the table,red style,”。

在负向提示框中输入不想要的画面的提示词，这里是“blurry,low quality,sketches,worstquality,grayscale,monochrome,normal quality,lowres,”，如图 5.5-4 所示。

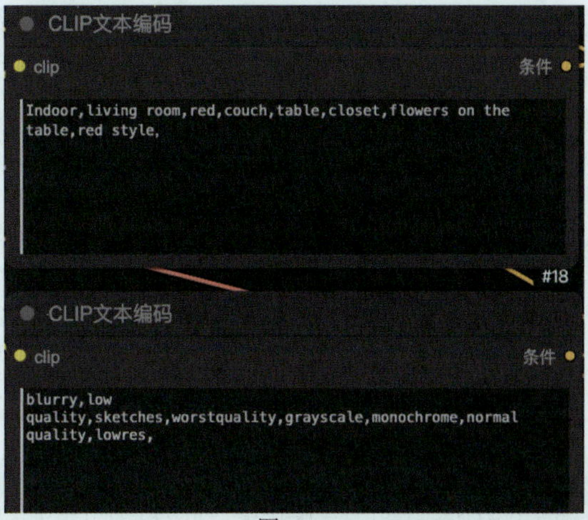

图5.5-4

步骤 05 将“Zoe Depth Map”节点的“resolution”设置为上传图像的高度，将“应用 ControlNet（旧版高级）”节点的“强度”设置为 1，在“空 Latcnt 图像”节点设置生图要求的尺寸，生图的批量大小设置为 1，如图 5.5-5 ~ 图 5.5-7 所示。

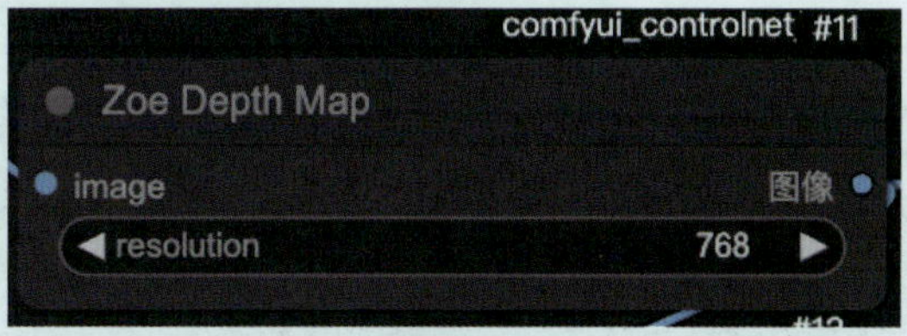

图5.5-5

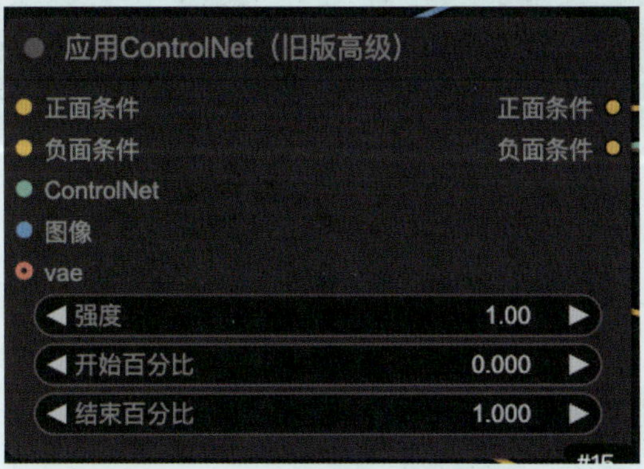

图5.5-6

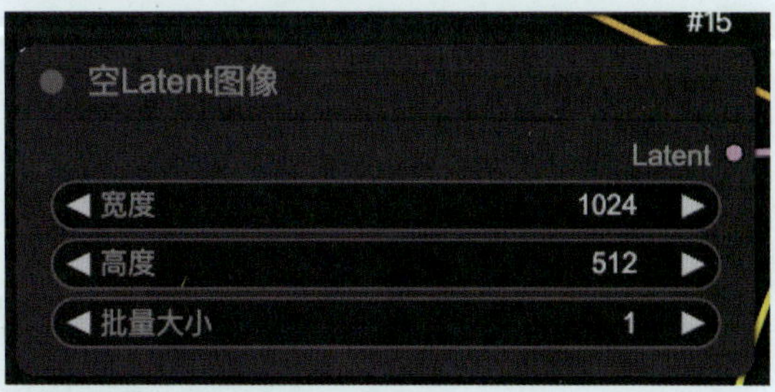

图5.5-7

步骤 06 将“K 采样器”节点中的“种子”设为 0；“control_after_generate”设为“randomize”；“步数”设为 30；“cfg”设为 7；“采样器名称”设为“dpmpp_2m”；“调度器”设为“karras”；“降噪”设为 1，如图 5.5-8 所示。

图5.5-8

步骤 07 执行该工作流，等待片刻后，红色风格的客厅图像就生成了，如图 5.5-9 所示。

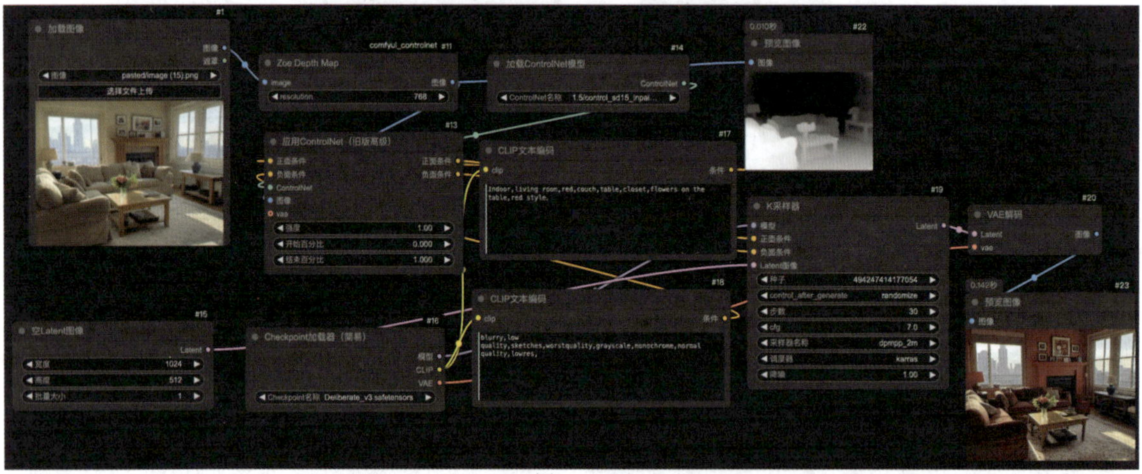

图5.5-9

6

第 6 章

强力自定义节点合集

在 ComfyUI 的广阔世界中，自定义节点无疑是其最闪耀的明珠之一。它们如同强大的扩展工具，为创作者们带来了无限的可能性和创造力。无论是追求极致效率的艺术家，还是探索前沿技术的开发者，自定义节点都能满足的需求。

从功能强大的肖像大师，到高效的风格迁移，每一个节点都像是为特定任务量身定制的利器。它们不仅可以优化工作流程，还能解锁新的艺术风格和创意表达。接下来一起深入探索 ComfyUI 的强力自定义节点合集，解锁 AI 绘图的全新境界。

6.1 “肖像大师”捏脸技术

在 ComfyUI 的强大功能中，“肖像大师”无疑是一颗璀璨的明珠。它以其直观的可视化界面和丰富的参数设置，为创作者带来了前所未有的便捷体验。无论是专业艺术家还是初学者，都能通过它轻松捏出理想的人物肖像。从性别、国籍到脸型、发型，再到灯光与表情，“肖像大师”的每一处细节都可精准定制。接下来，深入探索 ComfyUI “肖像大师”的捏脸技术，开启一场创造独一无二虚拟形象的奇妙之旅。

6.1.1 “肖像大师”工作流搭建

本节将详细介绍肖像大师工作流的安装和搭建步骤，具体操作如下。

1. 肖像大师工作流节点安装

要想使用“肖像大师”工作流，那么必须有“肖像大师”工作流节点，接下来安装“肖像大师”节点。

步骤 01 打开 ComfyUI 界面，单击右上角的“Manager”按钮，在弹出的页面中单击“Custom Nodes Manager”按钮，弹出插件页面，在搜索框中输入“肖像大师”即可看搜索结果，如图 6.1-1 和图 6.1-2 所示。

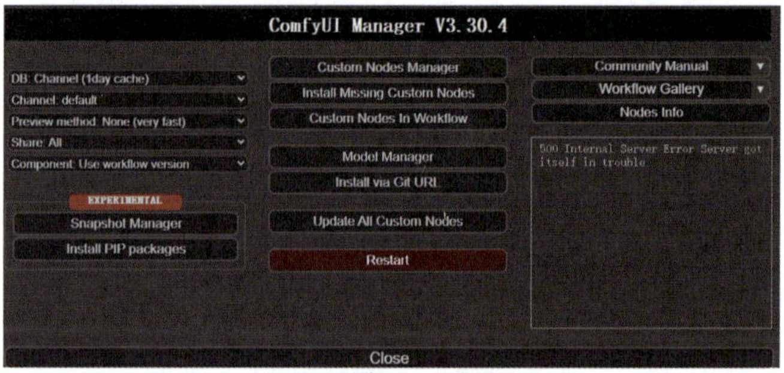

图6.1-1

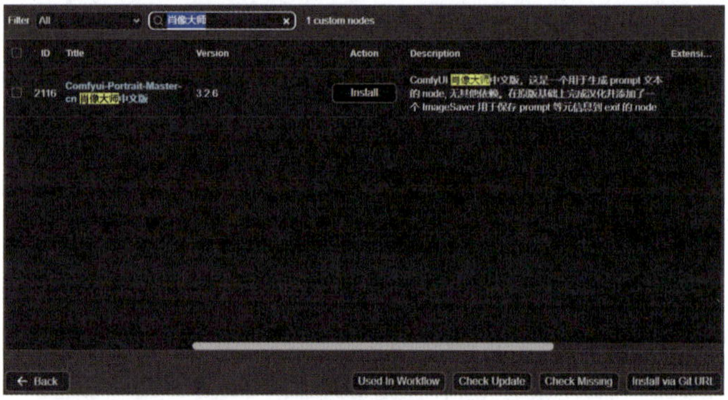

图6.1-2

步骤 02 单击“Install”按钮，在弹窗中选择版本，在本案例中选择了 3.2.6，如图 6.1-3 所示。随后单击“Select”按钮，稍等片刻后，在“Install”按钮处出现“Restart Required”时，单击该页面左下角的“Restart”按钮，如图 6.1-4 所示，重启 ComfyUI，完成“肖像大师”节点的安装。

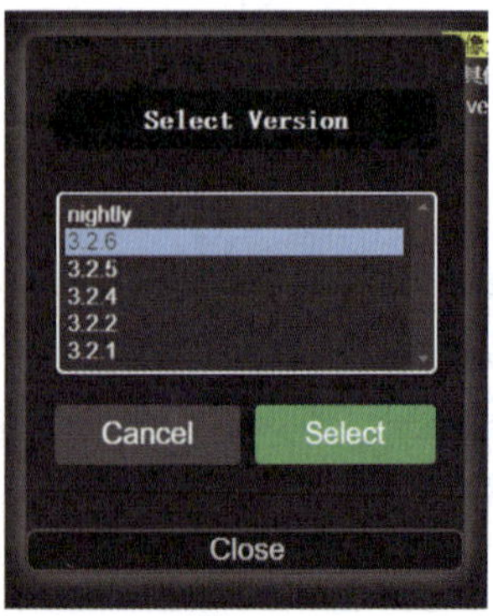

图6.1-3

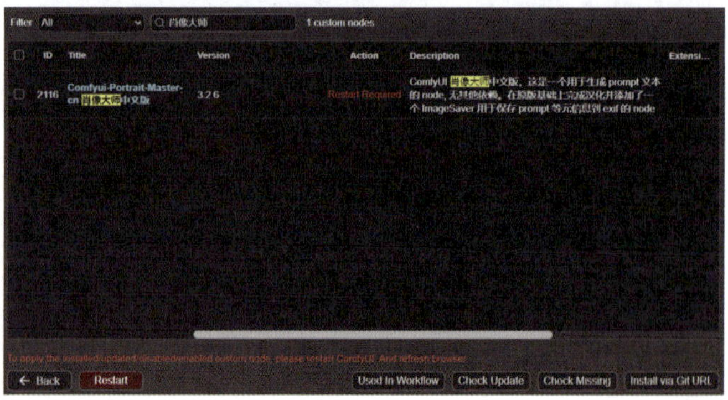

图6.1-4

2. “肖像大师”工作流节点连接

接下来，就可以开始搭建“肖像大师”工作流。

步骤 01 打开一个基础的工作流，新增“预览图像”节点，并与“VAE”节点的“图像输出”端口相连接，如图 6.1-5 所示。

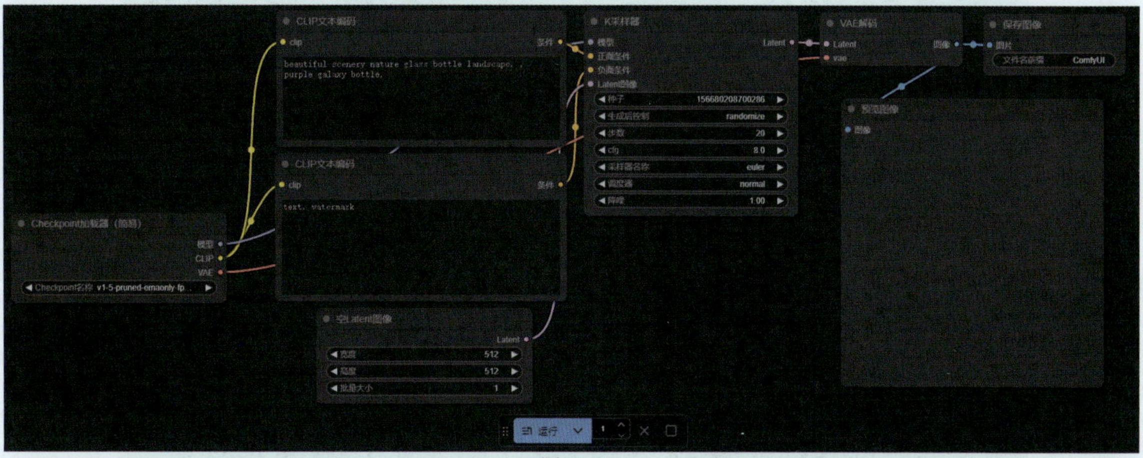

图6.1–5

步骤 02 鼠标左键双击空白处，在弹出的搜索框中输入“肖像”，即可看到“肖像大师”节点，如图 6.1-6 所示。

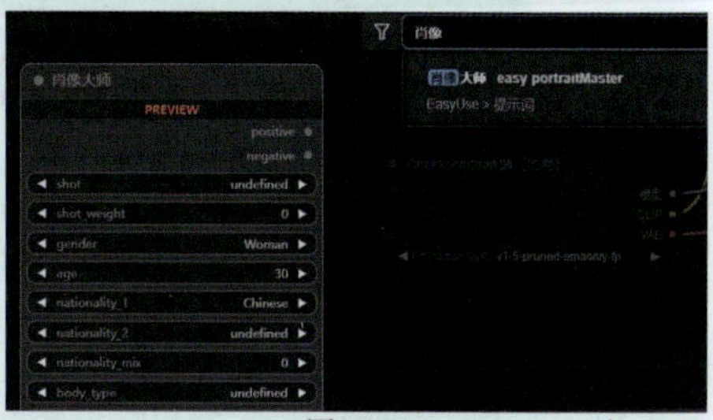

图6.1–6

步骤 03 添加“肖像大师”节点后，可以看到该节点可以控制镜头、性别、国籍、体型、模特姿势、眼睛颜色、面部表情、脸型、发型、发色、胡子、皮肤毛孔、皮肤细节、酒窝、雀斑、痣、皮肤瑕疵、皮肤痤疮、晒黑的皮肤、眼睛细节、虹膜细节、圆形虹膜、圆形瞳孔等参数，如图 6.1-7 和图 6.1-8 所示。

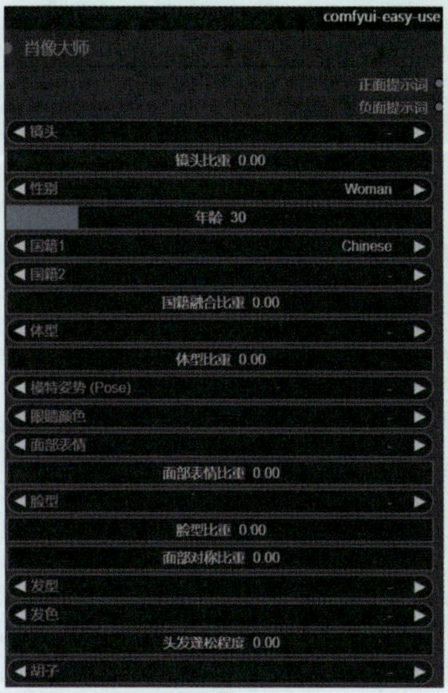

图6.1–7

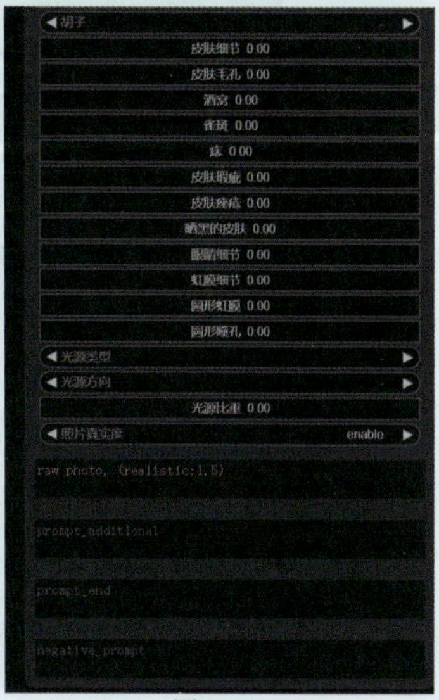

图6.1–8

步骤 04 将“肖像大师”节点的“正面提示词”输出端连接至与“K 采样器”“正面条件”输入端连接的“CLIP 文本编码”节点。

“肖像大师”节点的“负面提示词”输出端连接至与“K 采样器”“负面条件”输入端连接的“CLIP 文本编码”节点，如图 6.1-9 所示。

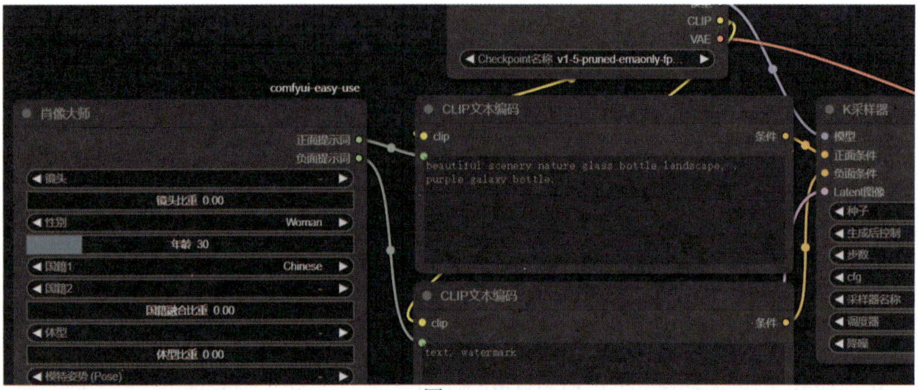

图6.1–9

步骤 05 至此，一个简单的“肖像大师”工作流搭建完成，如图 6.1-10 所示。

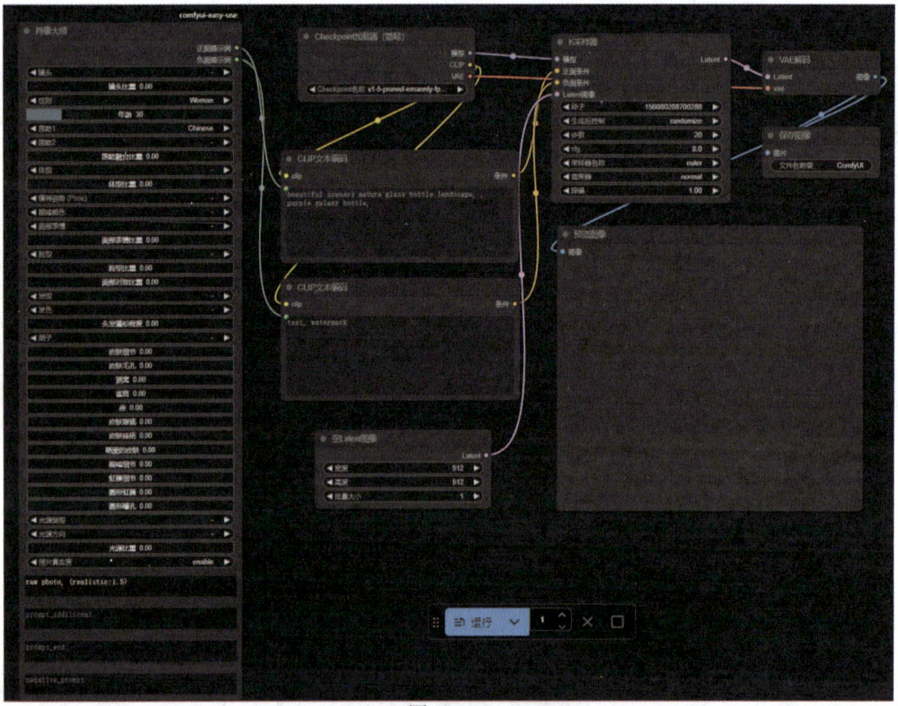

图6.1–10

6.1.2 “肖像大师”工作流实操

“肖像大师”工作流的搭建完成，即可正式开启肖像创作之旅，尽情体验“肖像大师”节点的强大功能与独特魅力。在实操过程中，将深刻感受到其精准控制人物特征的神奇之处，每一个节点都仿佛是通往完美肖像的钥匙，带来身临其境的创作体验。

步骤 01 选择合适的写实大模型，在本案例中，使用了“XXMix_9realistic_v4.0_v4.0.safetensors”作为 Checkpoint 模型，如图 6.1-11 所示。

图6.1–11

步骤 02 在正向提示词框中输入提示词“(Portrait: 1.3),(Sharp Focus: 1.2),(8K Resolution: 1.3),A boy with brown hair style,(Expressive Eyes: 1.2),(Symmetrical Facial Features: 1.1),(Natural Skin Texture: 1.3),(Soft Cinematic Lighting: 1.2),Wearing a white shirt,[Melancholic Cityscape Background],(depth of field: 1.1),(professional color grading: 1.2),(film grain: 1.1)”，中文为“(人像摄影 : 1.3)，(清晰对焦 : 1.2)，(8K 分辨率 : 1.3)，一个男孩，棕色头发发型，(富有表现力的眼睛 : 1.2)，(对称的面部特征 : 1.1)，(自然的皮肤纹理 : 1.3)，(柔和的电影灯光 : 1.2)，穿着白衬衫，[忧郁的城市景观背景]，(景深 : 1.1)，(专业调色 : 1.2)，(胶片颗粒感 : 1.1)”，如图 6.1-12 所示。

在负向提示词框中输入低质量画面的提示词“(low quality: 1.3),(worst quality: 1.3),(iris distortion: 1.2),(pupil distortion: 1.2),(hand distortion: 1.3),(rough facial depiction: 1.2),(ugly: 1.1),(repetitive: 1.1),(morbid: 1.1),(extra fingers: 1.3),(bad proportions: 1.2),(mutated hands: 1.3),(poorly drawn eyes: 1.2),(text: 1.1),(watermark: 1.1),(signature: 1.1),(blur: 1.1)”，中文为“(低质量 : 1.3)，(最差质量 : 1.3)，(虹膜变形 : 1.2)，(瞳孔变形 : 1.2)，(手部的变形 : 1.3)，(面部刻画粗糙 : 1.2)，(丑陋 : 1.1)，(重复 : 1.1)，(病态 : 1.1)，(多余的手指 : 1.3)，(糟糕的比例 : 1.2)，(变异的手 : 1.3)，(奇怪眼睛 : 1.2)，(文本 : 1.1)，(水印 : 1.1)，(签名 : 1.1)，(模糊 : 1.1)”。如图 6.1-13 所示。

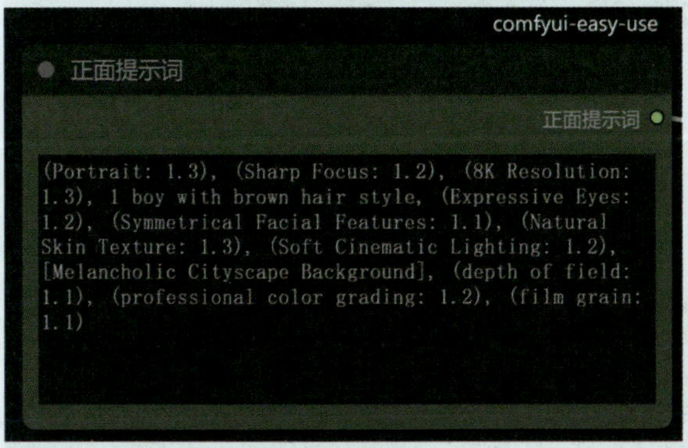

图6.1-12

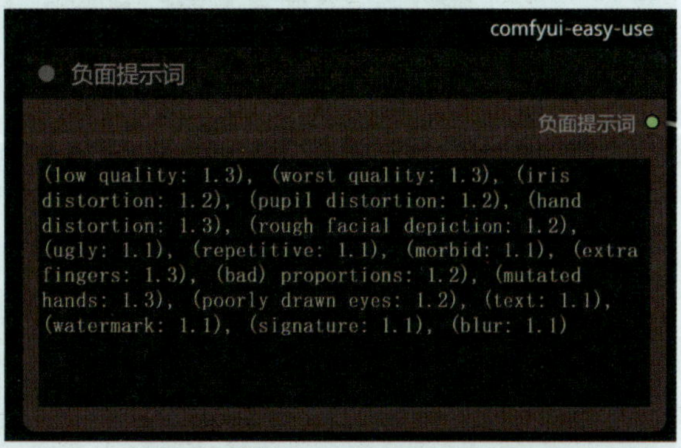

图6.1-13

步骤 03 在“空 Latent 图像”节点中将生成图像的尺寸调整为 768 × 1024，批量大小为 1，如图 6.1-14 所示。

图6.1-14

步骤 04 在“肖像大师”节点中，“镜头比重”调整至 1.05；“性别”设置为“Man”；“年龄”调整至 20；“国籍 1”设置为“French”；“面部表情”设置为“Happy”；“面部表情比重”调整至 1.5；“面部对称比重”调整至 0.2；“皮肤细节”调整至 0.5；“皮肤毛孔”调整至 0.3；“眼睛细节”“虹膜细节”“圆形虹膜”“圆形瞳孔”“光源比重”都调整至 1.2，其余参数不变，如图 6.1-15 和图 6.1-16 所示。

图6.1-15

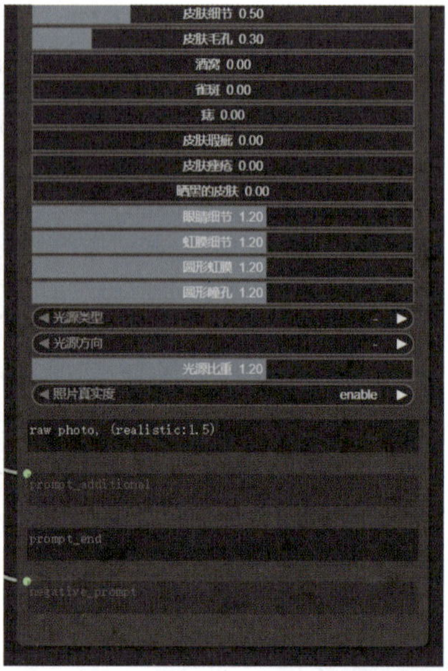

图6.1-16

步骤 05 在“K 采样器”节点，“步数”设置为 28；“cfg”设置为 7.0，其余保持不变，如图 6.1-17 所示。

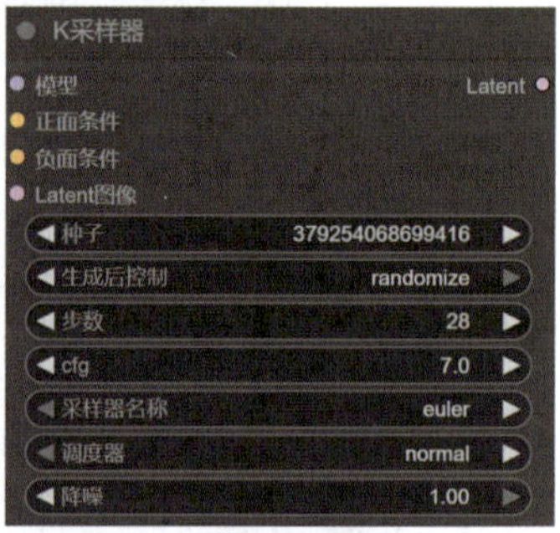

图6.1-17

步骤 06 设置完毕后，单击页面中的“运行”按钮，等待片刻后，可以看到在“保存图像”节点可以预览到生成的图像，如图 6.1-18 所示。

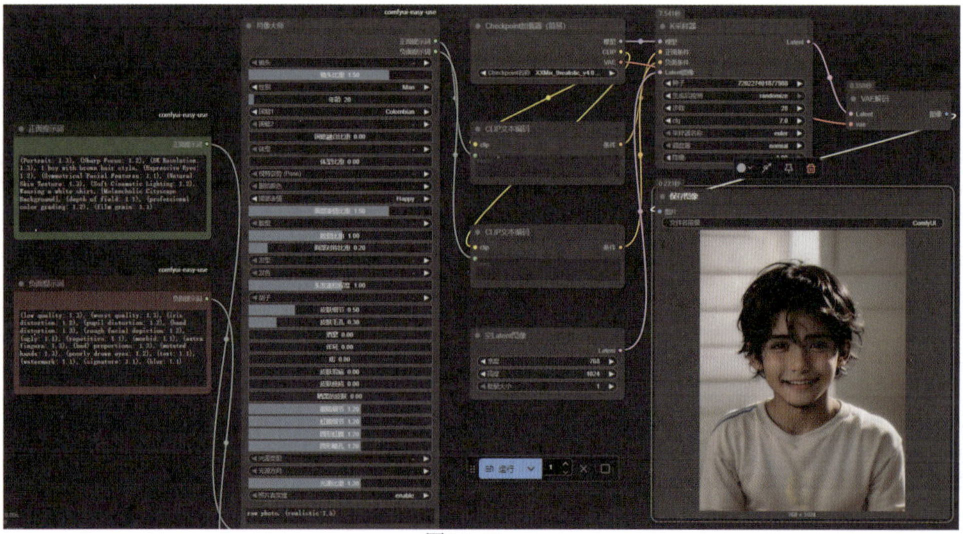

图6.1-18

步骤 07 在“肖像大师”节点中，将“性别”改为“Woman”，单击页面中的“运行”按钮，等待片刻后，可以看到在“保存图像”节点可以预览到生成的图像已经变成了女生，如图 6.1-19 所示。

图6.1-19

步骤 08 尝试“肖像大师”节点不同参数对生成图像的影响，以便根据需求，生成更符合预期的图像。

6.2 风格迁移和多图融合技术

在当今的图像生成领域，风格迁移和多图融合技术正逐渐成为创意表达和视觉设计的强大工具。ComfyUI 作为一款功能强大的生成式图像工具，通过引入 IP-Adapter 技术，为用户提供了前所未有的创作自由度。

IP-Adapter 不仅能够精准地捕捉和融合多张图像的风格特征，还能在生成过程中实现无缝的风格过渡，创造出独特的视觉效果。无论是将经典艺术风格融入现代设计，还是将多张照片的元素巧妙融合，IP-Adapter 都能轻松应对。接下来的章节将深入探讨如何利用 IP-Adapter 在 ComfyUI 中实现风格迁移和多图融合，释放创意潜能，开启无限可能。

6.2.1 IPAdapter工作流搭建

IPAdapter 是一种用于图像生成的先进技术，能够在生成过程中引入和融合多张参考图像的风格与内容特征。它通过提取参考图像的关键信息，并将其嵌入到生成模型中，实现风格迁移和多图融合。某种程度上，一张图像就可以视为一个 Lora。

1. IPAdapter工作流节点安装

IPAdapter 能够让用户轻松将不同图像的风格、纹理或元素结合，创造出独特的视觉效果，广泛应用于艺术创作、设计优化和图像编辑等领域。接下来根据步骤，在 ComfyUI 中安装 IPAdapter 拓展节点。

步骤 01 打开 ComfyUI 界面，单击右上角的“Manager”按钮，在弹出的页面中单击“Custom Nodes Manager”按钮，弹出插件页面，在搜索框中输入“IPAdapter”即可看搜索结果，如图 6.2-1 和图 6.2-2 所示。

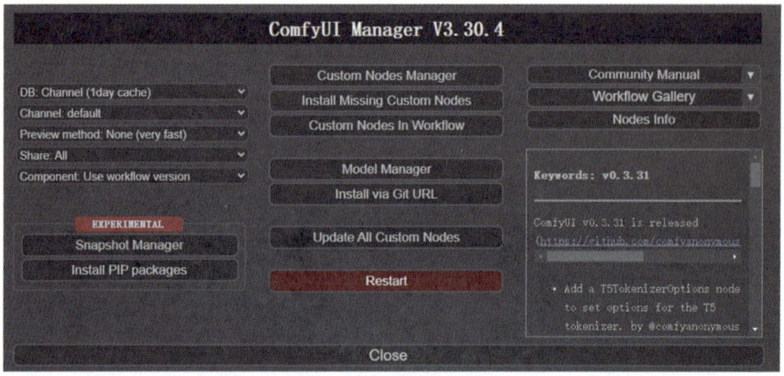

图6.2–1

步骤 02 单击“Install”按钮，在弹窗中选择版本，本案例我们选择了 2.0.0，如图 6.2-3 所示。随后单击“Select”按钮，稍等片刻后，在“Install”按钮处出现“Restart Required”时，单击该页面左下角的“Restart”按钮，如图 6.2-4 所示，重启 ComfyUI，完成“IPAdapter”节点的安装。

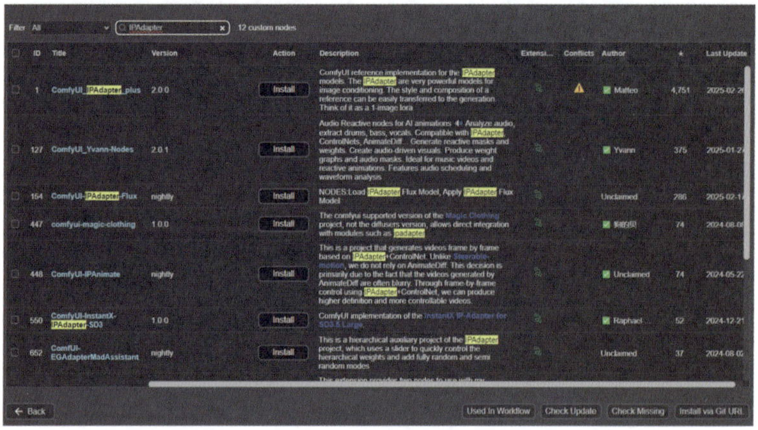

图6.2–2

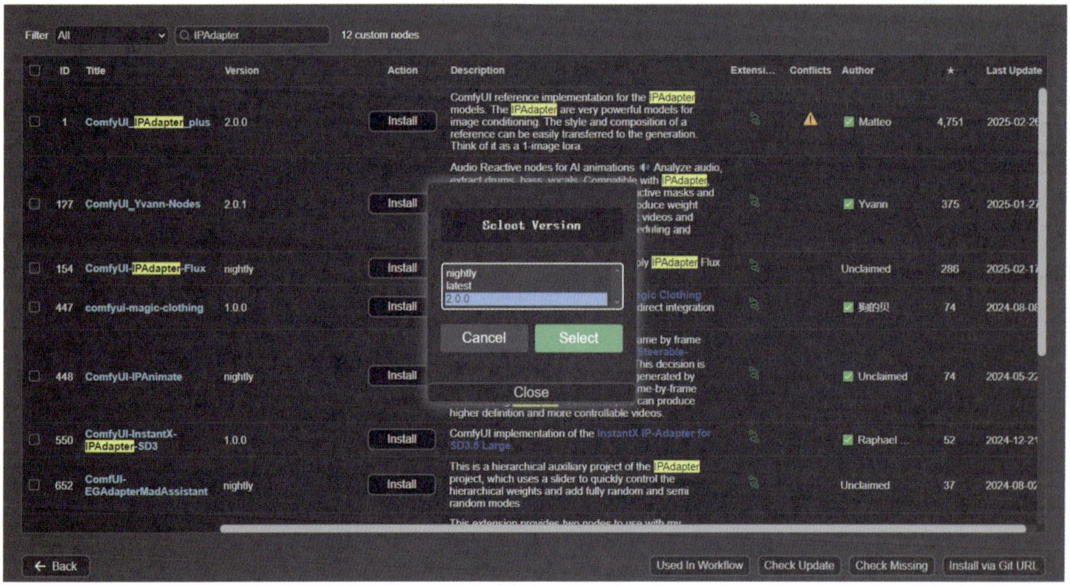

图6.2–3

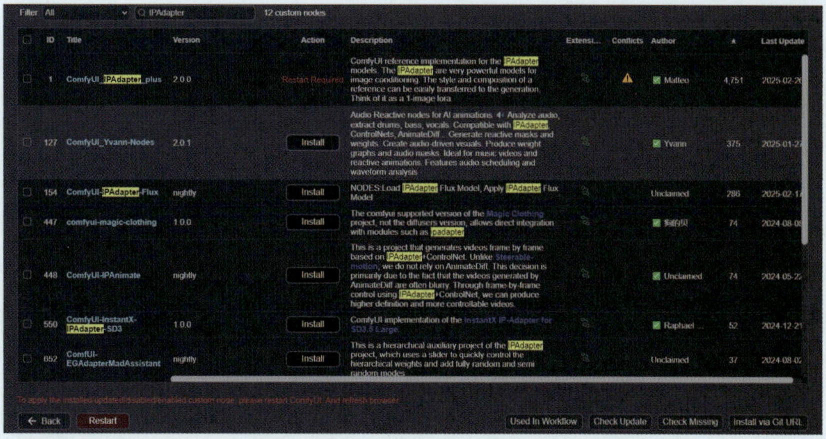

图6.2–4

步骤 03 使用“IPAdapter”节点需要安装图像编码模型和模型加载器，需要到作者的 Github 主页下载，向下滑动可以看到作者分享的模型，如图 6.2-5 和图 6.2-6 所示。

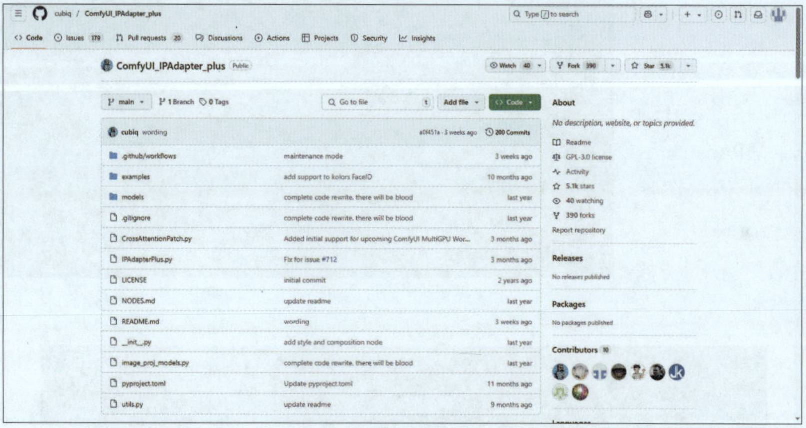

图6.2–5

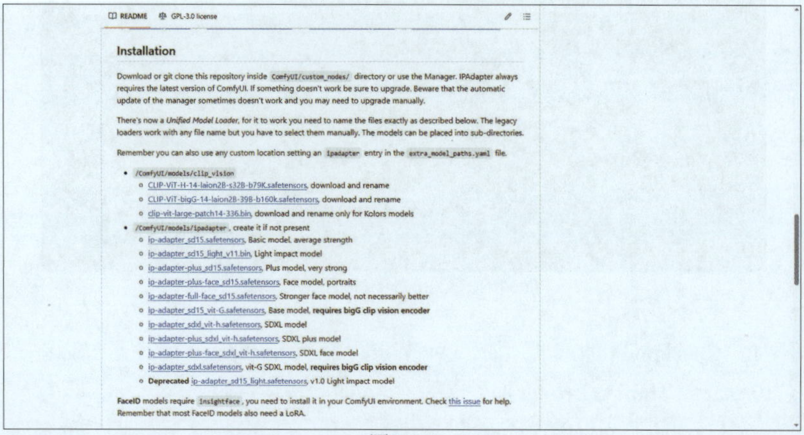

图6.2–6

步骤 04 下载 3 个模型后放在 ComfyUI/models/clip_vision 路径下，下载 11 个 IPAdapter 模型，下载后将模型放在 ComfyuI/models/ipadapter 路径下，如图 6.2-7 和图 6.2-8 所示。

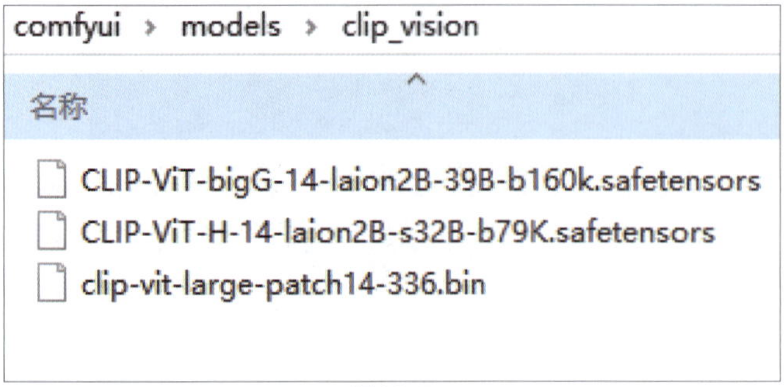

图6.2-7

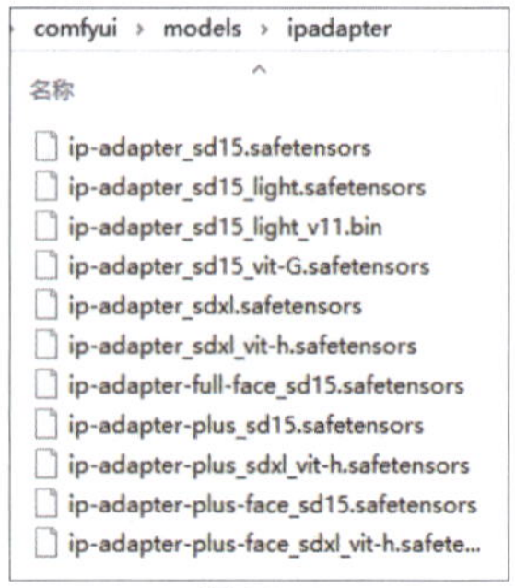

图6.2-8

2. IPAdapter工作流节点连接

接下来，就可以开始搭建 IPAdapter 工作流。

步骤 01 新建空白工作流，鼠标左键双击空白处，在弹出的搜索框中输入“IPAdapter”，在搜索框下方节点中依次添加“IPAdapter Unified Loader”节点、“IPAdapter Advanced”节点，如图 6.2-9 和图 6.2-10 所示。

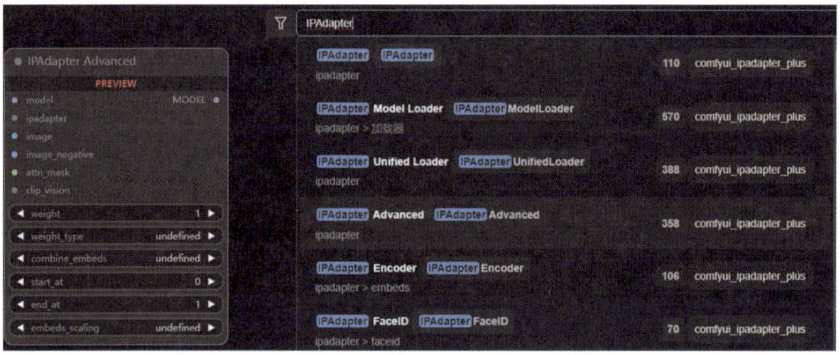

图6.2-9

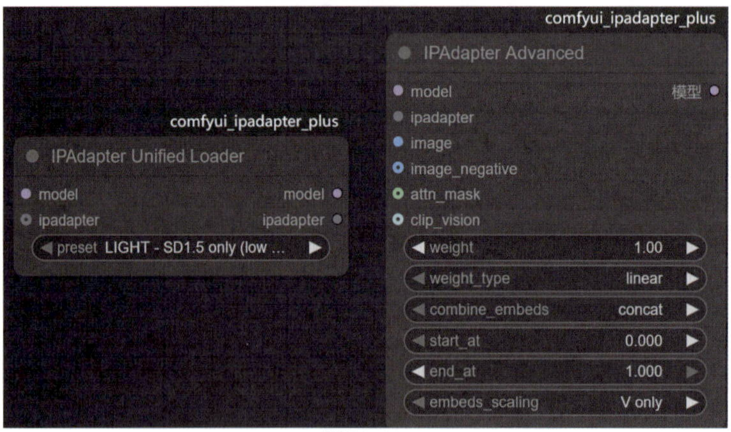

图6.2-10

步骤 02 添加“Checkpoint 加载器（简易）”节点，将“Checkpoint 加载器（简易）”节点的“模型”输出端口连接至“IPAdapter Unified Loader”节点的“model”输入端口。

“IPAdapter Unified Loader”节点的“model”输出端口和“ipadapter”输出端口分别连接至“IPAdapter

Advanced”节点的对应输入端口，如图 6.2-11 所示。

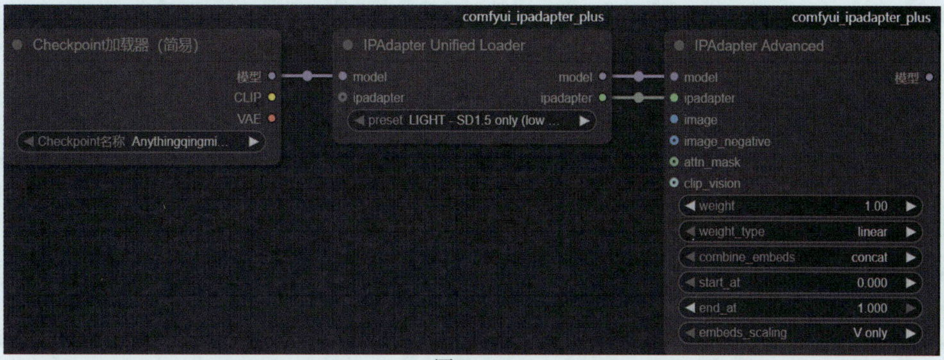

图6.2–11

步骤 03 添加“加载图像”节点、“Prep Image For ClipVision”节点，如图 6.2-12 所示。

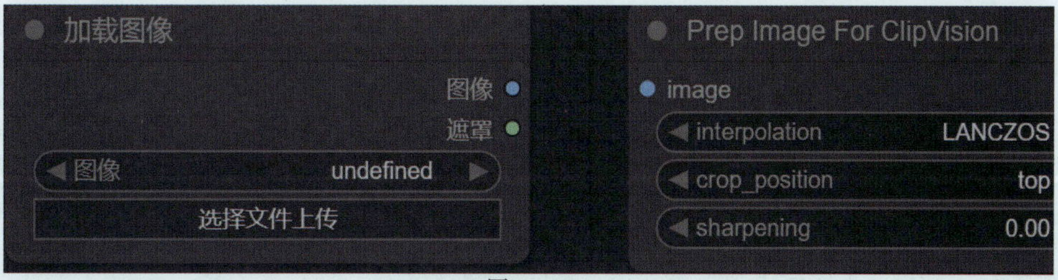

图6.2–12

步骤 04 将“加载图像”节点的“图像”输出端口和“Prep Image For ClipVision”节点的“image”输入端口相连接。

“Prep Image For ClipVision”节点的“图像”输入端口连接至“IPAdapter Advanced”节点的“image”输入端口，如图 6.2-13 所示。

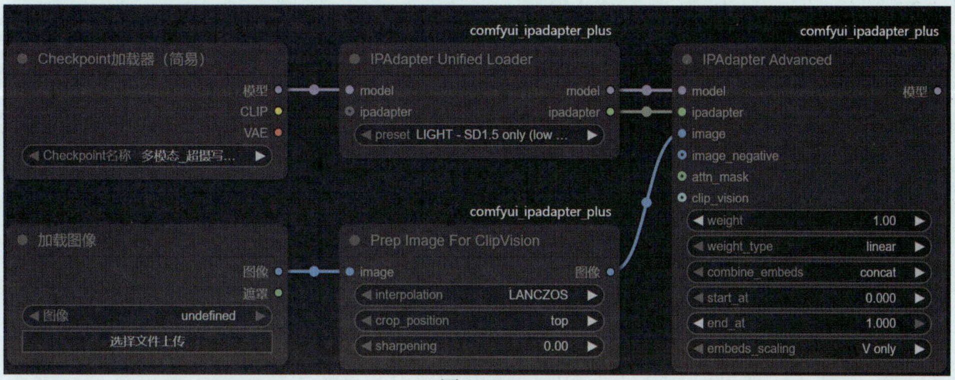

图6.2–13

步骤 05 新建“CLIP 文本编码”“K 采样器”“空 Latent 图像”“VAE 解码”“保存图像”节点，如图 6.2-14 所示。

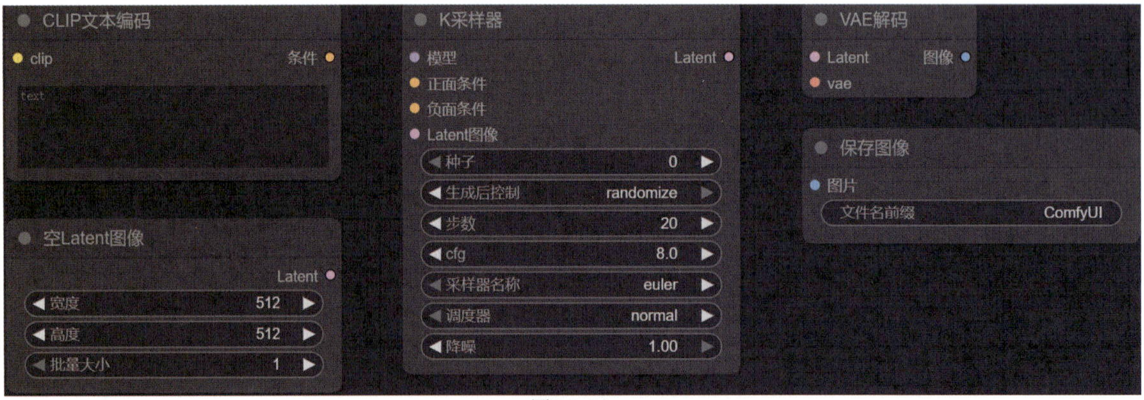

图6.2–14

步骤 06　复制一个“CLIP 文本编码”节点，将这两个节点分别重命名为“正面提示词”“负面提示词”。

将“Checkpoint 加载器（简易）”节点的“CLIP”输出端口分别和“正面提示词”节点和“负面提示词”节点的“clip”输入端口相连，如图 6.2-15 所示。

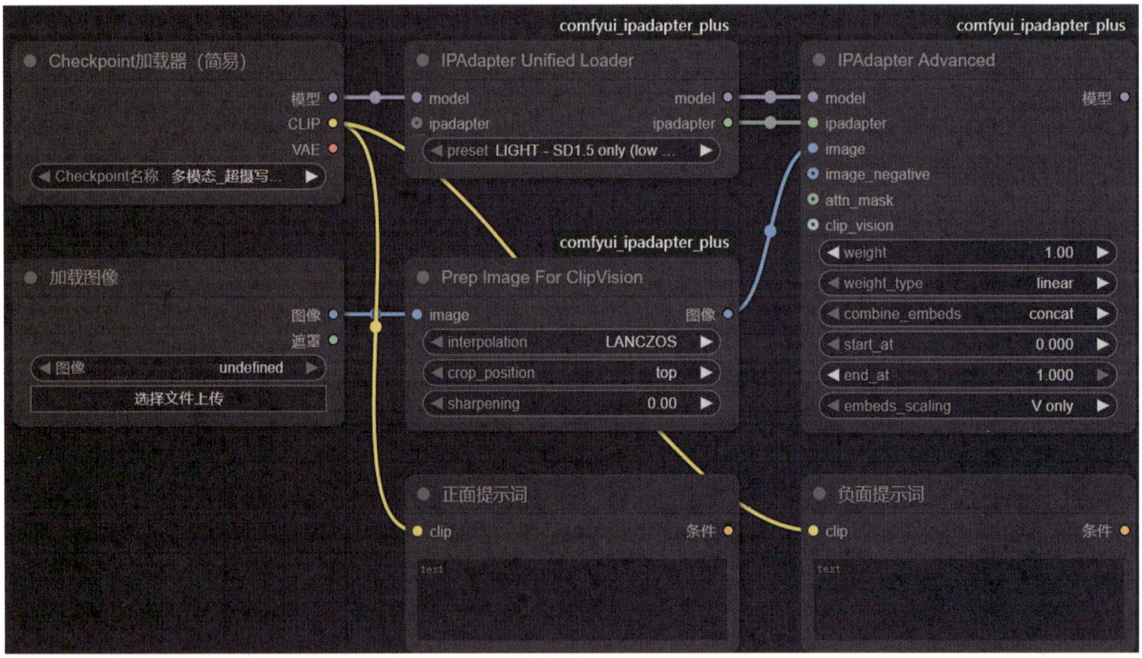

图6.2–15

步骤 07　将“正面提示词”节点和“负面提示词”节点的“条件”输出端口分别连接至“K 采样器”节点的“正面条件”和“负面条件”的输入端口。

将“IPAdapter Advanced”节点的“模型”输出端口连接至“K 采样器”节点的“模型”输入端口，如图 6.2-16 所示。

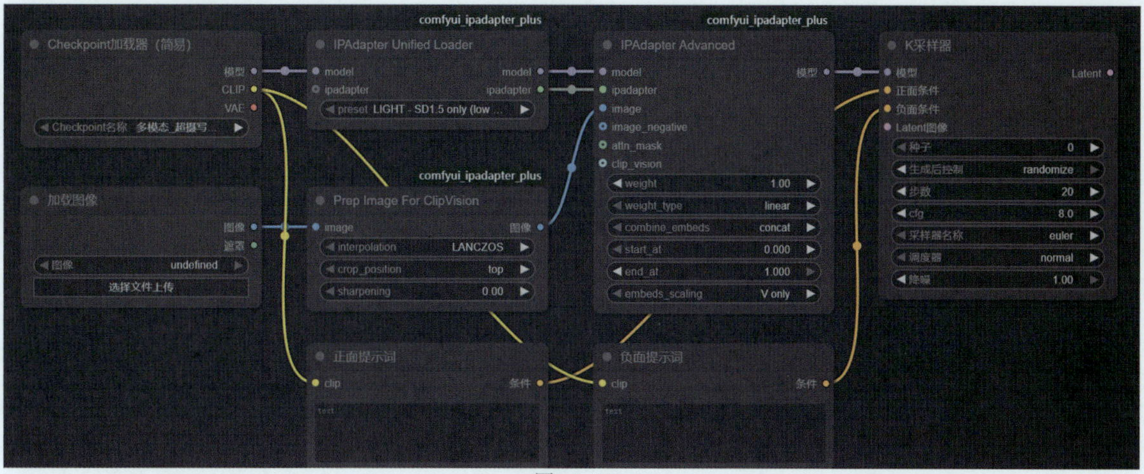

图6.2-16

步骤 08 将“Checkpoint 加载器（简易）”节点的“VAE”输出端口和“VAE 解码”节点的“VAE”输入端口相连接。

将“K 采样器”节点的“Latent”输出端口连接至“VAE 解码”节点的“Latent”输入端口，如图 6.2-17 所示。

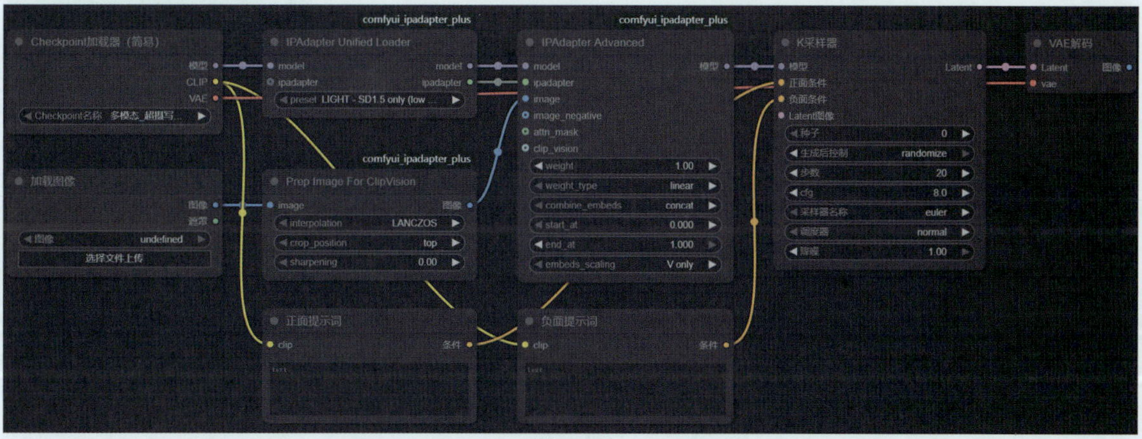

图6.2-17

步骤 09 将“空 Latent 图像”节点的“Latent”输出端口连接至“K 采样器”节点的“Latent 图像”输入端口。

将“VAE 解码”节点的“图像”输出端口连接至“保存图像”的“图片”输入端口，如图 6.2-18 所示。至此，完成工作流搭建。

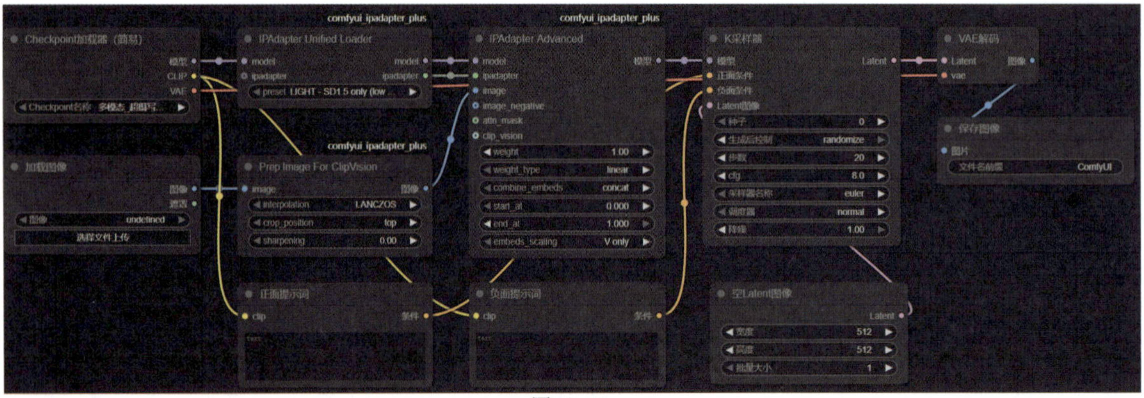

图6.2-18

6.2.2 IPAdapter节点

常用的 IPAdapter 节点为“IPAdapter Unified Loader”节点和“IPAdapter Advanced”节点。

1. IPAdapter Unified Loader

“IPAdapter Unified Loader”节点是 ComfyUI 中用于加载 IPAdapter 相关模型的统一节点，如图 6.2-19 所示。它简化了加载过程，将 IPAdapter 模型和对应的 CLIP 视觉模型（Clip Vision）的加载集成在一个节点中，提高了工作效率并减少了冗余操作。

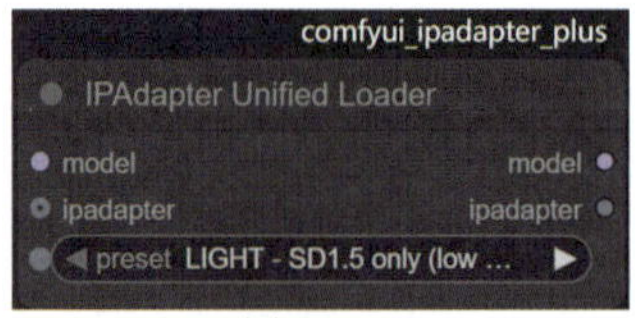

图6.2-19

(1) 功能与作用

统一加载：自动加载 IPAdapter 模型和对应的 CLIP 视觉模型，无须手动指定。

预设配置：提供多种预设配置选项，用户可以根据需求选择合适的模型组合。

兼容性：支持多种模型版本，包括 SD1.5 和 SDXL，确保与不同基础模型的兼容性。

高效管理：集中管理模型加载过程，减少重复加载，优化资源使用。

(2) 输入

model：基础模型。

ipadapter：（可选）如果需要串联多个 IPAdapter 模型，可以连接前一个节点的输出。

(3) 参数

preset：预设配置，选择加载的 IPAdapter 模型类型。常见的预设包括：LIGHT-SD1.5 only：对构图进行迁移，风格以提示词为主导，仅用于 SD1.5。STANDARD：平衡风格和构图的影响。VTT-G：平衡风格和构图的影响。PLUS：高强度迁移，完全借鉴参考图。PLUS FACE：仅头部受参考图影响，其余部分由提示词主导。RULL FACE-SD1.5 only：仅头部受参考图影响，其余部分由提示词主导仅用于 SD1.5，如图 6.2-20 所示。

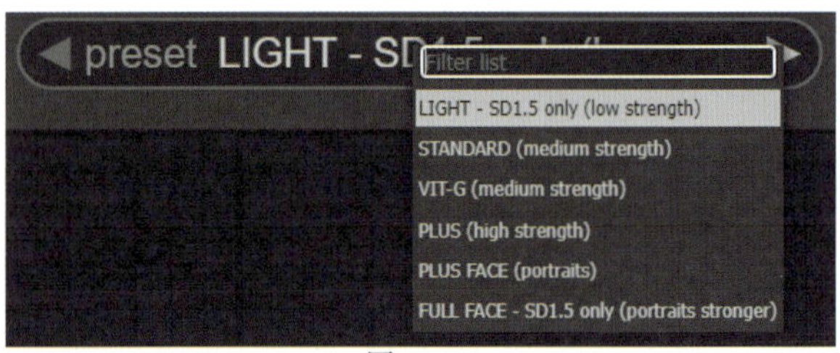

图6.2-20

(4) 输出

model：加载后的 IPAdapter 模型，可用于后续的图像生成流程。

ipadapter：IPAdapter 模型的配置信息，可用于串联多个 IPAdapter 节点。

Tips

确保下载的模型文件名与官方提供的名称一致，否则节点可能无法正确加载模型。如果需要使用多个 IP-Adapter 模型，可以通过串联多个 IPAdapterUnified Loader 节点来实现。

2. IPAdapter Advanced

“IPAdapter Advanced”节点是 ComfyUI 中用于高级风格迁移和图像融合的强大工具。它通过引入参考图像的视觉特征，引导生成模型生成具有特定风格或构图的图像。相比基础的“IPAdapter”节点，“IPAdapter Advanced”提供了更多的参数和功能，能够实现更精细的控制和更复杂的图像处理效果，该节点如图 6.2-21 所示。

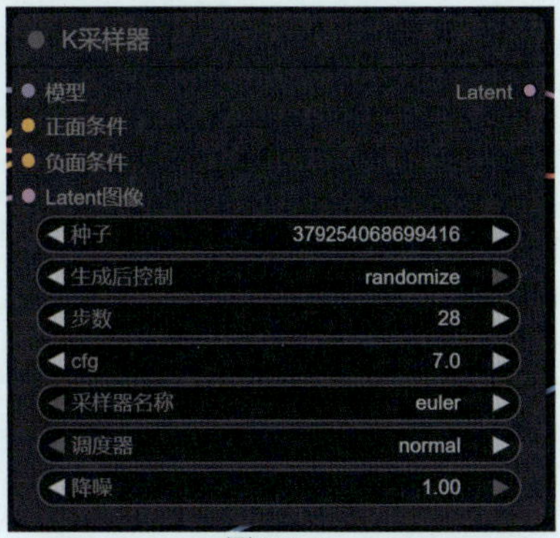

图6.2–21

（1）功能与作用

风格迁移：将参考图像的风格特征迁移到生成图像中，同时保留原始内容。

构图迁移：学习参考图像的构图特征，如主体位置、角度等，生成具有相似构图的图像。

多图融合：结合多张参考图像的特征，生成综合了多种风格和元素的图像。

灵活控制：通过调整权重和参数，精细控制参考图像对生成结果的影响。

注意力掩码：支持输入注意力掩码，指定参考图像中需要重点关注的区域。

负面图像：支持输入负面图像，排除不希望出现的元素或特征。

（2）输入

model：输入的 UNet 模型，用于图像生成。

ipadapter：IPAdapter 模型，用于提取和注入参考图像的特征。

image：正面参考图像，提供风格或构图特征。

image_negative：负面参考图像，用于排除不希望出现的元素。

attn_mask：注意力掩码，指定参考图像中需要重点关注的区域。

clip_vision：CLIP 视觉模型，用于处理参考图像的视觉特征。

（3）参数

weight：参考图像对生成图像的影响权重。

weight_type：权重类型，决定参考图像的影响方式。

combine_embeds：当使用多个参考图像时，决定如何组合它们的嵌入向量。

start_at：IPAdapter 开始影响生成过程的时间点（以扩散步数为单位）。

end_at：IP-Adapter 停止影响生成过程的时间点（以扩散步数为单位）。

embeds_scaling：嵌入向量的缩放方式。

（4）输出

model：经过 IPAdapter 引导后的模型，可用于后续的图像生成。

Tips

确保 IP-Adapter 模型与加载的主模型（如 SDXL 或 SD1.5）兼容。

3. IPAdapter Advanced节点参数详解

“IPAdapter Advanced”节点参数主要有 weight_type、combine_embeds、embeds_scaling 三种。

（1）weight_type

weight_type 为权重类型，决定参考图像的影响方式。可选值包括 liner、ease in、ease out、ease in-out、reverse in-out、weak input、weak output、weak middle、strong middle、style transfer、composition、strong style transfer、style and composition、style transfer precise、composition precise 15 种类型，如图 6.2-22 所示。

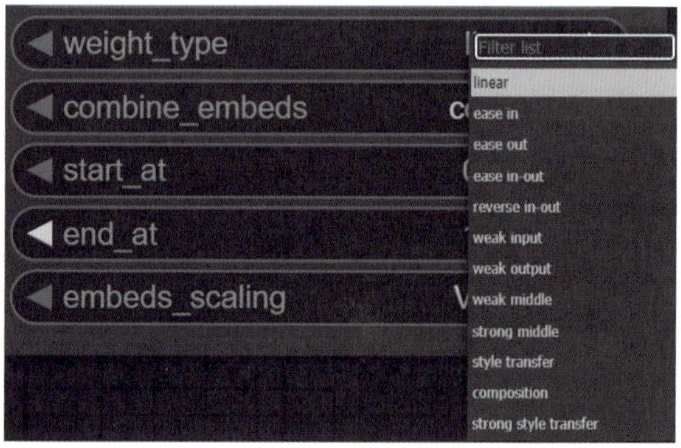

图6.2–22

linear：表示直接参考图片。

ease in：表示提示词的权重刚开始最低，然后慢慢进入。

ease out：表示提示词的权重刚开始最高，然后慢慢减弱。

ease in-out：既有缓入也有缓出，呈现 U 字形，IPA 权重刚开始最高，中间降到最低，然后又慢慢增高。

reverse in-out：和 ease in-out 正好相反，呈现倒 U 型，IPA 权重刚开始最低，中间打到最高，然后慢慢减弱。

weak input：IPA 刚开始权重高然后慢慢减弱，但不会减到 0。

weak output：表示提示词的权重刚开始最高，然后慢慢减弱。但不会减到 0。

weak middle：IPA 和提示词权重都不变，一直维持在 IPA 占 70% 提示词占 30%。

strong middle：和 weak middle 正好相反，IPA 占 30%，提示词占 70%。

style transfer：风格转移，如果想要风格迁移就选择这个。

composition：仅仅识别图片的构图，风格和人物都不会识别。

strong style transfer：和 style transfer 相比，更强烈的风格转移。

style and composition：识别图片的构图和风格，人物不会识别。

style transfer precise：和 style transfer 相比，优化风格转移方式，使结果更接近参考图片。

composition precise：和 composition 相比，优化识别图片的构图。

（2）combine_embeds

combine_embeds 可以在使用多个参考图像时，决定如何组合它们的嵌入向量。可选值包括：concat、add、subtract、average、norm average，如图 6.2-23 所示。

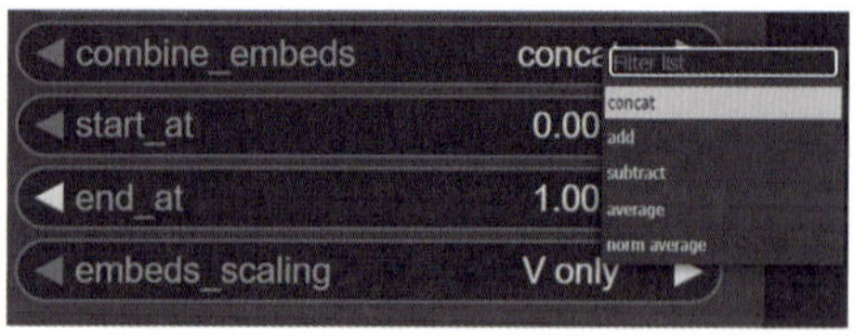

图6.2–23

concat：拼接嵌入向量。

add：相加嵌入向量。

subtract：相减嵌入向量。

average：取嵌入向量的平均值。

norm average：归一化后取平均值。

（3）embeds_scaling

embeds_scaling 是嵌入向量的缩放方式。可选值包括：V only、K+V、K+V w/C penalty、K+mean(V)w/C penalty，如图 6.2-24 所示。

图6.2–24

V only：仅对视觉嵌入（V）进行缩放。

K+V：对键（K）和视觉嵌入（V）进行缩放。

K+V w/C penalty：对键（K）和视觉嵌入（V）进行缩放，并对 C 进行惩罚。

K+mean(V)w/C penalty：对键（K）和视觉嵌入（V）的均值进行缩放，并对 C 进行惩罚。

6.2.3 IPAdapter风格迁移工作流

接下来，以生成一张穿着传统汉服的古风美女照片为例，从实战出发介绍 IPAdapter 的风格迁移实际操作。

步骤 01 加载 IPAdapter 基础工作流，将准备好的风格参考图上传至“加载图像”节点，在“Prep Lmage For ClipVision”节点，将“crop_position”设置为“center”，其余参数保持不变，如图 6.2-25 所示。

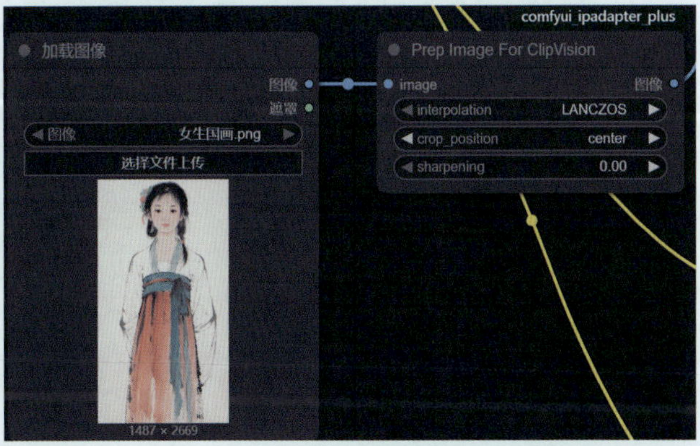

图6.2–25

步骤 02 在本案例中选用了“RealMythXL_V7.safetensors”模型，如图 6.2-26 所示。

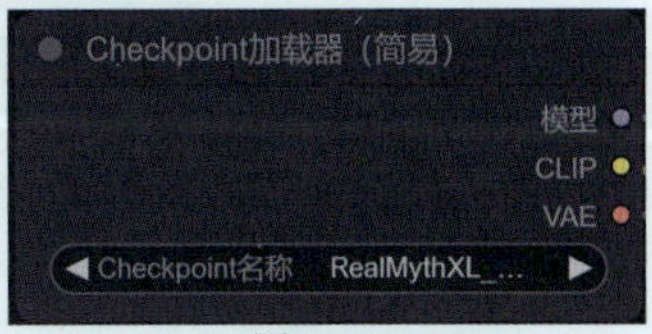

图6.2–26

步骤 03 在正向提示词框中输入“A serene ancient Chinese lady with porcelain skin, phoenix eyes, and cherry lips, wearing embroidered Hanfu with flowing sleeves and silk sash, gold hairpin in her bun. Standing by moonlit lotus pond with cherry blossoms, traditional pavilions in background. 8K, Chinese ink painting style with photorealistic details, cinematic lighting”（一位气质娴静的古代中国仕女，白皙肌肤，凤眼樱唇，身着飘袖绣花汉服，系着丝带，发髻上别着金色发簪。她站在月光下的荷塘边，荷塘里盛开着樱花，背景是传统的亭台楼阁。8K 分辨率，中国水墨画风格，细节逼真，灯光效果如电影般绚丽）。

负面提示词输入“lowres, bad anatomy,extra limbs,blurry,mutated hands,modern clothing,western features, cropped head, text watermark, kimono, samurai, gothic style, neon colors”（低分辨率、不良解剖结构、多余肢体、模糊、变异的手、现代服装、西方特征、裁剪头部、文本水印、和服、武士、哥特风格、霓虹色彩），如图 6.2-27 所示。

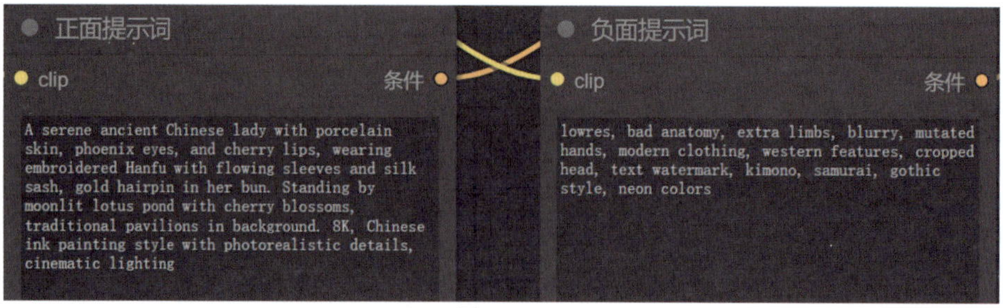

图6.2-27

步骤 04 在“IPAdapter Unified Loader”节点，将“preset”设置为“STANDARD”；在“IPAdapter Advanced”节点，将“weight”调整至 1.2；“weight_type”调整为“strong style transfer”，其余参数保持不变，如图 6.2-28 所示。

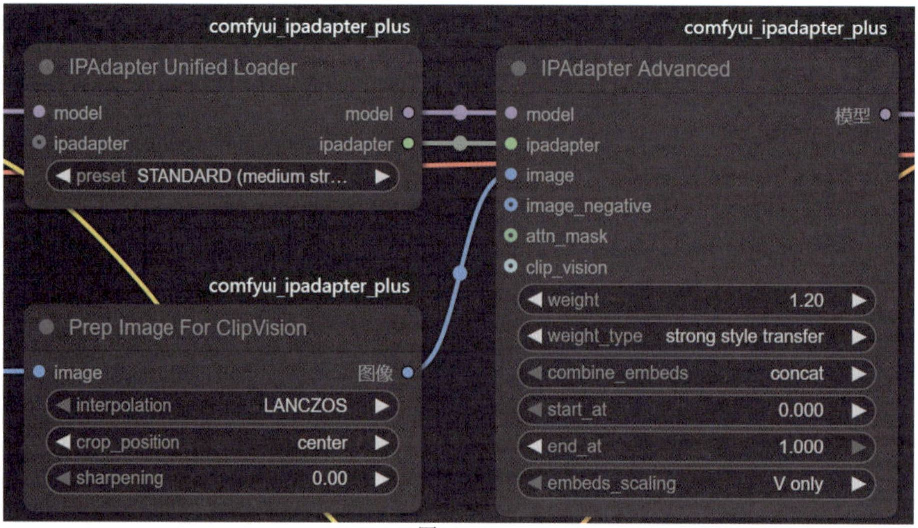

图6.2-28

图6.2-29

步骤 05 在“K 采样器”节点，“步数”设置为“28”；“cfg”设置为“7.5”。其余保持不变，如图 6.2-29 所示。

步骤 06 在“空 Latent”节点中将生成图像的尺寸调整为 768 × 1024，批量大小为 1，如图 6.2-30 所示。

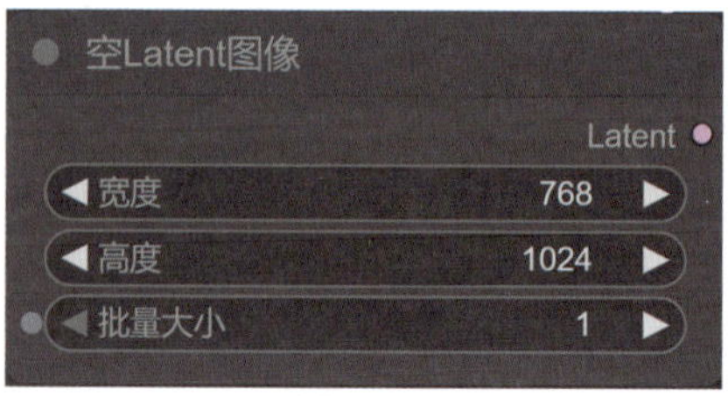

图6.2-30

步骤 07 设置完毕后，单击页面中的“运行”按钮，等待片刻后，可以看到在“保存图像”节点可以预览到生成的图像，如图 6.2-31 所示。

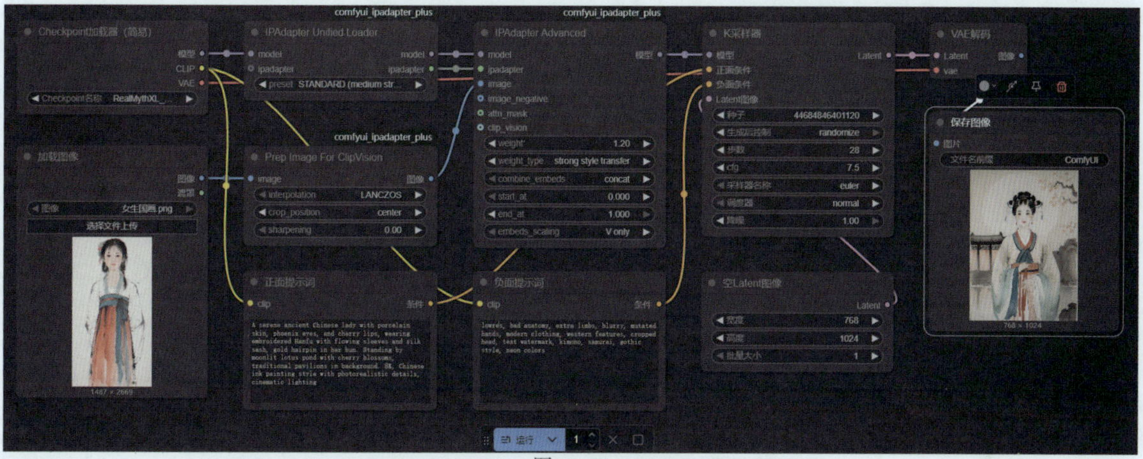

图6.2-31

6.2.4 IPAdapter多图融合工作流

若想借助 IPAdapter 工作流实现多图融合，需要在 IPAdapter 基础工作流上进行调整替换节点，以实现 IPAdapter 多图融合工作流。接下来需要先对工作流进行调整。

1. IPAdapter工作流调整

调整 IPAdapter 多图融合工作流需要新增三个节点，替换原先基础工作流中的部分节点。

步骤 01 打开 IPAdapter 基础工作流，依次添加“IPAdapter Encoder”节点、“IPAdapter Combine Embeds”节点、“IPAdapter Embeds”节点，如图 6.2-32 所示。

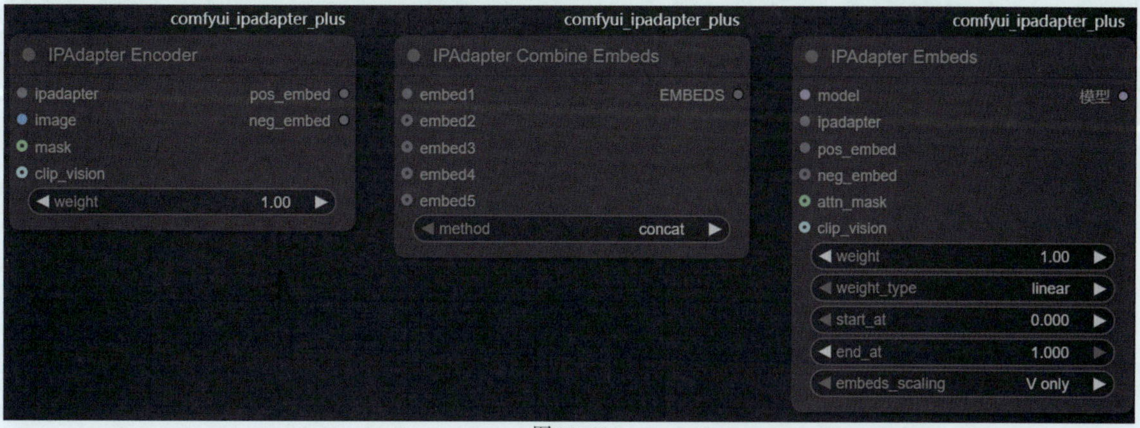

图6.2-32

步骤 02 将“IPAdapter Encoder”节点的“pos_embed”输出端口连接至“IPAdapter Combine Embeds”节点的“embed1”输入端口。

“IPAdapter Combine Embeds”节点的“EMBEDS”输出接口连接至“IPAdapter Embeds”节点的“pos_embed”输入端口，连接完成后如图 6.2-33 所示。

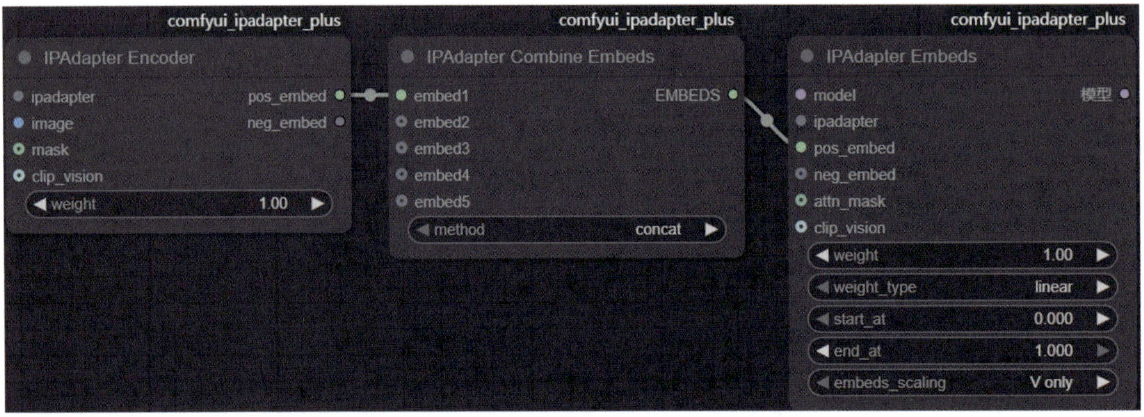

图6.2–33

步骤 03 在原先 IPAdapter 基础工作流中的，去掉“Prep Lmage For ClipVision”节点和“IPAdapter Advanced”节点，如图 6.2-34 所示。

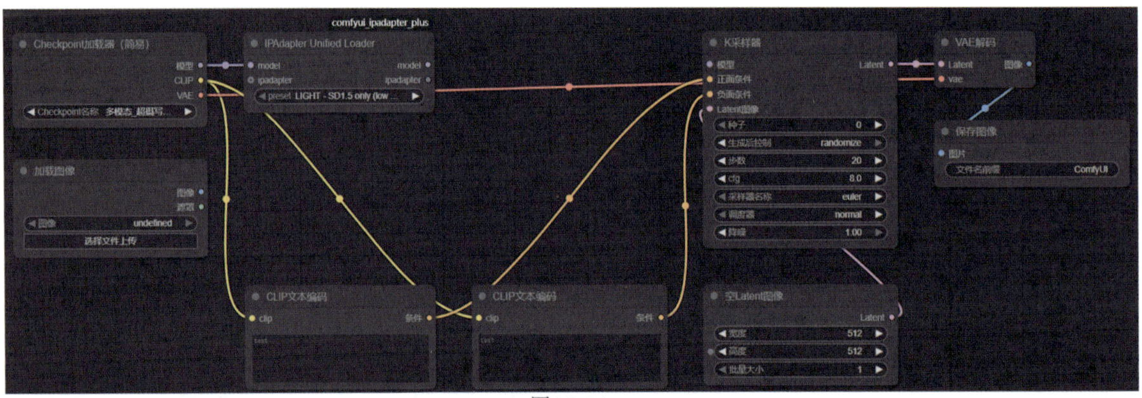

图6.2–34

步骤 04 将步骤 01 中新增三个节点连接至该工作流中。

将“图像加载”节点的“image”输出端口与“IPAdapter Encoder”节点的“image”输入端口相连接。

“IPAdapter Unified Loader”节点的“model”输出端口和“ipadapter”输出端口分别连接至“IPAdapter Embeds”节点的对应输入端口。

“IPAdapter Embeds”节点的“模型”输出端口连接至“K 采样器”节点的“模型”输入端口。

“IPAdapter Embeds”节点的“ipadapter”输入端口和“IPAdapter Unified Loader”节点的“ipadapter”输出端口相连，如图 6.2-35 所示，绿色部分为新增节点。

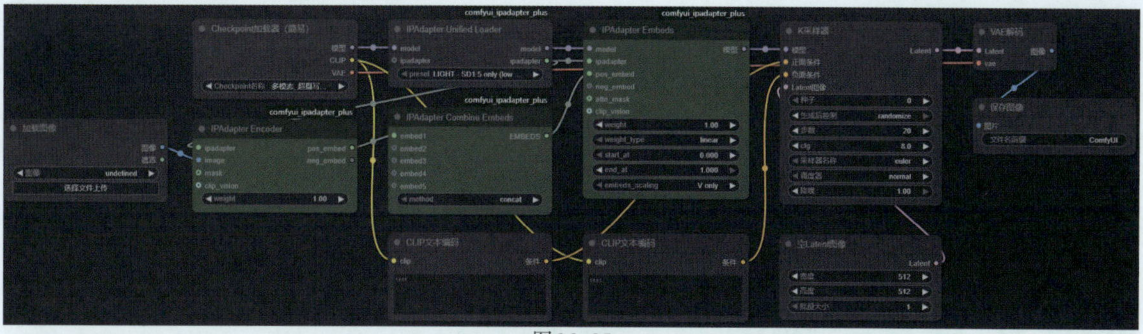

图6.2–35

步骤 05 IPAdapter 多图融合工作流涉及加载多张图片，可以根据需要增添的照片数量，并重复该步骤。

在刚调整好的工作流中，复制“加载图像”节点和“IPAdapter Encoder”节点，并将“IPAdapter Encoder”节点的“pos_embed”输出端口连接至“IPAdapter Combine Embeds”节点的“embed2”输入端口，如图 6.2-36 所示。

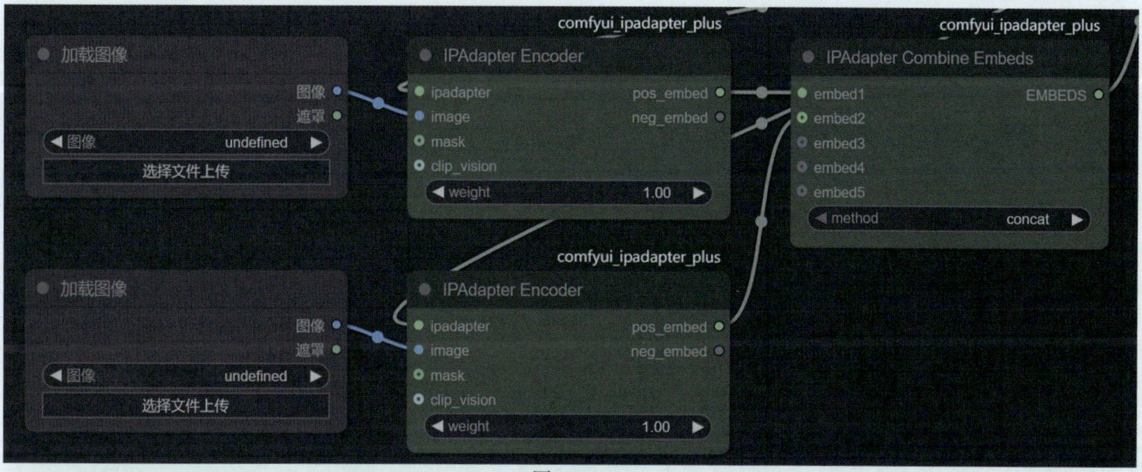

图6.2–36

步骤 06 整理节点，PAdapter 工作流多图融合调整完毕，如图 6.2-37 所示。

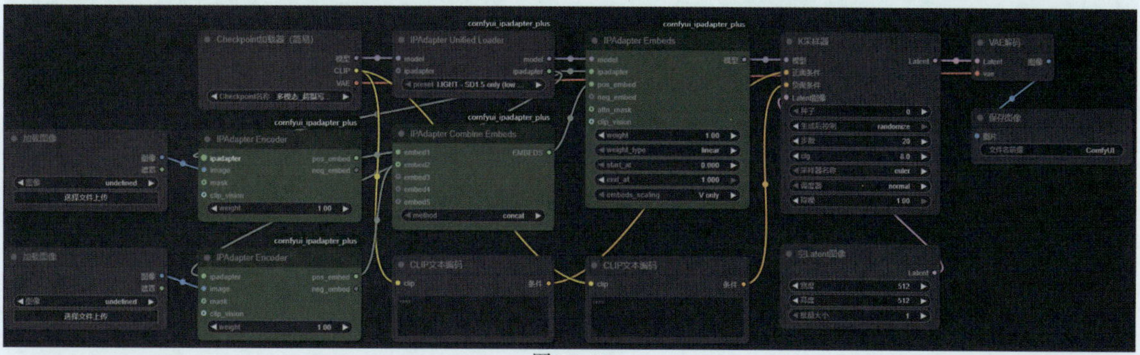

图6.2–37

2. IPAdapter多图融合

接下来，以机甲女生线稿和毛绒机甲照片融合为例，介绍 IPAdapter 多图融合工作流的实际操作。

步骤 01 加载 IPAdapter 多图融合工作流，将准备好的机甲女生线稿和毛绒机甲照片分别上传至“加载图像”节点，如图 6.2-38 所示。

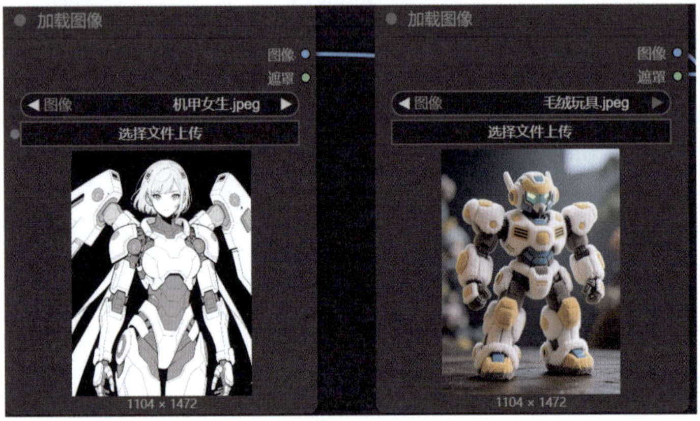

图6.2-38

步骤 02 在本案例中选用了“多模态 _ 超摄写 _V1.safetensors”模型，如图 6.2-39 所示。

图6.2-39

步骤 03 在正向提示词框中输入“A futuristic mech girl with a plush toy texture, blending soft pastel fur and glossy ABS armor, LED-lit seams, soft pink + holographic silver color scheme, 3D render soft focus, UHD 8K, Octane render”（一个具有毛绒玩具质感的未来机甲女孩，融合了柔软的淡色皮毛和光泽的 ABS 盔甲，LED 照明接缝，柔和的粉红色 + 全息银色配色方案，3D 渲染柔焦，UHD 8K，Octane 渲染）。

负面提示词输入“lowres, bad anatomy, extra limbs, hard metallic texture, realistic human skin, blood, scars, cybernetic implants, sharp edges, military camo, steampunk, photorealistic, NSFW”（低分辨率、糟糕的解剖结构、多余的肢体、坚硬的金属质感、逼真的人体皮肤、血液、疤痕、控制论植入物、锋利的边缘、军用迷彩、蒸汽朋克、照片写实、避免血腥暴力），如图 6.2-40 所示。

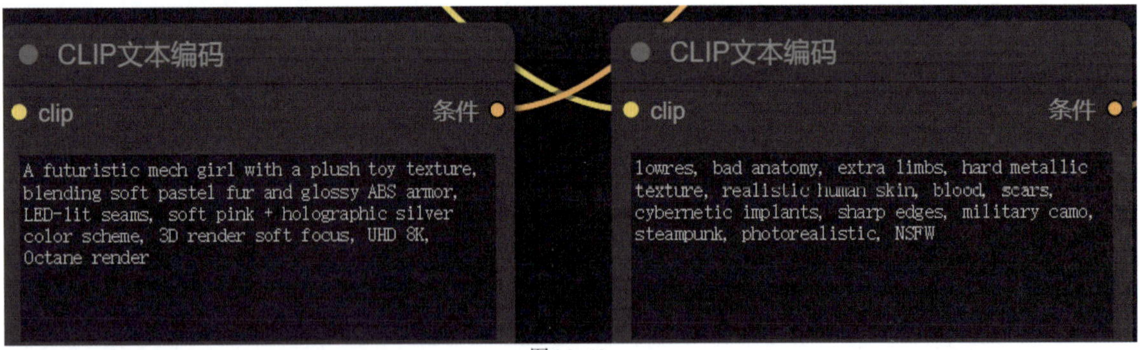

图6.2-40

步骤 04 在“IPAdapter Unified Loader”节点，将“preset”设置为“VIT-G（medium strength）”；在“IPAdapter Embeds”节点，将“weight”调整至 1.2；“weight_type”调整为“weak middle”，其余参数保持不变，如图 6.2-41 所示。

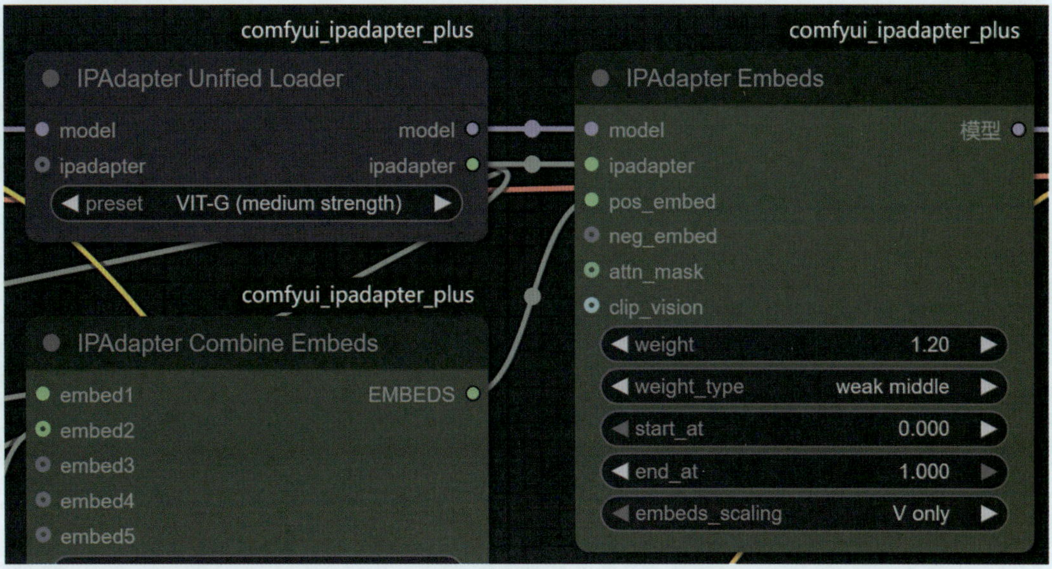

图6.2–41

步骤 05 在“K 采样器”节点，“步数”设置为 26；“cfg”设置为 7.7，其余保持不变，如图 6.2-42 所示。

步骤 06 在“空 Latent”节点中将生成图像宽度设置为 1104，高度设置为 1472，批量大小为 1，如图 6.2-43 所示。

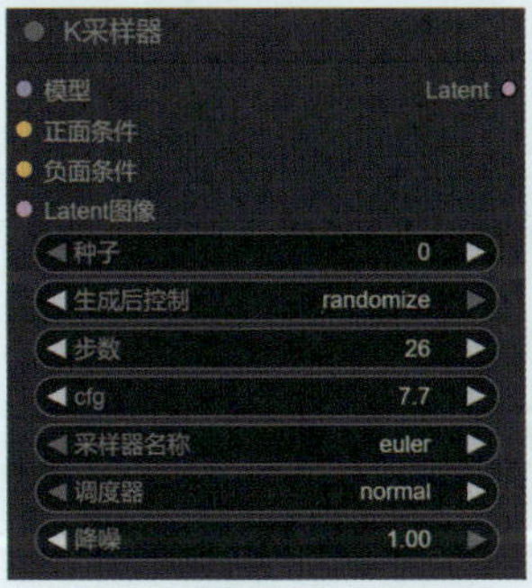

图6.2–42

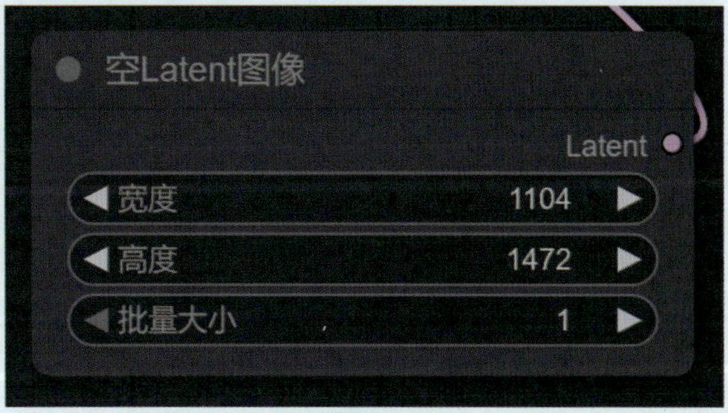

图6.2–43

步骤 07 设置完毕后，单击页面中的“运行”按钮，等待片刻后，可以看到在“保存图像”节点可以预览到生成的图像，如图 6.2-44 所示。

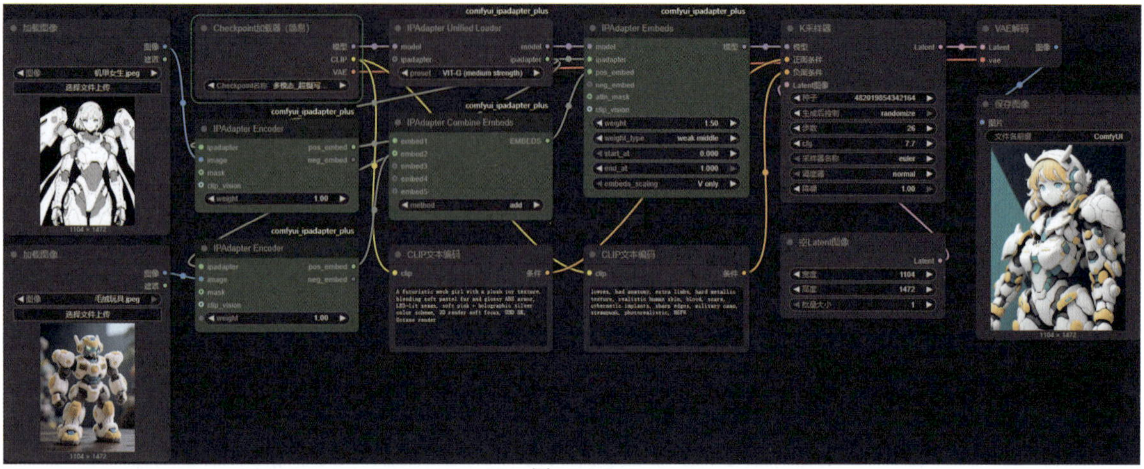
加载图像
Checkpoint加载器（简易）
comfyui_ipadapter_plus
IPAdapter Unified Loader
IPAdapter Embeds
K采样器
VAE解码
IPAdapter Encoder
IPAdapter Combine Embeds
保存图像
空Latent图像
CLIP文本编码
加载图像
IPAdapter Encoder
CLIP文本编码

图6.2-44

7

第 7 章

ComfyUI 节点预设与高级应用

ComfyUI 作为一款强大的图形用户界面工具，依托其节点式的操作理念，不仅帮助用户优化了图像生成的每一步操作，还提供了便捷的工作流复用和高级定制化功能。在创作过程中，节点预设作为核心工具之一，不仅可以大幅提升工作效率，还能确保多项目和多创作场景中的一致性与高效性。本章将详细解析 ComfyUI 中的节点预设功能及其应用，并探索如何通过预设在不同工作流中实现更加高效的创作与管理。

7.1 节点预设图概念与重要性

节点预设是指用户事先配置好的、包含多个节点和其连接关系的工作流模板。每个节点代表着工作流中的一个处理单元，用户可以将常用的节点设置和参数调整保存为一个预设图。这样，当遇到需要类似配置的创作任务时，用户只需导入保存好的预设图，便能快速恢复并应用已有的工作流设置，而无须重新手动配置每一个节点。

7.1.1 节点预设的基本结构

一个节点预设通常包括多个相互连接的节点，涵盖了从图像输入到输出的所有操作步骤。一个完整的节点预设图不仅保存了各个节点的操作方式和参数，还保持了节点之间的连接关系。在使用时，用户只需加载这些预设图，系统便会自动根据图中的设置运行，产生符合要求的图像，节点预设在结构上大致可以分为以下几类。

1. 输入节点

接受文本提示、图像或其他形式的数据输入。

2. 处理节点

执行各种图像生成、修复、风格化等任务，可能包括生成模型、采样器、风格迁移节点等。

3. 输出节点

生成最终的图像或数据，输出到屏幕或保存为文件。

通过将这些节点的操作方式与参数配置保存为预设，用户可以随时复用这些配置，无须重新设置，从而实现快速、高效的图像生成。

7.1.2 节点预设图的重要性

节点预设图可以节省时间和减少重复工作。当用户完成了一次创作流程，特别是对于一些复杂的图像生成过程，可以将整个工作流保存为预设，方便以后在类似项目中使用。这样，不仅提高了工作效率，还确保了生成结果的一致性和可控性。

在创作过程中，节点预设图能够帮助用户轻松切换不同的创作模式，尝试不同的参数组合，提高创作的灵活性与多样性。用户可以将常用的节点设置和参数调整保存为一个预设图。这样，当遇到需要类似配置的创作任务时，用户只需导入保存好的预设图，便能快速恢复并应用已有的工作流设置，而无须重新手动配置每一个节点。具体表现在以下几个方面。

1. 提高工作效率

对于需要频繁使用相同配置的项目，节点预设图能够显著减少重复性工作。用户不必每次都从零开始设置节点，只需调用保存的预设图，即可一键启动工作流。这对于快速完成大规模生成任务尤为重要，尤其是在批量创作和大规模项目中。

2. 保持工作流一致性

在多个创作者或团队合作时，通过共享节点预设图，能够确保所有人使用相同的工作流，从而保持作品的一致性。特别是在团队项目中，预设图的共享能够使得不同成员之间的创作更加统一，避免出现风格或技术不一致的问题。

3. 增强创作灵活性

节点预设图不仅支持基础的工作流复用，还能根据不同需求进行灵活的调整。用户可以在原有的预设基础上，轻松修改和调整特定节点的配置，使得创作过程中的每个细节都能精细化控制。这种灵活性使得 ComfyUI 在处理复杂创作任务时，能够提供高效而精准的支持。

7.2 预设的创建与保存

在 ComfyUI 中，创建和保存节点预设是一个非常简单的过程。用户只需完成一系列节点的配置，并确保所有参数正确设置后，即可将该工作流保存为预设图。

7.2.1 节点的基本操作

尽管每个节点的作用是明确的，但相同功能的节点可能会在不同的场合被应用。为了区分这些功能相同但作用各异的节点，可以执行一系列基础操作，例如对节点进行重命名、更改节点颜色、调整节点形状等，详细示例介绍如下。

1. 节点重命名

新建一个“Checkpoint 加载器（简易）”节点，右键点击“Checkpoint 加载器（简易）”节点，选择“颜色”选项，将“Checkpoint 加载器（简易）”节点设置为绿色，将“CLIP 文本编码器”节点设置为红色，如图 7.2-1 所示。

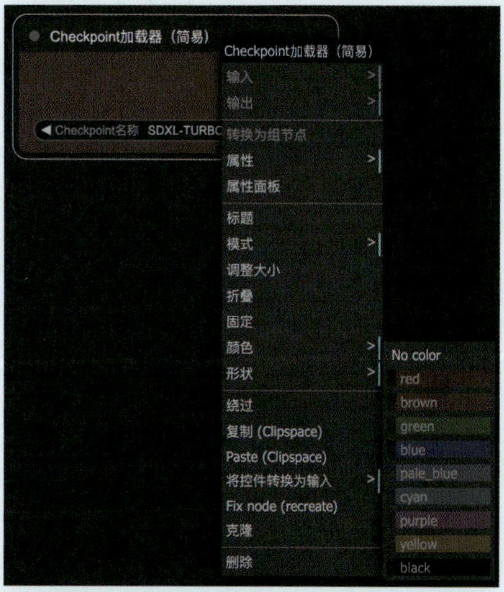

图7.2-1

2. 节点更换颜色

新建一个“CLIP 文本编码”节点，双击节点的标题，在弹出的输入框中输入“正向提示词”，按下“Enter 键”，如图 7.2-2 所示。

图7.2-2

3. 节点调整大小

新建两个节点，将鼠标指针移动到节点的右下角，此时鼠标会变为双向箭头，单击鼠标左键并拖动以调整节点大小，调整完成后松开鼠标左键。最后，将调整后的节点重新摆放，使工作流布局更加清晰。

4. 节点折叠

单击节点左上角的灰色原点，节点就会折叠成一个小长方形，节点名称显示在长方形上。若需展开节点，再次单击灰色圆点即可恢复原状，如图 7.2-3 所示。

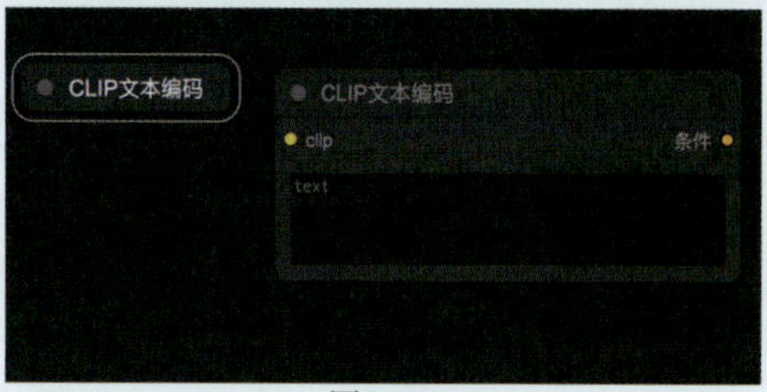

图7.2-3

5. 节点固定

右键点击节点，从弹出菜单中选择“固定”选项节点名称旁边会出现一个图钉图标，节点就被锁定，无法移动，如图 7.2-4 所示。

图7.2–4

6. 节点隐藏

可以将不需要的节点隐藏，无须删除，工作流仍能正常运行。需要时，只需取消隐藏即可。右键点击节点，选择弹出菜单中的“绕过”选项，节点变为半透明灰色，即可将该节点隐藏，如图 7.2-5 所示。

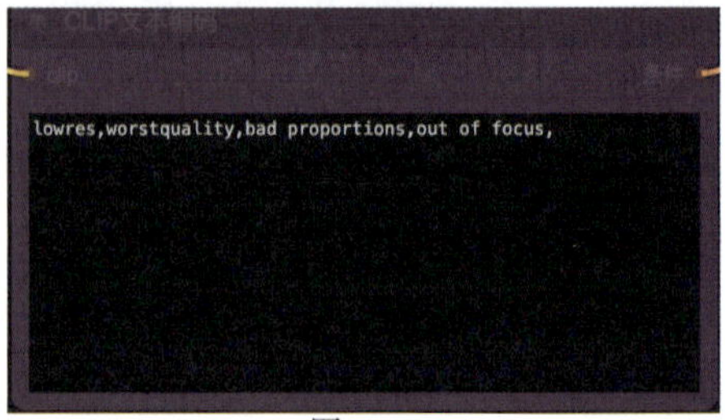

图7.2–5

7.2.2 预设创建与保存的注意事项

在创建预设的过程中，用户必须确保预设能够正确地设置并满足其需求，预设的核心步骤是根据需求将不同的操作节点（如图像生成节点、提示词节点、采样节点等）连接起来，并确保每个节点的设置符合目标效果。这一过程看似简单，但实际上涉及如何选择合适的节点、配置参数，以及如何确保不同节点之间的顺畅连接与协同工作。具体的注意事项如下。

1. 预设的创建

创建预设的注意事项包括了配置节点，调试与测试和保存预设这三部分。

（1）配置节点

在 ComfyUI 的操作界面中，选择并配置需要使用的节点，定义图像生成的每一个环节，包括提示词输入、图像修复、风格迁移等。

（2）调试与测试

在创建预设图前，建议先运行节点，确保图像生成效果符合预期。这样可以避免在保存时遗漏重要的配置或产生错误的输出。

（3）保存预设

在节点配置完成且测试无误后，用户可以通过 ComfyUI 提供的保存功能，将该节点配置保存为预设图。

2. 预设的保存

创建预设的注意事项包括了命名规范和预设的储存位置这两部分。

（1）命名规范

为了便于管理和查找，建议在命名时采用一定的命名规则，如“风格 + 分辨率 + 采样器”或“人物肖像 + 背景风格”之类的命名方式。这样在日后使用时，可以快速辨识每个预设的用途。

（2）预设的储存位置

用户可以选择将预设保存在本地计算机上，或者将其上传到云端进行备份。ComfyUI 支持在不同设备之间同步预设，确保跨设备创作的一致性。

3. 版本管理与更新

随着 ComfyUI 的不断更新和功能增强，节点预设也可能需要进行更新。用户可以根据实际需求，对现有预设进行修改、优化或版本迭代。每次修改后，建议保存为新版本，并使用版本号或日期标识，以便于管理和对比。这样，用户可以随时回退到之前的版本，确保工作流程的灵活性和稳定性。

7.3 在不同工作流中的预设使用

节点预设的一个巨大优势就是其在不同工作流中的复用性。无论是在文本生成图像、图像修复，还是风格迁移等任务中，用户都可以通过加载适当的预设来提高工作效率，减少重复设置的工作量。

7.3.1 文生图工作流中的预设应用

在文生图工作流中，用户通常需要反复调整提示词、采样器、修复节点等多个参数。通过创建和使用节点预设，用户可以将常用的配置（如图像风格、分辨率设置、采样算法等）保存为一个预设图。这样，每次生成图像时，用户只需要加载对应的预设图，便可快速得到期望的效果，大大提高了图像生成的效率，如图 7.3-1 所示。

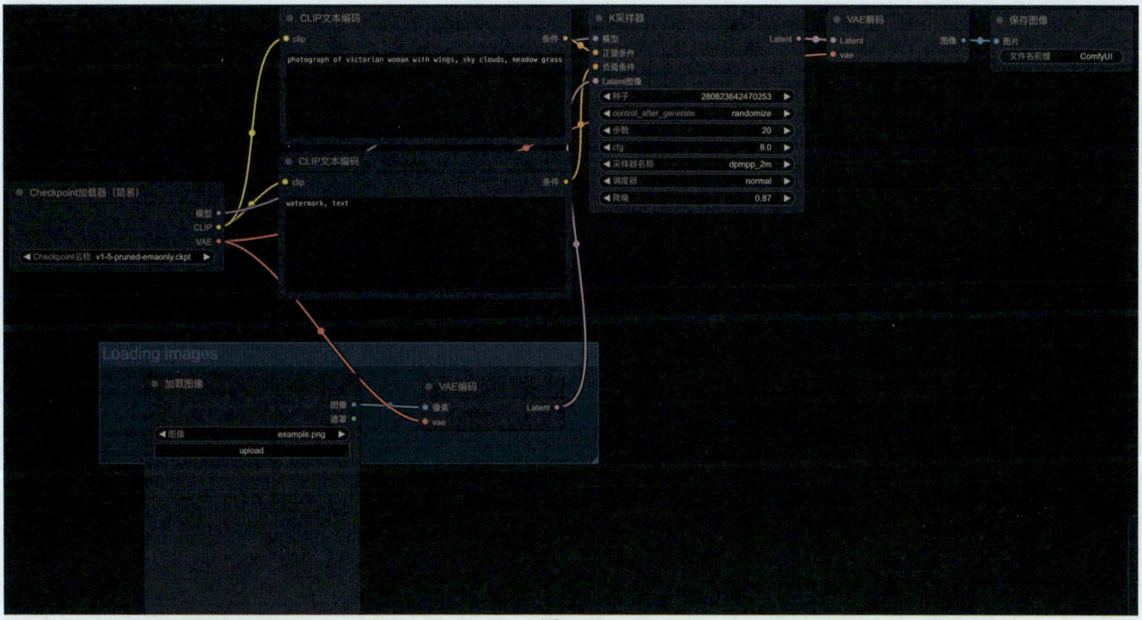

图7.3–1

7.3.2 图生图工作流中的预设应用

在图生图工作流中，用户通常需要进行图像重绘或修复。通过将不同的重绘策略、图像遮罩设置、局部编辑节点等保存为预设图，用户可以在不同的图像上复用这些设置，保证每次操作的一致性与高效性。例如，对于肖像图像的修复工作流，用户可以创建一个包含面部修复、颜色调整和细节增强的节点预设，快速处理不同的图像，如图 7.3-2 所示。

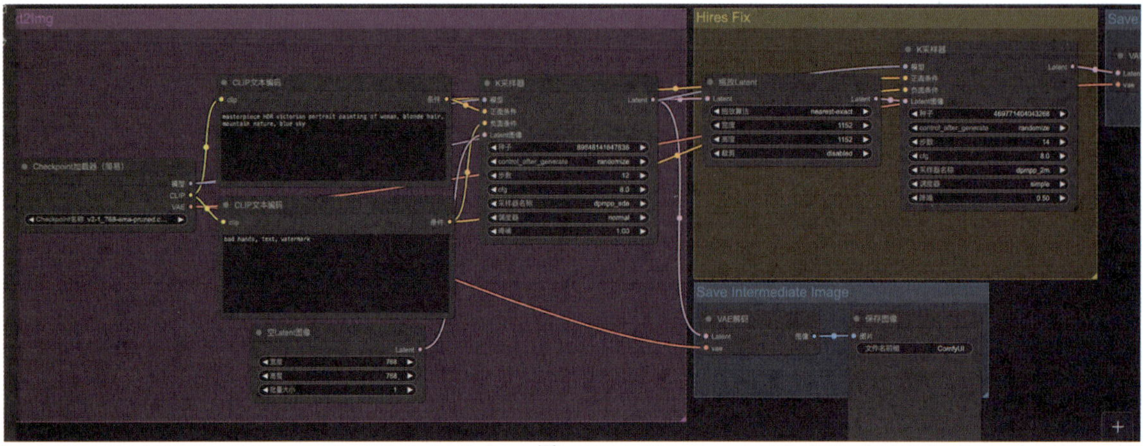

图7.3-2

7.3.3 ControlNet中的预设应用

对于需要精细控制图像生成过程的场景，ControlNet 插件提供了极大的灵活性。在这种情况下，用户可能会需要多个精确的控制节点，如深度图、边缘图或姿势控制节点。通过保存包含这些控制节点的预设图，用户可以在不同的项目中灵活调用这些控制策略，实现精准的图像生成。例如，在生成复杂的场景或人物姿势时，用户可以使用预设图来统一控制图像中的细节，确保每次生成的图像都符合精确的要求，如图 7.3-3 所示。

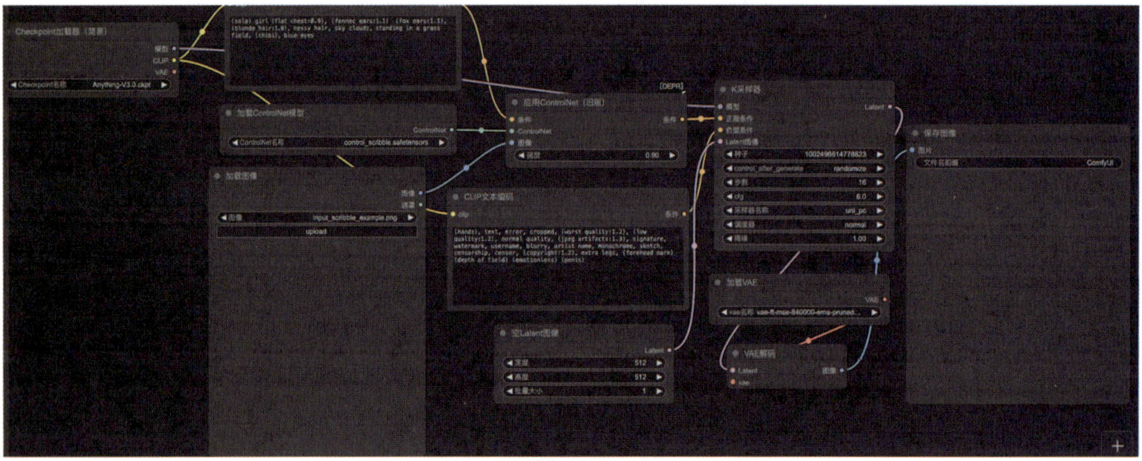

图7.3-3

7.3.4 风格迁移与修复工作流中的预设应用

对于风格迁移和图像修复等高级应用，预设的作用尤为突出。用户可以为特定风格或修复任务创建预设图，通过这些预设，用户可以直接将某种艺术风格或修复策略应用到新的图像上。这些预设通常包括风格迁移的节点配置、修复算法的参数设置等，可以大大缩短调整和配置时间，使得创作过程更加流畅，如图 7.3-4 所示。

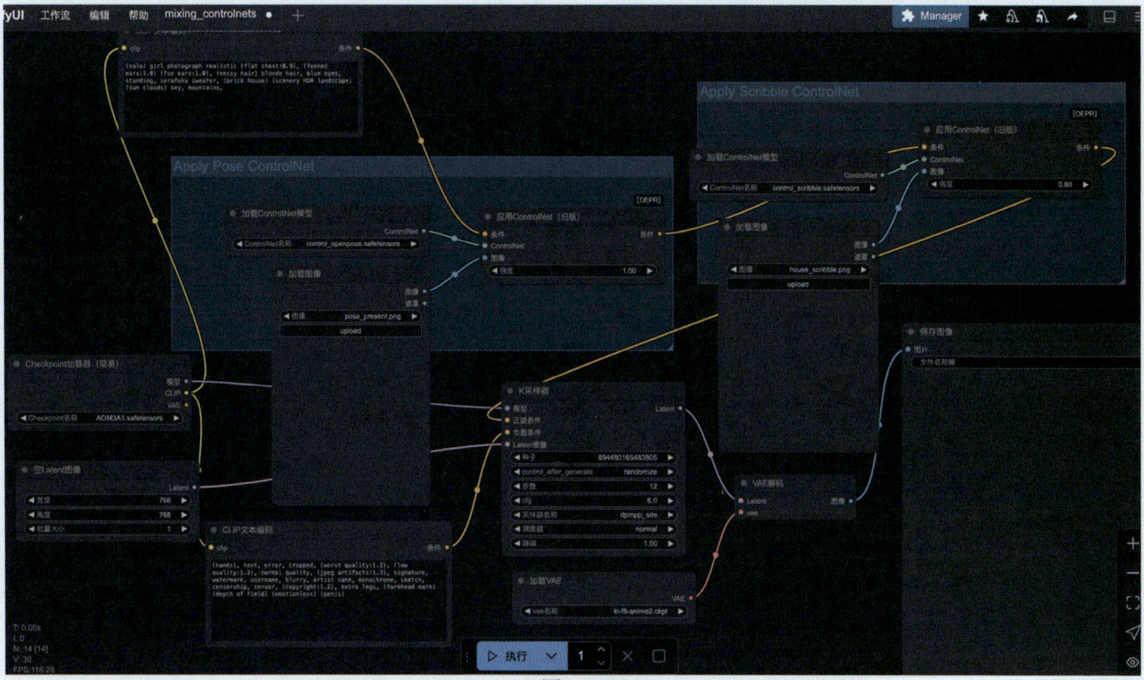

图7.3–4

7.4 社区优秀预设获取与使用指南

ComfyUI 作为一种强大的图像生成工具，凭借其高度灵活的节点式工作流和广泛的自定义选项，已经吸引了全球范围内大量用户。尽管 ComfyUI 本身并没有一个“官方”社区，但在多个第三方平台上拥有一个活跃且多样化的用户群体。这些平台为用户提供了资源分享、技术支持以及创作灵感的交流空间，特别是关于节点预设和工作流的分享。

7.4.1 获取优秀预设的主要途径

ComfyUI 的灵活性和可定制化使得用户能够创建和共享各类工作流、节点预设和插件。优秀的预设资源显得至关重要。以下是几个主要的获取途径。

1. GitHub

作为 ComfyUI 的官方代码托管平台，GitHub 是最重要的资源获取渠道之一，其页面如图 7.4-1 所示。在这里，用户不仅可以获得 ComfyUI 的源代码和最新更新，还可以查找到其他用户分享的工作流、节点预设以及插件。

GitHub 上的“Discussions”板块和“Issues”区是用户互动和资源分享的活跃区，很多用户会在这些区域发布创作工作流和自定义节点，供其他人参考和使用，GitHub 支持将资源直接下载到本地，用户可以根据个人需求进行修改和二次开发。

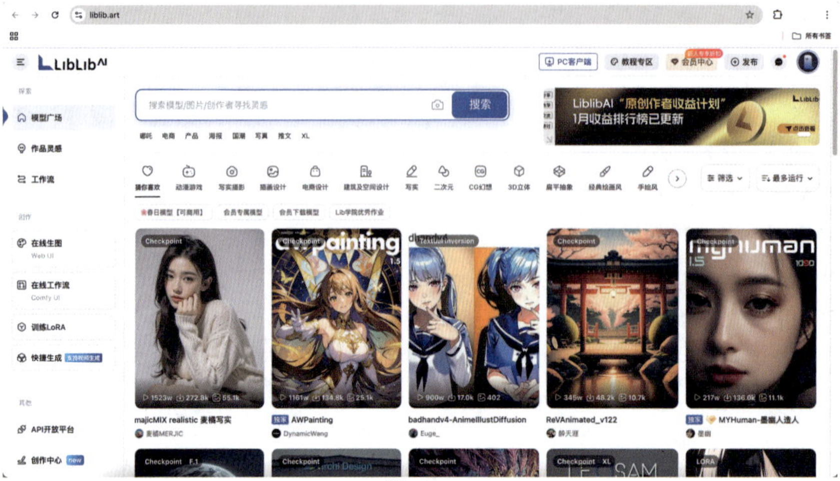

图7.4-1

2. LiblibAI

LiblibAI 是一个专注于提供开源工具和创作资源的平台，吸引了众多 ComfyUI 用户和开发者的参与，其页面如图 7.4-2 所示。其简洁的界面和高效的资源搜索功能，使用户能够轻松找到并下载所需的工作流、节点预设及插件。

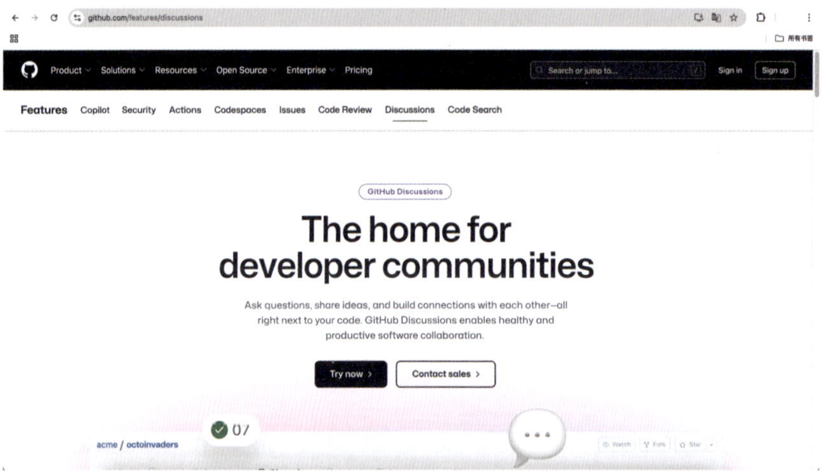

图7.4-2

LiblibAI 为用户精心打造了详尽的资源描述与使用指南，宛如一位贴心的向导，引领用户迅速领略每个预设的独特功能与适用场景。无论是初学者还是资深创作者，都能借此快速上手，精准定位到自己所需的资源，无须在海量信息中盲目摸索，大大节省了时间和精力。

在资源质量把控方面，LiblibAI 更是不遗余力。所有资源在上架前都经过平台的严格审查，如同经过层层筛选的珍宝，确保每一项资源都符合高标准的质量要求。用户在下载使用时，无须担心资源的质量问题，可以放心大胆地运用到自己的项目中，无论是学术研究、商业创作还是个人娱乐，都能获得可靠且实用的助力。一旦有更新，系统会及时推送通知，让用户第一时间掌握最新动态，不错过任何有价值的更新，始终保持创作的前沿性和新颖性。

3. Hugging Face

Hugging Face 作为一个全球领先的开源平台，致力于促进机器学习和人工智能的研究与发展，其页面如图 7.4-3 所示。尽管主要聚焦于自然语言处理和机器学习模型的共享与开发，这里不仅可以找到 ComfyUI 的工作流、节点预设和插件，还可以接触到许多来自不同领域的创作者和开发者。

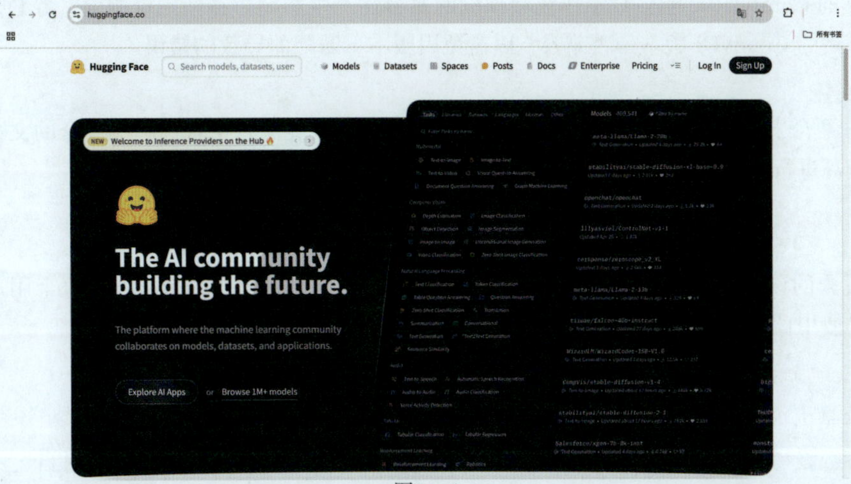

图7.4–3

Hugging Face 的优点在于其强大的模型分享机制，用户可以在平台上共享自己的创作，并从其他用户那里获取灵感。通过搜索功能，用户可以方便地找到优秀的 ComfyUI 预设，并根据个人需求进行下载和使用。此外，Hugging Face 还为用户提供了一个简洁的界面上传和管理创作，确保资源的高效传播。

4. Reddit与其他论坛

在 Reddit 的多个相关子版块中（如 r/StableDiffusion、r/ComfyUI），用户可以分享创作经验，发布工作流和节点预设，并讨论如何优化和调整这些资源，r/ComfyUI 板块如图 7.4-4 所示。许多用户会在这些平台上共享自己调整过的预设，并提供详细的步骤和效果说明。访问相关的 Reddit 子版块，这些社区定期有关于 ComfyUI 的资源分享。使用关键词如“preset”“workflow”搜索帖子，找到感兴趣的资源。也可以在“Discussion”或“Help”区提出问题，寻求特定资源或解决方案。

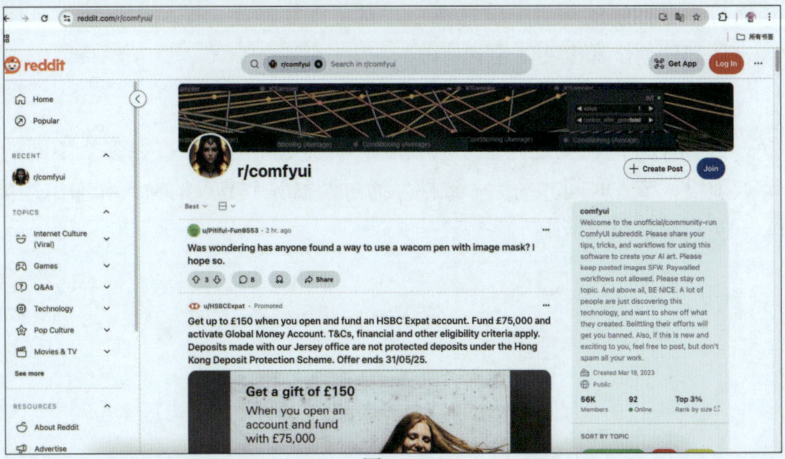

图7.4–4

尽管 GitHub、LiblibAI 和 Hugging Face 等平台提供了丰富的资源，但使用这些预设时仍需要注意一些事项，能够更高效、安全地利用 ComfyUI 的资源，进一步提升自己的创作能力和工作效率，详细事项如下。

（1）版权与授权

下载和使用他人创作的预设时，用户需尊重创作者的版权及授权协议。大部分共享的资源都附带有许可协议，用户应仔细阅读并遵循规定。

（2）兼容性

不同版本的 ComfyUI 可能会对工作流和预设的兼容性产生影响。在使用资源前，务必确认所下载的预设与当前使用的 ComfyUI 版本是否兼容，以避免因版本不匹配而导致的错误。

（3）安全性

从第三方平台下载资源时，用户应确保下载源的可靠性，避免恶意软件和不安全的文件。在使用之前，建议对资源进行安全检查，确保其不会对系统造成不良影响。

7.4.2 高效使用获取的预设

获取了优秀的预设之后，如何应用于自己的创作中，确保得到理想的效果，是每个用户关心的核心问题。以下是使用预设的几个重要步骤和技巧。

1. 理解预设的结构和功能

预设通常是由多个节点和参数组成的，理解预设的结构对于高效应用非常重要。一个工作流的节点排列顺序和参数设置决定了最终图像生成的效果。ComfyUI 的节点系统允许用户通过自定义配置、调整和优化每个节点来实现想要的效果。理解每个节点的作用，并掌握如何根据需求调整，是确保预设效果理想的前提。

2. 调整和优化预设

虽然大多数预设都已经经过一定程度的优化，但每个用户的创作需求是不同的，因此在使用过程中对预设进行微调是常见的做法。根据具体的创作目标，可以调整各个节点的参数、修改输入提示，或者优化生成过程中的样式设置。这些微调能够让预设更好地适应个性化需求，创造出独一无二的作品。

3. 保存和共享自定义预设

当在工作流中进行了调整并取得了理想的效果后，可以保存这些自定义的工作流和预设。保存后的预设可以在后续的项目中快速调用，避免重复配置，提高创作效率。还可以选择将自己的预设分享给社区，让其他创作者也能使用和修改。

4. 在多个工作流中复用预设

ComfyUI 的强大之处在于其高度的模块化和复用性。在多个不同的工作流中，可以轻松地复用某些节点预设，节省时间并确保一致性。通过调整各个节点的输入和输出连接，用户可以将一个预设应用到多个不同的场景和风格中。

8

第 8 章

高阶知识与技巧

从提示词的进阶高级技巧，到图像反推文本的前沿技术，将深入探索如何精准地驾驭 ComfyUI，让创意不再受限于语言的模糊性，让图像成为表达的有力工具。无论是通过精妙的提示词组合，还是从图像中挖掘出隐藏的文本信息，本章都将提供实用的方法和策略。

8.1 提示词进阶高级技巧

在人工智能创作中，提示词是创意与生成结果的桥梁。本节将聚焦于提示词的高级技巧，通过优化组合、语义调整和逻辑架构，提升创作的精准度与深度。从复杂场景搭建到细节把控，这些技巧能突破语言局限，让创意在技术支持下完美呈现。

8.1.1 停止绘制

在图像生成过程中，对提示词的影响范围进行精准控制是一种强大的创作手段。停止绘制功能允许用户指定提示词在采样迭代过程中的失效时机，其形式为“[提示词 ::N]”，其中 N 代表提示词 A 失效的采样迭代步数。这种控制方式有两种形式，一种是参数 N 小于 1，另一种是参数 N 大于 1。

1. 参数N小于1的使用方式

当 N 小于 1 时，例如“[提示词 ::0.4]”，提示词的失效步数通过将采样器的总迭代步数乘以 N 来计算。假设采样器的迭代步数为 25 步，那么该提示词将在 25 步 ×0.4=10 步之后失效。这种用法使得提示词在生成过程的早期阶段发挥影响，然后逐渐让位于其他提示词或生成过程的自然演变。这种机制特别适合于在图像生成的初期阶段引入特定的特征或风格，然后让这些特征逐渐淡化，以便后续的生成过程可以发展出新的细节或整体的图像结构。

2. 参数N大于1的使用方式

当 N 大于 1 时，例如提示词为“[提示词 ::9]”，这里的 N 直接表示提示词在多少步之后失效。如果采样器的迭代步数为 25 步，那么该提示词将在第 9 步之后不再对生成过程产生影响。这种用法允许提示词在生成过程的特定阶段发挥作用，之后其影响力被移除，从而让其他提示词或生成算法的其他部分接管，继续完成图像的生成。这种直接指定步数的方式为创作者提供了明确的时间点控制，使得能够在生成过程中的精确时刻切换影响因素，进而创造出具有阶段性特征的图像。

8.1.2 阻断和融合提示词

在图像生成中，多个提示词之间的相互作用可能会导致意想不到的结果，有时这种相互作用是有利于创作的，但有时可能会破坏创作者的意图。为了更好地控制提示词之间的关系，可以使用阻断和融合提示词两种机制。

阻断绘制的形式为“[提示词 BREAK 提示词]”，它可以打断提示词 A 和提示词 B 之间的相互污染。这里的“BREAK”必须是大写，否则系统会误将其视为普通的逗号分隔，从而出现两个提示词相互污染的情况。阻断提示词污染的作用在于让两个提示词在生成过程中保持相对独立，避免它们的特征相互混合而产生不想要的效果。例如，如果创作者希望在图像中同时呈现两种完全不同的风格，如一个科幻元素和一个古代元素，并且希望它们各自保持纯净不被对方风格影响，那么使用阻断机制就可以实现这种分离效果。

融合提示词的形式为“[提示词 AND 提示词]”，使用 AND 连接关键词，可以使两个提示词更好地融合。同样需要注意 AND 必须是大写。与阻断机制相反，融合机制旨在让两个提示词的特征在生成过程中自然地相互渗透和混合，从而创造出一种新的、融合了两者特征的效果。例如，在生成一个人物形象时，如果希望人物既有现代时尚的元素又有古典优雅的气质，那么通过融合提示词就可以实现这种多层次、多风格融合的视觉效果。

8.1.3 提示词交替绘制

提示词交替绘制是一种通过分步独立处理不同提示词来生成混合风格图像的技术。其核心原理是通过交替应用不同的提示词，使图像在不同的生成步骤中融合多种风格或特征。

1. 语法与实现方式

基础语法是使用中竖线“|”分隔提示词，格式为 [A|B]。例如：“[龙 | 凤凰] 在天空中飞翔”。采样器会严格按步交替执行：第 1 步处理“龙”，第 2 步处理“凤凰”，第 3 步切回“龙”，以此类推。这种交替处理允许图像在不同的生成步骤中融合提示词 A 和 B 的特征，从而创造出独特的混合风格。

2. 与融合提示词的对比

交替绘制“[A|B]”的理解方式是分步独立处理，其输出效果表现为元素交替叠加。例如，在生成一个奇幻生物时，可能会出现龙的翅膀与凤凰的羽毛交替出现的情况，创造出一个兼具两者特征的独特生物形象。这种效果适用于奇幻生物、抽象艺术等场景，通过融合新的元素产生新颖的视觉效果。

而融合提示词“A AND B”的理解方式是同步加权融合，其输出效果表现为自然渐变混合。例如，在生成一个人物的头发时，使用“金色 AND 红色”可以使头发呈现出一种自然的挑染效果，颜色之间平滑过渡，看起来更加真实和自然。这种效果适用于写实风格、自然过渡效果等场景，因为这些场景需要不同元素之间和谐共存，避免明显的边界和冲突。

3. 进阶应用技巧

提示词交替绘制也可以和权重控制相结合，通过添加括号调整单步权重，例如“[(龙 : 1.3)| 凤凰]”，使“龙”在交替时更突出。此外，还可以通过结合 Flux 插件，对特定区域（如背景 / 前景）分别启用交替绘制，实现局部风格混合。议总步数≥ 30 步（如 A/B 各 15 步），避免单提示词作用不足导致元素残缺。

这些高级提示词技巧为创作者提供了丰富的工具，以实现对图像生成过程的精细控制。通过停止绘制、阻断和融合提示词以及提示词交替绘制，创作者可以创造出更加复杂、多样和精细的视觉作品。这些技术的应用不仅提升了图像生成的灵活性和创造性，还推动了图像生成技术在艺术和设计领域的边界扩展。

8.2 图像反推文本技术

当看到一张令人眼前一亮的图片，想要复现类似的风格时，往往因为提示词不够精准，导致生成的图像效果不佳。或者在使用“以图生图”功能时，不知道该如何描述上传的图片，这时就可以利用 WD14 反推提示词扩展来解决。

8.2.1 WD14反推提示词扩展介绍

WD14 反推提示词扩展可以精准识别图像中的核心元素，如物体、颜色、场景等，并将其转化为文本形式的提示词。这些提示词可以直接用于图像生成，帮助生成与原图风格相似或具有特定风格的图像。

8.2.2 WD14反推提示词扩展安装

接下来，开始安装 WD14 反推提示词节点。

步骤 01 打开 ComfyUI 界面，单击右上角的“Manager”按钮，在弹出的页面中单击“Custom Nodes Manager”按钮，弹出插件页面，在搜索框中输入“ComfyUI WD14 Tagger”即可看搜索结果，如图 8.2-1 和图 8.2-2 所示。

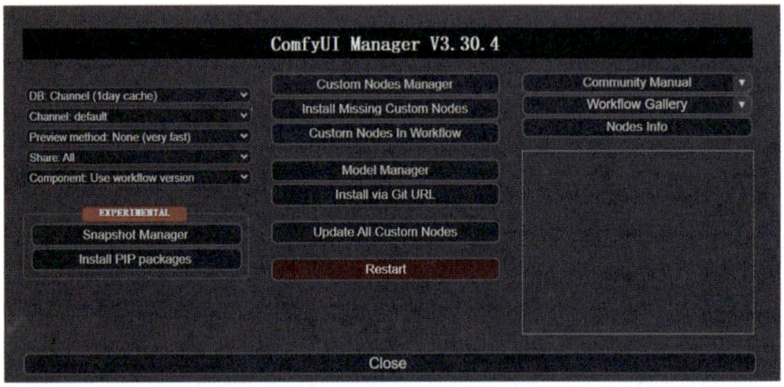

图8.2-1

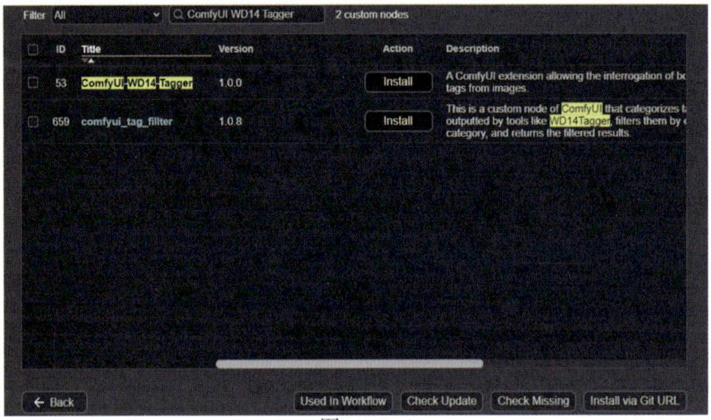

图8.2-2

步骤 02 单击“Install”按钮，在弹窗中选择版本，本案例中选择了 1.0.0，如图 8.2-3 所示。随后单击“Select”按钮，稍等片刻后，在“Install”按钮处出现“Restart Required”时，单击该页面左下角的“Restart”按钮，如图 8.2-4 所示，重启 ComfyUI，完成“ComfyUI WD14 Tagger”节点的安装。

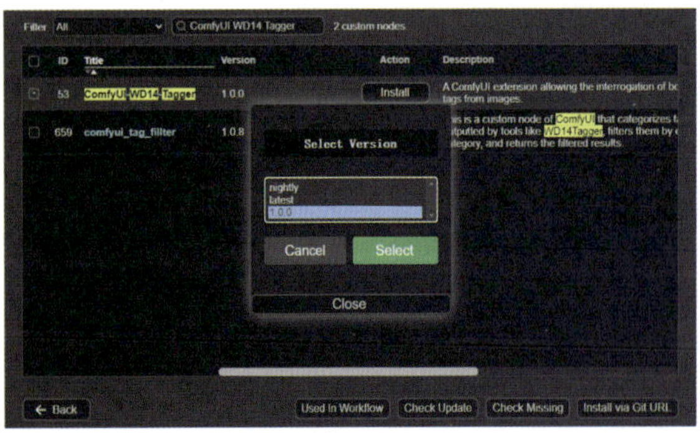

图8.2-3

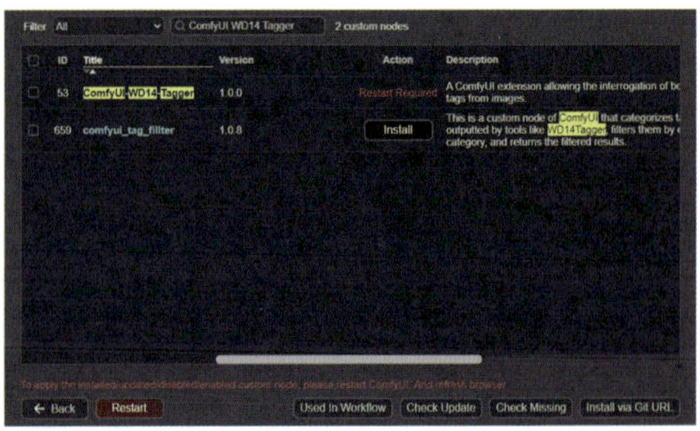

图8.2-4

8.2.3 WD14反推提示词扩展节点详解

WD14 反推提示词扩展仅包含一个节点——“WD14 反推提示词”。它的新建路径为“新建节点”→“图像”→“WD14 反推提示词”，该节点如图 8.2-5 所示。

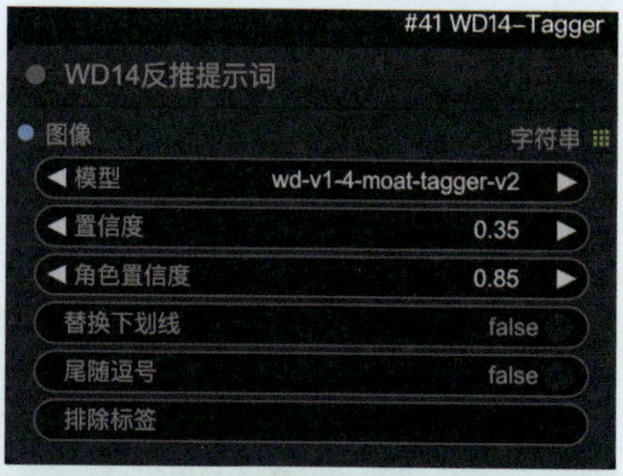

图8.2-5

1. 模型

在节点的组件设置中，“模型”选项对应的是之前需要单独下载的模型文件，也就是模式选择。在这里可以选择用于提示词提取的模型，如图 8.2-6 所示。目前最流行的模型是“wd-v1-4-moat-convnextv2-tagger-v2”，最新的模型是“wd-v1-4-moat-tagger-v2”。不同模型提取的提示词也会有差异。

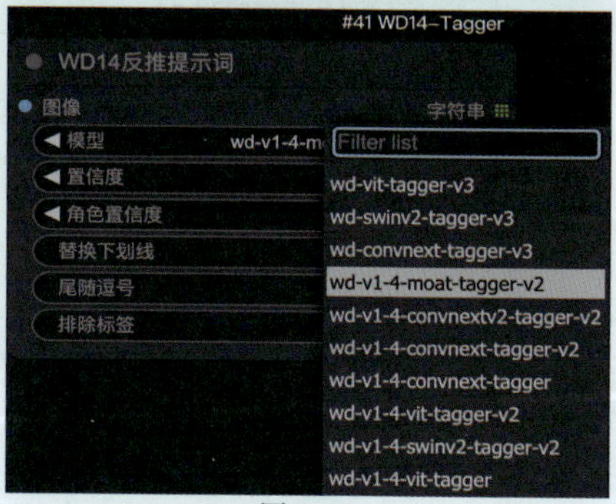

图8.2-6

2. 置信度阈值

“置信度阈值”可以看作是一个可信度的筛选标准，它的取值范围是 0 到 1，也可以转换为百分比形式，即 0% 到 100%。这个阈值的作用是对图像中各个标签出现的概率进行评估打分。

比如，它可能会判断“女孩”这个标签在图像中出现的概率为 90%，而“白色雪花”出现的概率为 1%。通过设置置信度阈值，系统会筛选出概率高于该阈值的标签，并将其纳入最终生成的提示词中。通常情况下，建议将置信度阈值设定在 0.35 到 0.4 之间，也就是 35% 到 40%。

3. 置信度阈值

“角色置信度阈值”主要用于分析知名角色的识别功能。例如，当你上传一张“孙悟空”的图片时，为了确保识别结果只聚焦于该角色，而不受其他无关标签的干扰，你可以将置信度阈值设置为 1。这样可以更精准地识别出“孙悟空”这一角色，避免其他标签的干扰，从而提高角色识别的准确性和针对性。

4. 置信度阈值

“替换下划线”如果开启就会将提取出来的提示词中的下划线替换为空格；“尾随逗号”如果开启就会在提取出来的提示词结尾增加逗号，这两个参数根据个人需要设置即可，对提示词的提取没有影响。

5. 置信度阈值

“排除标签”排除识别的标签，例如上传的图片中，只需要场景图的标签，不需要有人在“排除标签”输入框中填入“girl”，这样就排除了人物标签，如图 8.2-7 所示。

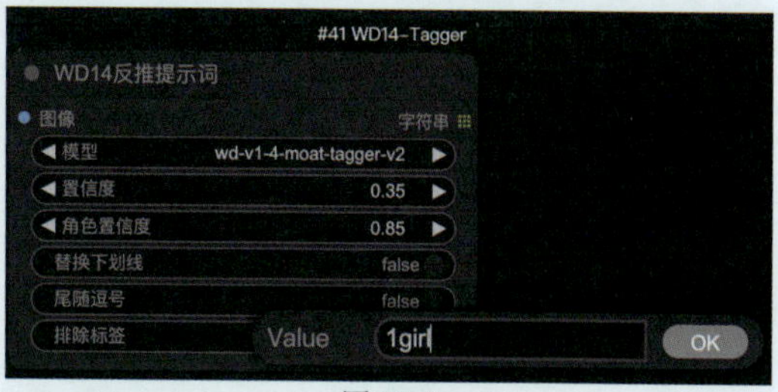

图8.2-7

“WD14 反推提示词”节点反推出来的提示词不是只能复制粘贴到正向提示词文本框中，还可以直接连接到正向提示词节点，新建“CLIP 文本编码器”节点，将“CLIP 文本编码器”节点的“文本”组件转换为“文本”输入端口，将“WD14 反推提示词”节点的“字符串”输出端口连接到“CLIP 文本编码器”节点的“文本”输入端口，即可将提取出的提示词当作正向提示词使用。

8.2.4 WD14反推提示词扩展工作流搭建

WD14 反推提示词的工作流搭建就是将“WD14 反推提示词”节点连接到正向提示词节点，详细操作 WD14 反推提示词扩展工作流搭建及使用，具体操作步骤如下。

步骤 01 新建“加载图像”“WD14 反推提示词”节点，如图 8.2-8 所示。

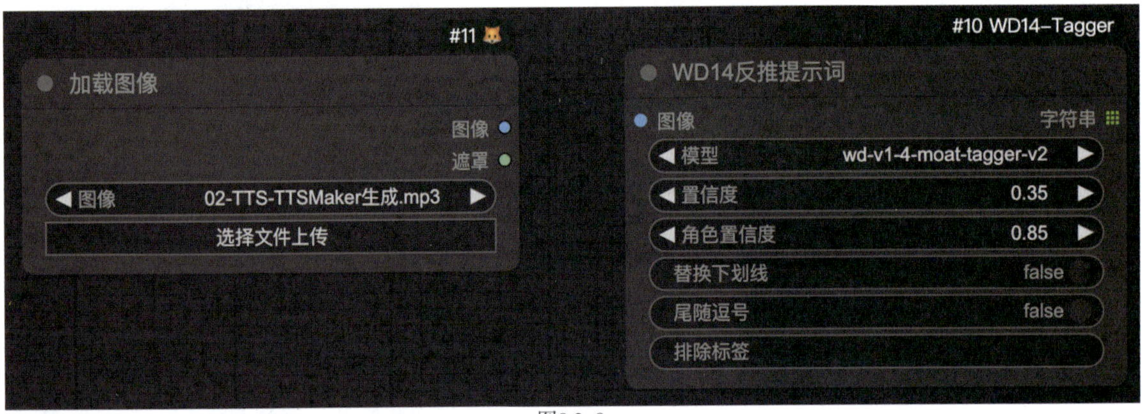

图8.2–8

步骤 02 新建基础工作流，将“加载图像”节点的“图像”输出端口连接至“WD14 反推提示词”节点的图像输入端口。

将“CLIP 文本编码器”节点的“文本”组件转换为“文本”输入端口，将“WD14 反推提示词”节点的“字符串”输出端口连接到“CLIP 文本编码器”节点的“文本”输入端口，如图 8.2-9 所示。

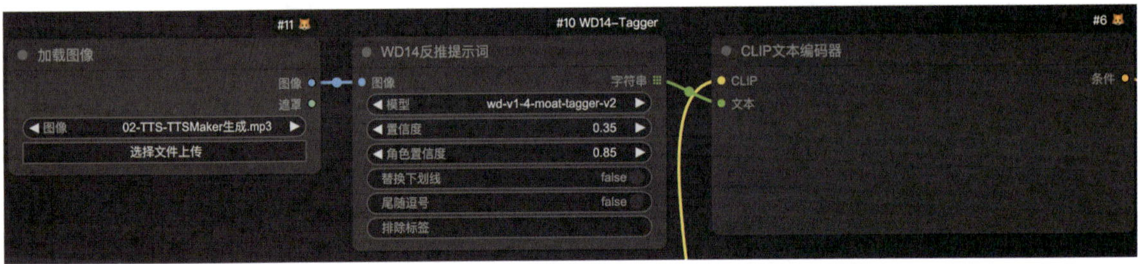

图8.2–9

步骤 03 在“加载图像”节点上传反推提示词的图像；在“WD14 反推提示词”节点，“模型”选择“wd-v1-4-convnexiv2-tagger-V2”，开启“替换下划线”“尾随逗号”，其他参数保持默认不变，如图 8.2-10 所示。

图8.2–10

步骤 04 在连接至“负面条件”输入端口的“CLIP 文本编码器”节点输入框中填入“1owres,text,error,extra digit,cropped,low quality,worst quality,normal qualityjpeg”，如图 8.2-11 所示。

图8.2–11

步骤 05 在“K 采样器”节点将“步数”设置为 25；“CFG”设置为 7.0；“采样器”选择“dpmpp 2m”；“调度器”选择“karras”，其他参数默认不变，如图 8.2-12 所示。

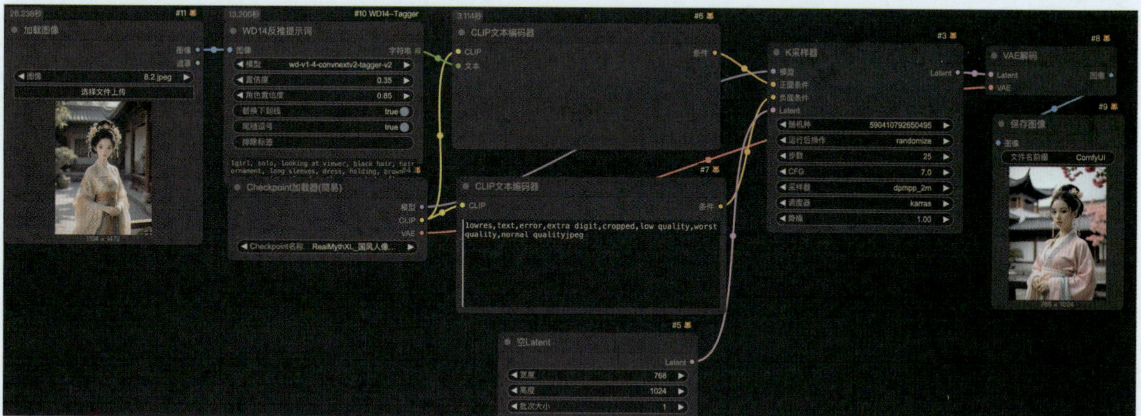

图8.2–12

步骤 06 执行该工作流，等待片刻后，根据从上传图片中反推出的提示词生成了一张动漫类型的汉服图像，如图 8.2-13 所示。

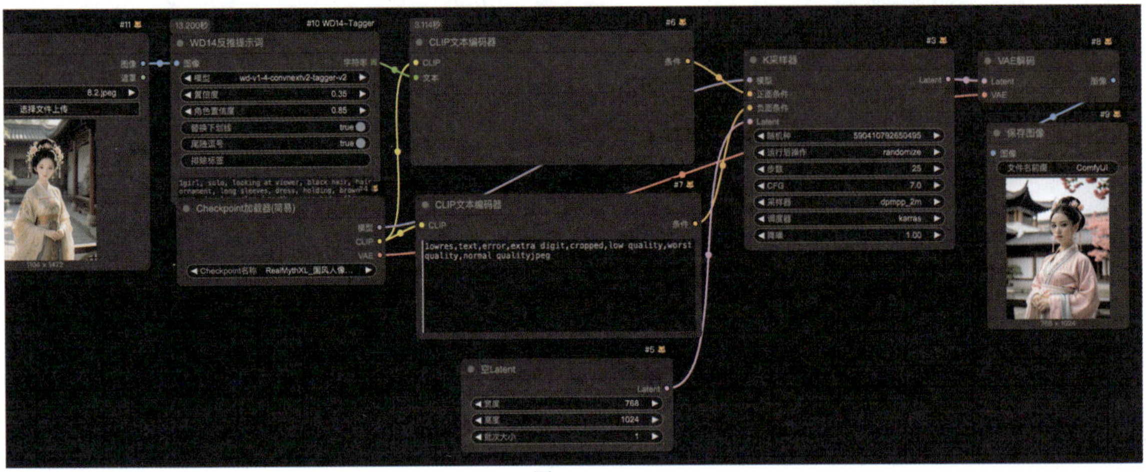

图8.2-13

9

第 9 章

电商设计领域

ComfyUI 在电商设计领域的应用，能够显著提高创作效率并提升作品质量，通过灵活的节点配置和强大的模型支持，快速实现复杂的设计需求。其独特的自定义节点和高效的工作流使得设计师可以更加精准地控制细节，优化创作流程，从而在保证创意的同时，减少时间和资源的浪费。在电商市场中，快速响应市场变化和消费者需求至关重要。ComfyUI 的工作流支持快速迭代和优化，创作者可以在短时间内对生成的图像进行调整和改进。例如，通过修改提示词、调整参数或重新组合节点，可以迅速生成多个版本的设计方案，帮助商家快速找到最吸引消费者的视觉呈现。

9.1 商品海报创作流程

在电商平台中，商品海报是吸引顾客注意、提升点击率的重要手段。一个精美的商品海报不仅能够清晰地展示产品特点，还能传递品牌的独特风格。然而，传统的海报创作流程往往涉及繁琐的设计和制作过程。利用 ComfyUI 可以显著提高海报创作效率和质量，快速生成高质量的海报，减少设计时间和人力成本，具体操作流程如下。

9.1.1 商品海报工作流搭建

首先需要搭建合理的工作流。工作流的搭建是整个创作过程的基础框架，它决定了海报创作的步骤和流程，确保设计工作能够高效推进。

步骤 01 新建“加载图像”“Image Resize”节点。在“加载图像”节点中上传商品的图像并连接至“Image Resize”节点。如图 9.1-1 所示。

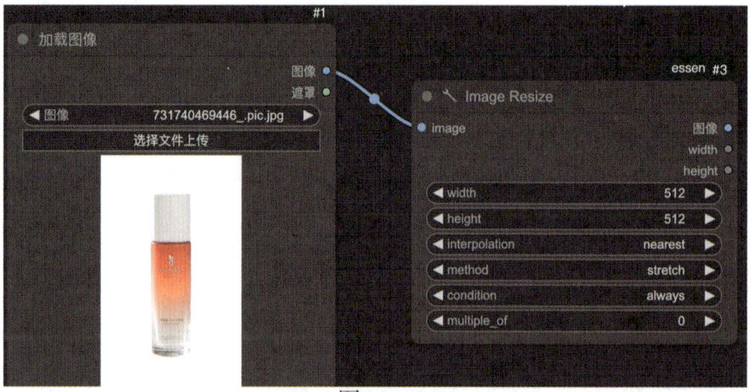

图9.1–1

步骤 02 新建“图像背景移除”“分离图像 Alpha”节点并连接。将“图像背景移除”节点连接至“Image Resize”节点。如图 9.1-2 所示。

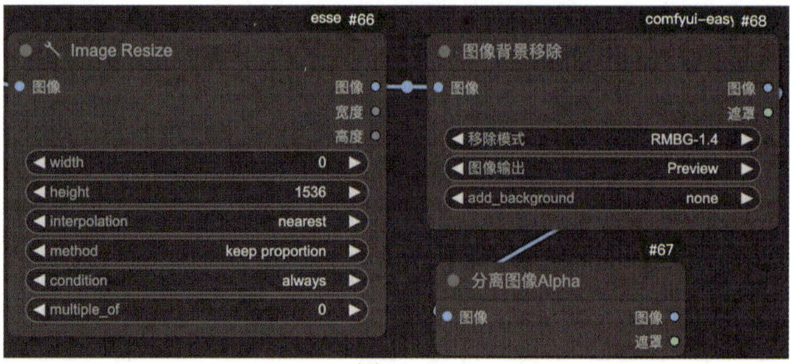

图9.1–2

步骤 03 新建“空 Latent 图像”“VAE 解码”“Checkpoint 加载器（简易）”节点。

将“Image Resize”节点的“宽度”“高度”输出端连接至“空 Latent 图像”节点。

将“空 Latent 图像”节点的“Latent”端口和“Checkpoint 加载器（简易）”节点的“VAE”输出端连接至“VAE 解码”节点。如图 9.1-3 所示。

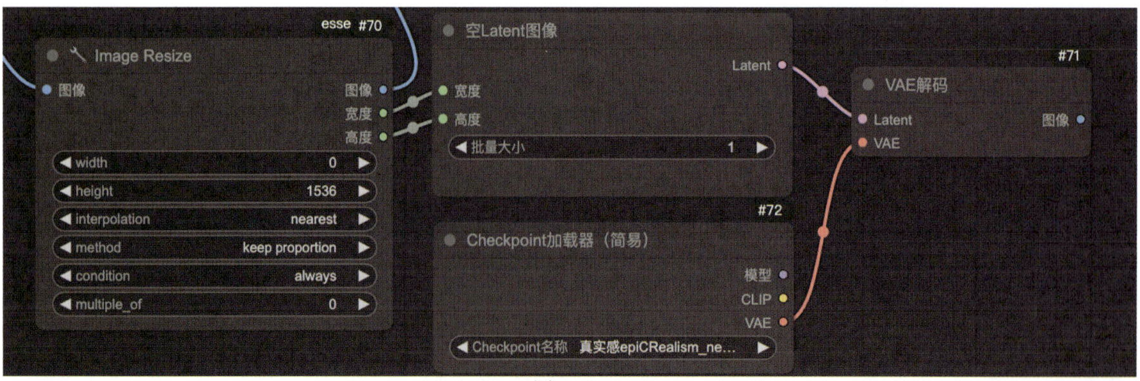

图9.1–3

步骤 04 新建两个“CLIP 文本编码”节点。将“Checkpoint 加载器（简易）”节点的“CLIP”输出端分别连接至两个“CLIP 文本编码”节点，如图 9.1-4 所示。

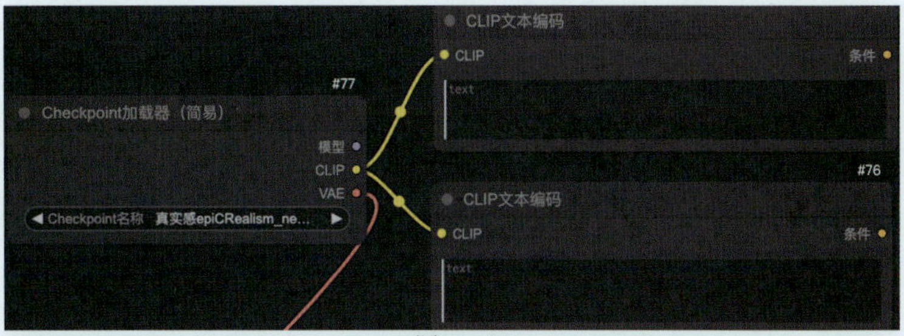

图9.1–4

步骤 05 新建“合成图像（遮罩）”节点。将“VAE 解码”节点和“分离图像 Alpha”节点的“图像”输出端分别连接至“合成图像（遮罩）”节点的“目标图像”输入端口和“源图像”输入端口。将“图像背景移除”节点的“遮罩”输出端连接至“合成图像（遮罩）”节点，如图 9.1-5 所示。

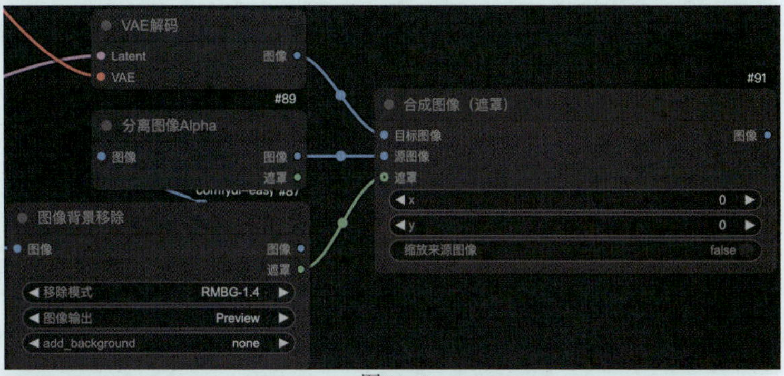

图9.1–5

步骤 06 新建“Load And Apply IC-Light”“IC Light Apply Mask Grey”节点，将“Load And Apply IC-Light”节点连接至“Checkpoint 加载器（简易）”节点。

将“IC Light Apply Mask Grey”节点的“image”“alpha”输入端口连接至“图像背景移除”的输出端，如图 9.1-6 所示。

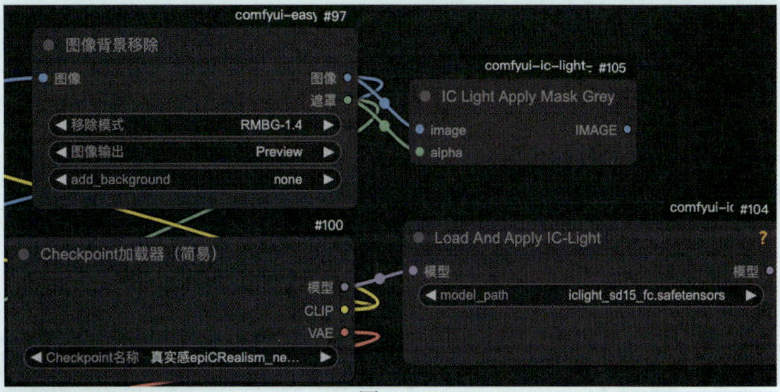

图9.1–6

步骤 07 新建“IC-Light Conditioning”节点。将“Checkpoint 加载器（简易）”节点的“VAE”输出端连接至“IC- Light Conditioning”节点的“VAE”输入端口。

将两个“CLIP 文本编码”分别连接至“IC-Light Conditioning”节点的“正面条件”“负面条件”输入端口，如图 9.1-7 所示。

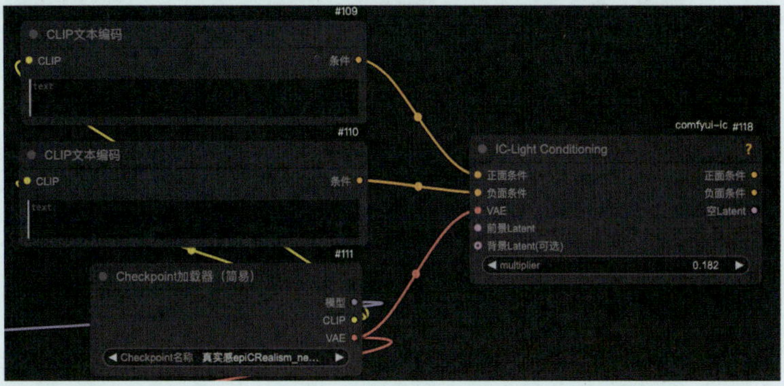

图9.1–7

步骤 08 新建两个“VAE

Encode ArgMax”节点。将“IC Light Apply Mask Grey”节点的“IMAGE”输出端连接至第一个“VAE Encode ArgMax”节点。

将第一个“VAE Encode ArgMax”节点的“LATENT”输出端连接至“IC- Light Conditioning”节点的“前景 Latent”输入端口。将“Checkpoint 加载器（简易）”节点的“VAE”输出端连接至两个“VAE Encode ArgMax”节点。

将“合成图像（遮罩）”节点的“图像”输出端连接至第二个“VAE Encode ArgMax”节点的“pixels”输入端口，如图 9.1-8 所示。

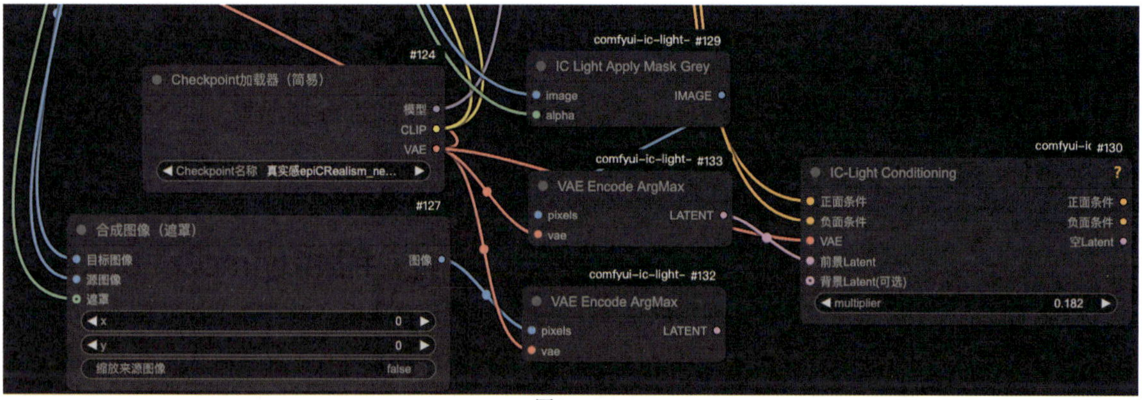

图9.1-8

步骤 09 新建“应用 IPAdapter”“K 采样器”“VAE 解码”节点。将“Load And Apply IC- Light”节点的“模型”输出端和“合成图像（遮罩）”节点的“图像”输出端以及“图像背景移除”节点的“遮罩”输出端分别连接至“应用 IPAdapter”节点的对应输入端口。

将“应用 IPAdapter”节点的“模型”输出端和“IC- Light Conditioning”节点的“正面条件”“负面条件”输出端分别连接至“K 采样器”节点的对应输入端口。

将第二个“VAE Encode ArgMax”节点的“LATENT”输出端连接至“K 采样器”的“Latent”输入端口。将“K 采样器”的“Latent”输出端连接至“VAE 解码”节点，如图 9.1-9 所示。

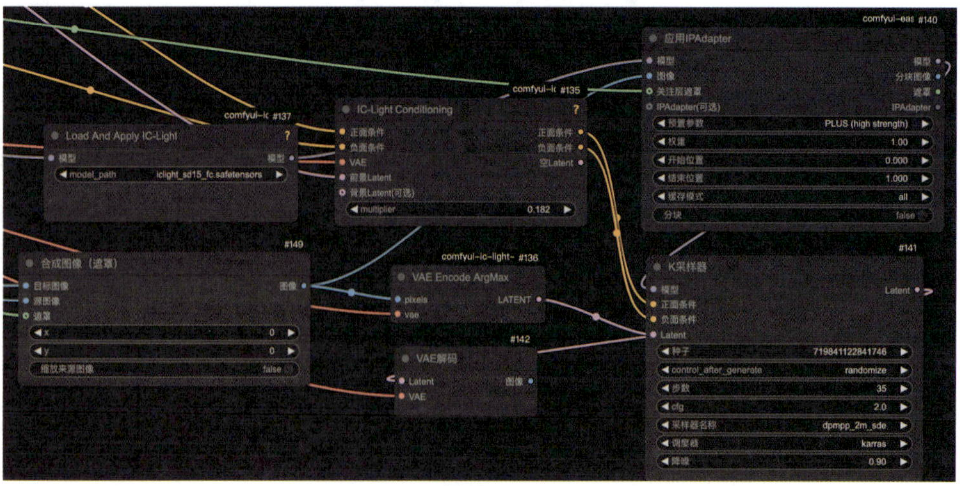

图9.1-9

步骤 10 新建“Detail Transfer”“预览图像”节点并相连接，将“VAE 解码”节点和“分离图像 Alpha”节点的“图像”输出端分别连接至“Detail Transfer”节点的“目标图像”和“参考图像”输入端口。至此，商品海报创作工作流搭建完毕，如图 9.1-10 所示。

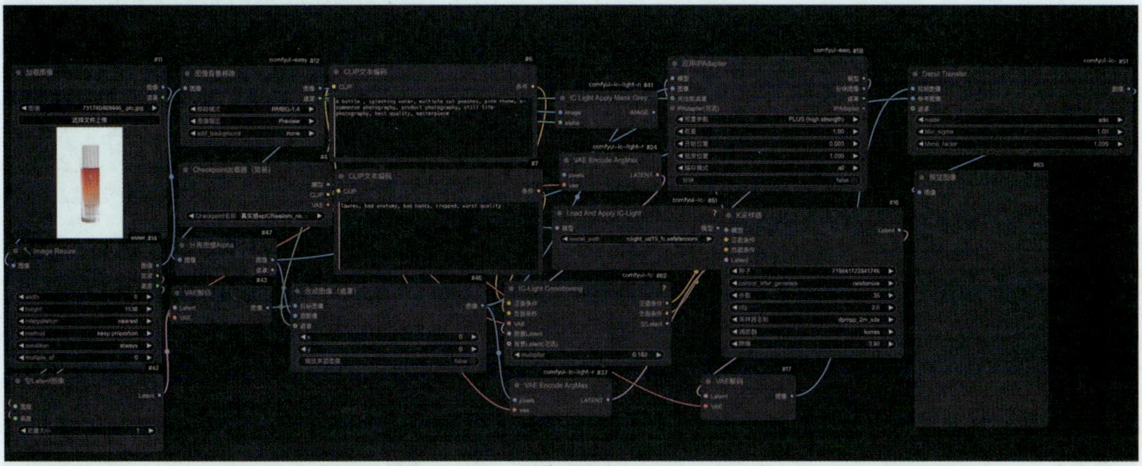

图9.1–10

9.1.2 商品海报工作流实操

完成工作流的搭建后，通过对各项参数的精准调整，可以确保海报在风格、布局和细节上符合设计要求，从而提升整体创作水平。

步骤 01 在“Image Resize”节点中，将“width”调整至 0；“height”调整至 1536；“interpolation”设置为“nearest”；“method”设置为“keep proportion”。在“Checkpoint 加载器（简易）”节点中，选择“真实感 epiCRealism_newAge”模型，如图 9.1-11 所示。

步骤 02 在第一个“CLIP 文本编码”节点中输入“A bottle , splashing water, multiple cut peaches, pink theme, e-commerce photography, product photography, still life photography, best quality, masterpiece”。

在第二个“CLIP 文本编码”节点中输入“lowres, bad anatomy, bad hands, cropped, worst quality”，如图 9.1-12 所示。

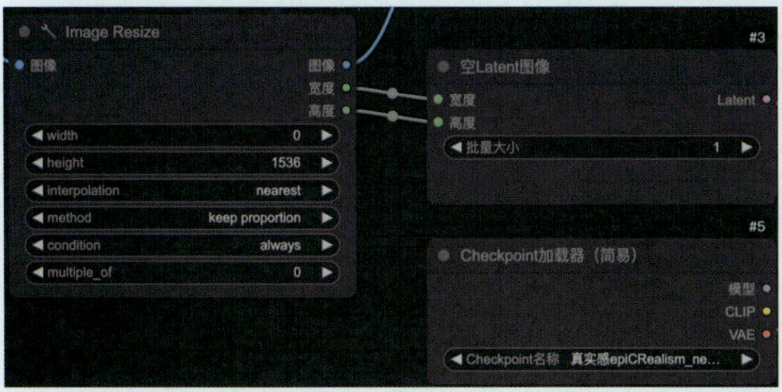

图9.1–11

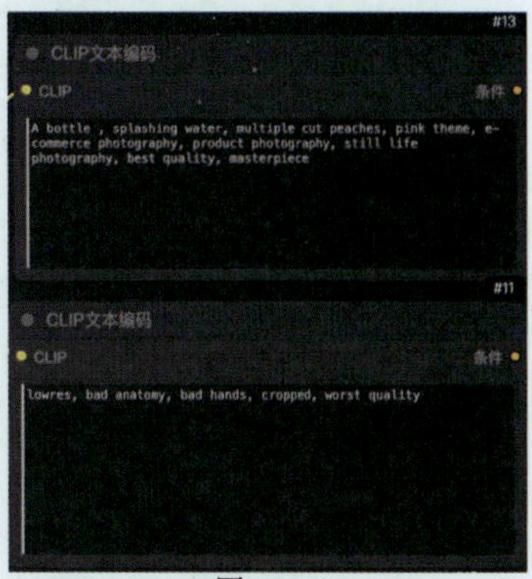

图9.1–12

步骤 03 在“应用 IPAdapter”节点中，将“预置参数”设为“PLUS (high strength)”，其余设置保持默认。在“K 采样器”节点中，将“control_after_generate”设为“randomize”；“步数”设为 35；“cfg”设为 20；“采样器名称”设为“dpmpp_2m_sde”；“调度器”设为“karras”；“降噪”设为 0.90。如图 9.1-13 所示。

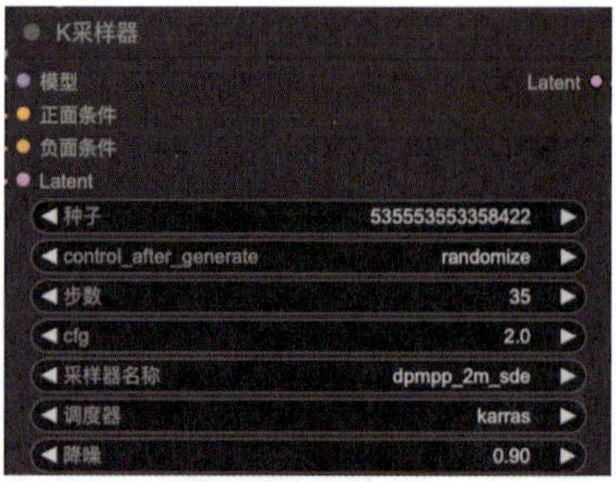

图9.1-13

步骤 04 单击“执行”按钮，一张商品海报就生成了，可以直接保存至图像处理软件进行添加文字，如图 9.1-14 所示。

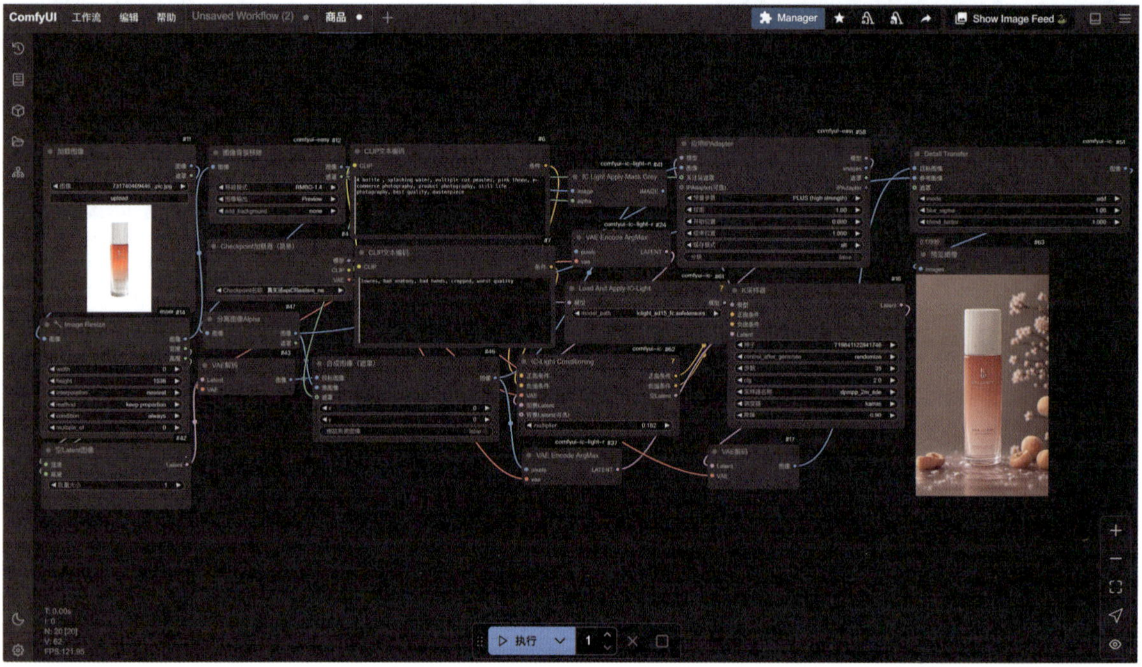

图9.1-14

9.2 服装互换创作流程

在电商服装领域，服装展示环节需大量图片素材，包括模特身着各式服装的展示。然而，这些产品图片的处理成本高昂，且耗时较长。为应对这一问题，目前可采用 Stable Diffusion 技术，以迅速实现模特与服装的适配。具体操作步骤如下。

9.2.1 服装互换工作流搭建

首先需要搭建合理的工作流。工作流的搭建是整个创作过程的基础框架，它决定了海报创作的步骤和流程，确保设计工作能够高效推进。

步骤 01 打开 ComfyUI 界面，新建“IPAdapter Advanced”节点和“IPAdapter FaceID”节点。将“IPAdapter Advanced”节点的“模型”输出端连接到“IPAdapter FaceID”节点的“model”输入端口，如图 9.2-1 所示。

步骤 02 新建“IPAdapter InsightFace Loader”“加载 CLIP 视觉”节点。将“IPAdapter InsightFace Loader”节点的“INSIGHTFACE”输出端连接到“IPAdapter FaceID”节点的“Insightface”输入端口。

将“加载 CLIP 视觉”输出端分别连接到“IPAdapter Advanced”和“IPAdapter FaceID”节点的“clip_vision”输入端口，如图 9.2-2 所示。

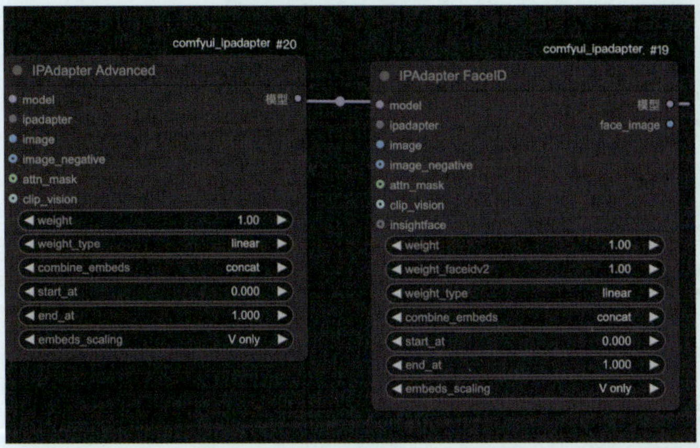

图9.2-1

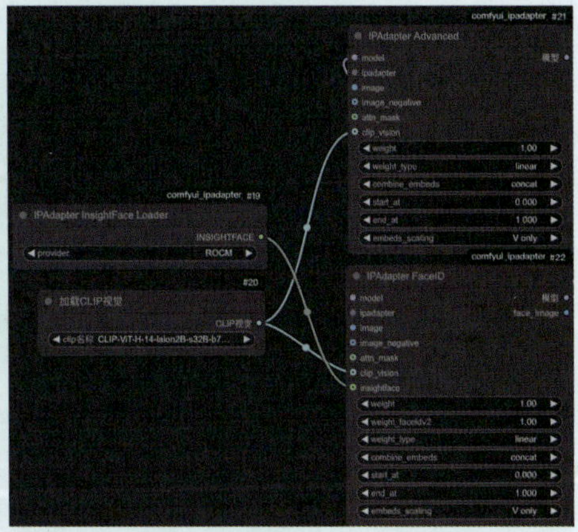

图9.2-2

步骤 03 新建两个“IPAdapter Model Loader”节点。将两个“IPAdapter Model Loader”节点分别连接到“IPAdapter Advanced”节点和“IPAdapter FaceID”节点，如图 9.2-3 所示。

步骤 04 新建两个“加载图像”节点，分别上传待更换的服装图像和模特图像。将服装图像节点的“图像”输出端连接到“IPAdapter Advanced”节点的“image”输入端口。

将模特图像节点的“图像”输出端连接到“应用 IPAdapterFaceID”节点的“image”输入端口，如图 9.2-4 所示。

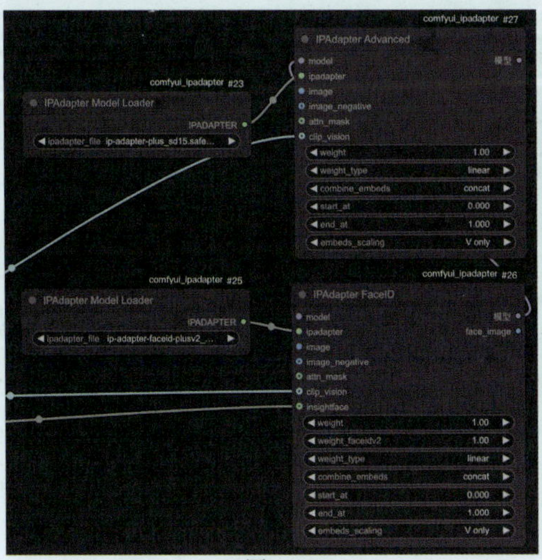

图9.2-3

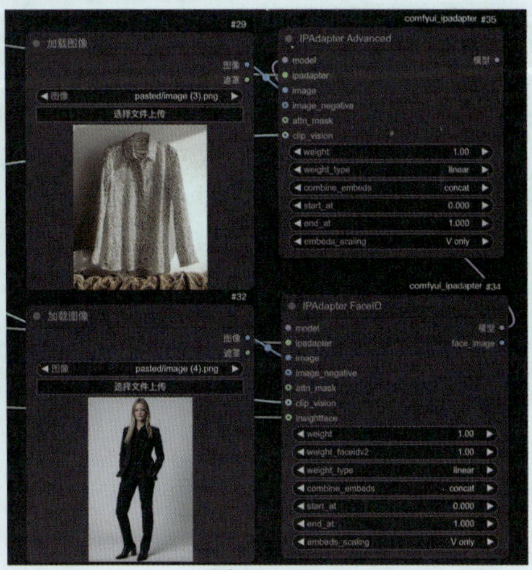

图9.2-4

步骤 05 新建“Efficient Loader”节点，将“Efficient Loader”节点的“模型”输出端连接到“IPAdapter FaceID”节点的“model”输入端口，如图 9.2-5 所示。

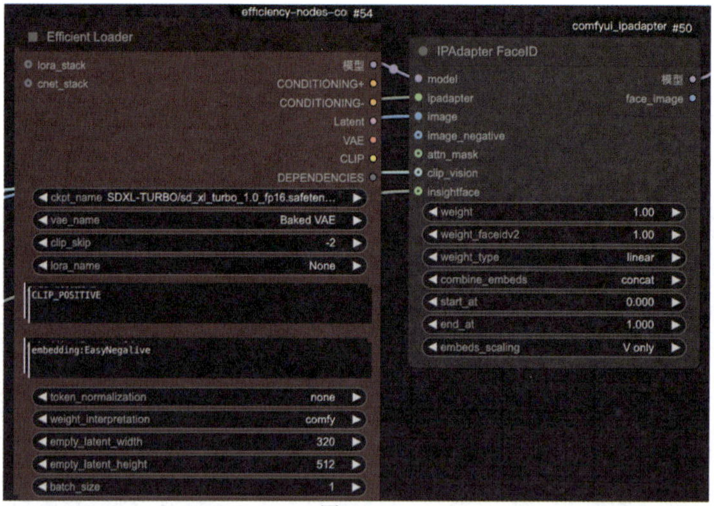

图9.2-5

步骤 06 新建“KSampler(Efficient)”节点，将应用“IPAdapter Advanced”节点的“模型”输出端与“KSampler(Efficient)”节点的“model”输入端口连接。

将“Efficient Loader”节点除“模型”以外的输出端与“KSampler(Efficient)”节点的输入端口对应相连，如图 9.2-6 所示。

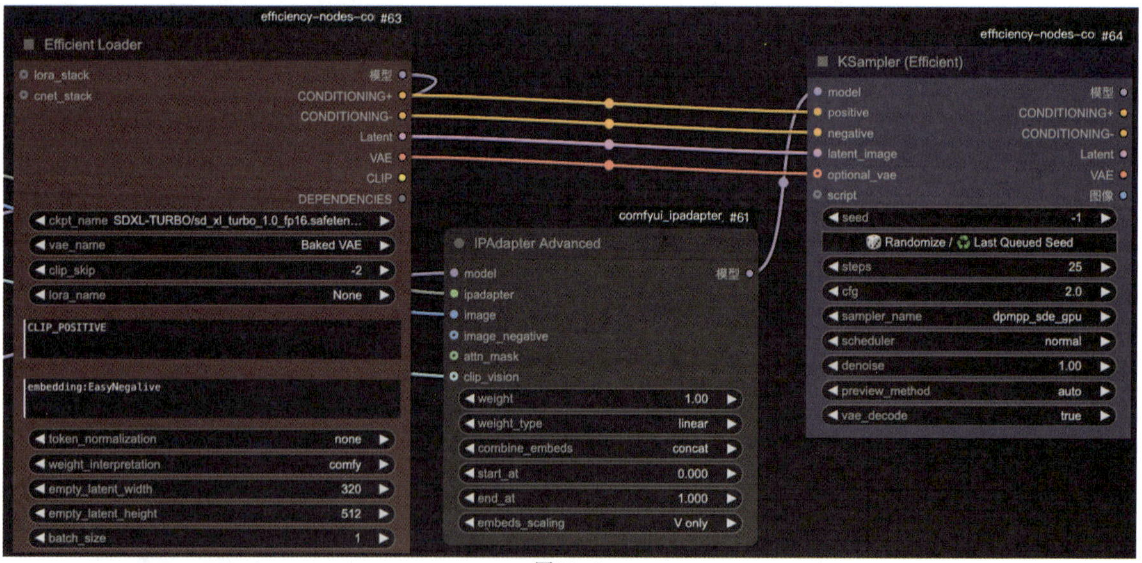

图9.2-6

步骤 07 新建“HighRes-Fix Script”节点，并将“SCRIPT”输出端连接到“KSampler(Efficient)”节点的“script”输入端口，如图 9.2-7 所示。

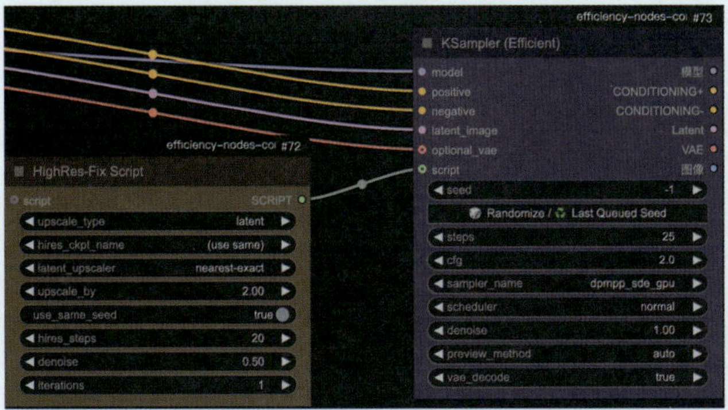

图9.2–7

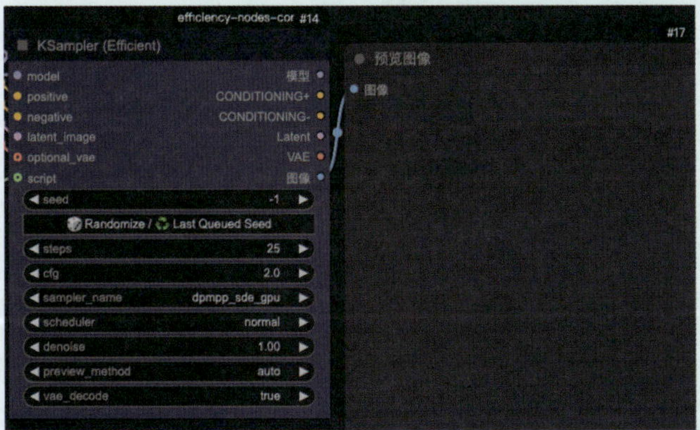

图9.2–8

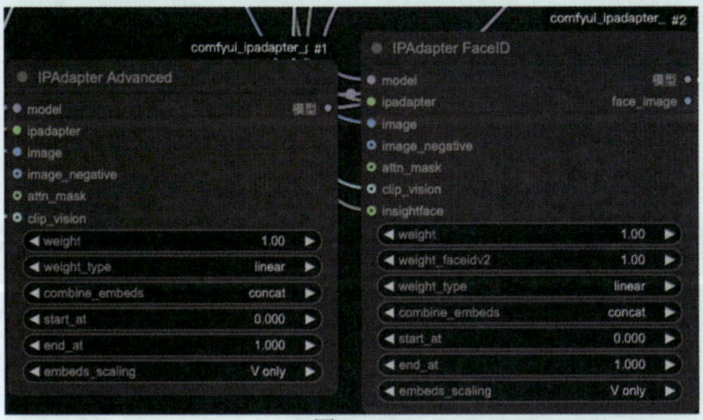

图9.2–9

步骤 03 在“IPAdapter InsightFace Loader”节点中，“provider”选择“CUDA”，在“加载 CLIP 视觉”节点中，“clip 名称”选择“CLIP-VIT-H-14-laion2B-s32B-b79K.safetensors”，如图 9.2-11 所示。

步骤 04 在“Efficient Loader”节点中，“ckpt_name”选择一个写实风格的大模型，例如“majiemixRealistic_v7.safetensors”。

步骤 08 新建“预览图像”节点，将“KSampler(Efficient)”节点的“图像”输出端口连接到“预览图像”节点的“图像”输入端口，至此，服装互换工作流搭建完毕，如图 9.2-8 所示。

9.2.2 服装互换工作流实操

完成工作流的搭建后，通过对各项参数的精准调整，可以确保海报在风格、布局和细节上符合设计要求，从而提升整体的创作水平。

步骤 01 将“IPAdapter Advanced”和“IPAdapter FaceID”节点的“weight”均设为 1.00，“weight_type”均选为 linear，其余参数保持默认，如图 9.2-9 所示。

步骤 02 将两个“IPAdapter Model Loader”节点的“ipadapter_flie”分别选择“ipadapter-plus_sd15.safetensors”和“ip-adapter-faceid-plusv2_sdls.bin”，如图 9.2-10 所示。

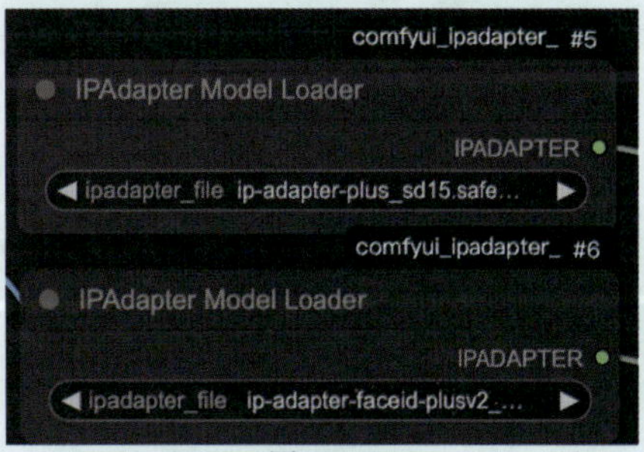

图9.2–10

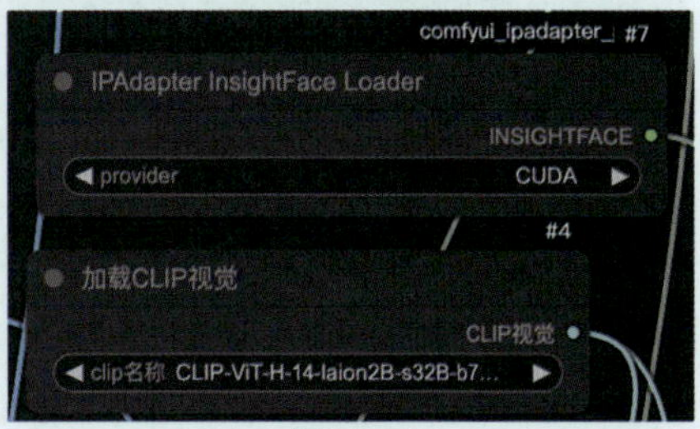

图9.2–11

在“vae_name”中选择“vae-fil-mse-840000-ema-pruned.safetensors,clip_skip”设为 -2，“lora_name”选择“ip-adapter-faccid-plusv2_sdl5_lora.safetensors”。

在负向提示词框输入“embedding:EasyNegalive”，尺寸设置为 320×512，其余参数默认，如图 9.2-12 所示。

步骤 05 将“KSampler(Efficient)”节点的“seed”设为 -1；“steps”设置为 25；“cfg”设置为 2.0；“sampler_name”设置为“dpmpp_sde_gpu”；“scheduler”设置为 normal，“denoise”设置为 1.00，其余参数保持默认不变，如图 9.2-13 所示。

步骤 06 在“HighRes-Fix Script”节点中，“upscale_type”选择 latent，“upscale_by”设置为 2.00，“hires_steps”设置为 20，“denoise”设置为 0.50，其余参数保持默认不变，如图 9.2-14 所示。

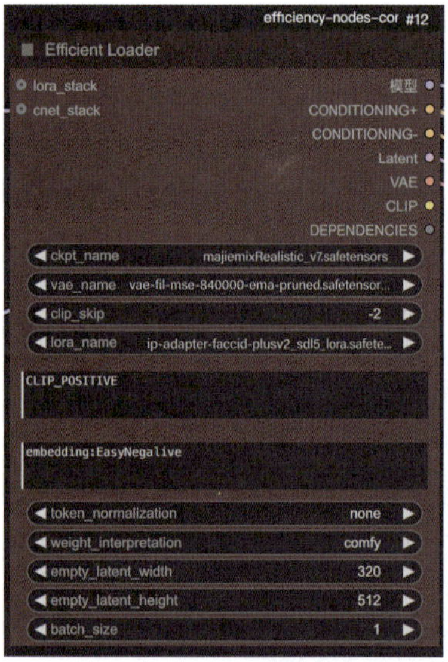

图9.2-12

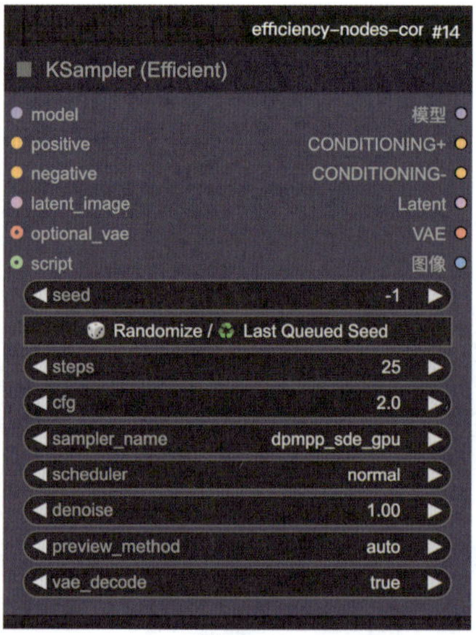

图9.2-13

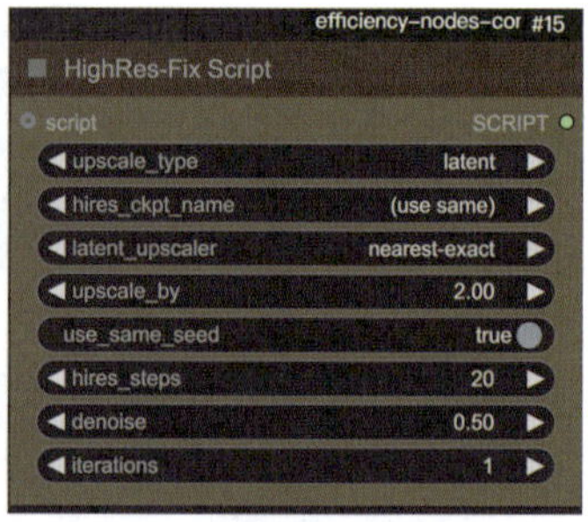

图9.2-14

步骤 07 单击“执行”按钮，一张模特换服装的图像就生成了，如图 9.2-15 所示。

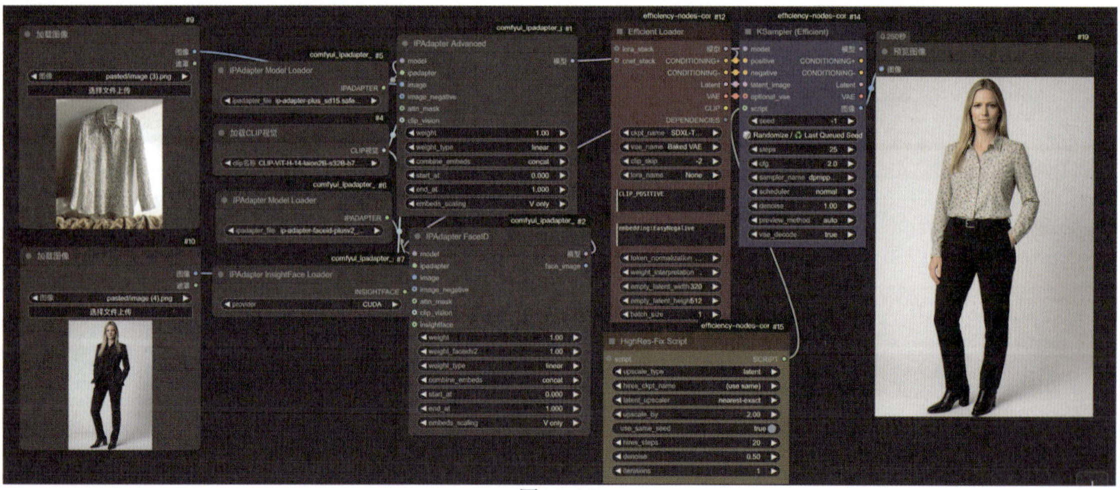

图9.2-15

9.3 家居用品创作流程

在家居用品领域，产品展示需要多样化的图片素材，以展示不同款式、材质和使用场景的家居用品。然而，拍摄和处理这些图片通常需要大量的人力物力，且成本较高。为了提升创作效率并降低成本，可以生成具有高质量视觉效果的家居用品图像，这里以替换沙发展示图为例，具体操作流程如下。

9.3.1 家居用品工作流搭建

首先需要搭建合理的工作流。工作流的搭建是整个创作过程的基础框架，它决定了海报创作的步骤和流程，确保设计工作能够高效推进。

步骤 01 新建两个“加载图像”节点在第一个“加载图像”节点中上传一个正方形的需要展示的沙发白底图。在第二个“加载图像”节点中上传一个用来替换的场景图后，通过右键“Open in MaskEditor”涂抹沙发的选区后保存，如图 9.3-1 所示。

步骤 02 新建两个“LayerUtility: lmageScaleByAspectRatio V2”节点，并将第一个“图像”输出端接入第一个“LayerUtility: lmageScaleByAspectRatio V2”节点的“图像”输入端口。

将第二个“加载图像”节点的两个输出端都连接至第二个“LayerUtility: lmageScaleByAspectRatio V2”节点，如图 9.3-2 所示。

图9.3–1

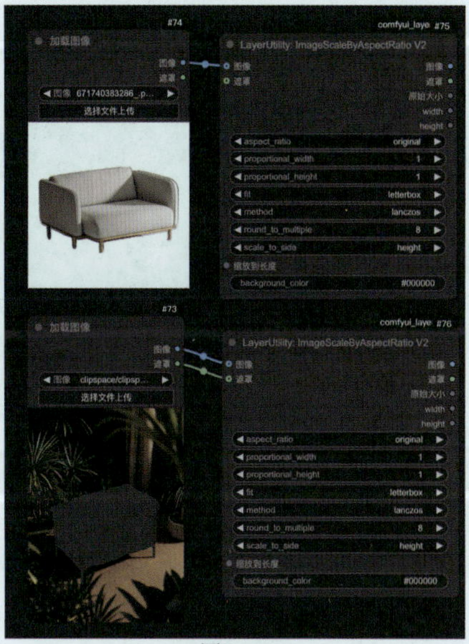

图9.3–2

步骤 03 新建一个“Impactint”节点。将该节点连接至两个“LayerUtility: lmageScaleByAspectRatio V2”节点的“缩放到长度”输入端口，如图 9.3-3 所示。

步骤 04 新建两个“Image Concatenate”节点，将两个“LayerUtility: lmageScaleByAspectRatio V2”节点的“图像”输出端分别连接至第一个“Image Concatenate”节点，如图 9.3-4 所示。

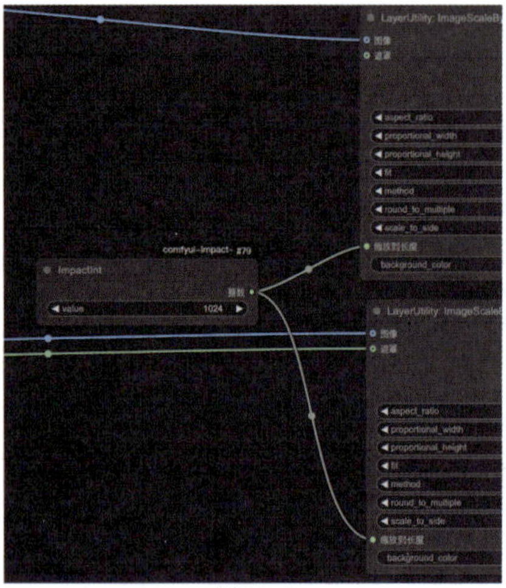
图9.3-3

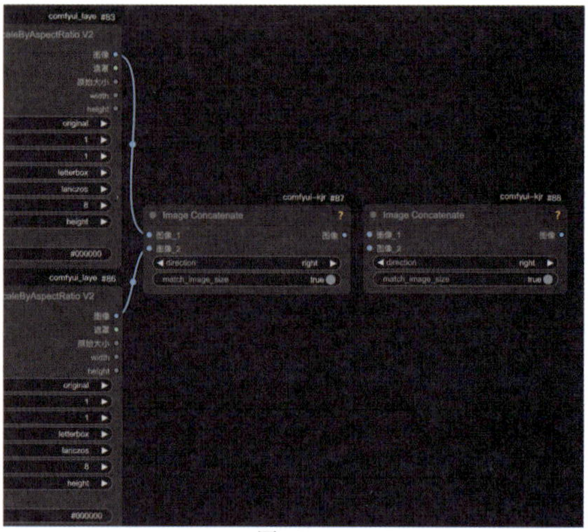
图9.3-4

步骤 05 新建“遮罩转换为图像”“图像转换为遮罩”节点。将第二个“LayerUtility: ImageScaleByAspectRatio V2”节点的“遮罩”输出端连接至“遮罩转换为图像”节点。

将“遮罩转换为图像”节点连接至第二个“Image Concatenate”节点。将第二个“Image Concatenate”节点的“图像”输出端连接至“图像转换为遮罩”节点，如图 9.3-5 所示。

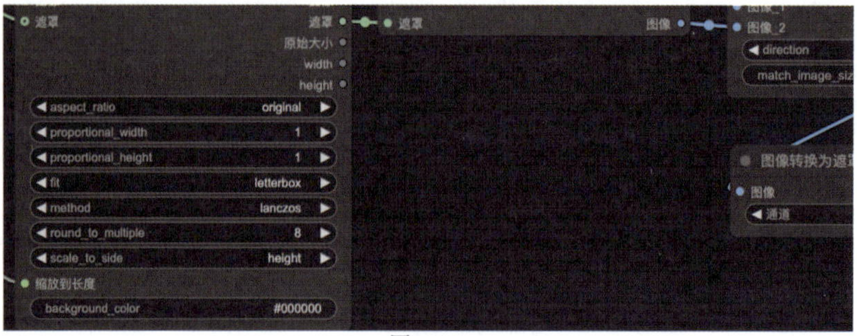

图9.3-5

步骤 06 新建“Image Blank”节点。将第一个“LayerUtility: ImageScaleByAspectRatio V2”节点的“width”和“height”输出端分别连接至“Image Blank”节点的“宽度”“高度”输入端口。

将“Image Blank”连接至第二个“Image Concatenate”节点，如图 9.3-6 所示。

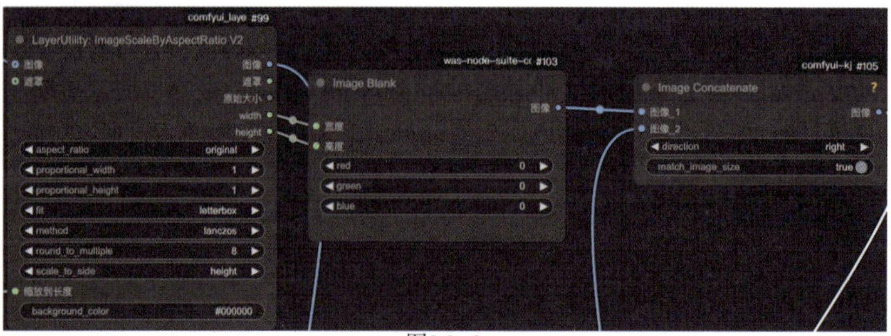

图9.3-6

步骤 07 新建“双 CLIP 加载器”“加载 CLIP 视觉”“加载风格模型”“CLIP 视觉编码”节点。将“加载 CLIP 视觉”节点连接至“CLIP 视觉编码”节点，并将第一个“加载图像”节点的“图像”输出端连接至“CLIP 视觉编码”节点，如图 9.3-7 所示。

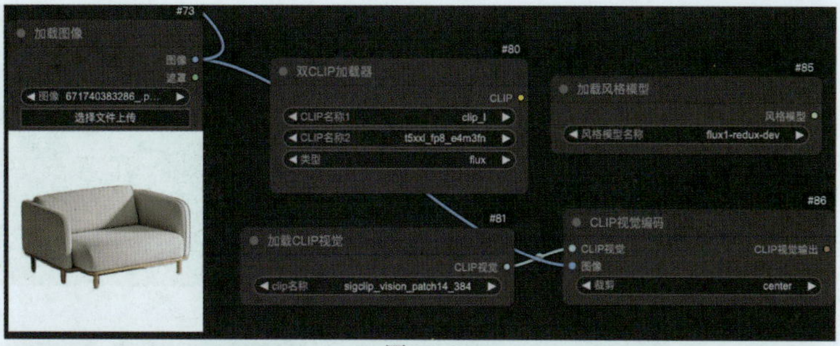

图9.3–7

步骤 08 新建一个“应用风格模型”节点和两个“CLIP 文本编码”节点。将“双 CLIP 加载器”节点连接至两个“CLIP 文本编码”节点。

将“加载风格模型”节点和“CLIP 视觉编码”节点以及第一个“CLIP 文本编码”节点分别连接至“应用风格模型”节点，如图 9.3-8 所示。

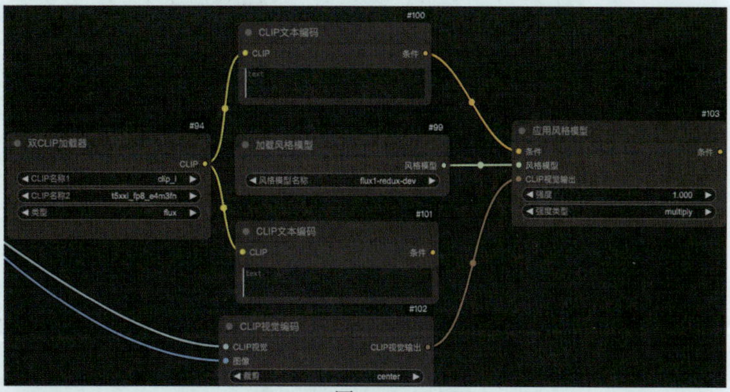

图9.3–8

步骤 09 新建“加载 VAE”“Flux 引导”“内补模型条件”节点。将“加载 VAE”节点分别连接至“内补模型条件”节点。

将“Flux 引导”节点连接在“应用风格模型”节点和“内补模型条件”节点的“正面条件”端口之间。

将第二个“CLIP 文本编码”节点连接至“内补模型条件”节点的“负面条件”端口。

将第一个“Image Concatenate”节点和“图像转换为遮罩”节点连接至“内补模型条件”节点，如图 9.3-9 所示。

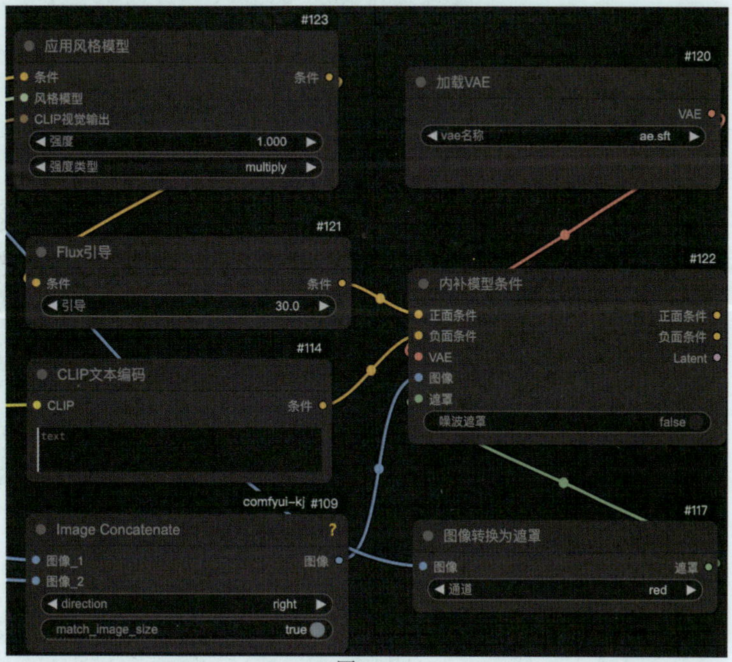

图9.3–9

步骤 10 新建“VAE 解码”“UNet 加载器”节点。将“加载 VAE”节点连接至“VAE 解码”节点，如图 9.3-10 所示。

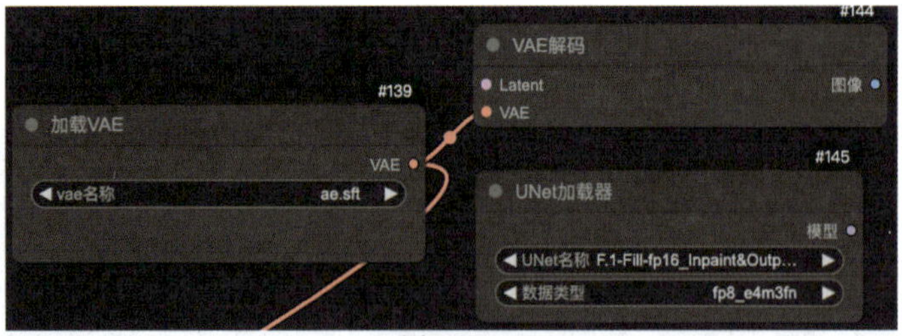

图9.3-10

步骤 11 新建“差异扩散 DifferentialDiffusion”“K 采样器”节点。将“内补模型条件”节点的三个输出端均连接到“K 采样器”节点的输入端口。

将“K 采样器”节点的“Latent”输出端连接至“VAE 编码”节点的“Latent”输入端口。

将“差异扩散 DifferentialDiffusion”节点连接在“UNet 加载器”和“K 采样器”节点之间，如图 9.3-11 所示。

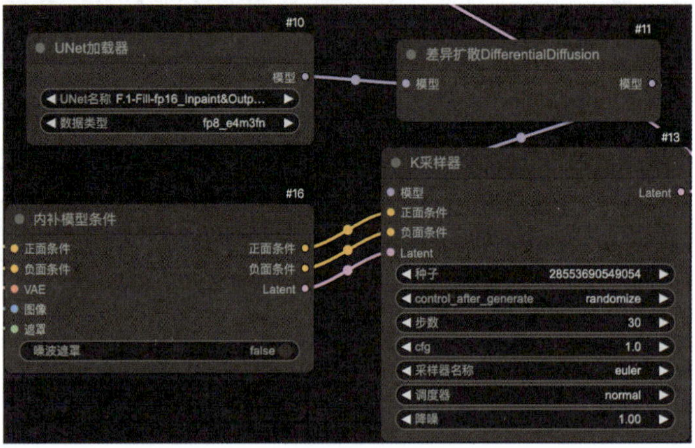

图9.3-11

步骤 12 新建“图像裁切”“预览图像”节点。将“图像裁切”节点连接至“VAE 解码”节点和“图像预览”节点之间。至此，家居用品工作流搭建完毕，如图 9.3-12 所示。

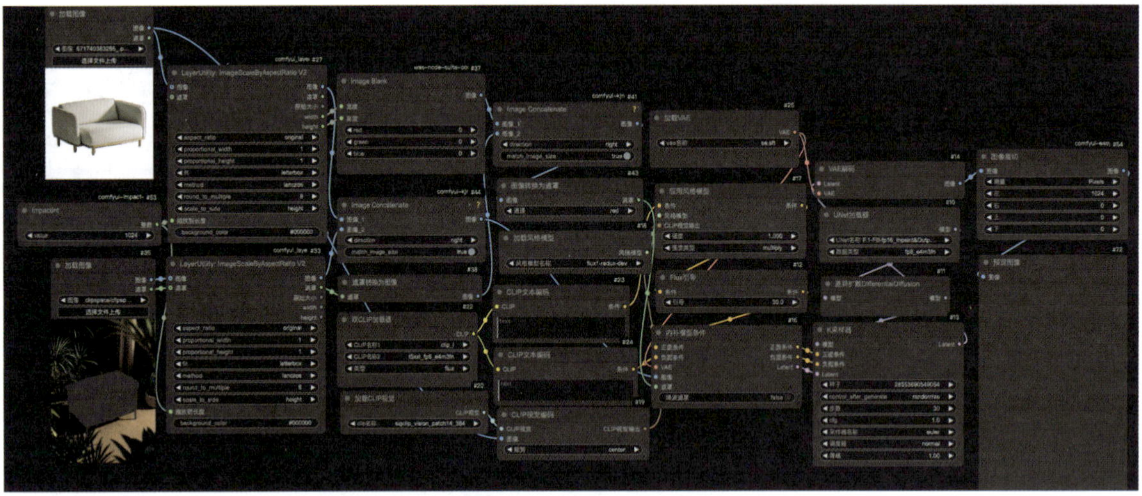
图9.3-12

9.3.2 家居用品工作流实操

完成工作流的搭建后，通过对各项参数的精准调整，可以确保海报在风格、布局和细节上符合设计要求，从而提升整体创作水平。

步骤 01 在“Impactint”节点将“value”设为 1024，在两个“LayerUtility: ImageScaleByAspectRatio V2”节点中，将“scale_to_side”均设为“height”，其余设置保持默认，如图 9.3-13 所示。

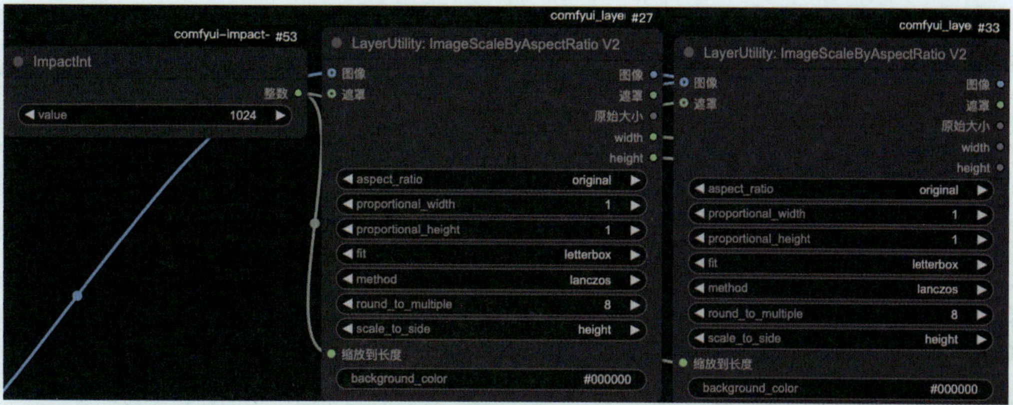

图9.3-13

步骤 02 在“双 CLIP 加载器”节点中，“CLIP 名称 1”选择“clip_l”，在“CLIP 名称 2”选择“t5xxl_fp8_e4m3fn”“类型”选择“flux”。

将“加载风格模型”节点的“风格模型名称”选择为“flux1-redux-dev”，如图 9.3-14 所示。

图9.3-14

步骤 03 将“加载 VAE”节点的“vae 名称”选择为“ae.sft”。将“Flux 引导”节点的“引导”设为 35.6。将“内补模型条件”节点的“噪波遮罩”设为“false”。

在 UNet 加载器，将“UNet 名称”选择为“F.1-Fill-fp16_Inpaint&Outpaint_1.0”；“数据类型”设为“fp8_e4m3fn”，如图 9.3-15 所示。

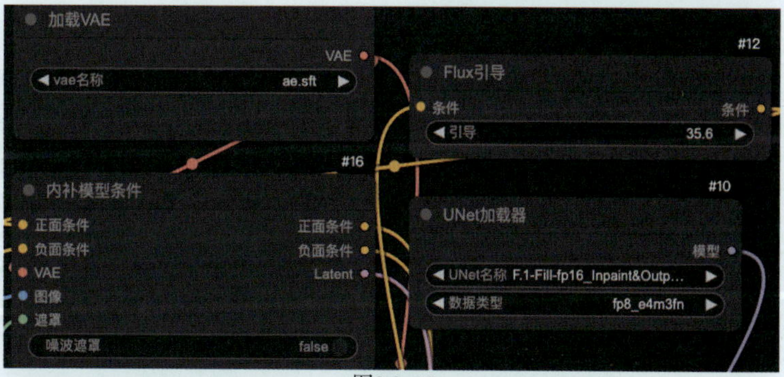

图9.3-15

步骤 04 在“K 采样器”中，将“control_after_generate”设为“randomize”；“步数”设为 30；“cfg”设为 1.0，其余设置保持默认，如图 9.3-16 所示。

步骤 05 在“图像裁切”节点中，将“左”设为 1024，如图 9.3-17 所示。

步骤 06 单击“执行”按钮，一张沙发替换的展示图像就生成了，如图 9.3-18 所示。

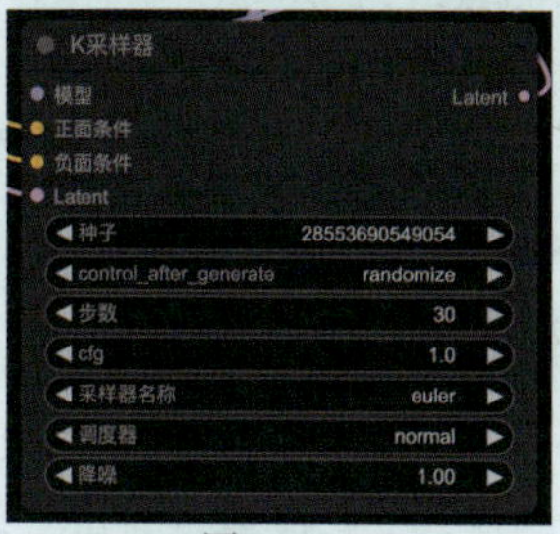

图9.3-16

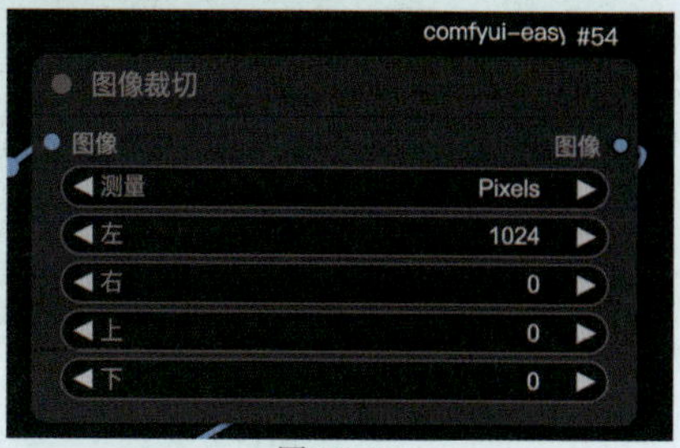

图9.3-17

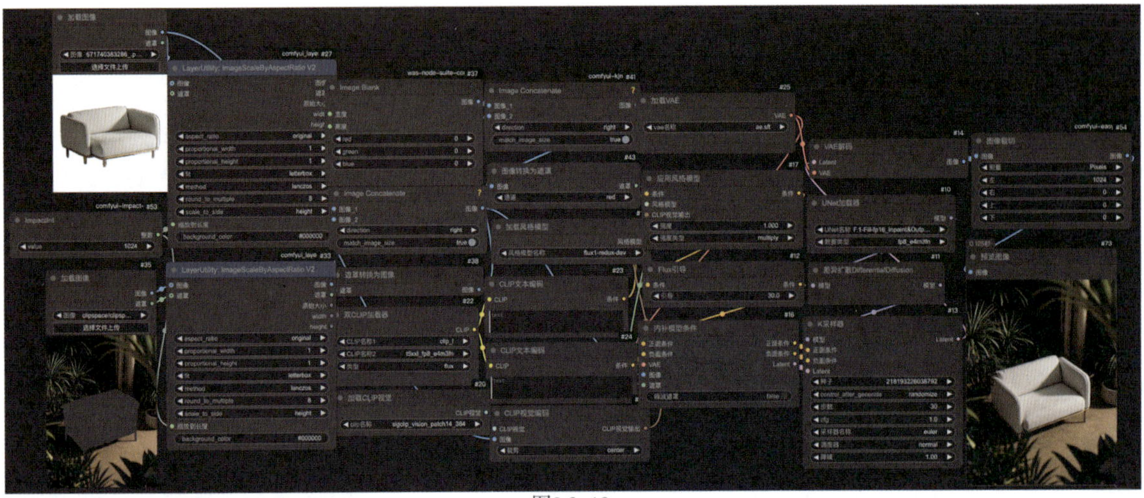

图9.3–18

9.4 局部线稿创作流程

线稿作为一种艺术形式，能够带来独特的表现效果。在某些创作中，纯粹的线条能够强调设计感、细节或结构，使得画面更具艺术氛围。在图像处理与艺术创作中，通过将场景中的主体转化为线稿，并使其完美融入背景，可以有效地实现虚实结合的视觉效果。主体以简洁的线条形式呈现，增强了画面的层次感和艺术表现力。局部线稿的具体的操作步骤如下。

9.4.1 局部线稿工作流搭建

首先需要搭建合理的工作流。工作流的搭建是整个创作过程的基础框架，它决定了海报创作的步骤和流程，确保设计工作能够高效推进。

步骤 01 新建“加载图像”节点，在“加载图像”节点上传需要进行创作的图像。

步骤 02 新建“图像完美像素”“LayerMask:RemBgUltra”节点。将“加载图像”节点的“图像”输出端口连接至“图像完美像素”节点的“图像”输入端口，同时连接至“LayerMask:RemBgUltra”节点的“image”输入端口，如图 9.4-1 所示。

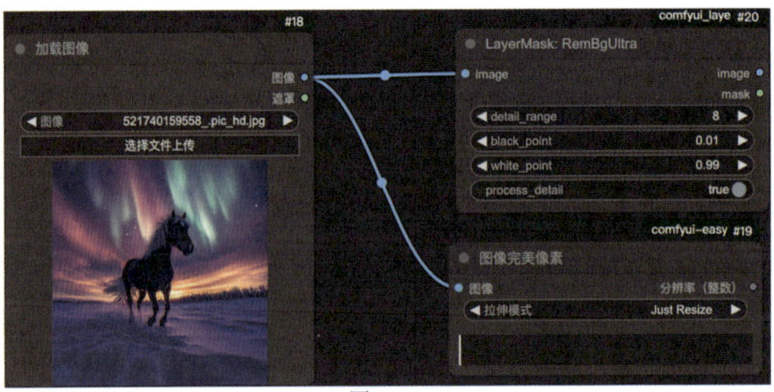

图9.4–1

步骤 03 新建“Realistic Lineart”节点。在“Realistic Lineart”节点将 resolution 转换为输入。将节点“LayerMask:RemBgUltra”节点的“image”“mask”输出端连接至“Realistic Lineart”节点。

将“图像完美像素”节点的“分辨率（整数）”输出端连接至“Realistic Lineart”节点的“resolution”输入端口，如图 9.4-2 所示。

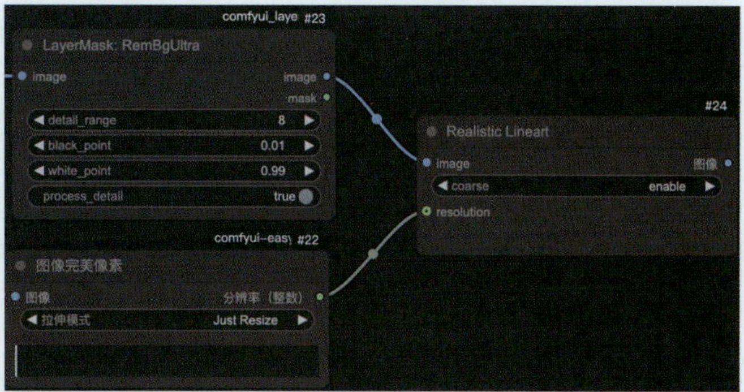

图9.4-2

步骤 04 新建“LayerUtility: LaMa”节点。将“LayerMask:RemBgUltra”节点的“mask”输出端口连接至“LayerUtility: LaMa”节点的“mask”输入端口；将“加载图像”节点的“图像”输出端口连接至“LayerUtility: LaMa”节点的“image”输入端口，如图 9.4-3 所示。

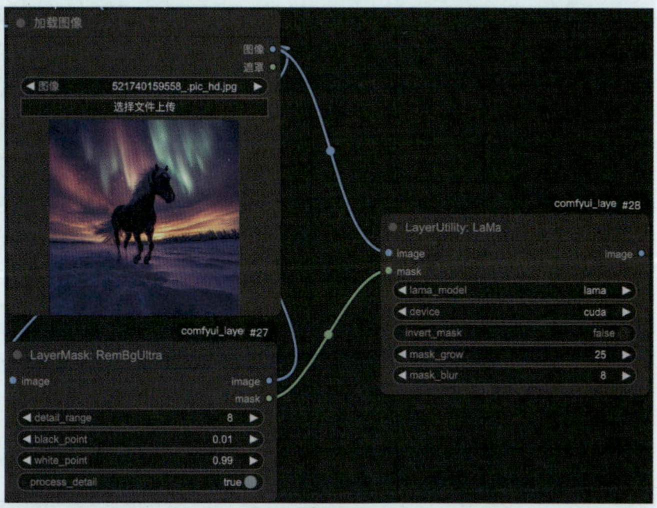

图9.4-3

步骤 05 新建“Image Blending Mode”和“预览图像”节点并相连，分别将“Realistic Lineart”“LayerUtility:LaMa”节点的“图像”输出端连接至“Image Blending Mode”的输入端口。至此，局部线稿工作流搭建完毕，如图 9.4-4 所示。

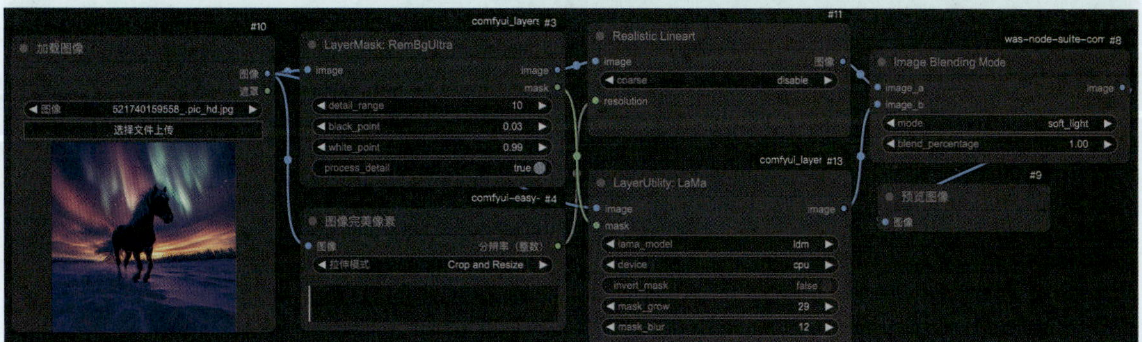

图9.4-4

9.4.2 局部线稿工作流实操

完成工作流的搭建后，通过对各项参数的精准调整，可以确保海报在风格、布局和细节上符合设计要求，从而提升整体创作水平。

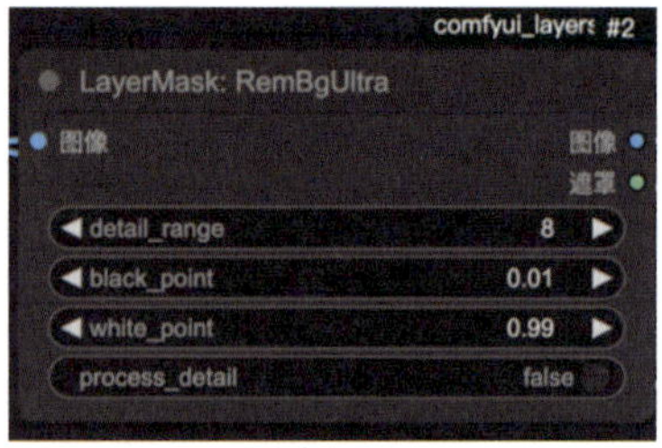

图9.4-5

步骤 01 在“LayerMask:RemBgUltra”节点中，将“detail_range”设为 8，将“black_point”设为 0.01，将“white_point”设为 0.99，如图 9.4-5 所示。

步骤 02 在“图像完美像素”节点中，将“拉伸模式”设置为“Just Resize”，如图 9.4-6 所示。

步骤 03 将“Realistic Lineart”节点的“coarse”设为“enable”，如图 9.4-7 所示。

图9.4-6

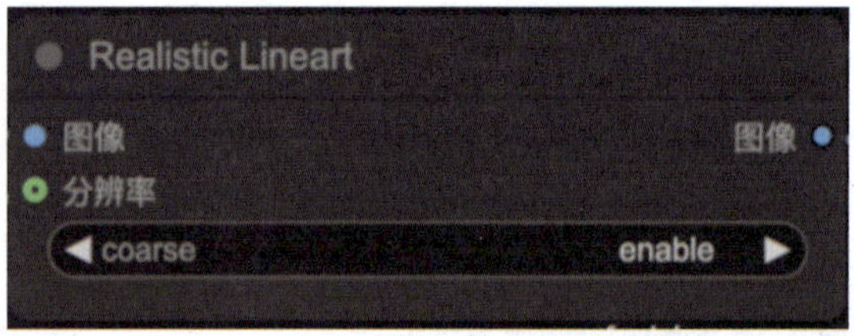

图9.4-7

步骤 04 在“LayerUtility: LaMa”节点，将“lama_model”设为“mat”，将“device”设为“cuda”，将“mask_grow”设为 35，将“mask_blur”设为 20，如图 9.4-8 所示

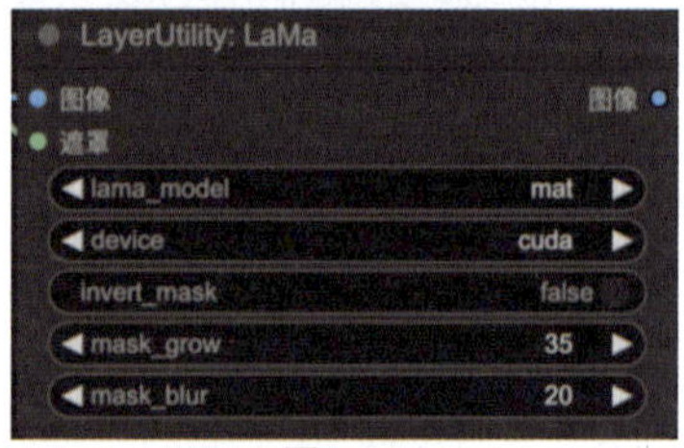

图9.4-8

步骤 05 单击“执行”按钮，一张局部线稿绘制的图像就生成了，如图 9.4-9 所示。

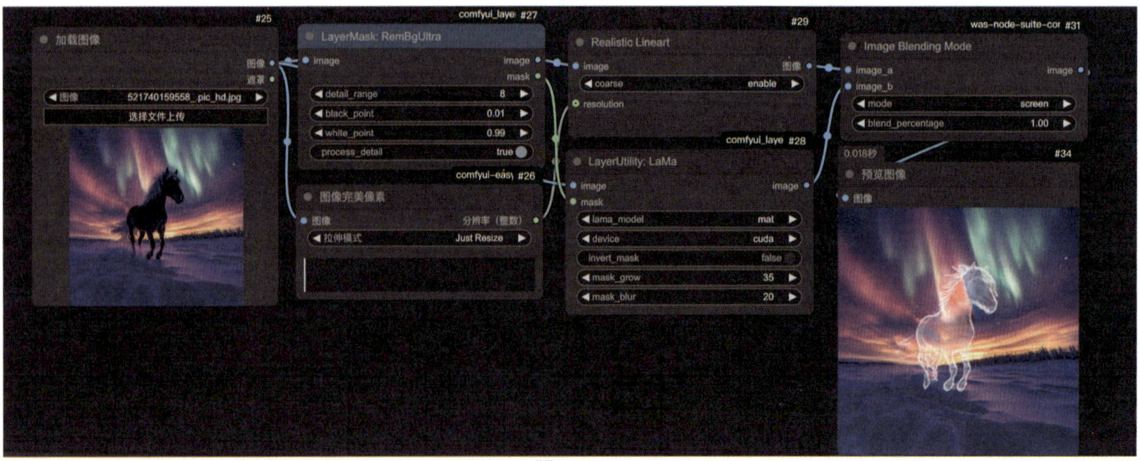

图9.4-9

10

第 10 章

艺术创作领域

在艺术创作的广阔天地中，ComfyUI 以其强大的功能为创作者们开辟了全新的创作路径。本章节将深入探索 ComfyUI 在艺术创作领域的奇妙应用，解锁四个极具创意的工作流：万物简笔画、局部重绘、图片转 3D 以及线稿上色。

从寥寥数笔勾勒出的简笔画，到对局部细节的精细重塑；从二维图像的立体化转变，到为线稿赋予绚丽色彩的魔法，ComfyUI 将为艺术家们带来前所未有的创作体验。无论是初学者还是资深创作者，都能在这个章节中找到激发灵感、突破限制的工具，开启一场充满无限可能的艺术之旅。

10.1 万物简笔画创作流程

在艺术创作领域，简笔画是表达创意、传递情感的简洁而有力的方式。一幅生动的简笔画能够快速抓住观众的注意力，激发无限的想象空间。然而，传统的简笔画创作往往需要创作者具备一定的绘画基础和长时间的构思与练习。利用ComfyUI可以显著提高简笔画创作效率和质量，快速生成富有创意的简笔画作品，减少创作时间和精力投入，具体操作流程如下。

10.1.1 万物简笔画工作流搭建

工作流的搭建是整个创作过程的基础框架，它决定了简笔画创作的步骤和流程，确保设计工作能够高效推进。在 ComfyUI 中，可以通过基础工作流来完成万物简笔画工作流的搭建，以下为详细步骤。

步骤 01 新建一个基础文生图工作流，如图 10.1-1 所示。

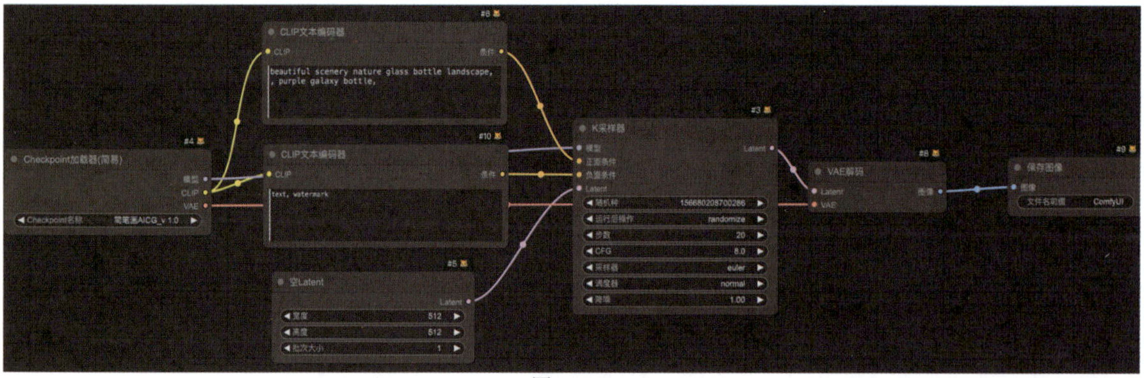

图10.1-1

步骤 02 新建“加载图像”“按宽高比缩放 _V2”“图像尺寸”节点，如图 10.1-2 所示。

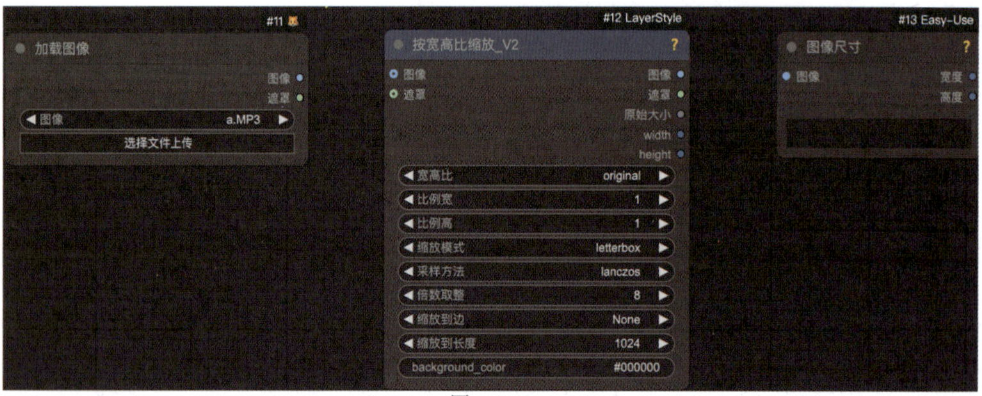

图10.1-2

步骤 03 将“加载图像”节点的“图像”输出端口连接至“按宽高比缩放 _V2”节点的“图像”输入端口。

将“按宽高比缩放 _V2”节点的“图像”输出端口连接至“图像尺寸”节点的“图像”输入端口，如图 10.1-3 所示。

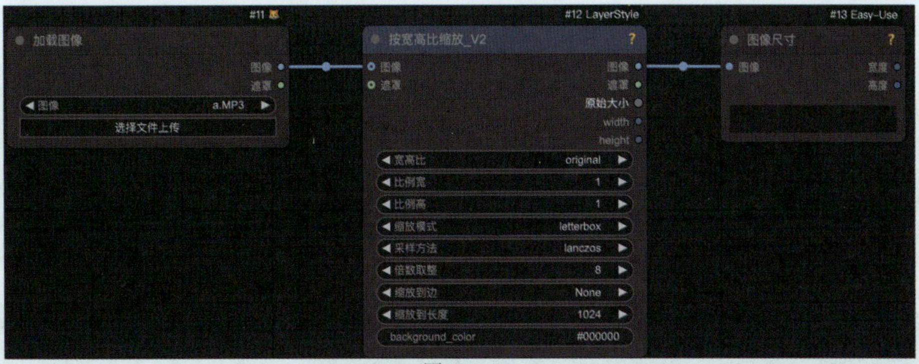

图10.1-3

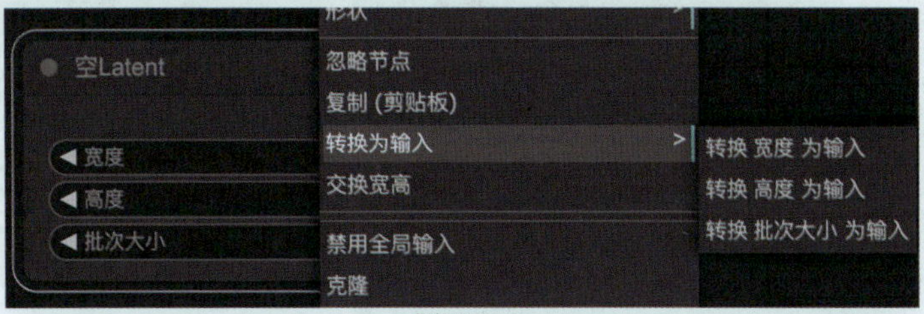

图10.1-4

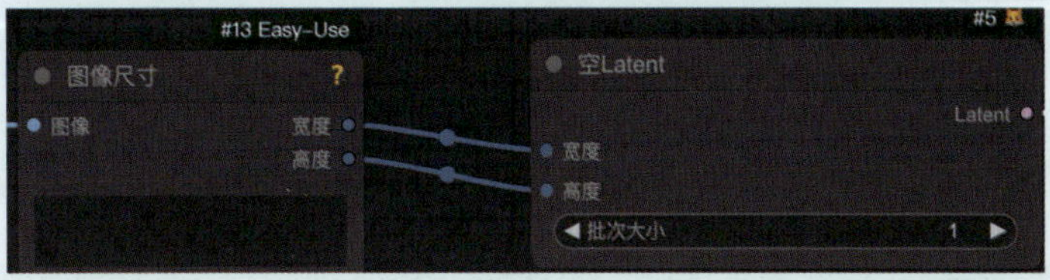

图10.1-5

步骤 04 鼠标右键单击“空Latent”节点，在弹出的菜单里，把“宽度”“高度”转换为输入，将“空 Latent”节点的“宽度”“高度”输入端口与“图像尺寸”节点相对应的输出端口相连接，如图 10.1-4和图 10.1-5 所示。

步骤 05 在万物简笔画工作流中，除了加载图像的尺寸外，还需要对图像进行预处理，增加Contro 类节点。添加“BiRefNet Model Loader”“BiRefNet”“移除Alpha”“ControlNet Preprocessor”“ControlNet++ 加载器（单独）”“ControlNet 应用（旧版高级）”节点，如图 10.1-6 所示。

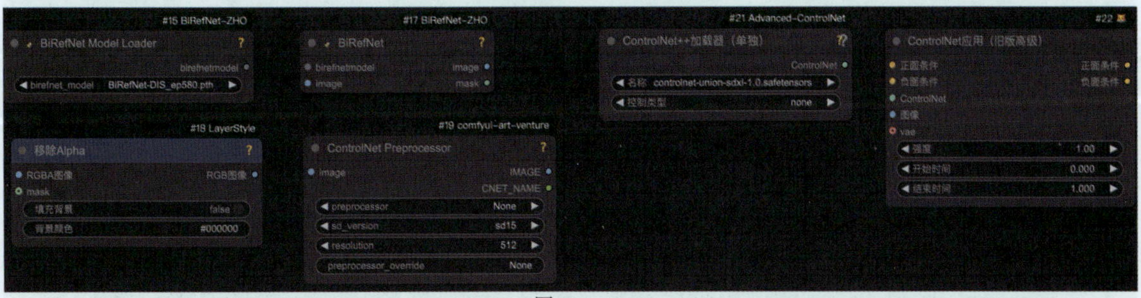

图10.1-6

步骤 06 将“BiRefNet Model Loader”节点的“birefnetmodel”输出端口连接至“BiRefNet”节点对应的输入端口。

将“BiRefNet”节点的“image”输出端口连接至“移除 Alpha”节点的“RGBA 图像”输入端口。

将“移除 Alpha”节点的“RGB 图像”输出端口连接至“ControlNet Preprocessor”节点的“image”输入端口。

将“ControlNet++ 加载器（单独）”节点的“ControlNet”输出端口连接至“ControlNet 应用（旧版高级）”节点的对应端口，如图 10.1-7 和图 10.1-8 所示。

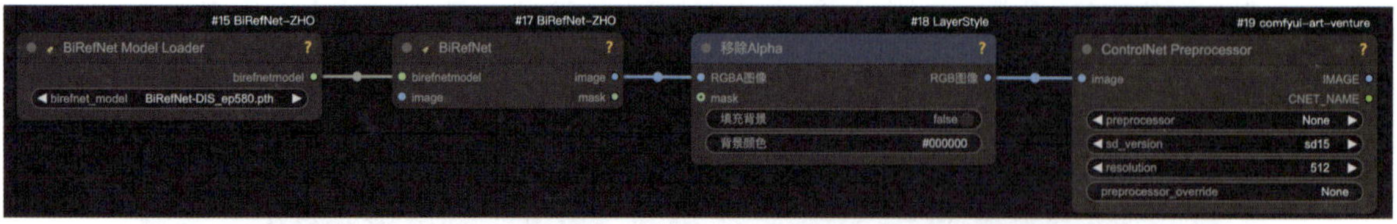

图10.1–7

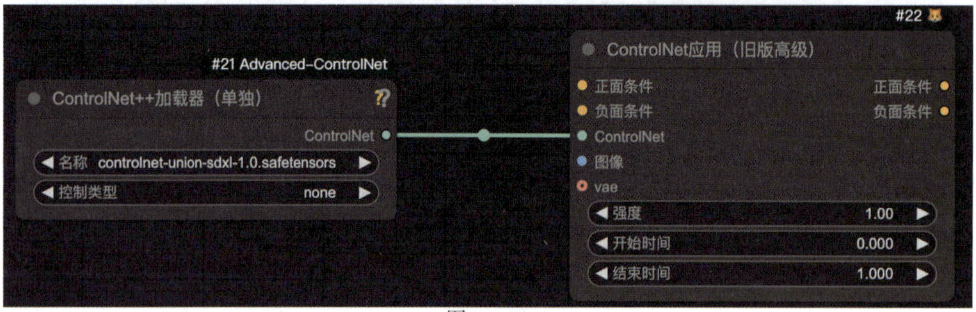

图10.1–8

步骤 07 “ControlNet Preprocessor”节点的“IMAGE”输出端口连接至“ControlNet 应用（旧版高级）”节点的“图像”输入端口。

将“加载图像”节点的“图像”输出端口连接至“BiRefNet”节点的“image”输入端口，如图 10.1-9 所示。

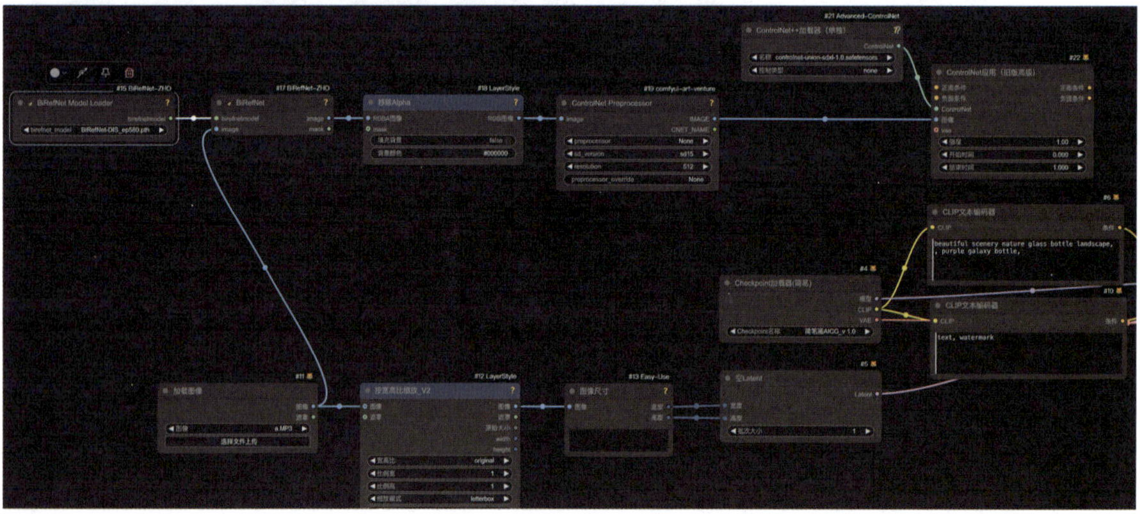

图10.1–9

步骤 08 为了使该工作流效果更好，可以加入 IPAdapter 工作流。新建两个“加载图像”节点，新建“图像组合批次”“IPAdapter 模型加载器”“CLIP 视觉加载器”“应用 IPAdapter（高级）”节点，如图 10.1-10 所示。

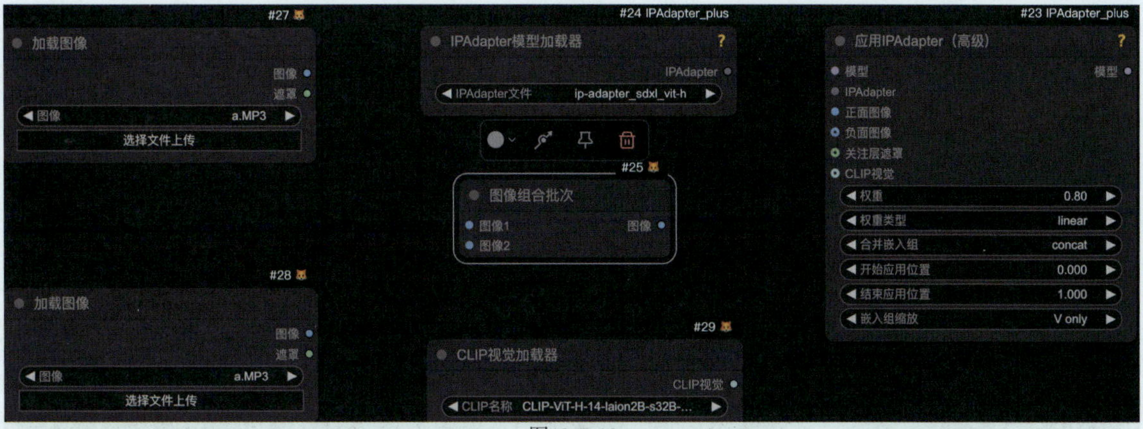

图10.1–10

步骤 09 将两个“加载图像”节点的“图像”输出端口分别连接至“图像组合批次”节点的“图像 1”“图像 2”输入端口。

将“图像组合批次”节点的“图像”输出端口连接至“应用 IPAdapter（高级）”节点的“正面图像”输入端口。

将“IPAdapter 模型加载器”节点的“IPAdapter”输出端口和“CLIP 视觉加载器”节点的“CLIP 视觉”输出端口分别连接至“应用 IPAdapter（高级）”节点的对应输入节点，如图 10.1-11 所示。

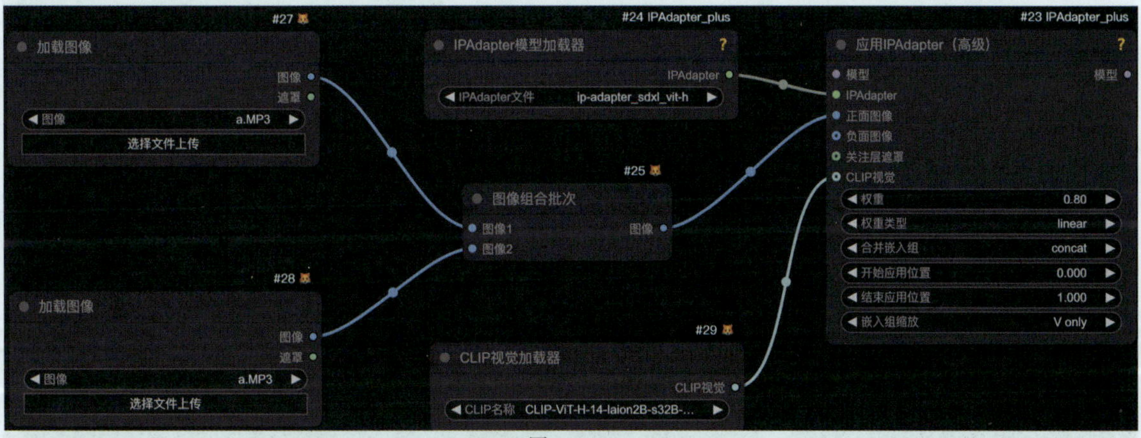

图10.1–11

步骤 10 进一步加强结果对需求的匹配度，还可以加入反推提示词节点。新建“WD14 反推提示词”“提示词替换”“文本”“展示文本”“提示词联结”节点，如图 10.1-12 所示。

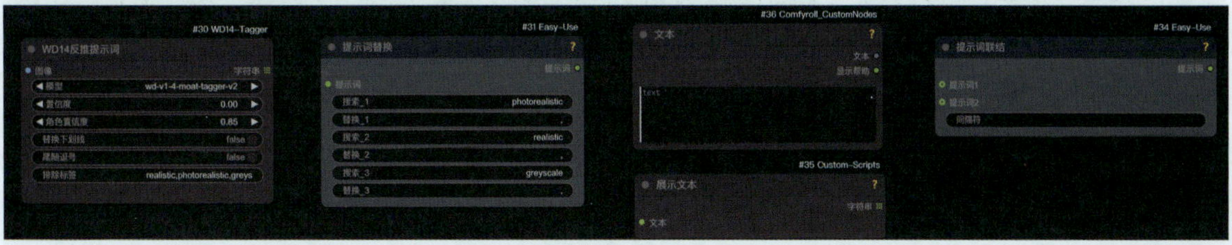

图10.1–12

步骤 11 “WD14 反推提示词”节点的“字符串”输出端口连接至“提示词替换”节点的“提示词”输入端口。

将“提示词替换”节点的“提示词”输出端口连接至“展示文本”节点的“文本”输入端口。

将“展示文本”节点的“字符串”输出端口连接至“提示词联结”节点的“提示词 2”输入端口。

将“文本”节点的“文本”输出端口连接至“提示词联结”节点的“提示词 1”输入端口，如图 10.1-13 所示。

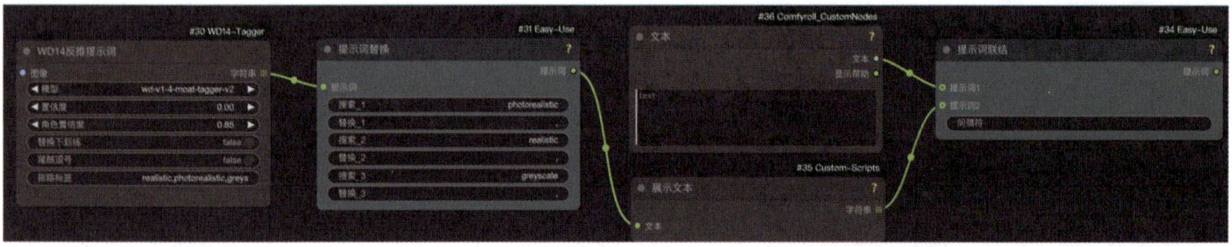

图10.1–13

步骤 12 鼠标右键单击“CLIP 文本编码器”节点，在弹出的菜单中，把“文本”转换为输入，如图 10.1-14 所示。

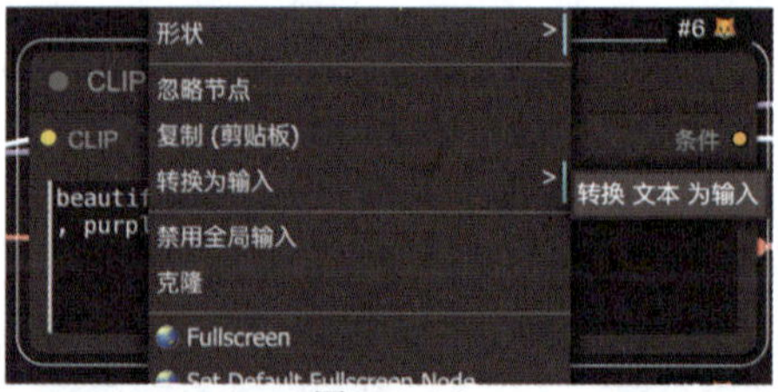

图10.1–14

步骤 13 将“WD14 反推提示词”节点的“图像”输入端口连接至“移除 Alpha”节点的“RGB 图像”输出端口。

将“提示词联结”节点的“提示词”输出端口连接至“CLIP 文本编码器”节点的“文本”输入端口，如图 10.1-15 所示。

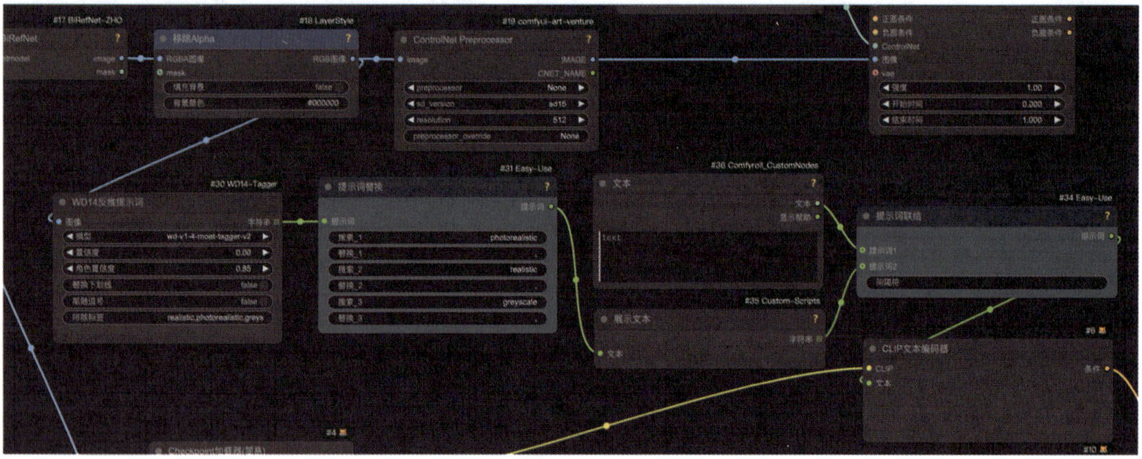

图10.1–15

步骤 14 将两个“CLIP 文本编码器”节点的“条件输出”端口分别连接至“ControlNet 应用（旧版高级）”节点的“正面条件”“负面条件”输入端口。

将“ControlNet 应用（旧版高级）”节点的“正面条件”“负面条件”输出端口连接至“K 采样器”节点的对应输入端口。

将“应用 IPAdapter（高级）”节点的“模型”输入端口、输出端口分别和“Checkpoint 加载器（简易）”节点、“K 采样器”节点的“模型”输入端口相连接，如图 10.1-16 所示。

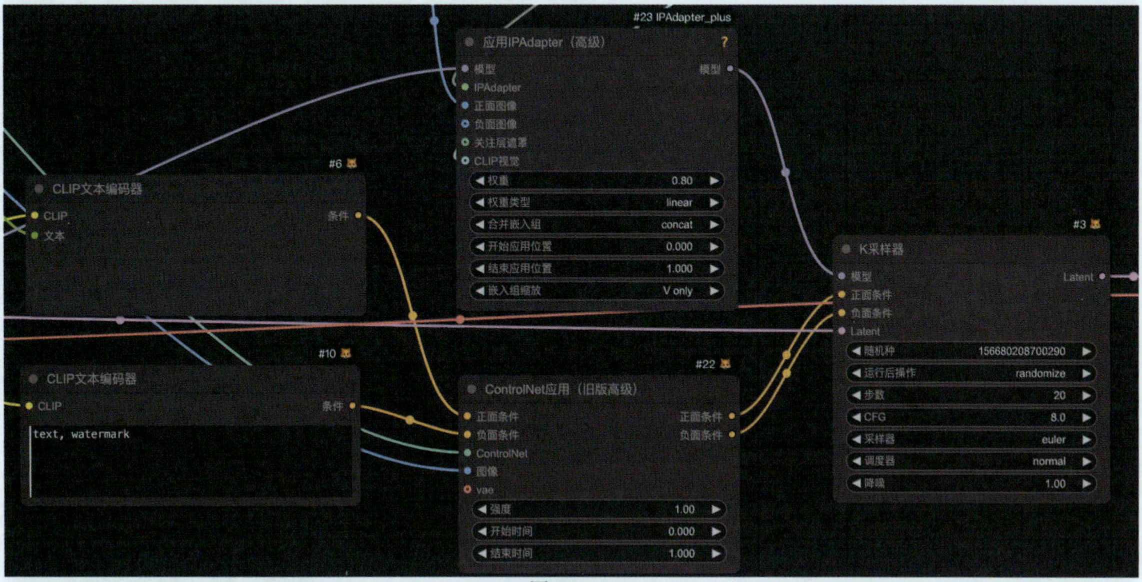

图10.1–16

步骤 15 至此，完成万物简笔画工作流的搭建，整理节点后，如图 10.1-17 所示。

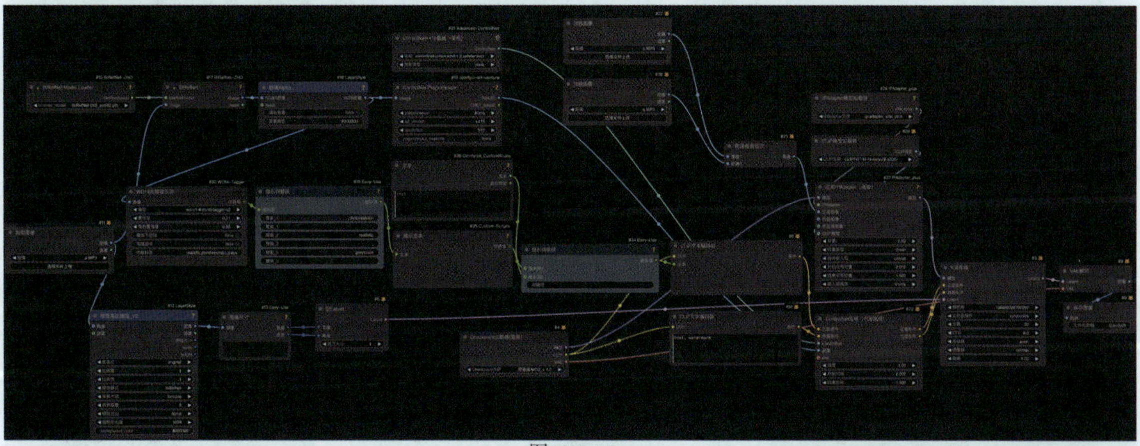
图10.1–17

10.1.2 万物简笔画工作流实操

完成万物简笔画的工作流搭建后，可以通过对各个节点参数细微调整，确保生成的简笔画符合需求。接下来，进行实际操作。

步骤 01 将准备好的参考图像上传至与“图像组合批次”节点相连接的“加载图像”节点，只使用两幅参考图可能会导致效果不足，因此，在这里又新增了两幅参考图，如图 10.1-18 所示。

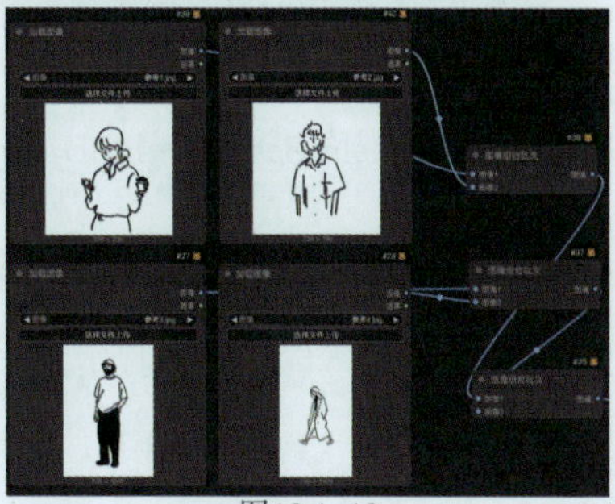
图10.1–18

步骤 02 在工作流开头的“加载图像”节点上传图像，将“按宽高比缩放_V2”节点的“缩放模式”调整为“fill”；“background_color”设置为“#FFFFFF”，如图 10.1-19 所示。

步骤 03 “BiRefNet Model Loader”节点“birefnetmodel”为默认模型，“移除 Alpha”节点的“填充背景”调整为“true”；“背景颜色”设置为与“按宽高比缩放_V2”节点“background_color”的相同，如图 10.1-20 所示。

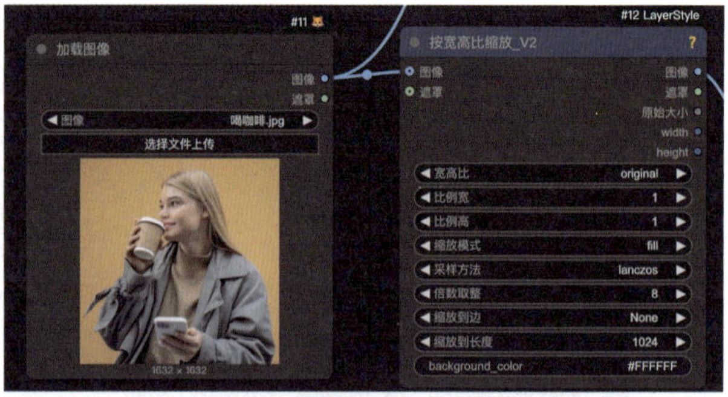

图10.1-19

图10.1-20

步骤 04 “ControlNet++ 加载器（单独）”节点的“控制类型”设置为“canny/linerrt/mlsd”；“ControlNet Preprocessor”节点的“preprocessor”设置为“canny”；“sd_version”设置为“sdxl”；“resolution”调整至 576，如图 10.1-21 所示。

步骤 05 将“ControlNet 应用（旧版高级）”节点的“强度”调整为 0.55，“WD14 反推提示词”的“置信度”调整为 0.35，其余保持不变，如图 10.1-22 和图 10.1-23 所示。

图10.1-21

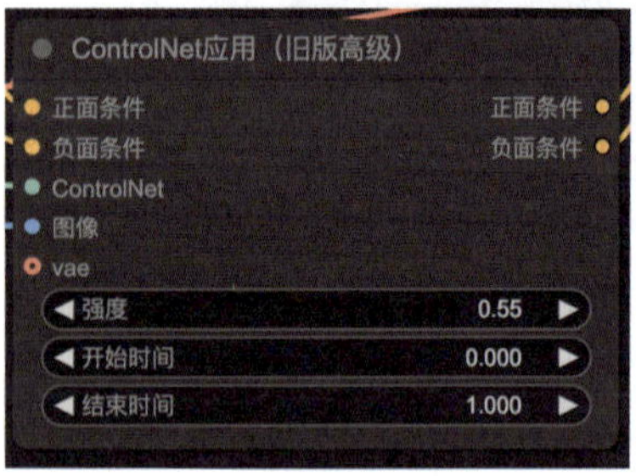

图10.1-22

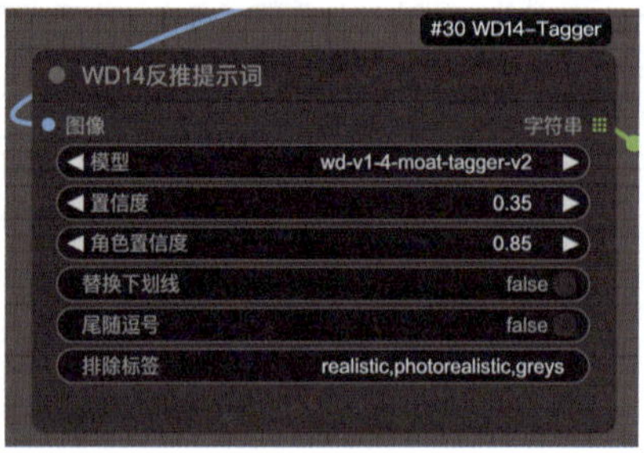

图10.1-23

步骤 06 “K 采样器”节点中“步数”设置为 6；“CFG”设置为 2.0；采样器设置为“dpmpp_sde”；调度器设置为“karras”，如图 10.1-24 所示。

步骤 07 大模型选择“DreamShaper XL v2.1 Turbo 闪电”，如图 10.1-25 所示。

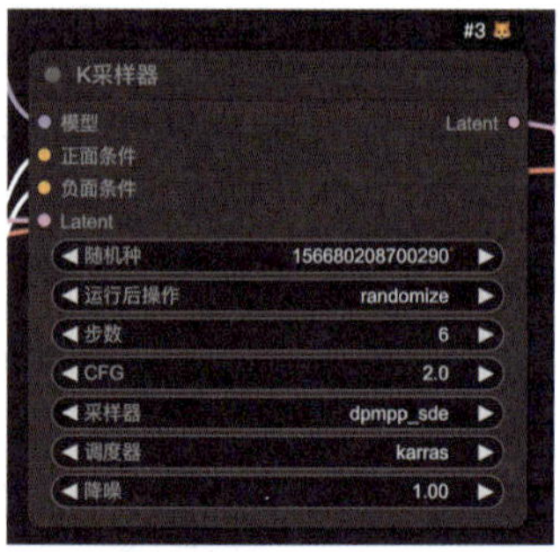

图10.1-24

步骤 08 在“文本”节点内输入“monochrome,black and white lines,stick figure,white background,simple lines,minimalism”（单色、黑白线、简笔画、白色背景、简单线条、极简主义），如图 10.1-26 所示。

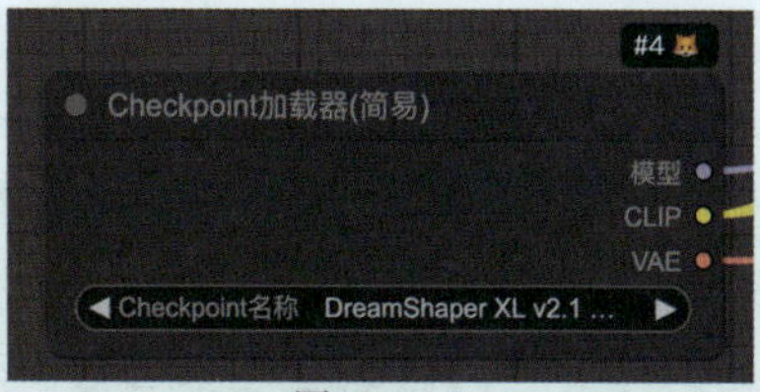

图10.1-25

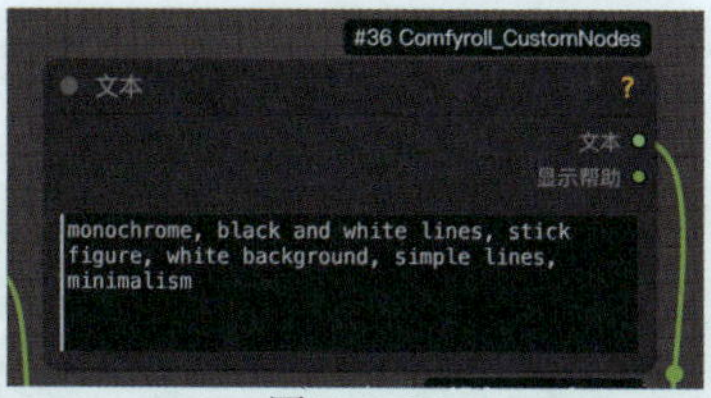

图10.1-26

步骤 09 执行该工作流，等待片刻后，一张简笔画就生成完毕了，如图 10.1-27 所示。

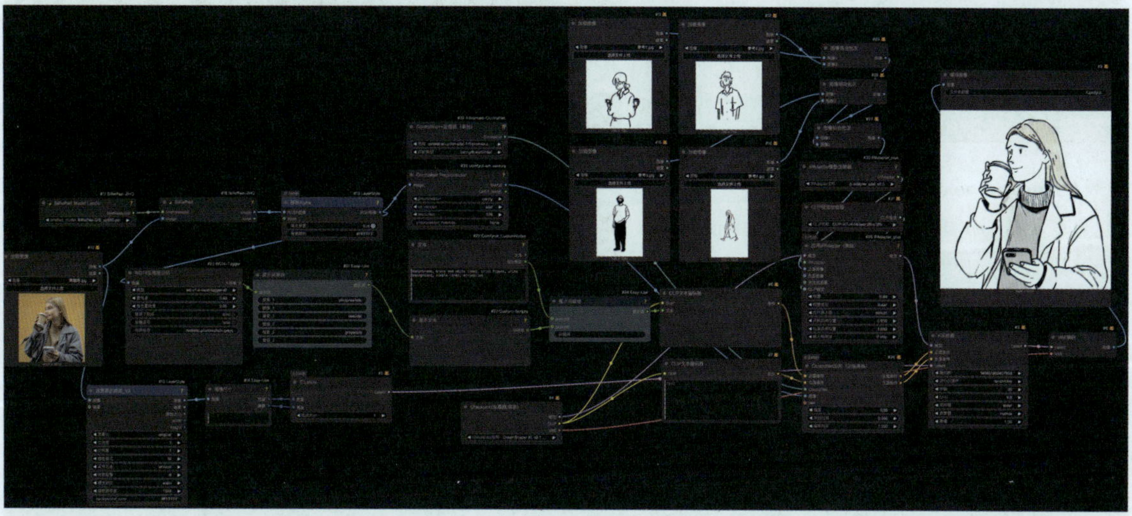

图10.1-27

10.2 局部重绘创作流程

在艺术领域，局部重绘制是提升作品视觉效果、增强艺术表现力的关键手段。通过对艺术作品的局部进行针对性优化和重新绘制，能够快速突出作品的核心主题，激发观众的情感共鸣。然而，传统的局部重绘制往往需要专业的绘画技能和大量的时间投入。利用 ComfyUI 可以显著提高局部重绘制的效率和质量，快速生成更具艺术感染力的作品，减少时间和精力的投入。

10.2.1 局部重绘工作流搭建

接下来，进行局部重绘工作流的搭建，操作流程如下。

步骤 01 新建“加载图像”“按宽高比缩放 _V2”节点，如图 10.2-1 所示。

步骤 02 新建“内补模型条件”节点，将“加载图像”节点的“图像”“遮罩”输出端口连接至“按宽高比缩放图 _V2”节点相对应的输入端口。

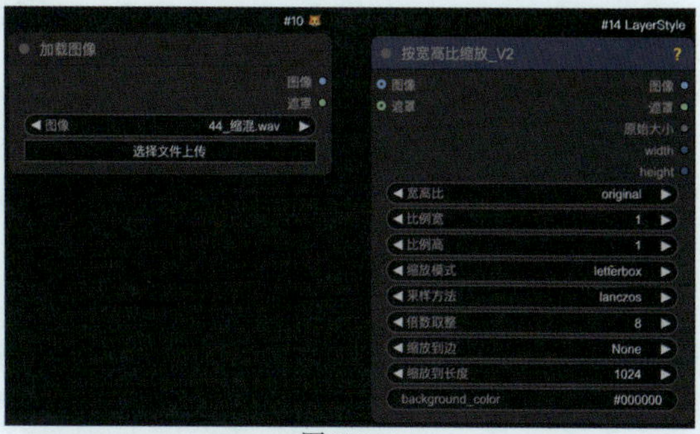

图10.2-1

将“按宽高比缩放 _V2”节点的“图像”“遮罩”输出端口连接至“内补模型条件”节点相对应的输入端口，如图 10.2-2 所示。

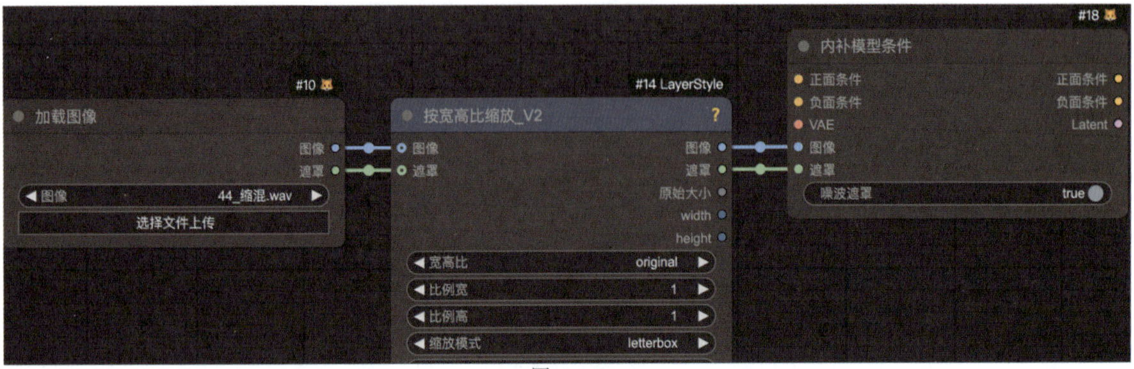

图10.2–2

步骤 03 新建“UNET 加载器”“Latent 批次大小”“差异扩散”节点。将“内补模型条件”节点的“正面条件”和“负面条件”输出端口连接至“K 采样器”节点对应输入端口。

将“内补模型条件”节点的“Latent”输出端口连接至“Latent 批次大小”节点的“Latent”输入端口。

将“Latent 批次大小”节点的“Latent”输出端口连接至“K 采样器”节点的“Latent”输入端口。

将“UNET 加载器”节点的“模型”输出端口与“差异扩散”“K 采样器”节点相连接，如图 10.2-3 所示。

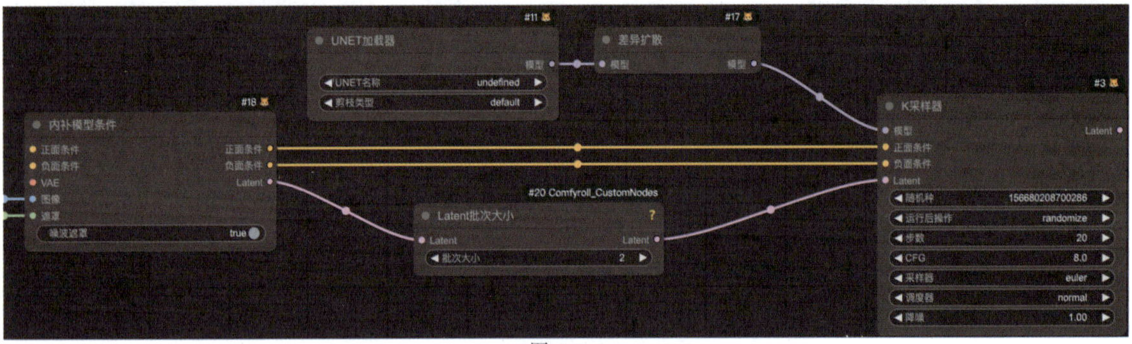

图10.2–3

步骤 04 新建“Baidu Translate”“双 CLIP 加载器”“Flux 引导”节点，如图 10.2-4 所示。

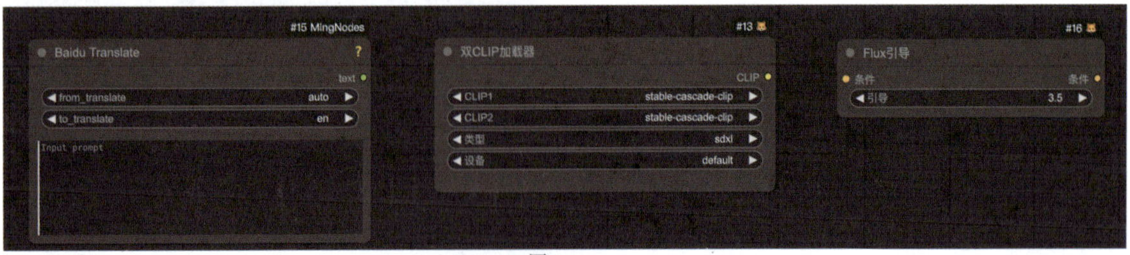

图10.2–4

步骤 05 将“CLIP 文本编码器”节点的“文本”转换为“文本”输入端口，与“Baidu Translate”节点的“text”输出节点相连接。

将“双 CLIP 加载器”节点的“CLIP”输出端口，连接至“CLIP 文本编码器”节点的“CLIP”输入端口。

将上方“CLIP 文本编码器”节点的“条件”输出端口连接至“Flux 引导”节点的“条件”输入端口，如图 10.2-5 所示。

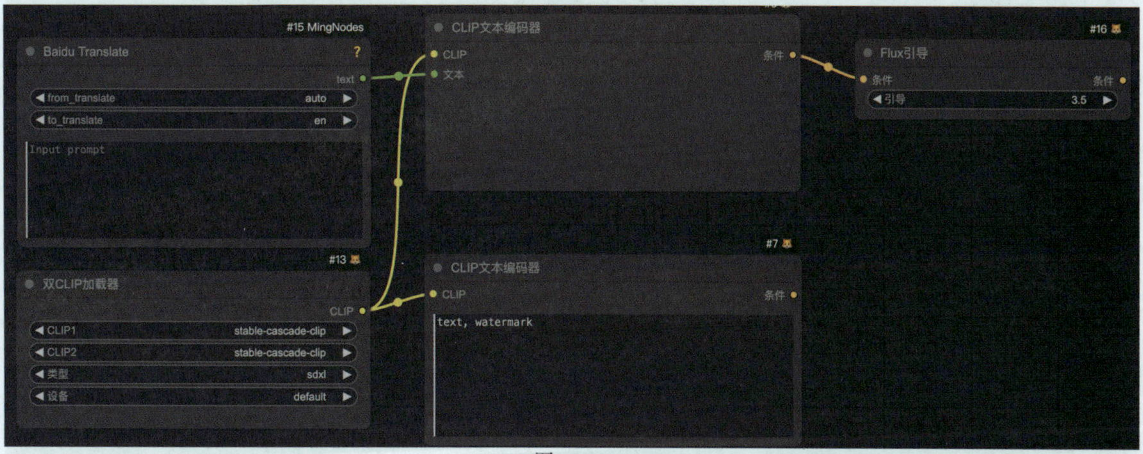

图10.2–5

步骤 06 新建“VAE 加载器”节点，如图 10.2-6 所示。删除基本工作流中的其余节点。

图10.2–6

步骤 07 将“VAE 加载器”节点的“VAE”输出端口分别连接至“内补模型条件”和“VAE 解码”节点的“VAE”输入端口，如图 10.2-7 所示。

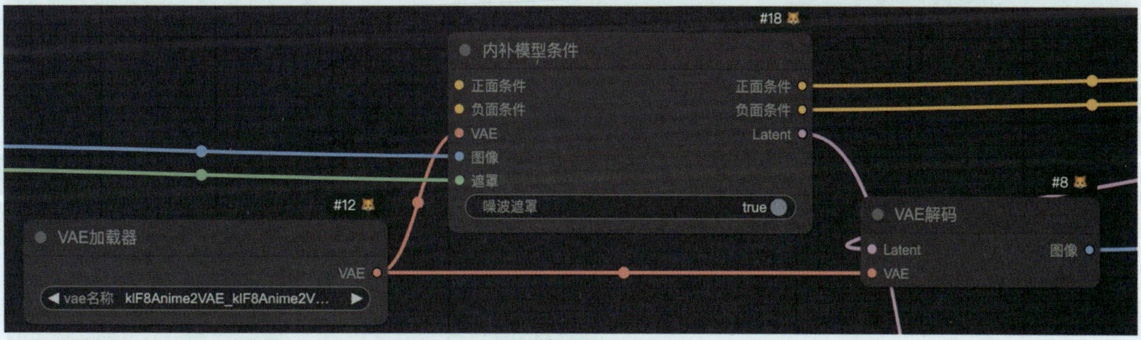

图10.2–7

步骤 08 将“Flux 引导”节点的“条件”输出端口连接至“内补模型条件”节点的“正面条件”输入端口。

将另一个“CLIP 文本编码器”节点的“条件”输出端口连接至“内补模型条件”节点的“负面条件”输入端口，如图 10.2-8 所示。

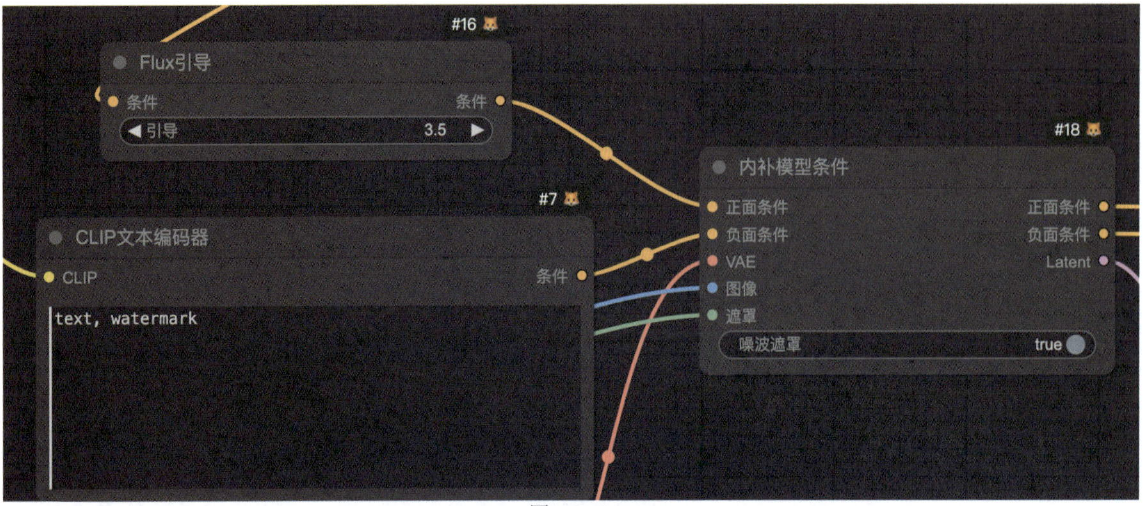

图10.2-8

步骤 09 至此，完成局部重绘工作流的搭建，整理节点，如图 10.2-9 所示。

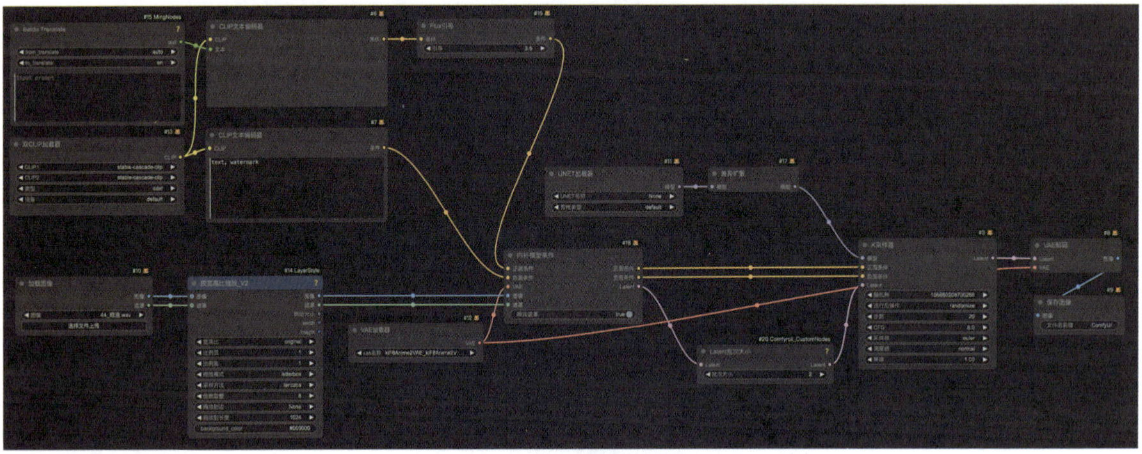

图10.2-9

10.2.2 局部重绘工作流实操

完成局部重绘工作流的搭建后，接下来进入实操环节。

步骤 01 在“加载”图像节点，上传需要处理的图片，如图 10.2-10 所示。

步骤 02 鼠标右键单击“加载”图像节点，在弹出的菜单中选择“在遮罩编辑器中打开”，如图 10.2-11 所示。

图10.2-10

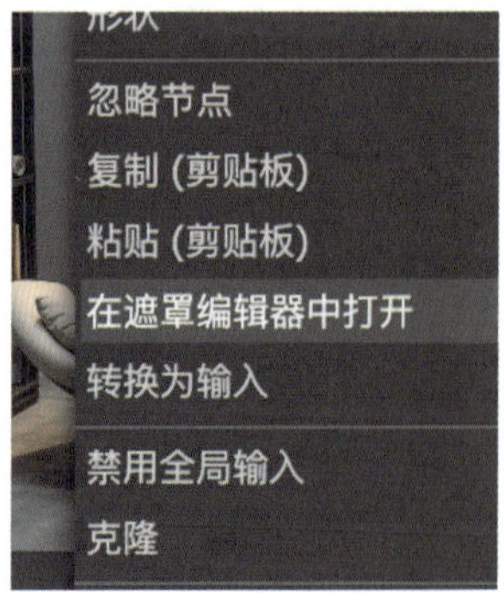

图10.2-11

步骤 03 使用遮罩工具画出在沙发上坐着的人，如图 10.2-12 所示。

步骤 04 在“按宽高比缩放 _V2”节点，将“缩放到边”设置为“longest”，如图 10.2-13 所示。

图10.2-12

图10.2-13

步骤 05 将“内补模型条件”节点的“噪波滤罩”改为“false”，如图 10.2-14 所示。

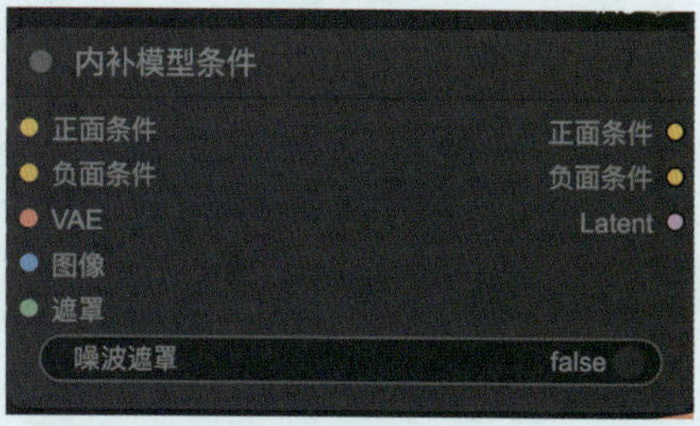

图10.2-14

步骤 06 在“K”采样器节点，将“步数”设置为 25；“CFG”设置为 1.0，其余参数保持默认，如图 10.2-15 所示。

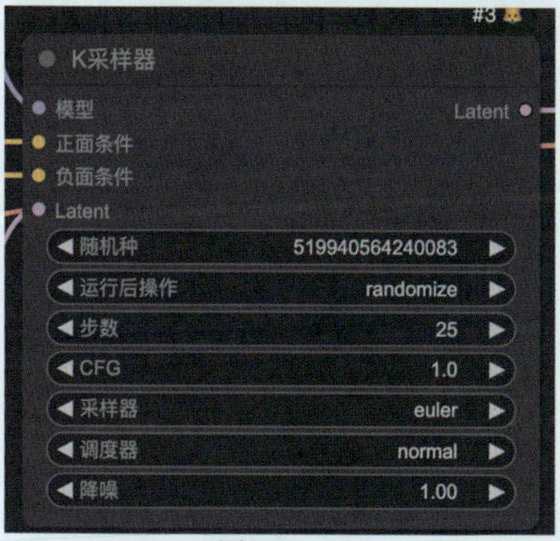

图10.2-15

步骤 07 在“UNET 加载器”节点，大模型选择“F.1-Fill-fp16_Inpaint&Outpaint”模型，“剪枝类型”选择“fp8_e4m3fn”；在“VAE 加载器”节点，将“vae 名称”设置为“ae.sft”，如图 10.2-16 和图 10.2-17 所示。

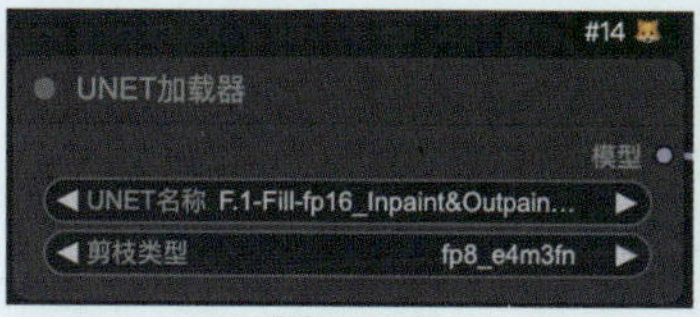

图10.2-16

图10.2-17

步骤 08 将“Baidu Translate”节点的“from_translate”设置为“zh”；“to_translate”设置为“en”；“双 CLIP 加载器”节点的“CLIP1”设置为“t5xxl_fp8_e4m3fn”；“CLIP2”设置为“clip_l”；“类型”设置为“flux”；“Flux 引导”节点的“引导”设置为 30.0，如图 10.2-18 所示。

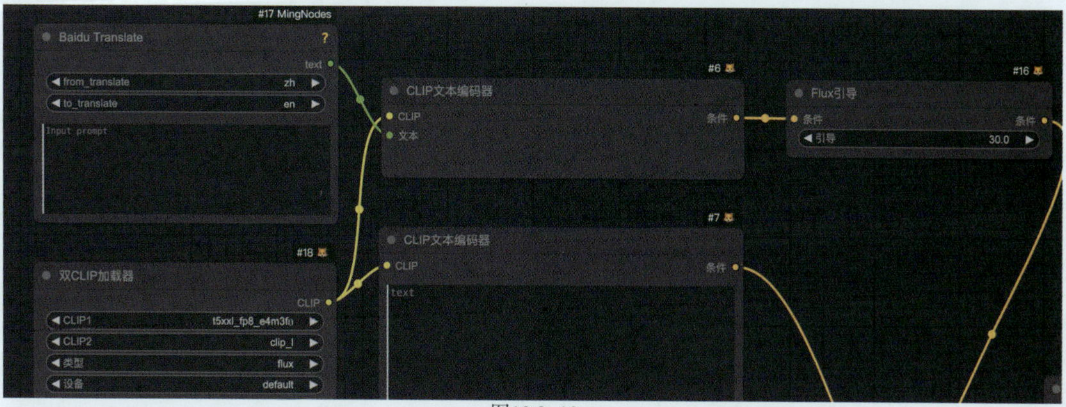

图10.2-18

步骤 09 在“Baidu Translate”节点输入“一个女生坐在沙发上”，如图 10.2-19 所示。

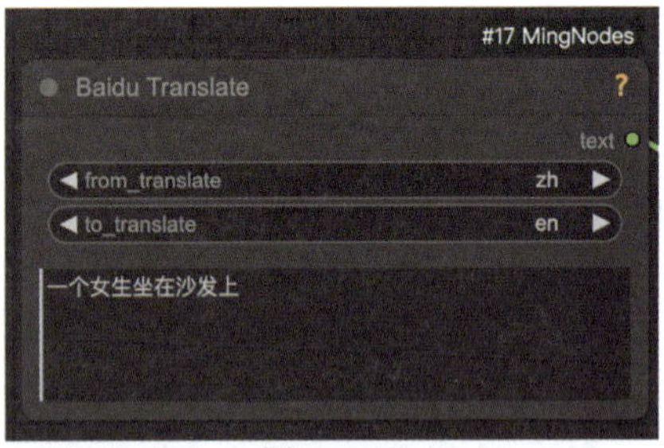

图10.2-19

步骤 10 执行该工作流，等待片刻后，一张一个坐在沙发上的女生的图片就生成完毕了，如图 10.2-20 所示。

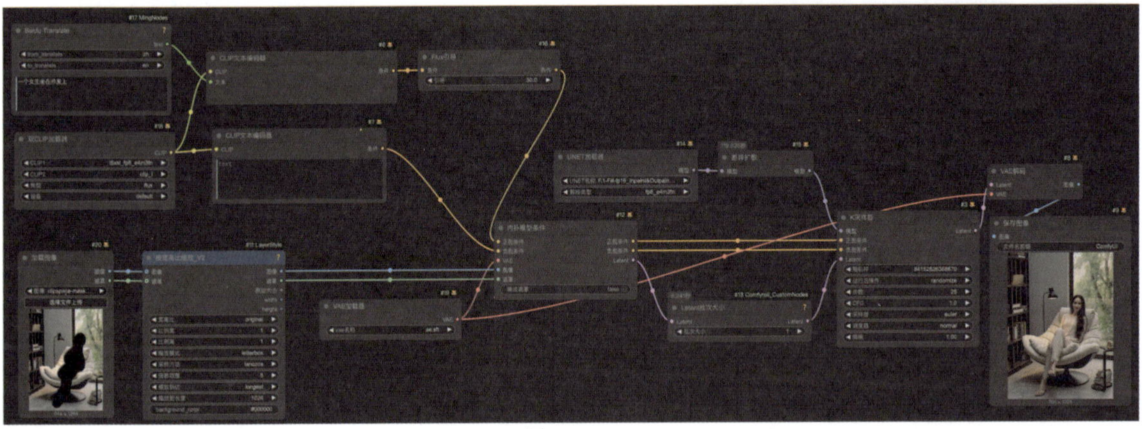

图10.2-20

10.3 图片转 3D 动漫形象创作流程

在艺术领域，平面转 3D 是提升艺术作品视觉表现力、增强创意呈现的关键手段。通过对艺术元素从二维平面到三维空间的转换，能够快速为作品赋予立体感和空间感，使艺术作品更具冲击力和吸引力，从而突出艺术的独特性与创新性。然而，传统的平面转 3D 操作往往需要艺术家具备深厚的三维建模基础和大量的时间投入，这对许多艺术创作者来说是一个不小的挑战。利用 ComfyUI 可以显著提高平面转 3D 的效率和质量，快速生成富有创意和视觉冲击力的 3D 艺术作品，大幅减少创作时间和精力的投入。

10.3.1 图片转3D动漫形象工作流搭建

接下来，进行图片转 3D 动漫形象工作流的搭建，操作流程如下。

步骤 01 新建基础工作流，随后新建“加载图像”“按宽高比缩放_V2”“图像尺寸”节点，如图 10.3-1 所示。

步骤 02 将“加载图像”节点的“图像”输出端口连接至“按宽高比缩放图_V2”节点的“图像”输入端口。

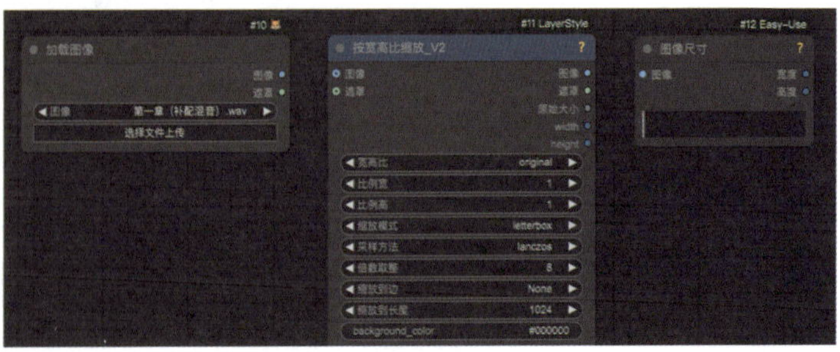

图10.3-1

将“按宽高比缩放图 _V2”节点的“图像”输出端口连接至“图像尺寸”节点的“图像”输入端口，如图 10.3-2 所示。

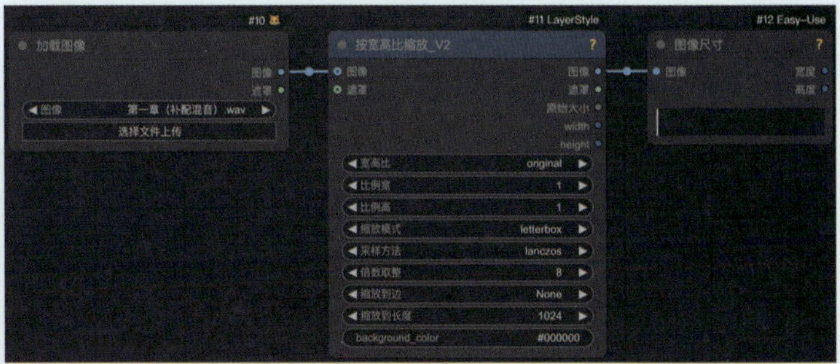

图10.3–2

步骤 03 新建“Aux 集成预处理器”“预览图像”节点。将“Aux 集成预处理器”节点的“图像输出”端口连接至“预览图像”节点的“图像”输入端口，如图 10.3-3 所示。

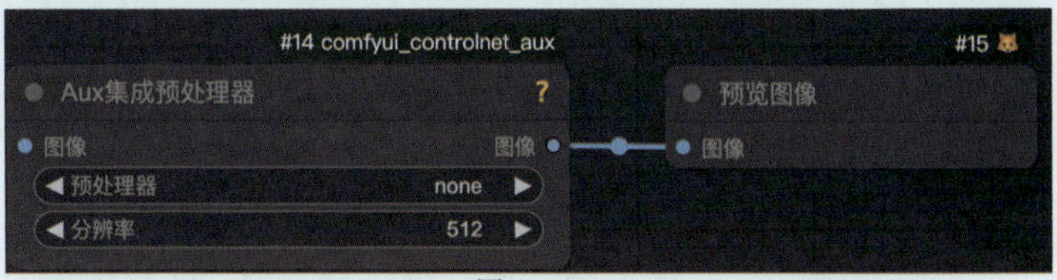

图10.3–3

步骤 04 “加载图像”节点的“图像”输出端口连至“Aux 集成预处理器”节点的“图像”输入端口，如图 10.3-4 所示。

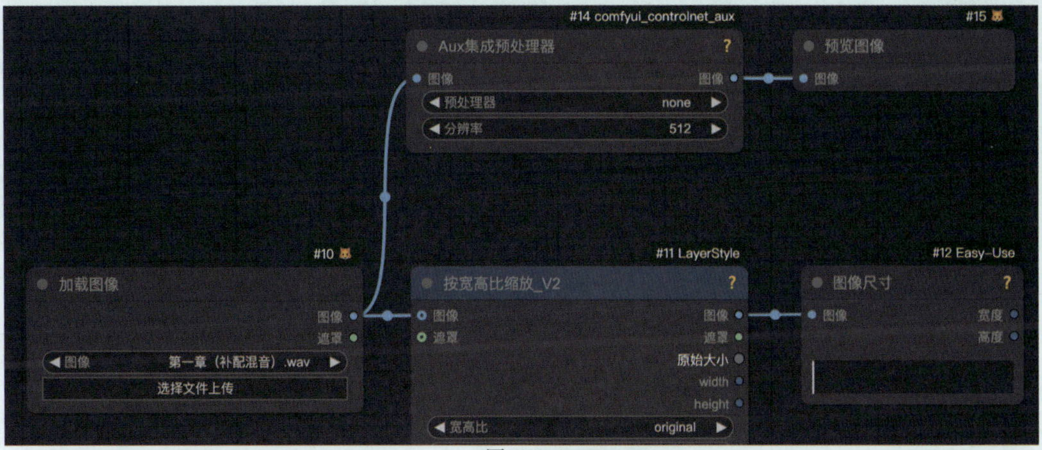

图10.3–4

步骤 05 新建“LoRA 加载器”节点。将“Checkpoint 加载器 (简易)”节点的“模型”“CLIP”输出端口，连接至“LoRA 加载器”节点的相应输入端口，如图 10.3-5 所示。

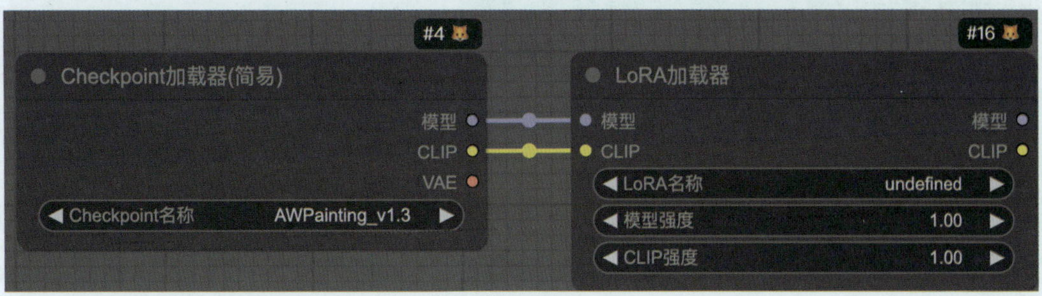

图10.3–5

步骤 06 新建“WD14 反推提示词”“文本”“提示词联结”节点，新建两个“展示文本”节点，如图 10.3-6 所示。

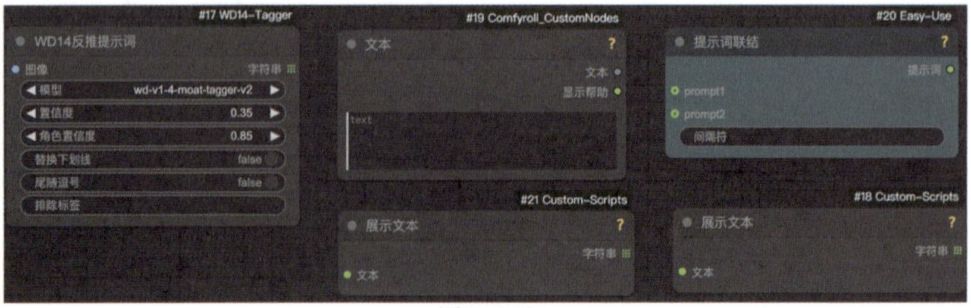

图10.3-6

步骤 07 “WD14 反推提示词”节点的“字符串”输出端口连接至“展示文本”节点的“文本”输入端口。

将“文本”节点的“文本”输出端口连接至“提示词联结”节点的“提示词 1”输入端口。

将“展示文本”节点的“字符串”输出端口连接至“提示词联结”节点的“提示词 2”输入端口。

将“提示词联结”节点的“提示词”输出端口连接至“展示文本”节点的“文本”输入端口，如图 10.3-7 所示。

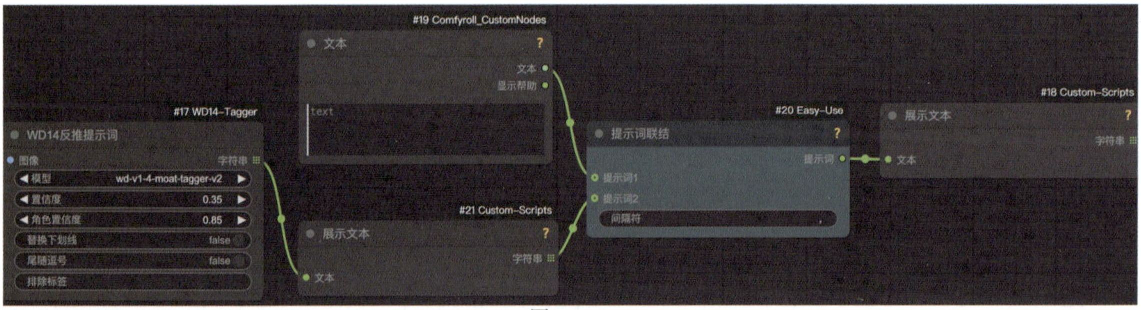

图10.3-7

步骤 08 将“WD14 反推提示词”节点的“图像”输入端口连接至“按宽高比缩放 _V2”节点的“图像”输出端口，如图 10.3-8 所示。

步骤 09 鼠标右键单击“CLIP 文本编码器”节点，在弹出的菜单里，把“文本”转换为输入，如图 10.3-9 所示。

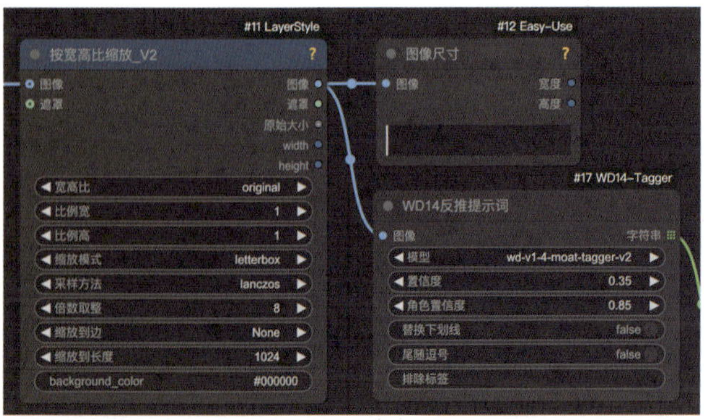

图10.3-8

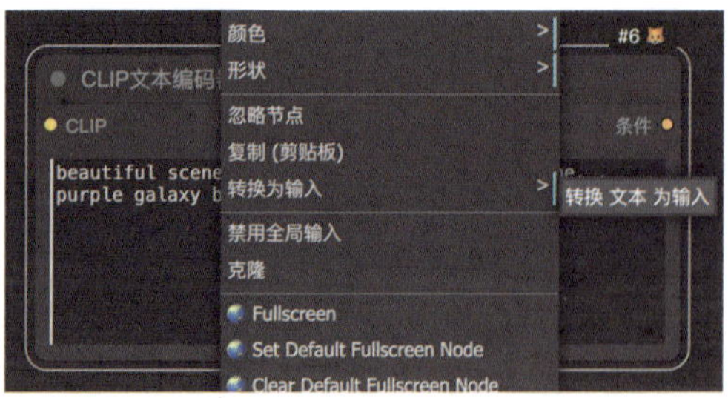

图10.3-9

步骤 10 将“LoRA 加载器”节点的“CLIP”输出节点连接至两个“CLIP 文本编码器”节点的“CLIP”输入端口；将“展示文本”节点的“字符串”输出端口连接至“CLIP 文本编码器”节点的“文本”输入端口如图 10.3-10 所示。

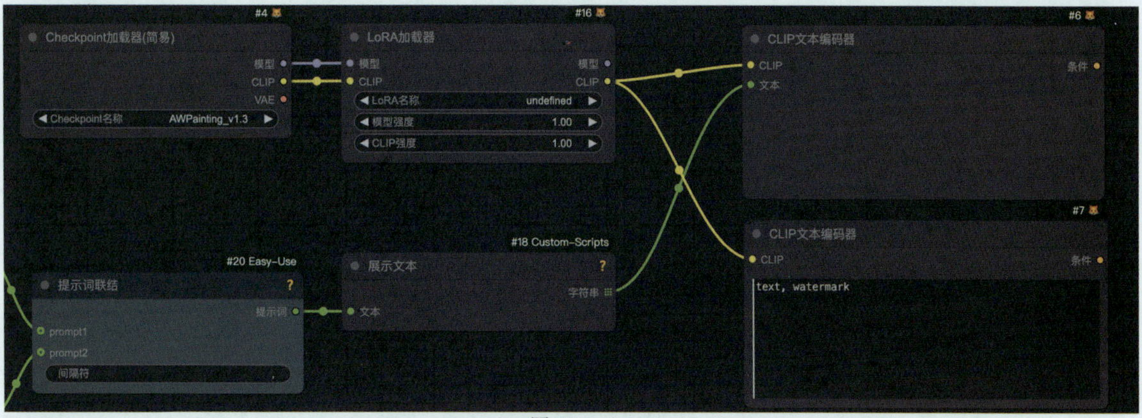

图10.3–10

步骤 11 在本案例中将会用到两个 ControlNet，接下来新建 ControlNet 节点。分别新建两个“ControlNet 加载器”“ControlNet 应用（旧版高级）”节点；新建“DownloadAndLoadDepthAnythingV2Model”“Depth Anything V2”节点，如图 10.3-11 所示。

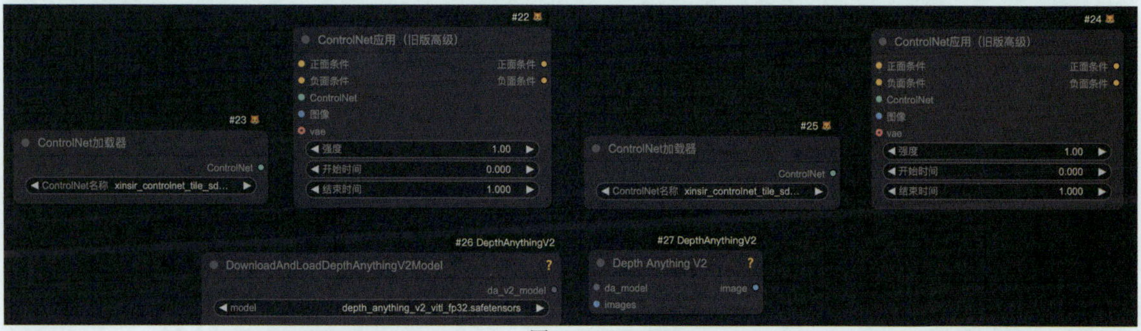

图10.3–11

步骤 12 分别将“ControlNet 加载器”节点的“ControlNet”的输出端口和“ControlNet 应用（旧版高级）”节点的“ControlNet”的输入端口相连接。

将“ControlNet 应用（旧版高级）”节点的“正面条件”“负面条件”输出端口连接至另一个“ControlNet 应用（旧版高级）”节点的相对应输入端口。

将“DownloadAndLoadDepthAnythingV2Model”节点的“da_v2_model”输出端口连接至“Depth Anything V2”节点的“da_model”输入端口。

将“Depth Anything V2”节点的“image”输出端口连接至第二个“ControlNet 应用（旧版高级）”节点的“图像”输入端口，如图 10.3-12 所示。

图10.3-12

步骤 13 将 ControlNet 类节点设置为黄色，图片加载类节点设置为绿色。将“加载图像”节点的“图像”输出端口连接至“Depth Anything V2”节点的“images”输入端口。

将“按宽高比缩放 _V2”节点的“图像”输出端口连接至第一个“ControlNet 应用（旧版高级）”节点的“图像”输入端口，如图 10.3-13 所示。

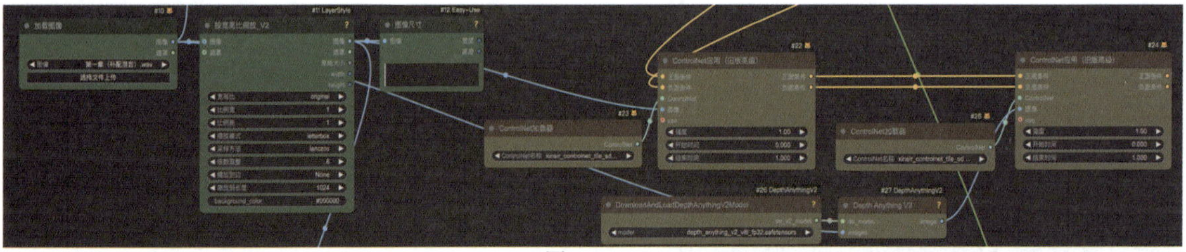

图10.3-13

步骤 14 新建“放大模型加载器”“SD 放大”节点，将“放大模型加载器”节点的“放大模型”输出端口连接至“SD 放大”节点的“放大模型”输入端口，如图 10.3-14 所示。

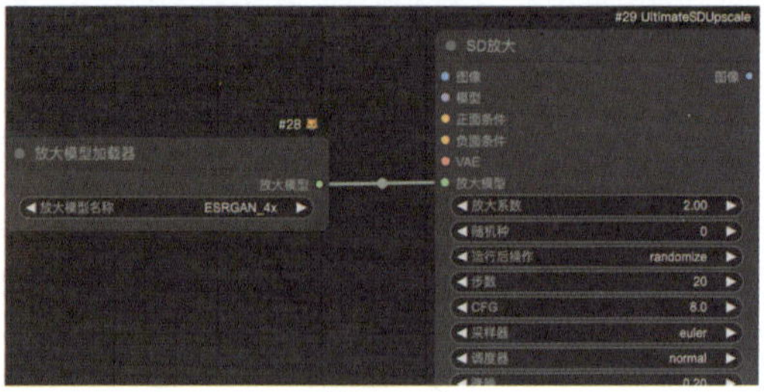

图10.3-14

步骤 15 将“LoRA 加载器”节点的“模型”输出端口分别连接至“K 采样器”“SD 放大”节点的“模型”输入端口。

将第二个“ControlNet 应用（旧版高级）”节点的“正面条件”“负面条件”输出端口分别连接至“K 采样器”“SD 放大”节点的对应输入端口。

将“VAE 解码”节点的“图像”输出端口连接至“SD 放大”节点的对应输入端口。

将“SD 放大”节点的“图像”输出端口连接至“保存图像”节点的“图像”输入端口，如图 10.3-15 所示。

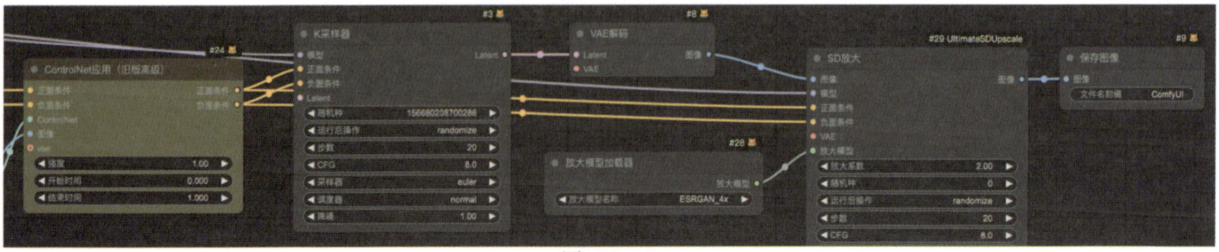

图10.3-15

步骤 16 新建“全局输入”节点，将“Checkpoint 加载器 (简易)”节点的“VAE”输出端口连接至“全局输入”节点的输入端口，如图 10.3-16 所示。此时，所有需要“VAE”输入的节点将连接 VAE，如图 10.3-17 所示。

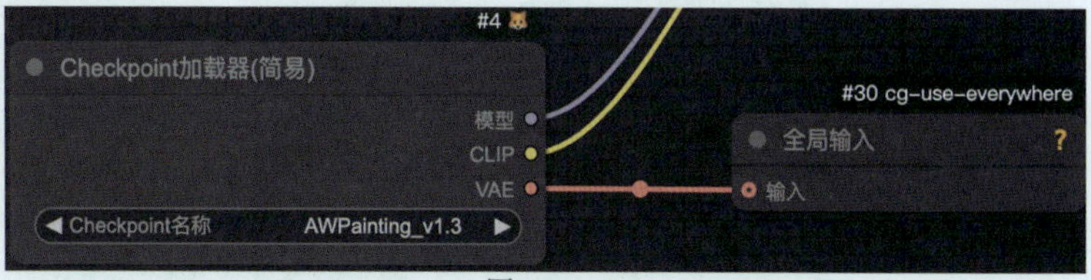

图10.3–16

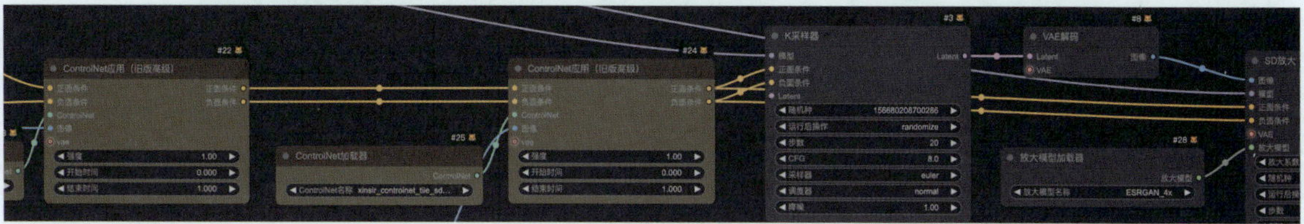

图10.3–17

步骤 17 新建“空 Latent”节点，将“宽度”和“高度”转换为输入。将“图像尺寸”节点的“宽度”“高度”输出端口连接至“空 Latent”节点的对应输入端口。

将“空 Latent”节点的“Latent”输出端口连接至“K 采样器”的“Latent”输入端口，如图 10.3-18 所示。

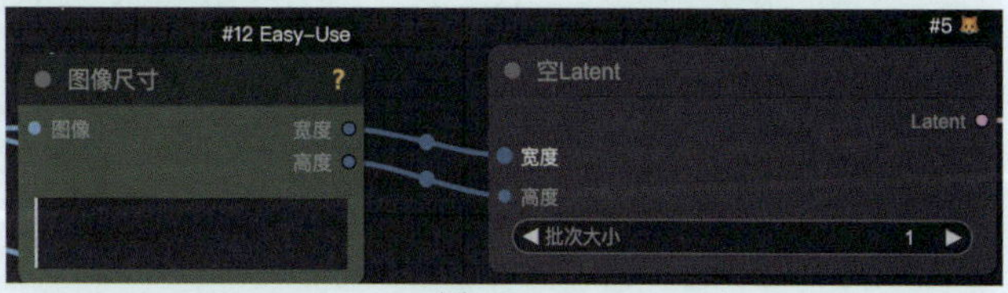

图10.3–18

步骤 18 至此，图片转 3D 动漫形象创作工作流的搭建完成了，如图 10.3-19 所示。

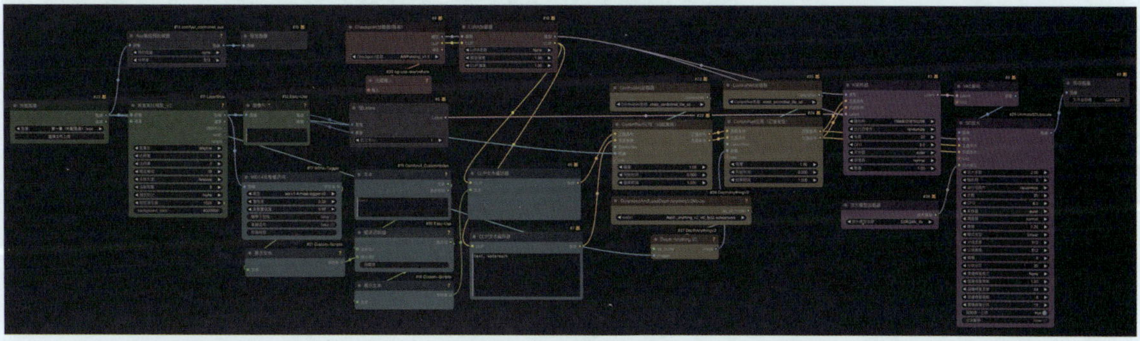

图10.3–19

10.3.2 图片转3D动漫形象工作流实操

完成图片转 3D 动漫形象的工作流搭建后，通过对各个节点的参数进行细微调整，可以确保生成的 3D 动漫形象符合需求。接下来，进行实际操作。

步骤 01 在工作流开头的“加载图像”节点上传图像，将“按宽高比缩放 _V2”节点的“缩放模式”调整为“fill”，如图 10.3-20 和图 10.3-21 所示。

图10.3-20

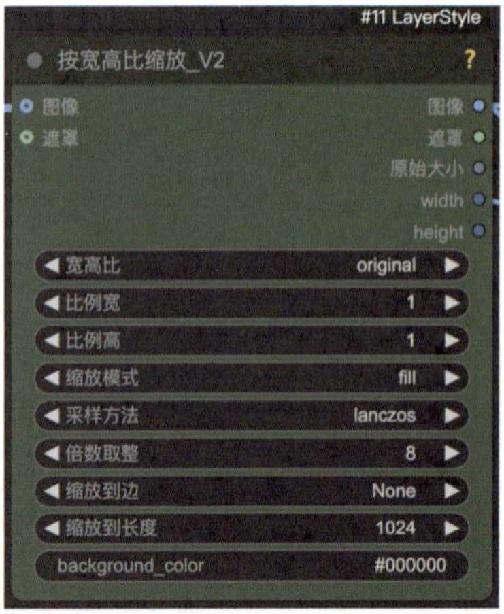

图10.3-21

步骤 02 将“Aux 集成预处理器”节点的“预处理器”设置为“AnimeLineArtPreprocessor”；“分辨率”设置为 768，如图 10.3-22 所示。

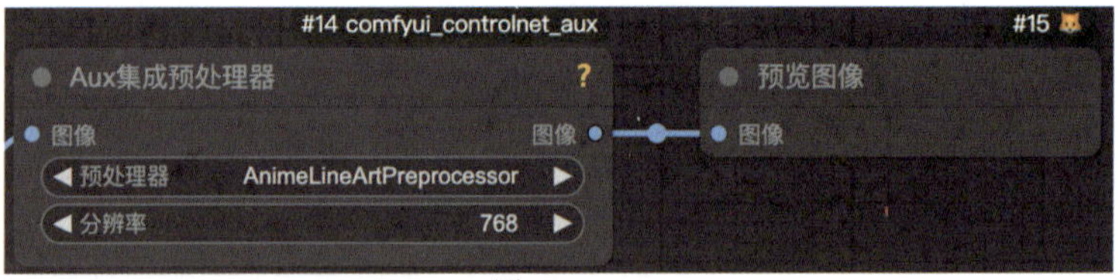

图10.3-22

步骤 03 在“Checkpoint 加载器(简易)”节点，大模型选择“IP DESIGN | 3D 可爱化模型”；在“LoRA 加载器”节点，模型选择“blindbox/ 大概是盲盒”，如图 10.3-23 所示。

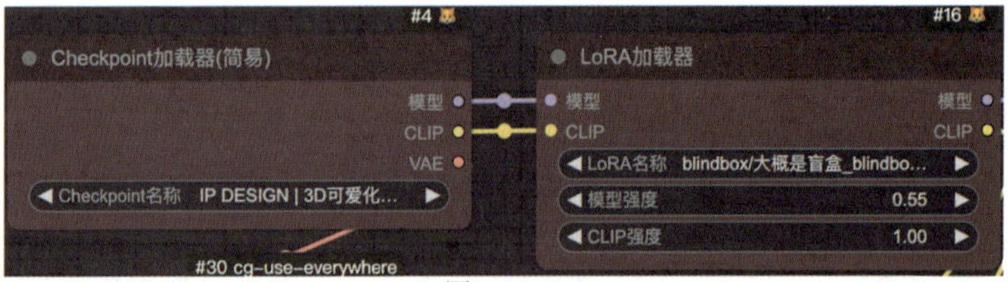

图10.3-23

步骤 04 第一个“ControlNet 加载器”节点中，选择“control_v11p_sd15_lineart”；第二个“ControlNet 加载器”节点中，选择“control_v11f1p_sd15_depth”，如图 10.3-24 所示。

图10.3-24

步骤 05 第一个“ControlNet 应用（旧版高级）”节点中，“强度”设置为 0.55，其余参数保持不变；第二个“ControlNet 应用（旧版高级）”节点中，“强度”设置为 0.45，“结束时间”设置为 0.800，其余参数保持不变，如图 10.3-25 所示。

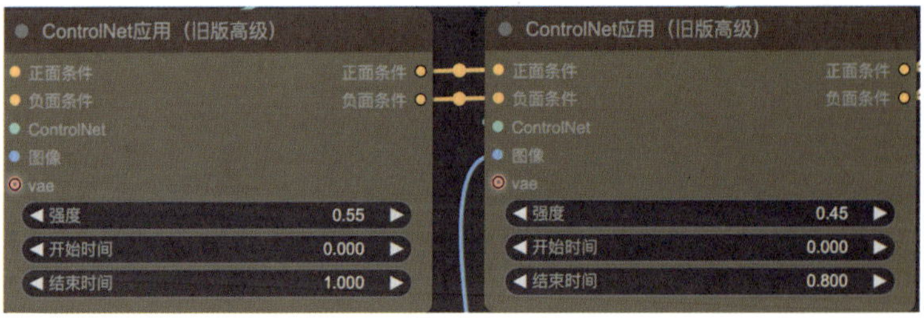

图10.3-25

步骤 06 在“DownloadAndLoadDepthAnything V2Model”节点，“model”选择“depth_anything_v2_vitl_fp16.safetensors”，如图 10.3-26 所示。

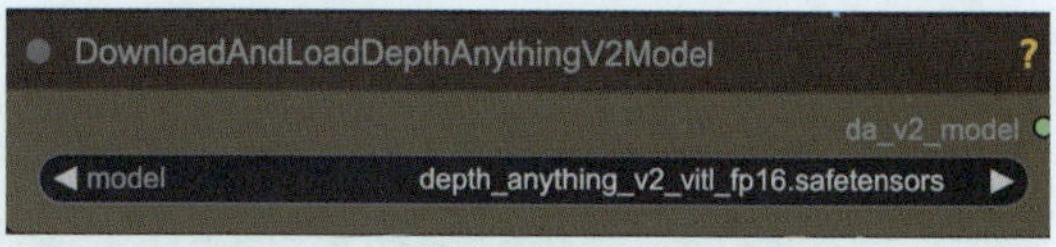

图10.3-26

步骤 07 在“K 采样器”节点，将“步数”设置为 28；“CFG”设置为 4.5；“采样器”选择“dpmpp_2m_sde_gpu”；“调度器”选择“karras”；“降噪”设置为 0.80，如图 10.3-27 所示。

步骤 08 在“放大模型加载器”节点，放大模型名称选择“4x-UltraSharp”；在“SD 放大”节点，将“步数”设置为 15；“CFG”设置为 4.0；“采样器”选择“euler_ancestral”；“调度器”选择“karras”；“降噪”设置为 0.40，如图 10.3-28 所示。

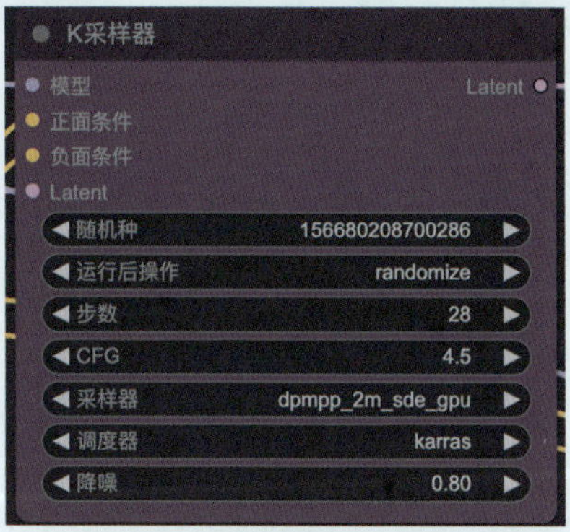

图10.3-27

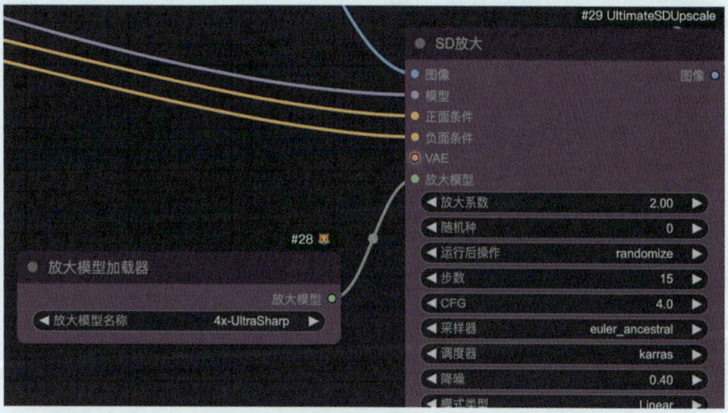

图10.3-28

步骤 09 在“文本”节点输入“3d style,pixar,3D,blender,”；在“CLIP 文本编码器”节点输入“text, subtitles, watermark, logo, cartoon, anime, sketch, painting, low quality, low resolution, monochrome, blurred, worst quality, deformed limbs, extra limbs, poor proportions, misshapen hands, bad eyes, NSFW, nipples, cloud:2, red spot:2, highlight:2, knife”，如图 10.3-29 所示。

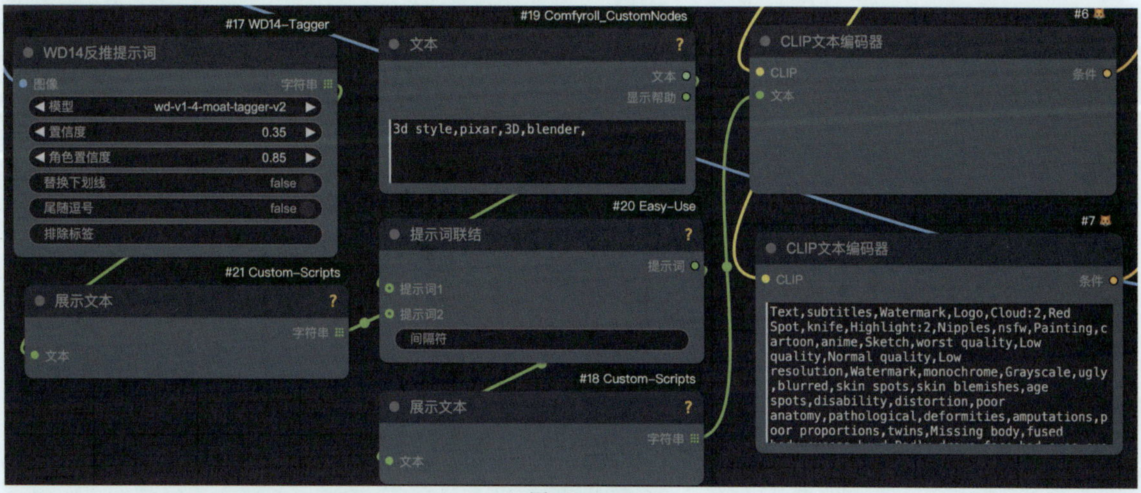

图10.3-29

步骤 10 执行该工作流，等待片刻，图片转 3D 动漫形象就生成完毕了，如图 10.3-30 所示。

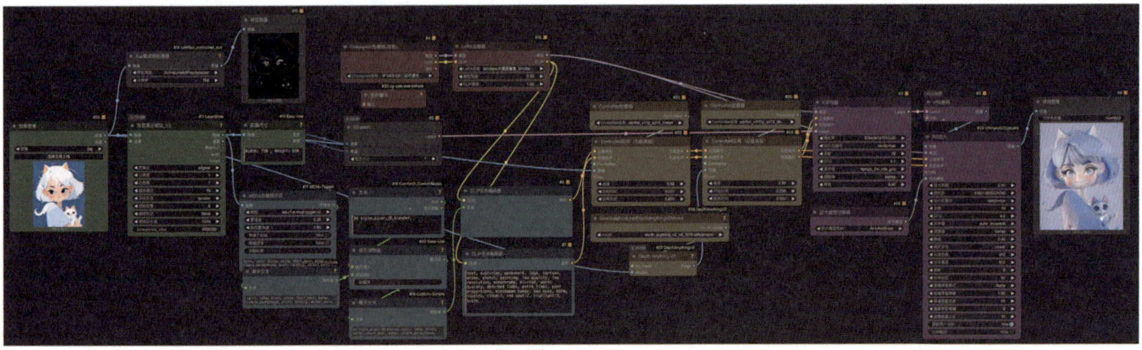

图10.3–30

10.4 线稿上色创作流程

在艺术领域，线稿上色是提升作品视觉表现力和创意呈现的关键环节。通过对线稿进行细致的色彩填充和细节处理，能够迅速为作品注入生动感与丰富性，使设计更具吸引力和表现力，从而突出作品的独特性与创新性。然而，传统的线稿上色方式往往要求艺术家具备扎实的绘画功底和大量的时间投入，这对于许多艺术创作者和设计团队来说是一个不小的挑战。

借助 ComfyUI，可以显著提升线稿上色的效率和质量。它能够快速生成富有创意和视觉冲击力的上色作品，大幅减少设计时间和精力的投入，让艺术家们能够更高效地将创意转化为令人瞩目的艺术成果。

10.4.1 线稿上色工作流搭建

接下来，进行线稿上色工作流的搭建，操作流程如下。

步骤 01 新建基础工作流，随后新建“加载图像”“按宽高比缩放 _V2”“图像分辨率”节点，如图 10.4-1 所示。

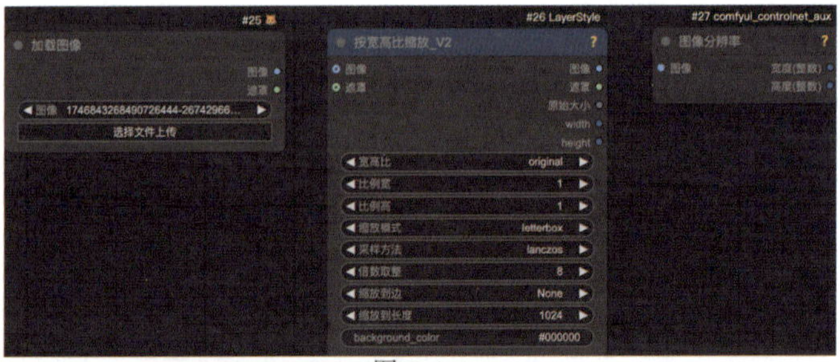

图10.4–1

步骤 02 将“加载图像”节点的“图像”输出端口连接至“按宽高比缩放 _V2”节点的“图像”输入端口；“按宽高比缩放 _V2”节点“图像”输出端口连接至“图像分辨率”节点的“图像”输入端口，如图 10.4-2 所示。

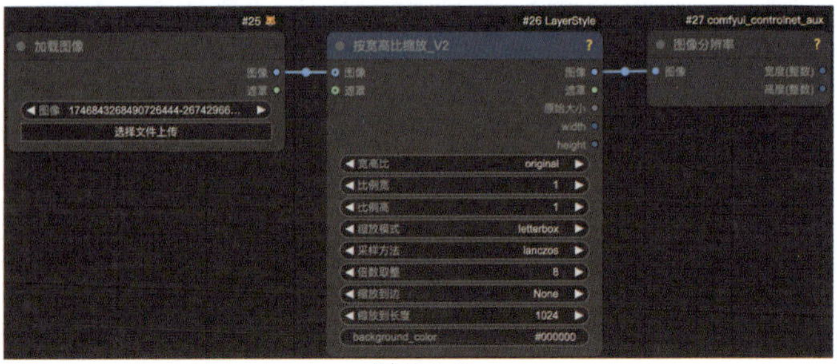

图10.4–2

步骤 03 新建“ControlNet 加载器”“图像反转”“ControlNet 应用（旧版高级）”节点，如图 10.4-3 所示。

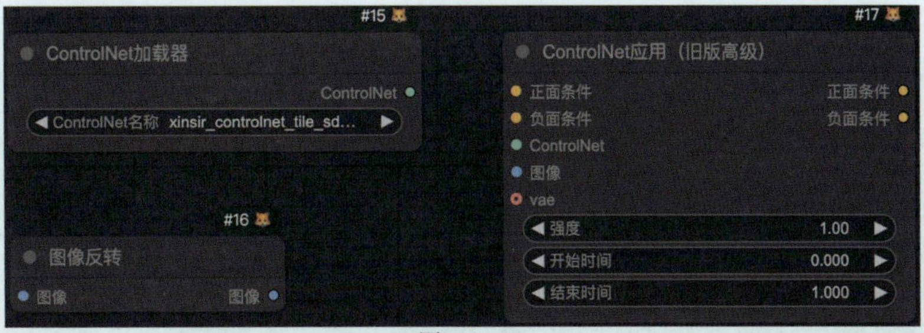

图10.4–3

步骤 04 将“按宽高比缩放 _V2”节点“图像”输出端口连接至“图像反转”节点的“图像”输入端口。

将“ControlNet 加载器”节点的“ControlNet”输出端口和“图像反转”节点的“图像”输出端口连接至“ControlNet 应用（旧版高级）”节点相对应的节点，如图 10.4-4 所示。

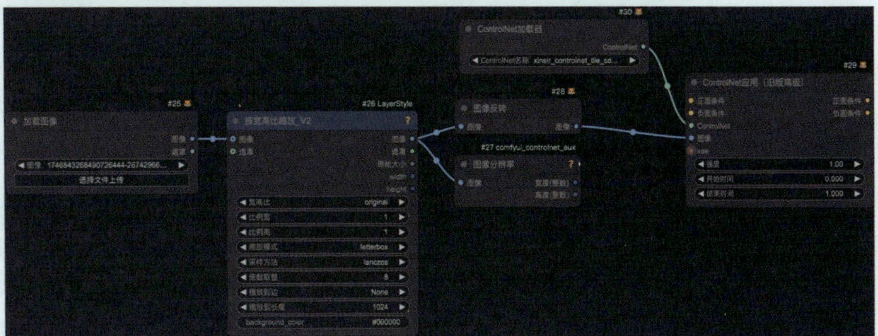

图10.4–4

步骤 05 新建“加载图像”“IPAdapter 加载器”“应用 IPAdapter（高级）”节点，如图 10.4-5 所示。

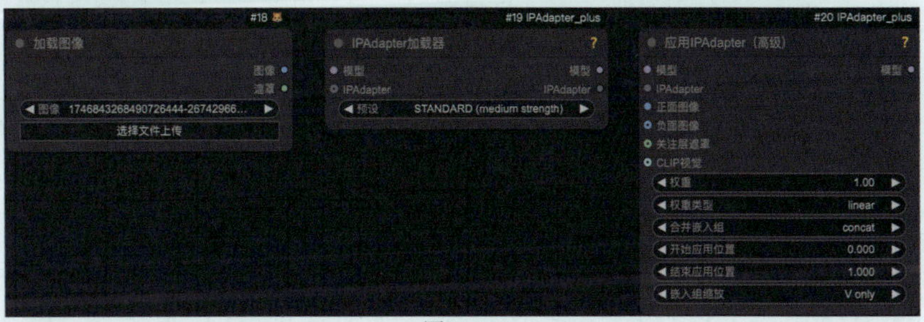

图10.4–5

步骤 06 将“Checkpoint 加载器（简易）”节点的“模型”输出端口连接至“IPAdapter 加载器”节点的“模型”输入端口。

将“IPAdapter 加载器”节点的“模型”“IPAdapter”输出端口连接至“应用 IPAdapter（高级）”节点的对应输入端口。

将“应用 IPAdapter（高级）”节点的“模型”输出端口连接至“K 采样器”节点的“模型”输入端口，如图 10.4-6 所示。

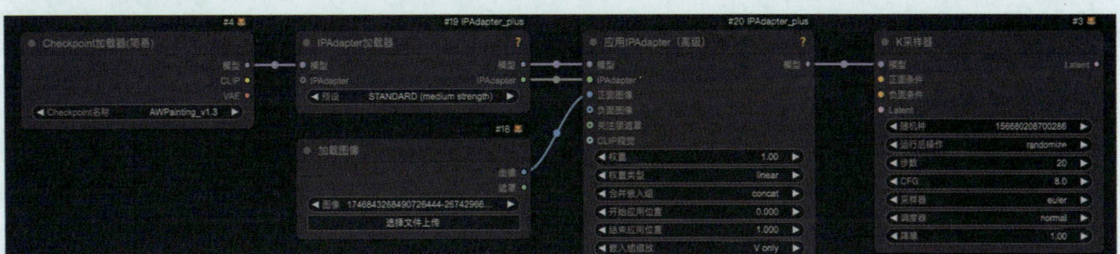

图10.4–6

步骤 07　新建“放大模型加载器”“SD 放大”“保存图像”节点，如图 10.4-7 所示。

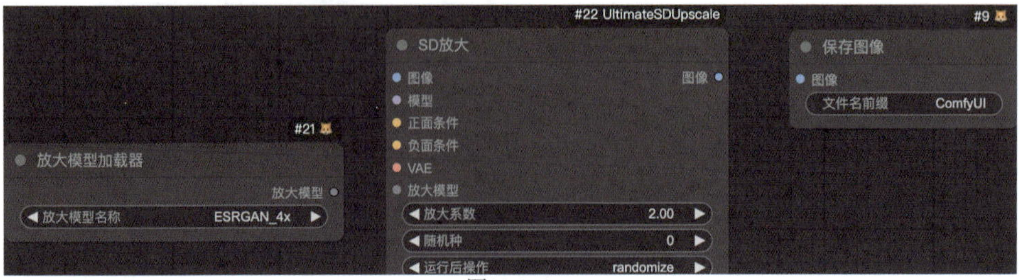

图10.4-7

步骤 08　将“放大模型加载器”节点的“放大模型”输出端口连接至“SD 放大”节点的“放大模型”输入端口。将“SD 放大”节点的“图像”输出端口连接至“保存图像”节点的“图像”输入端口，如图 10.4-8 所示。

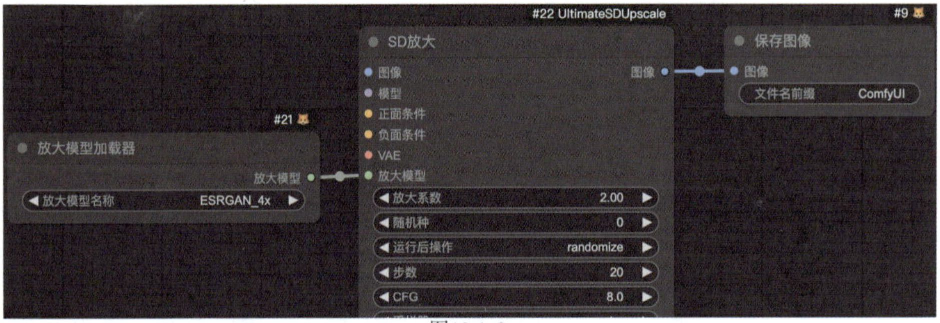

图10.4-8

步骤 09　将“Checkpoint 加载器 (简易)”节点的“CLIP”输出端口分别连接至两个“CLIP 文本编码器”节点的“CLIP”输入端口。

将两个“CLIP 文本编码器”节点的“条件”输出端口分别连接至“ControlNet 应用 (旧版高级)”节点的“正面条件”“负面条件”输入端口，如图 10.4-9 所示。

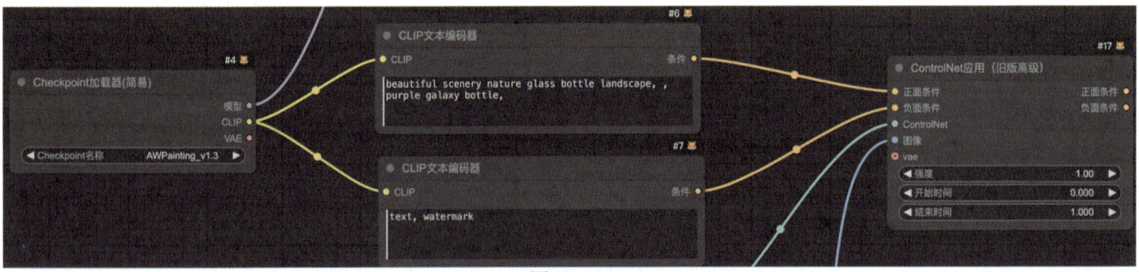

图10.4-9

步骤 10　将“空 Latent”节点的“宽度”和“高度”转换为输入。将“图像分辨率”节点的“宽度 (整数)”“高度 (整数)”输出端口连接至“空 Latent”节点的对应输入端口，如图 10.4-10 所示。

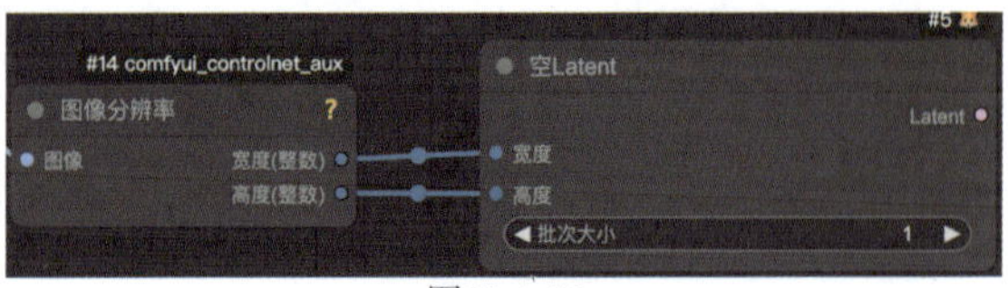

图10.4-10

步骤 11 将“ControlNet 应用（旧版高级）”节点的“正面条件”“负面条件”输出端口连接至“K 采样器”节点的“正面条件”“负面条件”输入端口。

将“空 Latent”节点的“Latent”输出端口连接至“K 采样器”节点的“Latent”输入端口，如图 10.4-11 所示。

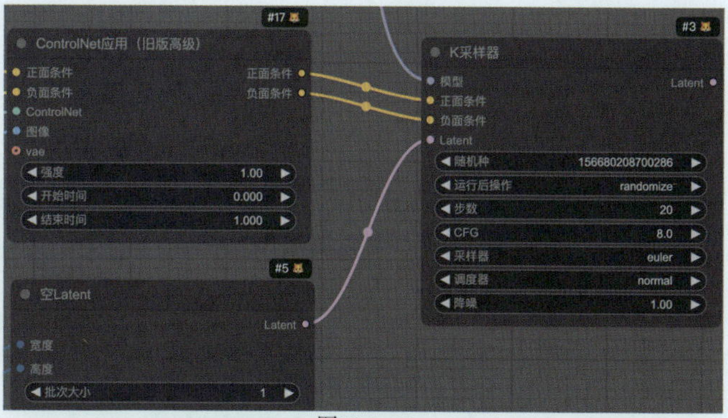

图10.4-11

步骤 12 新建“全局输入”节点，将“Checkpoint 加载器（简易）”节点的“VAE”输出端口连接至“全局输入”节点的“输入”输入端口，如图 10.4-12 所示。

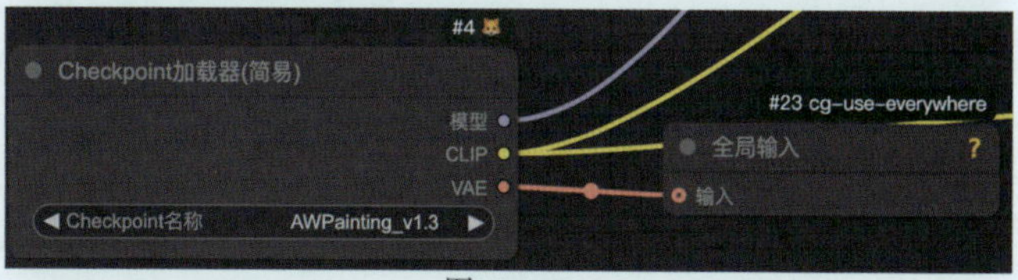

图10.4-12

步骤 13 将“K 采样器”节点的“Latent”输出端口连接至“VAE 解码”节点的“Latent”输入端口，如图 10.4-13 所示。

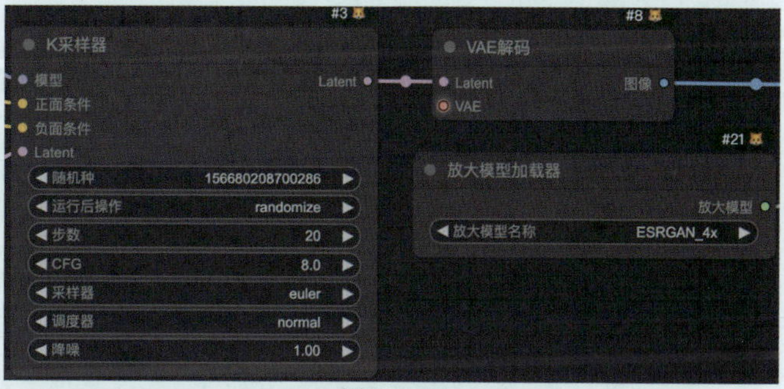

图10.4-13

步骤 14 将“SD 放大”节点的“模型”“正面条件”“负面条件”的输入端口分别连接至对应节点的输出端口。至此，完成线稿上色工作流的搭建，整理节点，如图 10.4-14 所示。

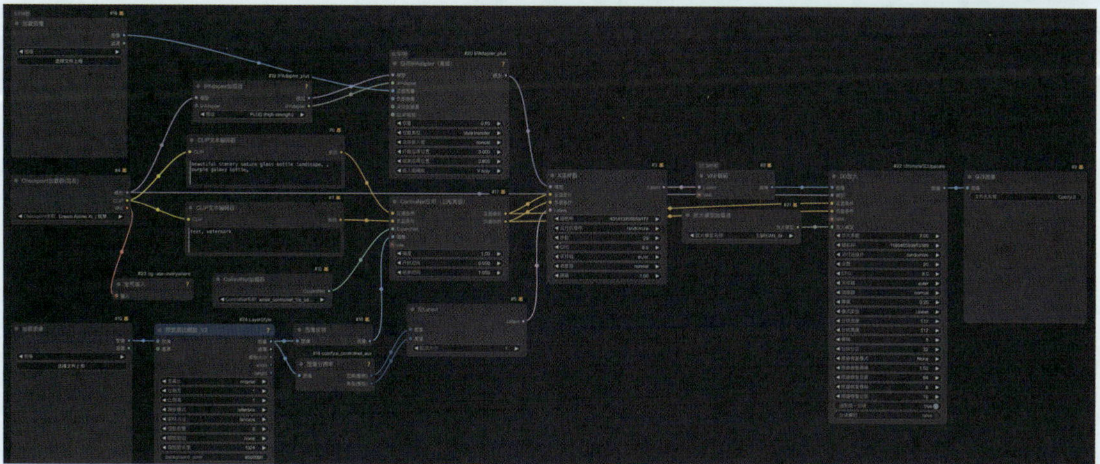
图10.4-14

10.4.2 线稿上色工作流实操

完成线稿上色工作流搭建后，通过对各个节点的参数进行细微调整，可以确保生成的上色图符合需求。接下来，进行实际操作。

步骤 01 在连接至“应用 IPAdapter（高级）”节点的“加载图像”节点上传期待的风格图，如图 10.4-15 所示。在另一个“加载图像”节点上传线稿，如图 10.4-16 所示。

图10.4–15

图10.4–16

步骤 02 在“Checkpoint 加载器（简易）”节点，选择“Dream Anime XL | 筑梦动漫 XL”模型，如图 10.4-17 所示。在“IPAdapter 加载器”节点，“预设”选择“PLUS（high strength）”，如图 10.4-18 所示。

图10.4–17

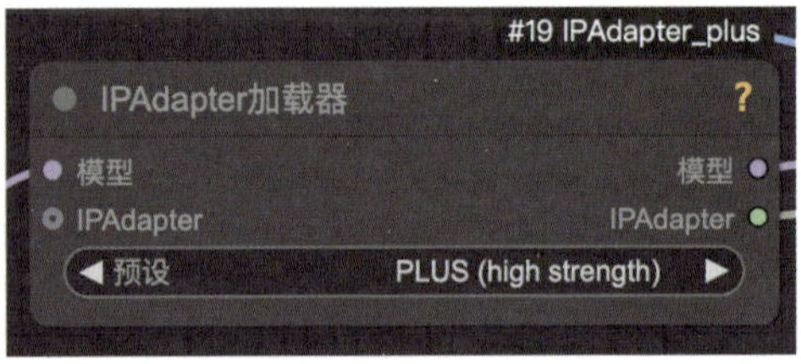

图10.4–18

步骤 03 在“应用 IPAdapter（高级）”节点，将“权重”设置为 0.80；“权重类型”选择“style transfer”；“结束应用位置”设置为 0.800，其余参数保持不变，如图 10.4-19 所示。

步骤 04 将“按宽高比缩放 _V2”节点的“缩放模式”调整为“fill”，如图 10.4-20 所示。

图10.4–19

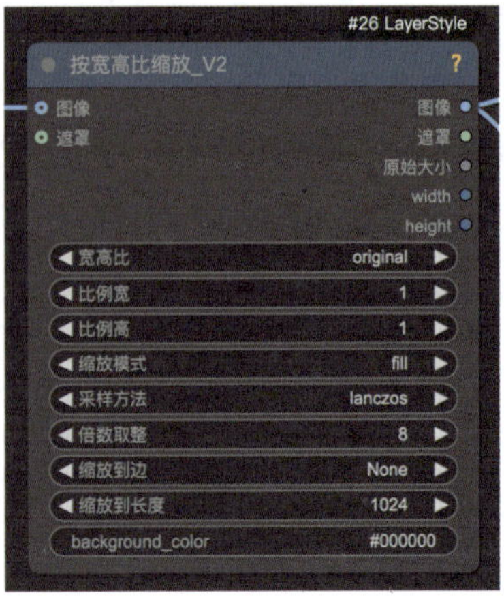

图10.4–20

步骤 05 在“ControlNet 加载器”节点选择“mistoLine_rank256”模型，在“ControlNet 应用（旧版高级）”节点将“强度”和“结束时间”分别设置为 0.80 和 0.800，如图 10.4-21 和图 10.4-22 所示。

图10.4-21

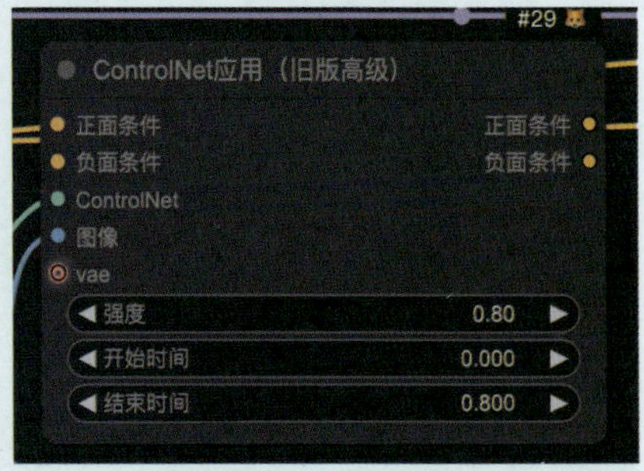

图10.4-22

步骤 06 分别在“CLIP 文本编码器”节点输入提示词，连接至“ControlNet 应用（旧版高级）”节点“正面条件”输入端口的输入“High quality, masterpiece, a girl”，连接至“ControlNet 应用（旧版高级）”节点“负面条件”输入端口的输入“nsfw，text, watermark”，如图 10.4-23 所示。

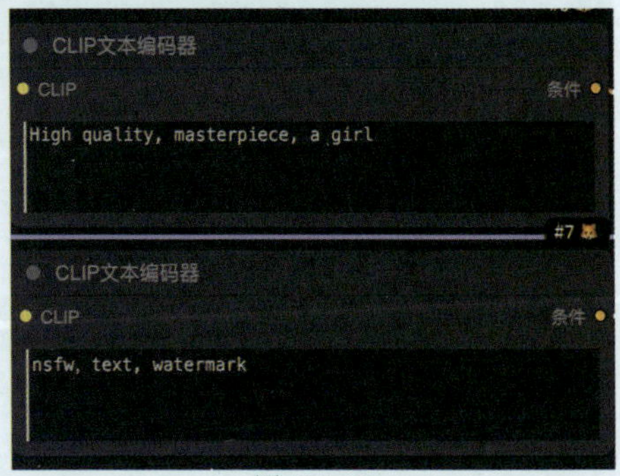

图10.4-23

步骤 07 在“K 采样器”节点，将“步数”设置为 20；“CFG”设置为 8.0；“采样器”选择“dpmpp_2m_sde”；“调度器”选择“karras”；“降噪”设置为 1.00，如图 10.4-24 所示。

步骤 08 在“放大模型加载器”节点，放大模型选择“4x-AnimeSharp”；在“SD 放大”节点，将“步数”设置为 45；“CFG”设置为 5.0；“采样器”选择“euler_cfg_pp”；“调度器”选择“karras”；“降噪”设置为 0.40，如图 10.4-25 所示。

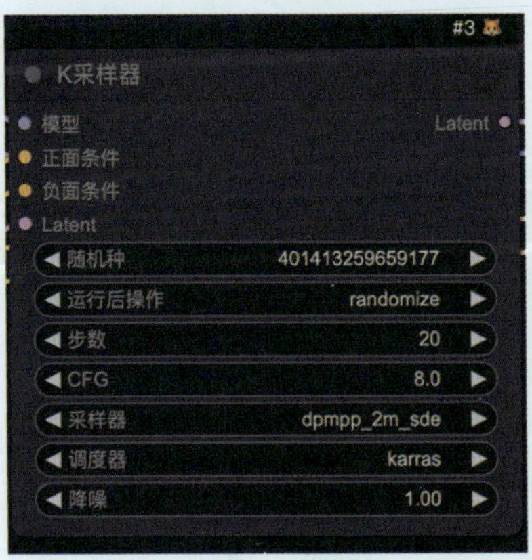

图10.4-24

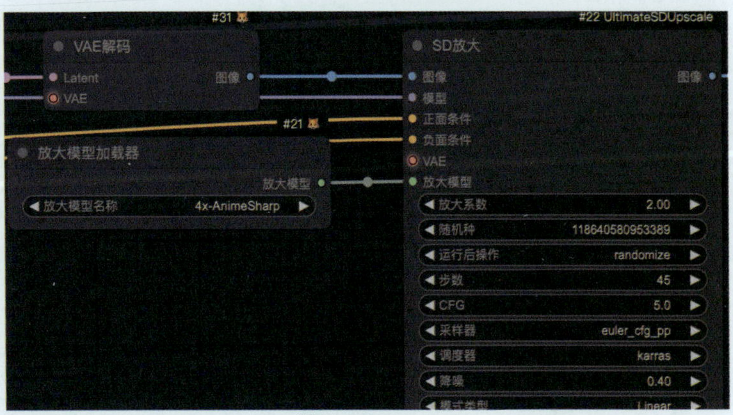

图10.4-25

步骤 09 执行该工作流，等待片刻后，线稿上色就生成完毕了，如图 10.4-26 所示。

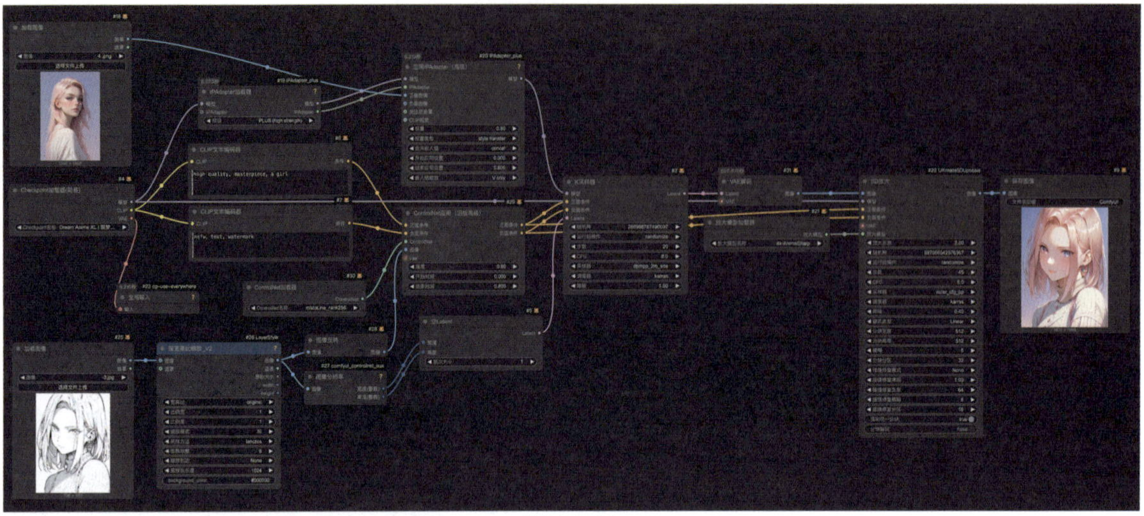

图10.4–26

11

第 11 章

摄影领域

ComfyUI 为摄影师和创作者提供了一种全新的方式，通过其强大的图像生成和编辑功能，极大地拓宽了创作的边界。从调整光影、色调到创造复杂的背景和氛围，ComfyUI 能够帮助摄影师在后期制作中节省大量时间，同时保留艺术创作的灵活性和精度。无论是商业摄影、艺术摄影还是产品摄影，ComfyUI 使得复杂的图像处理变得轻松高效，帮助创作者在视觉呈现上达到更高的艺术水平。

11.1 老照片修复创作流程

老照片修复能够拯救那些因时间流逝而逐渐模糊的记忆，让珍贵的历史瞬间得以重现。无论是家庭合影、旧时风景，还是历史照片，修复后的图像不仅保留了原始的质感和细节，还能提升清晰度，让照片焕然一新，具体操作如下。

11.1.1 老照片修复工作流搭建

首先需要搭建合理的工作流。工作流的搭建是整个创作过程的基础框架，它决定了老照片修复的步骤和流程，确保工作能够高效推进。

步骤 01 新建“加载图像”“Image Resize”节点并相连，在“加载图像”节点上传需要修复的老照片，如图 11.1-1 所示。

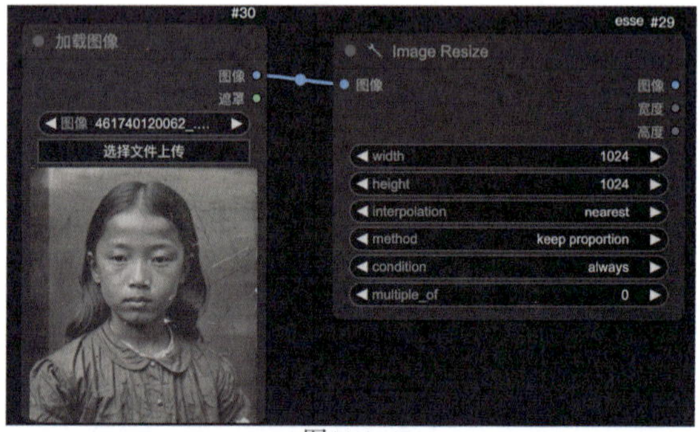

图11.1-1

步骤 02 新建“简易加载器（A1111）”“节点束输出”节点并相连，把“简易加载器”节点的“宽度”“高度”设为输入，并与“Image Resize”相连接，如图 11.1-2 所示。

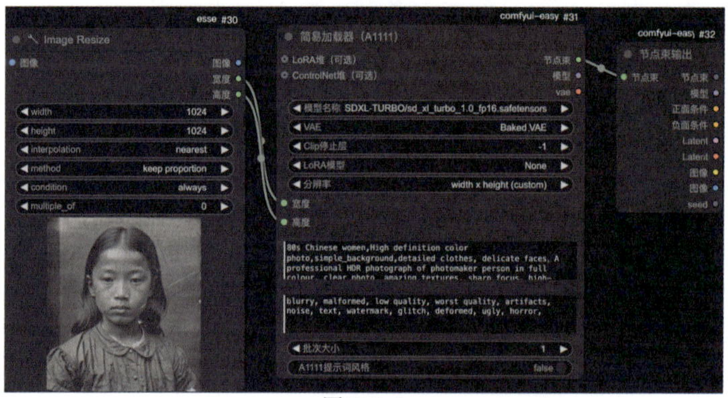

图11.1-2

步骤 03 新建“简易 k 采样器（完整版）”“预览图像”节点并相连，新建“全局随机种”节点。将“简易 k 采样器（完整版）”节点与“节点束输出”节点相连，如图 11.1-3 所示。

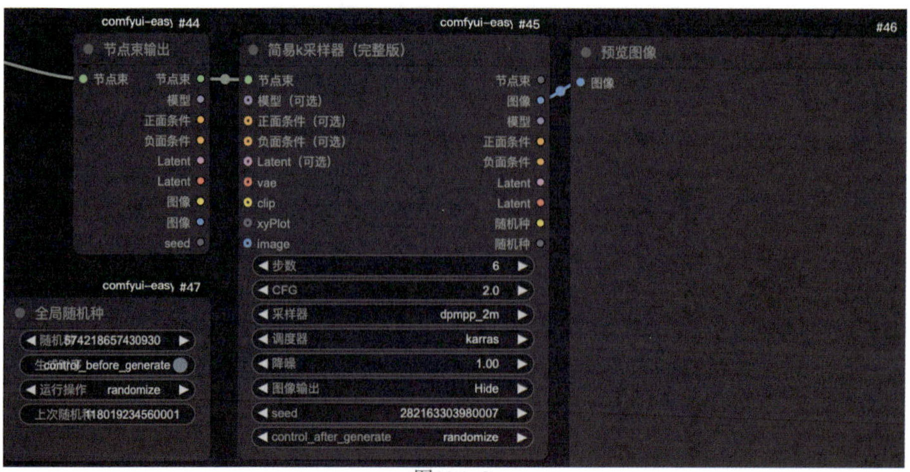

图11.1-3

步骤 04 新建“应用 ControlNet（旧版高级）”“加载 ControlNet 模型”节点并相连。

将节点“应用 ControlNet（旧版高级）”的“正面条件”“负面条件”输入端口和输出端分别连接“节点束输出”节点和“简易 k 采样器（完整版）”节点。

将“节点束输出”节点的“图像”输出端连接至“应用 ControlNet（旧版高级）”节点，如图 11.1-4 所示。

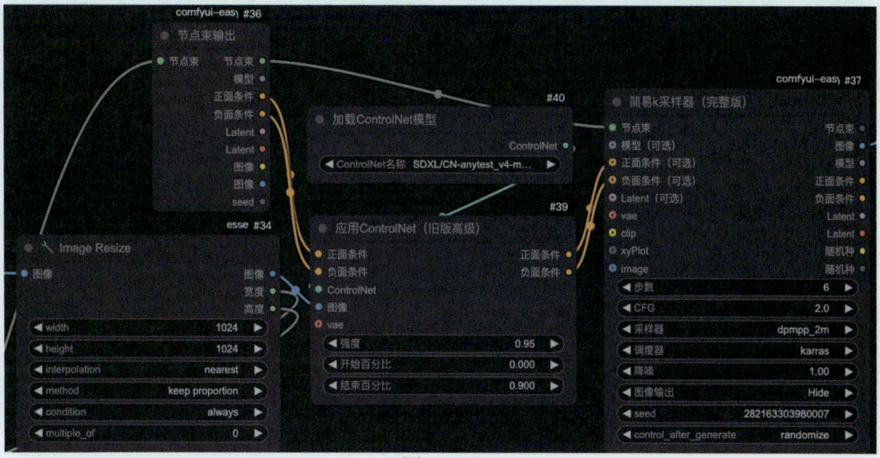

图11.1-4

步骤 05 新建“IPAdapter Unified Loader FaceID”“IPAdapter FaceID”节点。

将“IPAdapter Unified Loader FaceID”“IPAdapter FaceID”两个节点相连。

将“IPAdapter Unified Loader FaceID”节点通过“模型”端口连接到“节点束输出”节点和“IPAdapter FaceID”节点之间。

将“IPAdapter FaceID”节点的“模型”输出端连接至“简易 k 采样器（完整版）”节点的“模型”输入端口，如图 11.1-5 所示。

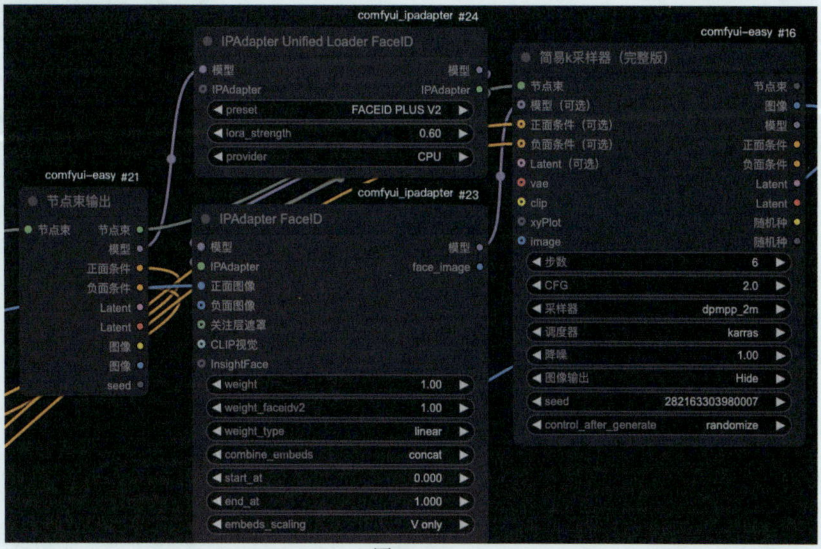

图11.1-5

步骤 06 新建“Prep Image For ClipVision”节点。将节点“Prep Image For ClipVision”连接至“加载图像”节点和“IPAdapter FaceID”节点的“正面图像”输入端口中间。至此，老照片修复工作流搭建完毕，如图 11.1-6 所示。

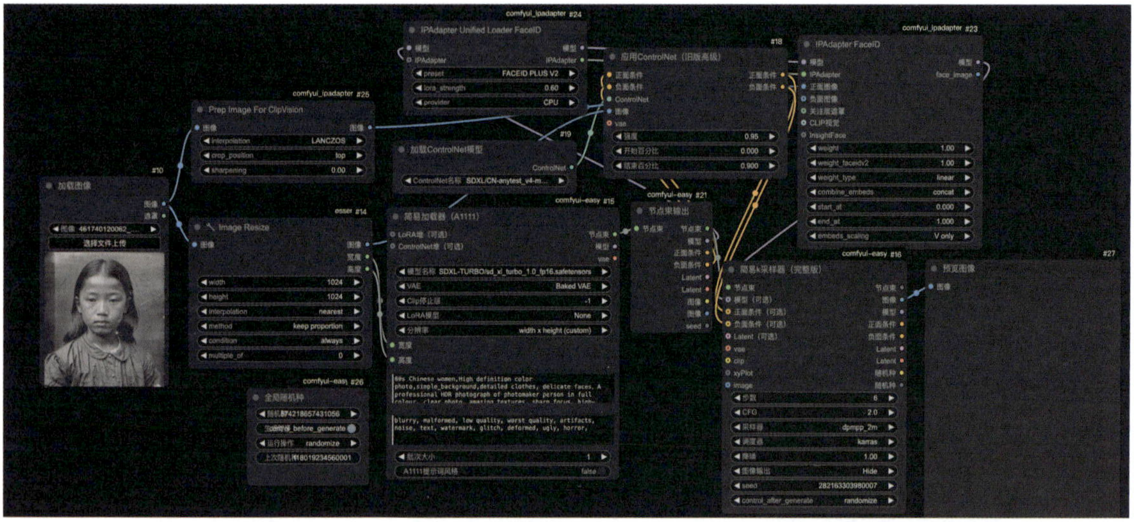

图11.1-6

11.1.2 老照片修复工作流实操

完成老照片修复工作流的搭建后，通过对各项参数的精准调整，可以确保老照片修复工作流在风格、布局和细节上符合要求，从而提升整体创作水平。

步骤 01 在“Image Resize”节点中，将“width”和“height”设为 1024，将“method”设为“keep proportion”，其余参数保持默认不变，如图 11.1-7 所示。

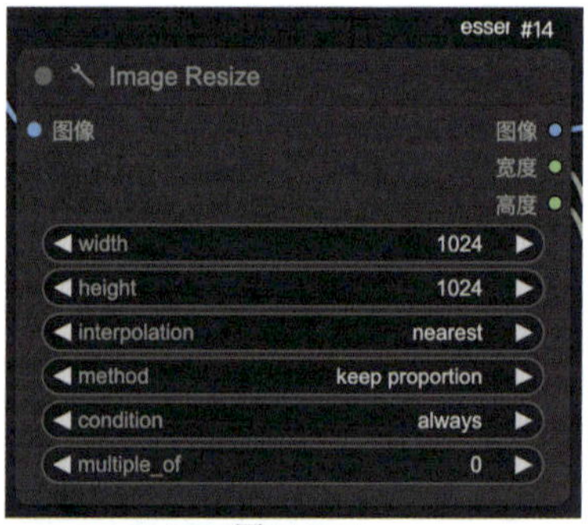

图11.1-7

步骤 02 在“简易加载器（A1111）”节点中，将“模型名称”选为 SDXL 的大模型例如 SDXL-TURBO/sd_xl_turbo_1.0_fp16.safetensors，并在两个框内分别输入正向提示词“80s Chinese women,High definition color photo,simple_background,detailed clothes, delicate faces，A professional HDR photograph of photomaker person in full colour, clear photo, amazing textures, sharp focus, high-contrast, stunning professionalism, excellent details”和负向提示词“blurry, malformed, low quality, worst quality, artifacts, noise, text, watermark, glitch, deformed, ugly, horror,”，其余参数保持默认，如图 11.1-8 所示。

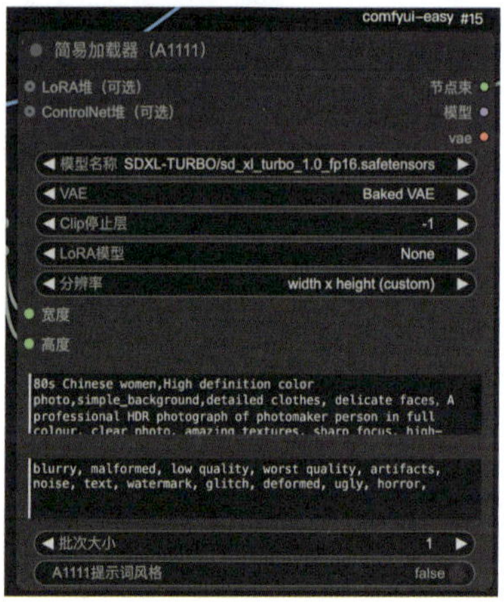

图11.1-8

步骤 03 在“简易 k 采样器（完整版）”节点中，将“步数”设为 6；“CFG”设为 2.0；“采样器”选择“dpmpp_2m”。在“全局随机种”中，将“运行操作”设为“randomize”，如图 11.1-9 所示。

步骤 04 在“应用 ControlNet（旧版高级）”节点中，将“强度”设为 0.95，将“结束百分比”设为 0.900。在“加载 ControlNet 模型”节点中，选择 SDXL/CN-anytest_v4-marged.safetensors，如图 11.1-10 所示。

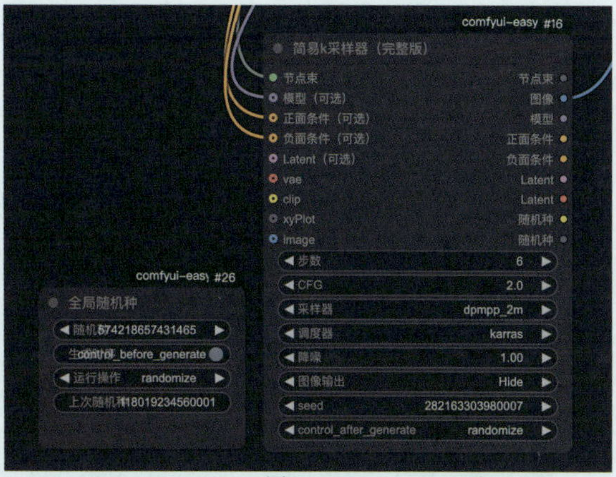

图11.1-9

图11.1-10

步骤 05 在“IPAdapter Unified Loader FaceID”节点中，将“preset”设为“FACEID PLUS V2”，其余参数保持不变，如图 11.1-11 所示。

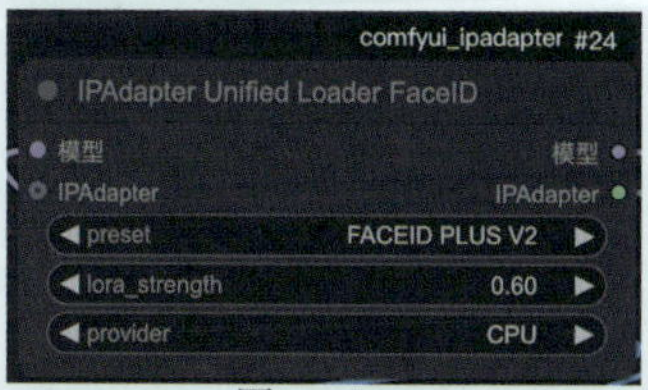

图11.1-11

步骤 06 单击“执行”按钮，一张修复好的照片就生成了，如图 11.1-12 所示。

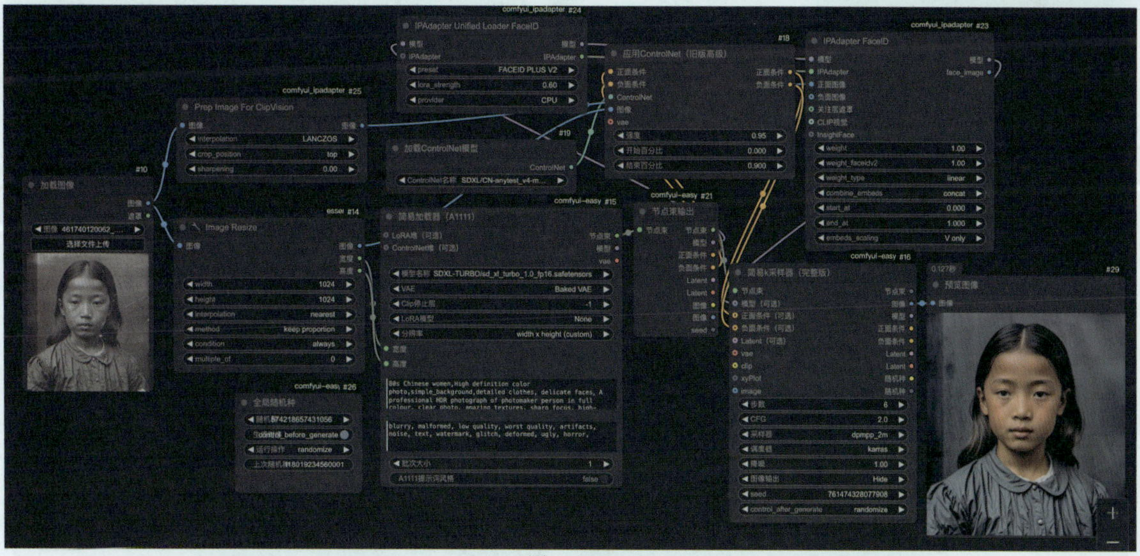

图11.1-12

11.2 手部修复创作流程

在 AI 绘画和图像生成中，手部问题一直是困扰创作者的难题。手部结构复杂，AI 模型在生成时容易出现错误，导致图像质量下降。手部修复功能的出现，极大地提高了生成图像的可用性和美观度，主要针对 AI 生成图像中手部的常见问题，如手指变形、缺失或多出等问题进行修正，具体操作如下。

11.2.1 手部修复工作流搭建

首先需要搭建合理的工作流。手部修复工作流的搭建是整个创作过程的基础框架，它决定了修复手部的步骤和流程，确保设计工作能够高效推进。

步骤 01 新建“Florence2ModelLoader”节点和“Florence2Run”节点，将节点“Florence2ModelLoader”的“Florence2”输出端口连接至节点“Florence2Run”的“Florence2”输入端口，如图 11.2-1 所示。

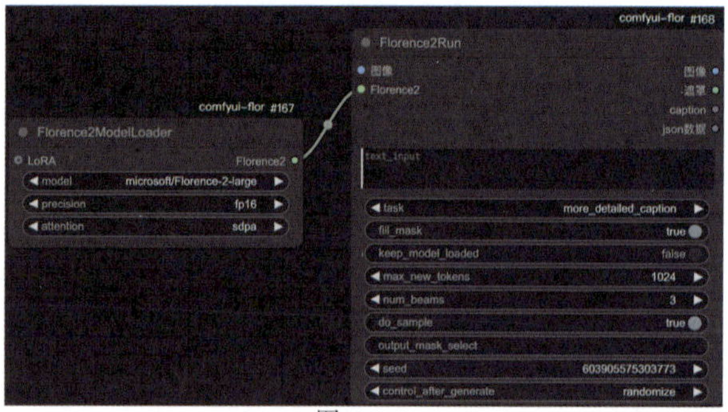

图11.2–1

步骤 02 新建“加载图像”节点，并在“加载图像”节点上传需要修复的照片，将“加载图像”节点的“图像”输出端连接至“Florence2Run”的“图像”输入端口，如图 11.2-2 所示。

图11.2–2

步骤 03 新建“UltralyticsDetectorProvider”“BBOX Detector (SEGS)”节点，将节点“UltralyticsDetectorProvider”的 BBox 检测输出端口连接至节点“BBOX Detector (SEGS)”对应输入端口，将“加载图像”节点的“图像”输出端连接至节点“BBOX Detector (SEGS)”对应输入端口，如图 11.2-3 所示。

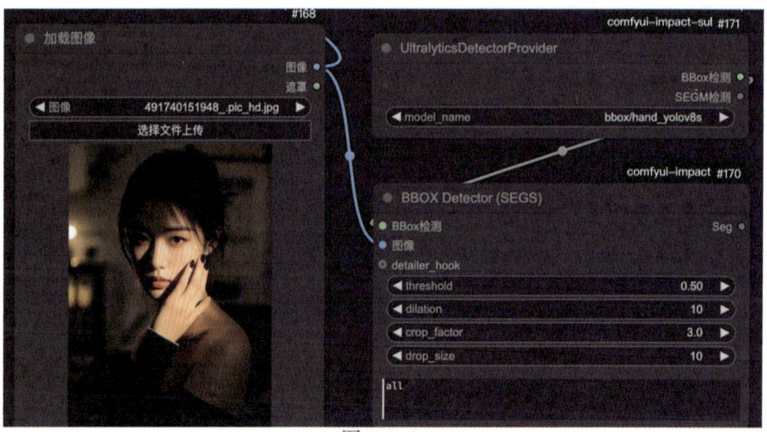

图11.2–3

步骤 04 新建“Show Text”“Text Combiner 2”节点，将节点“Florence2Run”的“caption”输出端连接至节点“show text”的“text”输入端口。

将节点“show text”的“字符串”输出端连接至“Text Combiner 2”节点的“text2”输入端口，如图 11.2-4 所示。

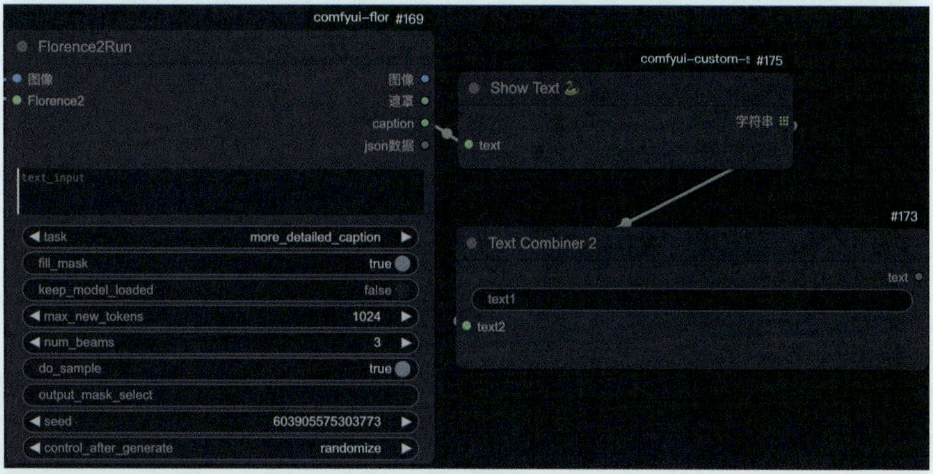

图11.2–4

步骤 05 新建“SEGS to MASK (combined)”“LayerMask: MaskGrow”节点。

将节点“BBOX Detector (SEGS)”的“seg”输出端连接至节点“SEGS to MASK (combined)”的对应输入端口。

将节点“SEGS to MASK (combined)”的“遮罩”输出端连接至节点“LayerMask: MaskGrow”的对应输入端口，如图 11.2-5 所示。

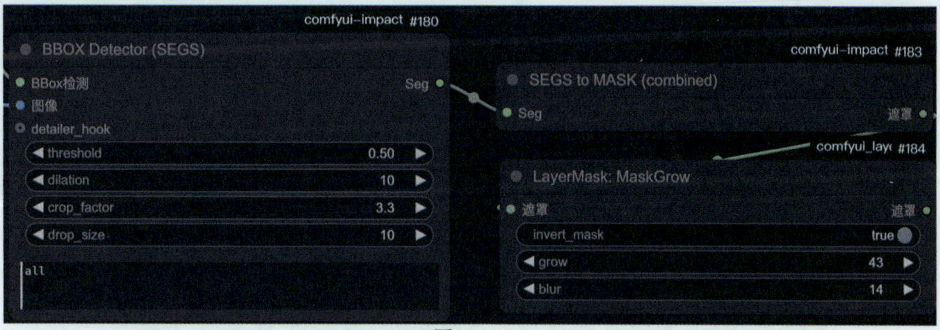

图11.2–5

步骤 06 新建两个“CLIP 文本编码”节点和一个“双 CLIP 加载器”节点，将第二个“CLIP 文本编码”节点的“文本”转为输入。

将“双 CLIP 加载器”节点的“CLIP”输出端分别连接至两个“CLIP 文本编码”节点的“CLIP”输入端口。

将节点“Text Combiner 2”的“text”输出端连接至第二个“CLIP 文本编码”节点的“文本”输入端口，如图 11.2-6 所示。

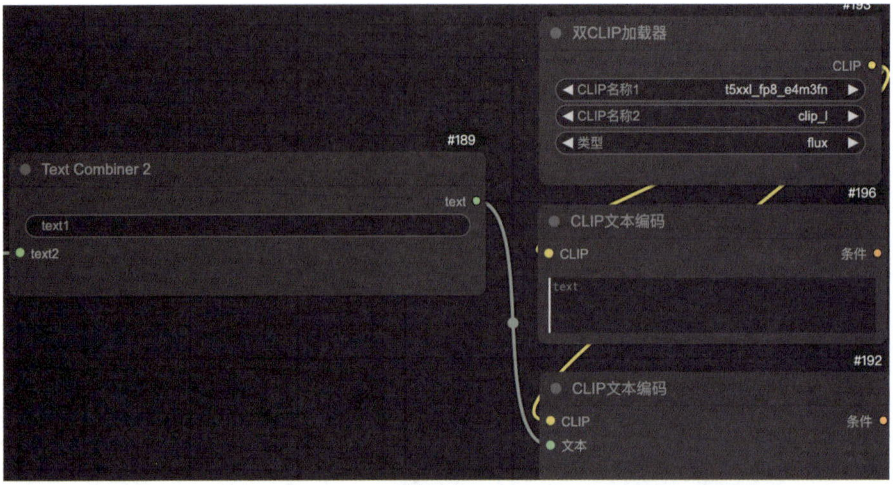

图11.2-6

步骤 07 新建“内补模型条件”节点，将“加载图像”节点的“图像”输出端连接至节点“内补模型条件”的“图像”输入端口。

将第一个“CLIP 文本编码”的“条件”输出端连接至节点“内补模型条件”的“负面条件”输入端口上。

将节点“LayerMask: MaskGrow”的“遮罩”输出端连接至节点“内补模型条件”的“遮罩”输入端口，如图 11.2-7 所示。

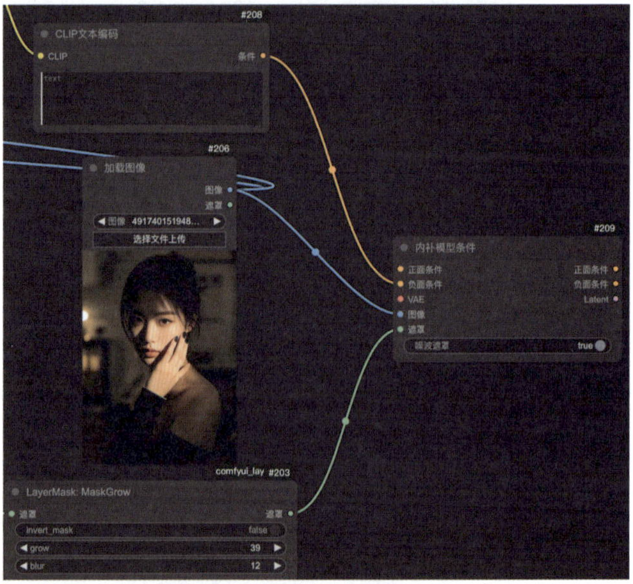

图11.2-7

步骤 08 新建“Flux 引导”节点，将“Flux 引导”连接在第二个“CLIP 文本编码”和“内补模型条件”的“正面条件”输入端口之间，如图 11.2-8 所示。

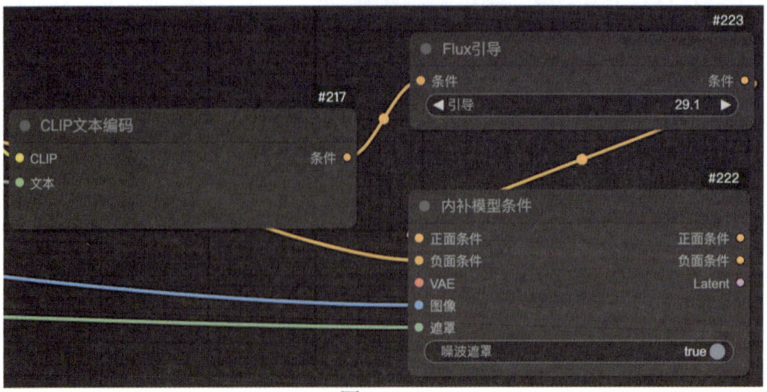

图11.2-8

步骤 09 新建“加载 VAE”节点，将节点“加载 VAE”连接至节点“内补模型条件”，如图 11.2-9 所示。

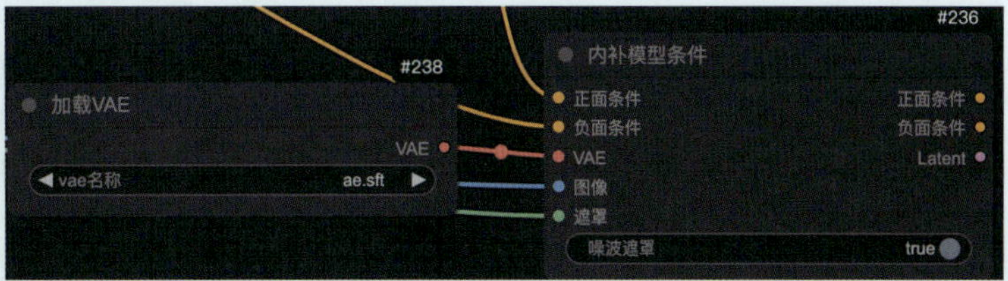

图11.2–9

步骤 10 新建“CFG 引导器”“UNet 加载器”节点，将节点“内补模型条件”的“正面条件”和“负面条件”分别连接至“CFG 引导器”的输入端口，如图 11.2-10 所示。

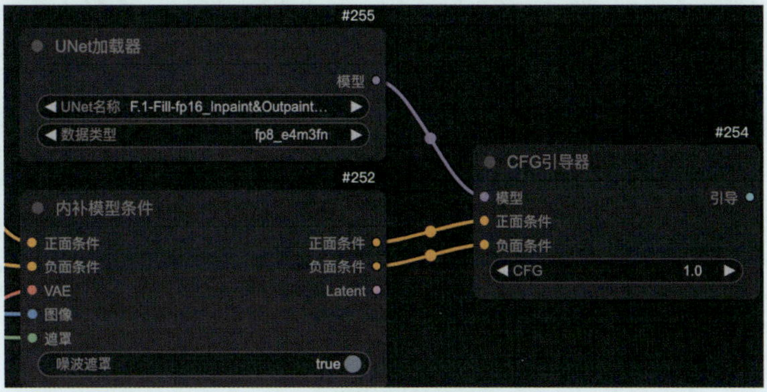

图11.2–10

步骤 11 新建“Seed Everywhere”“随机噪波”“自定义采样器（高级）”节点。将“随机噪波”节点连接至节点“Seed Everywhere”和“自定义采样器（高级）”之间，如图 11.2-11 所示。

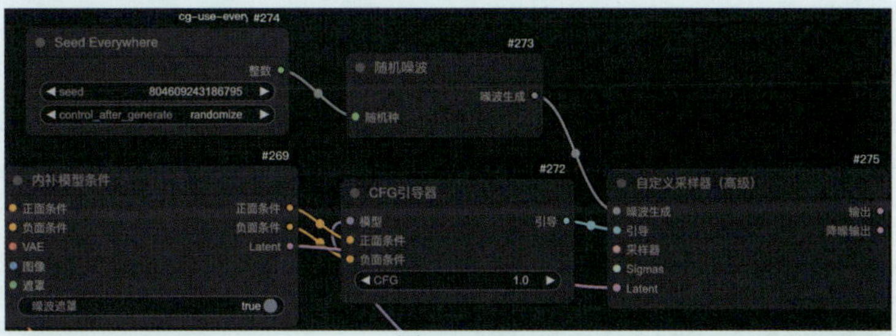

图11.2–11

步骤 12 新建“基本调度器”“K 采样器选择”节点。将节点“基本调度器”连接至节点“UNet 加载器”和“自定义采样器（高级）”之间。将“K 采样器选择”节点连接至“自定义采样器（高级）”节点，如图 11.2-12 所示。

步骤 13 新建节点“VAE 解码”和“预览图像”并相连接，将节点“加载 VAE”的输出端和节点“自定义采样器（高级）”的“输出”端连接至“VAE 解码”节点。至此，手部修复工作流搭建完成，如图 11.2-13 所示。

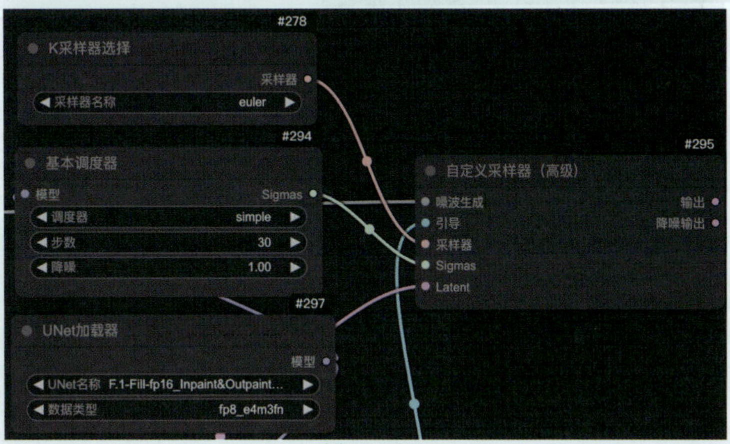

图11.2–12

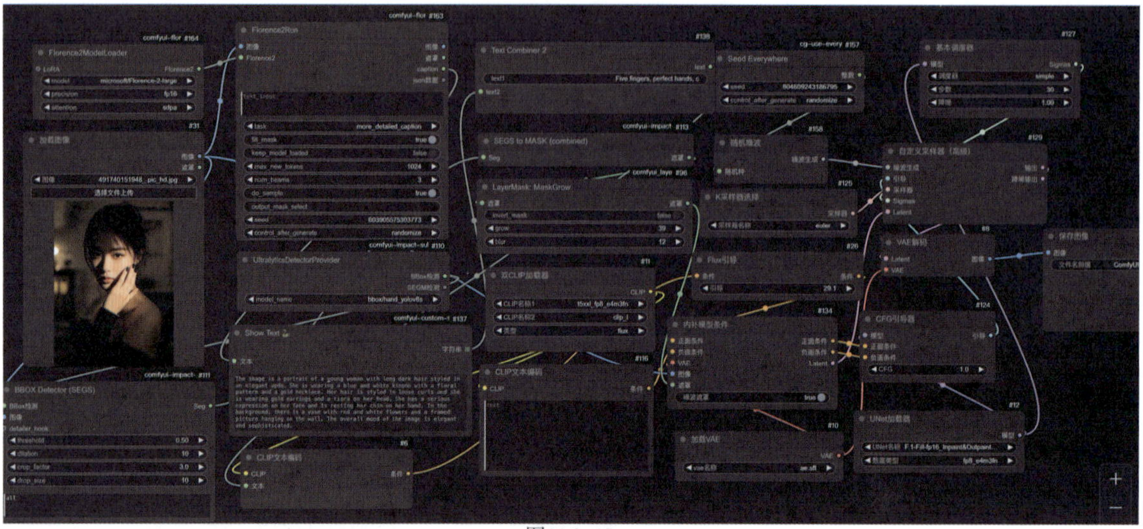

图11.2-13

11.2.2 手部修复工作流实操

完成手部修复工作流的搭建后，通过对各项参数的精准调整，可以确保生成的人物手部细节准确完整，没有崩坏的细节出现，接下来，根据刚刚搭建好的手部修复工作流，尝试修复生成照片中的手部细节，从而提升整体水平。

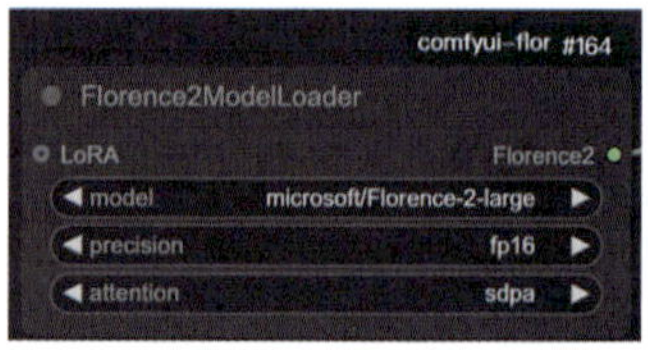

图11.2-14

步骤 01 在节点“Florence2ModelLoader”中选择模型 microsoft/Florence-2-large，将“precision”设为 fp16，将“attention”设为 sdpa，如图 11.2-14 所示。

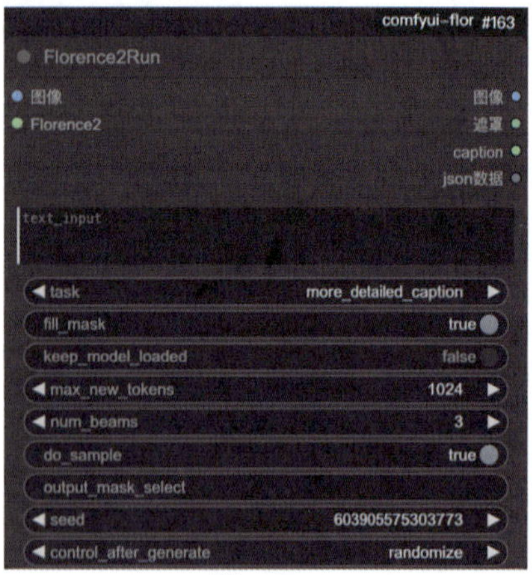

图11.2-15

步骤 02 在节点“Florence2Run”中的“task”选择“more_detailed_caption”，启用“fill_mask”和“do_sample”，将“max_new_tokens”设为 1024，将“num_beams”设为 3，将“control_after_generate”设为“randomize”，如图 11.2-15 所示。

步骤 03 在节点“UltralyticsDetectorProvider”选择 bbox/hand_yolov8s 模型。在节点“BBOX Detector (SEGS)”中，将“threshold”设为 0.50，“dilation”设为 10，“crop_factor”设为 3.0，“drop_size”设为 10，如图 11.2-16 所示。

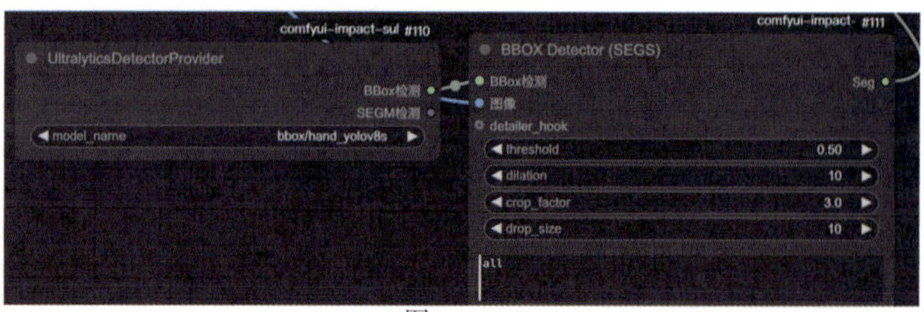

图11.2-16

步骤 04 在“Text Combiner 2”节点中输入“Five fingers, perfect hands,complete hands”。在节点“LayerMask: MaskGrow”中将“grow”设为 39，将“blur”设为 12，如图 11.2-17 所示。

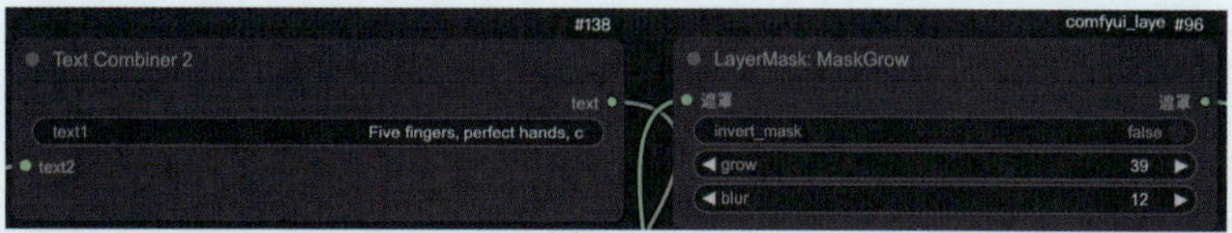

图11.2–17

步骤 05 将节点“Flux 引导”的“引导”设为 29.1，在“加载 VAE”节点选择“ae.sft”，如图 11.2-18 所示。

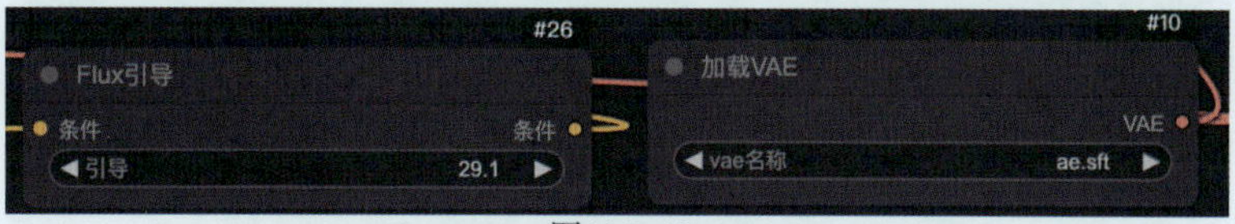

图11.2–18

步骤 06 在节点“K 采样器选择”选择 euler，在“CFG 引导器”中将“CFG”设为 1.0，在节点“UNet 加载器”中，“UNet 名称”选择 F.1-Fil-fp16_Inpaint&Outpaint.safetensors，“数据类型”选择 fp8_e4m3f，如图 11.2-19 所示。

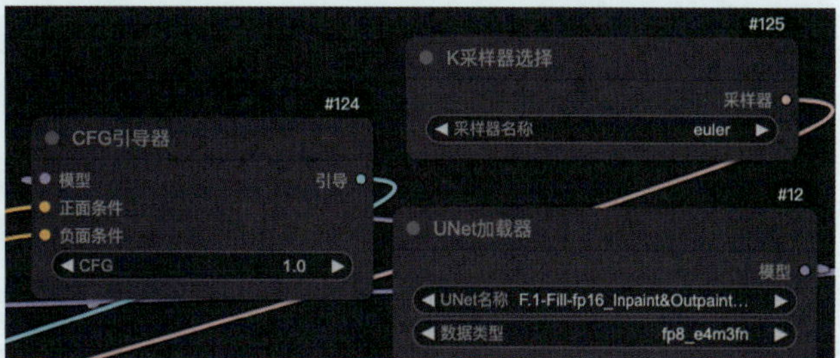

图11.2–19

步骤 07 在节点“Seed Everywhere”中将“control_after_generate”设为“randomize”，在节点“基本调度器”中，将“调度器”设为“simple”，将“步数”设为 30，将“降噪”设为 1.00，如图 11.2-20 所示。

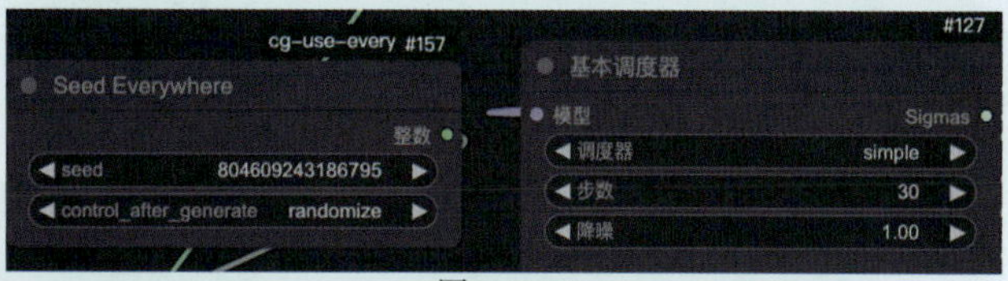

图11.2–20

步骤 08 单击“执行”按钮，一张修复好手部的图像就生成了，如图 11.2-21 所示。

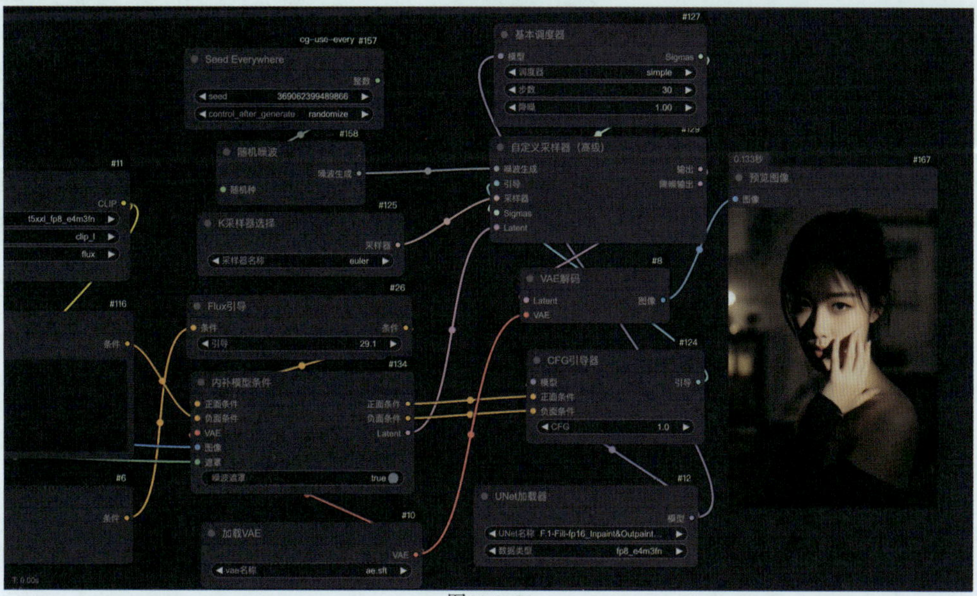

图11.2–21

11.3 换脸技术创作流程

在当今的数字创作和摄影领域，换脸技术已成为一种重要的创意工具。这种技术的必要性在于，极大地拓展了创作的可能性，让创作者能够轻松实现跨时空、跨人物的视觉效果，而无须复杂的后期处理技能。摄影师可以通过该技术快速替换模特的面部，以预览不同人物在特定场景中的效果，从而优化拍摄方案。此外，还能用于虚拟试妆、风格预览等场景，帮助客户更好地理解最终效果。例如，在商业广告或时尚摄影中，换脸功能可以快速调整模特的面部特征，以适应不同的品牌形象或风格需求，极大地提高了工作效率和创作灵活性。IPAdapter 提供了专用于换脸的模型，可以替换人物的脸部特征，同时保持高度的自然融合，几乎无缝地融入原图的光影、肤色和纹理中，具体操作如下。

11.3.1 换脸工作流搭建

首先需要搭建合理的工作流。工作流的搭建是整个创作过程的基础框架，它决定了海报创作的步骤和流程，确保设计工作能够高效推进。

步骤 01 新建“IPAdapter Model Loader”“加载 CLIP 视觉”“Checkpoint 加载器（简易）”“IPAdapter Advanced”节点。

将“IPAdapter Model Loader”“加载 CLIP 视觉”“Checkpoint 加载器（简易）”节点的输出端口连接到“IPAdapter Advanced”节点对应的输入端口，如图 11.3-1 所示。

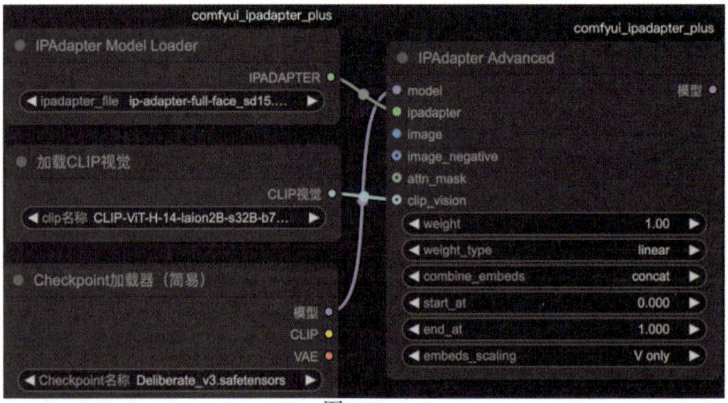

图11.3-1

步骤 02 新建“加载图像”节点并上传换脸的参考人像，这里需用大头贴，尽量只有头像，形状为正方形，将“图像”输出端连接至“IPAdapter Advanced”节点的“image”输入端口，如图 11.3-2 所示。

图11.3-2

步骤 03 新建“ONNXDetectorProvider”“BBOX Detector (SEGS)”节点并相连，如图 11.3-3 所示。

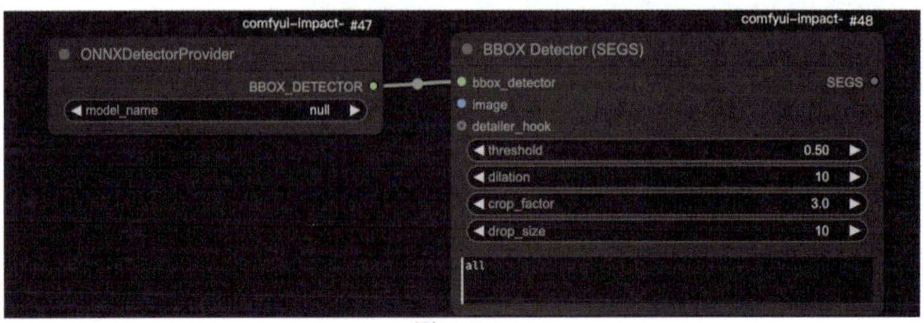

图11.3-3

步骤 04 新建“SAMLoader (Impact)”“SAMDetector (combined)”节点并相连，如图 11.3-4 所示。

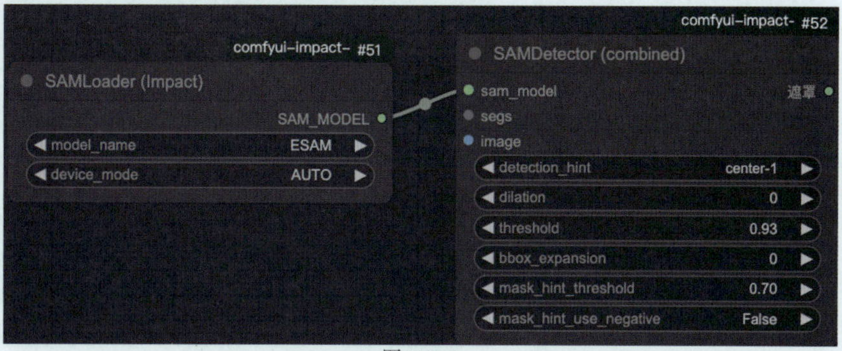

图11.3–4

步骤 05 新建“遮罩转换为图像”“预览图像”节点并相连。将“遮罩转换为图像”的“遮罩”输入端口连接至“SAMDetector (combined)”节点，如图 11.3-5 所示。

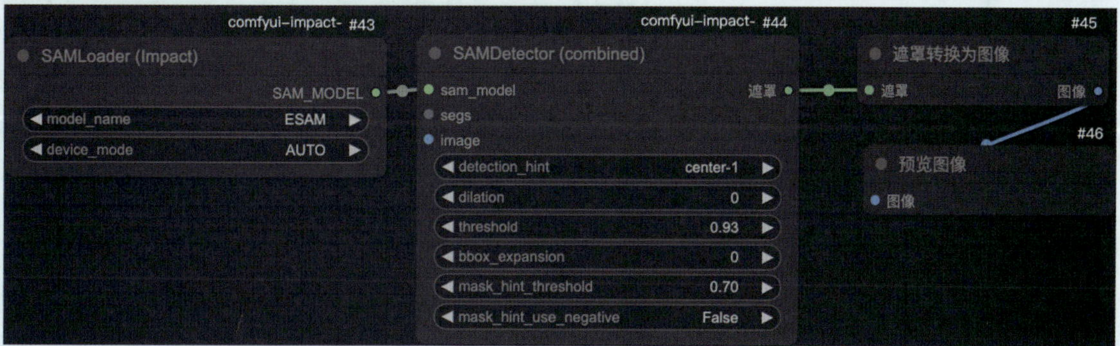

图11.3–5

步骤 06 新建“加载图像”节点，将“图像”输出端连接至“BBOX Detector (SEGS)”节点，并上传需要换脸的图像，如图 11.3-6 所示。

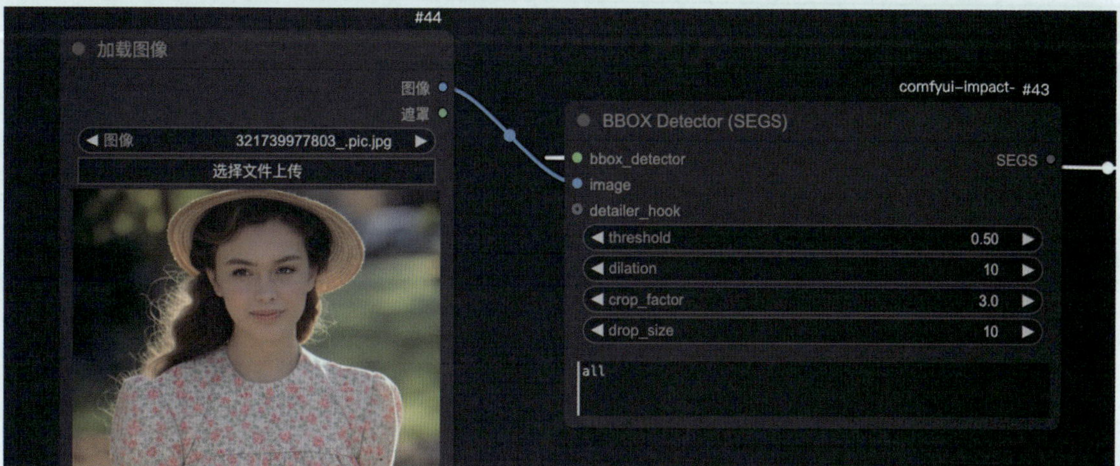

图11.3–6

步骤 07 新建“VAE 编码（局部重绘）”节点，将上传了需要换脸的“加载图像”节点的“图像”输出端口和“SAMDetector (combined)”节点的“遮罩”输出端口分别连接到“VAE 编码（局部重绘）”的“像素”和“遮罩”输入端口。

将“Checkpoint 加载器（简易）”节点的“VAE”输出端连接到“VAE 编码（局部重绘）”的“vae”输入端口。如图 11.3-7 所示。

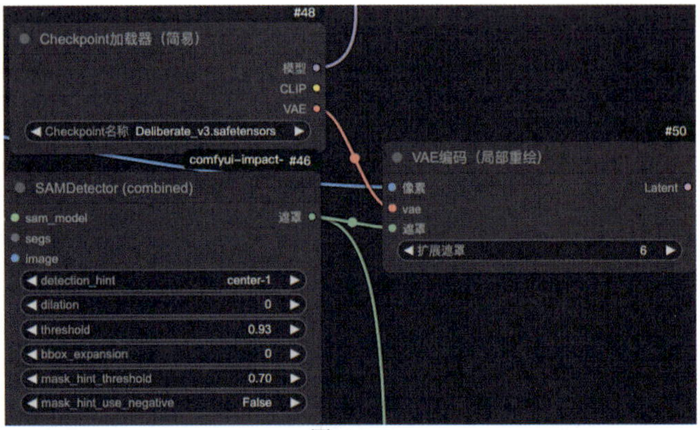

图11.3-7

步骤 08 新建“K 采样器”节点，将“VAE 编码（局部重绘）”节点的“Latent”输出端连接至“K 采样器”节点的“Latent 图像”输入端口。

将“IPAdapter Advanced”节点的“模型”输出端连接到“K 采样器”节点的“模型”输入端口，如图 11.3-8 所示。

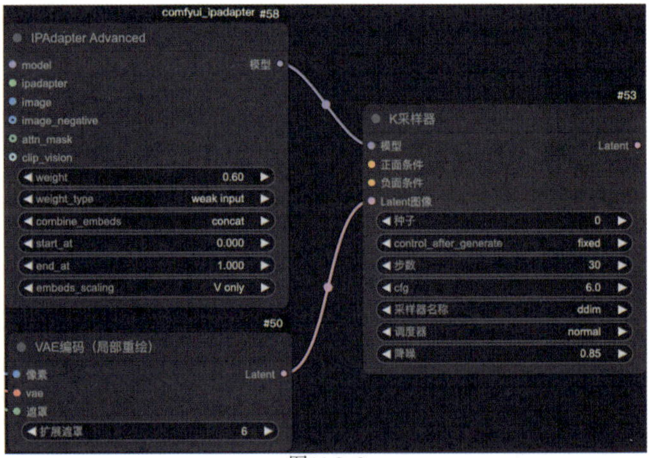

图11.3-8

步骤 09 新建两个“CLIP 文本编码”节点并连接至“Checkpoint 加载器（简易）”节点。将两个“CLIP 文本编码”节点的“条件”输出端分别连接至“K 采样器”节点的“正面条件”“负面条件”输入端口，如图 11.3-9 所示。

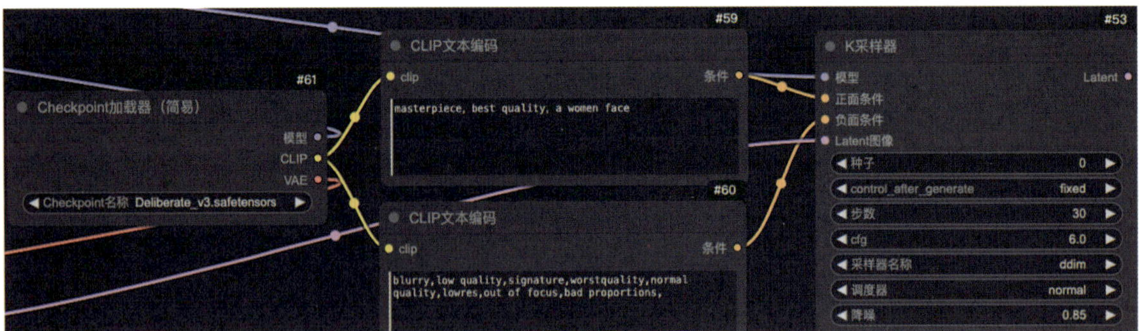

图11.3-9

步骤 10 新建“VAE 解码”“预览图像”节点，将“K 采样器”节点的“Latent”输出端和“Checkpoint 加载器（简易）”节点的“VAE”输出端分别连接到“VAE 解码”节点的“Latent”输入端口和“vae”输入端口。

将“VAE 解码”节点的“图像”输出端连接到“预览图像”节点的“图像”输入端口，至此，换脸工作流搭建完毕，如图 11.3-10 所示。

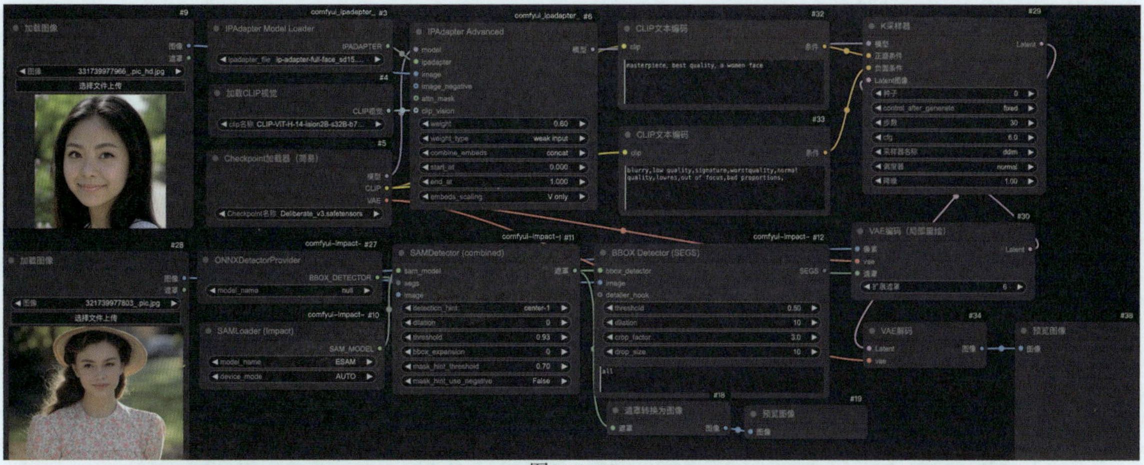

图11.3–10

11.3.2　工作流实操

完成工作流的搭建后，通过对各项参数的精准调整，可以确保海报在风格、布局和细节上符合设计要求，从而提升整体创作水平。

步骤 01　在“IPAdapter Model Loader”节点选择用于提取面部详细信息的模型“ip-adapter-plus-face_sdl5”，在“加载 CLIP 视觉”节点选择模型“CLIP-ViT-H-14-laion2B-s32B-b79K.safetensors”，如图 11.3-11 所示。

步骤 02　在“Checkpoint 加载器（简易）”节点选择写实大模型如“majicmixRealistic_v7.safetensors”，在“IPAdapter Advanced”节点将“weight”设置为 0.60，“weight_type”选择“channel penalty”，其余参数保持默认不变，如图 11.3-12 所示。

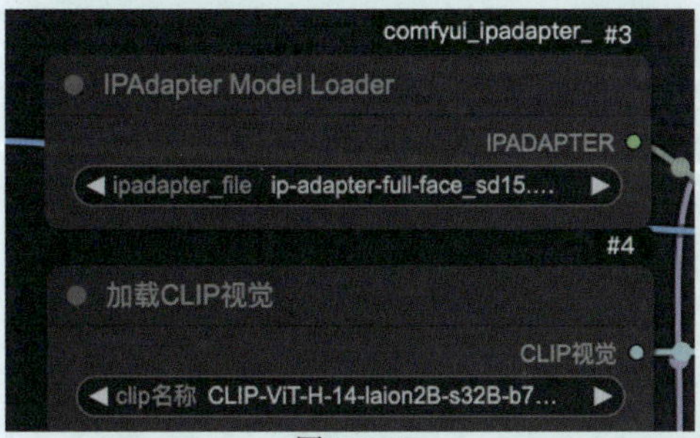

图11.3–11

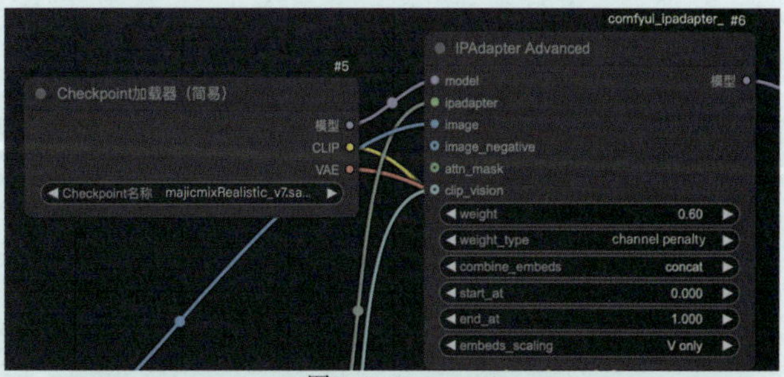

图11.3–12

步骤 03　在“ONNXDetectorProvider”节点中，“model_name”选择模型“bbox/face_yolov8m.pt”。在“SAMDetector(combined)”节点中，将“threshold”设置为 0.93，“mask_hint_threshold”设置为 0.70，其余参数保持默认不变，如图 11.3-13 所示。

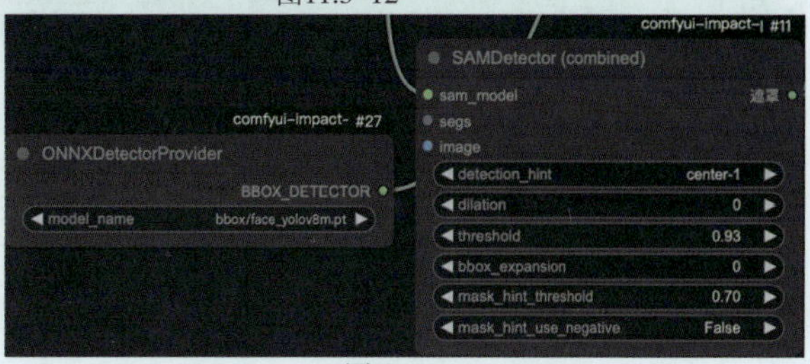

图11.3–13

步骤 04 在正向条件输入框中填入“masterpiece，best quality，a woman face”，在负向条件输入框中填入“blurry,low quality,signature,worstquality,normal quality,lowres,out of focus,bad proportions,”，如图11.3-14 所示。

步骤 05 在“K 采样器”节点，“种子”设置为 0，“control_after_generate”设置为“fixed”；“步数”设置为 30；“cfg”设置为 6.0；“采样器名称”设置为“ddim”；“调度器”设置为“ddim_uniform”；“降噪”设置为 0.85，如图 11.3-15 所示。

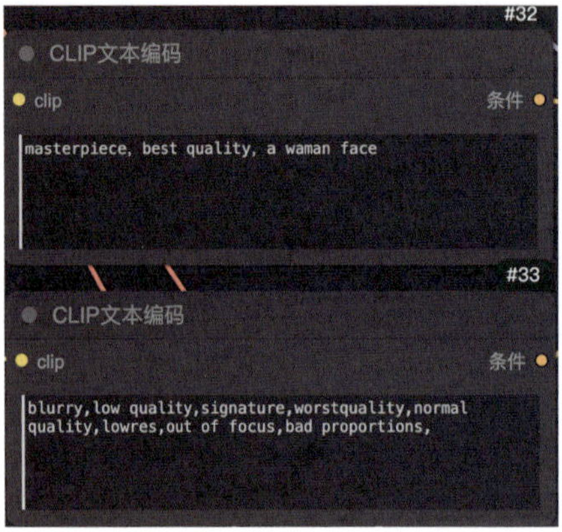

图11.3–14

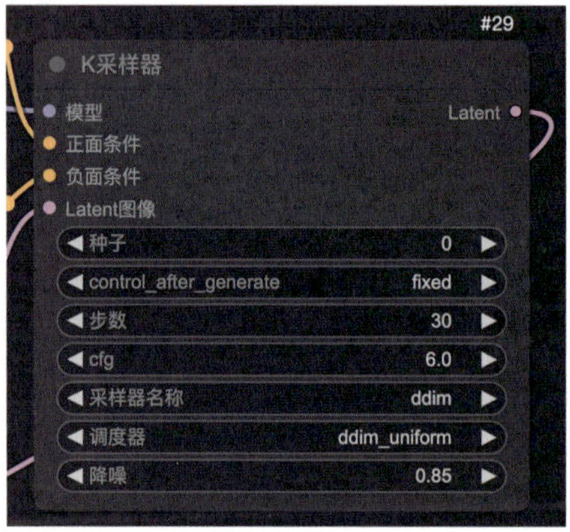

图11.3–15

步骤 06 执行该工作流，等待片刻后，白人女性人像的脸换成了亚洲女性人像的脸，并生成了一张新的图像，如图 11.3-16 所示。

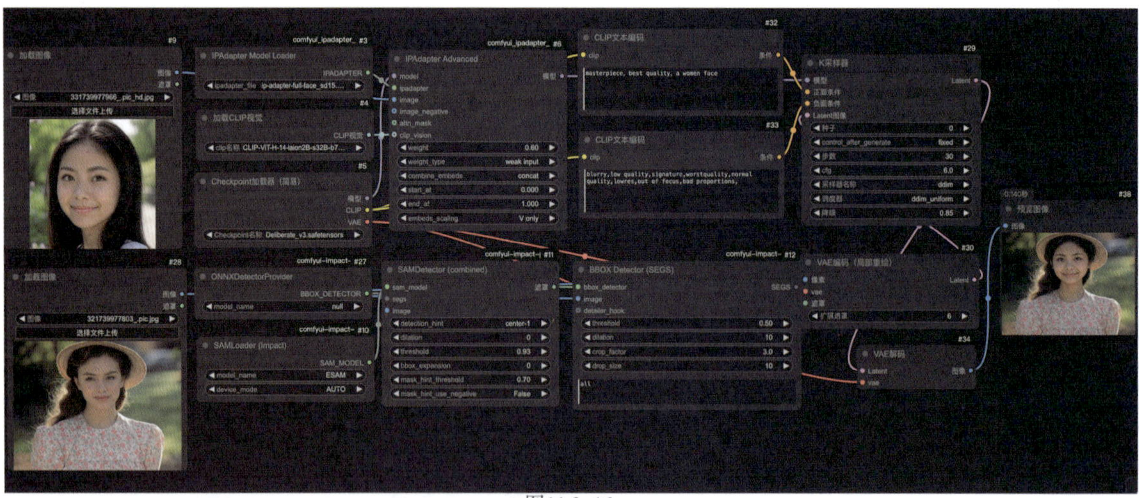
图11.3–16

11.4 商业广告创作流程

商业广告创作的拍摄和设计往往需要大量的设备、场景布置和后期处理，耗时且成本高昂。利用 ComfyUI 生成比传统拍摄更高效，短时间内即可完成广告图像的生成，无须依赖昂贵的摄影设备和拍摄场地，降低整体广告制作成本，同时保持高质量的视觉效果。以汽车广告为例，具体操作如下。

11.4.1 工作流搭建

首先需要搭建合理的工作流。工作流的搭建是整个创作过程的基础框架，它决定了海报创作的步骤和流程，确保设计工作能够高效推进。

步骤 01 新建“GroundingDinoSAMSegment (segment anything)”“加载图像”节点。在“加载图像”节点中上传汽车的图像。将“加载图像”节点连接至“GroundingDinoSAMSegment (segment anything)”节点，如图 11.4-1 所示。

图11.4-1

步骤 02 新建“SAMModelLoader (segment anything)”“GroundingDinoModelLoader (segment anything)”节点。

将“SAMModelLoader(segment anything)”“GroundingDinoModelLoader(segment anything)”节点分别连接至“GroundingDinoSAMSegment(segment anything)”节点，如图 11.4-2 所示。

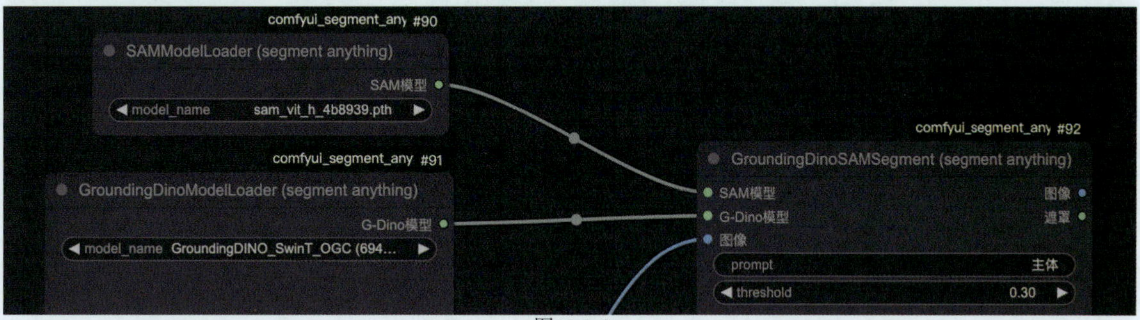

图11.4-2

步骤 03 新建“Checkpoint 加载器（简易）”节点和两个“加载 LoRa”节点。将一个在“加载 LoRa”节点通过“模型”“CLIP”两个端口连接在“Checkpoint 加载器（简易）”节点和另一个“加载 LoRa”节点中间，如图 11.4-3 所示。

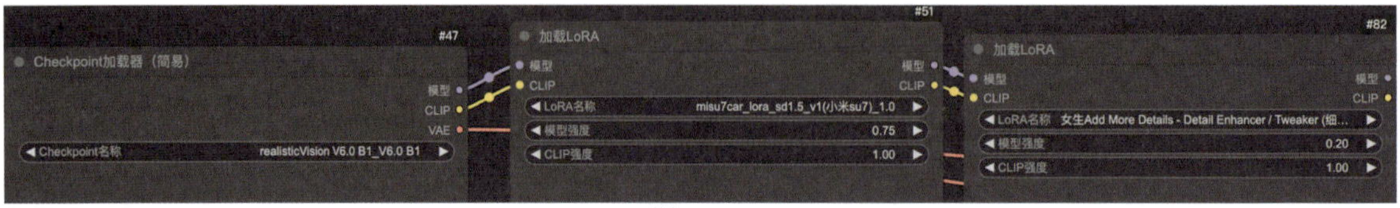

图11.4-3

步骤 04 新建“反转遮罩”“BrushNet”节点。将第二个“加载 LoRa”节点的“模型”输出端连接至“BrushNet”节点。将“反转遮罩”节点通过“遮罩”端口连接在“GroundingDinoSAMSegment(segment anything)”节点和“BrushNet”节点中间。

将“加载图像”节点的“图像”输出端,第二个“加载 loRA”节点的“模型”输出端以及“Checkpoint 加载器（简易版）”的“VAE”输出端分别连接至“BrushNet”节点对应的输入端口，如图 11.4-4 所示。

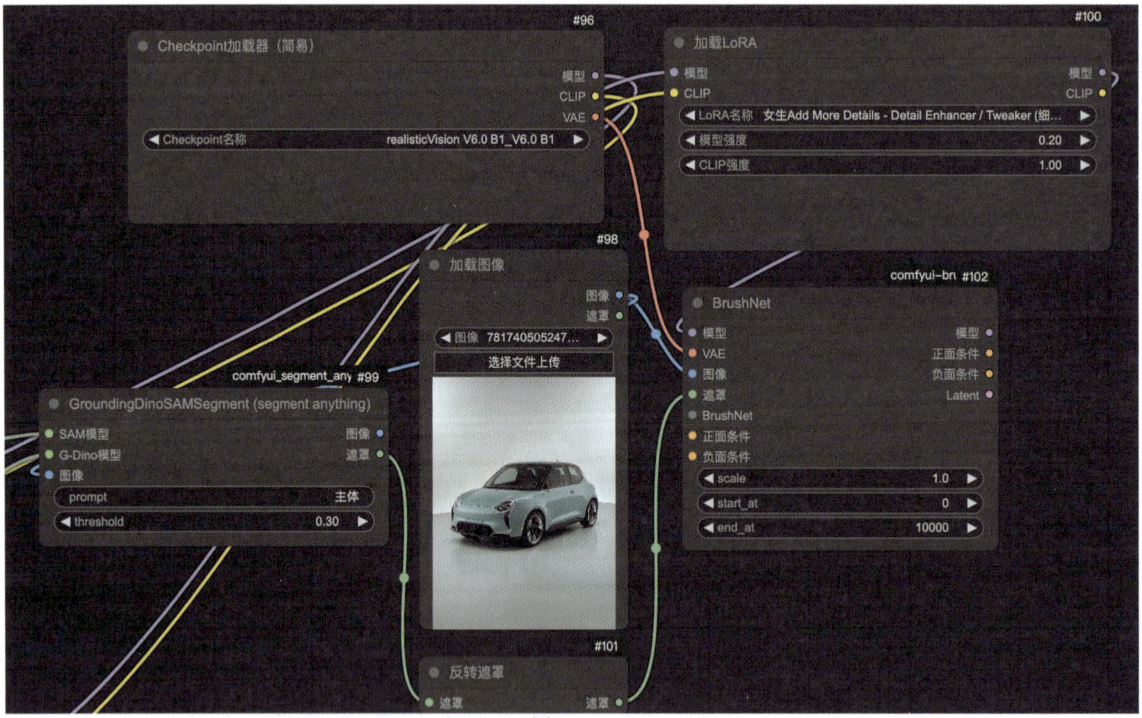

图11.4-4

步骤 05 新建“BrushNet Loader”节点和两个“CLIP Text Encode（Advanced）”节点。将第二个“加载 LoRa”节点的“CLIP”输出端连接至两个“CLIP Text Encode（Advanced）”节点。

将两个“CLIP Text Encode（Advanced）”节点的“条件”输出端分别连接至“BrushNet”节点的“正面条件”“负面条件”输入端口。将“BrushNet Loader”节点连接至“BrushNet”节点，如图 11.4-5 所示。

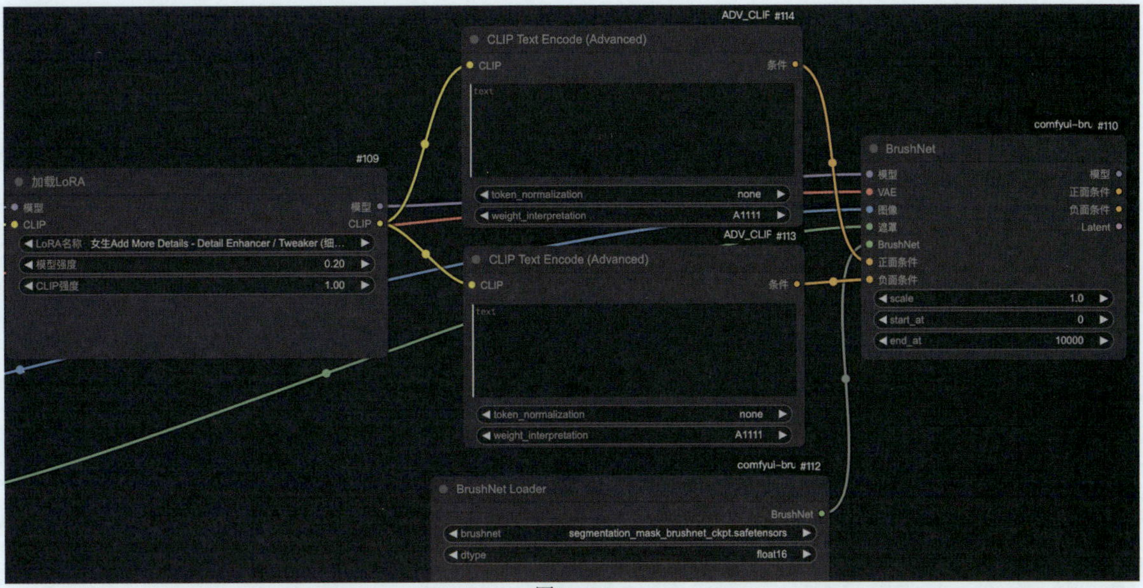

图11.4–5

步骤 06 新建“CR Latent Batch Size”“K 采样器”节点。将“CR Latent Batch Size”节点连接在“BrushNet”节点和“K 采样器”节点之间。

将“BrushNet”节点的“模型”“正面条件”“负面条件”输出端分别连接至“K 采样器”的对应输入端口，如图 11.4-6 所示。

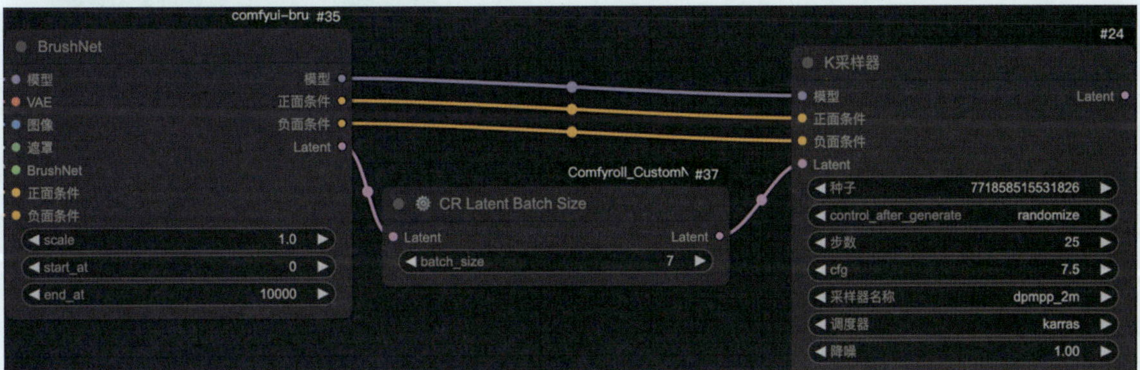

图11.4–6

步骤 07 新建“VAE 解码”“预览图像”节点并相连接。将“Checkpoint 加载器（简易）”的“VAE”输出端连接至“VAE 编码器”的“VAE”输入端口。

将“K 采样器”节点的“Latent”输出端连接至“VAE 编码”的“Latent”输入端口。至此，商业广告工作流就搭建完成了，如图 11.4-7 所示。

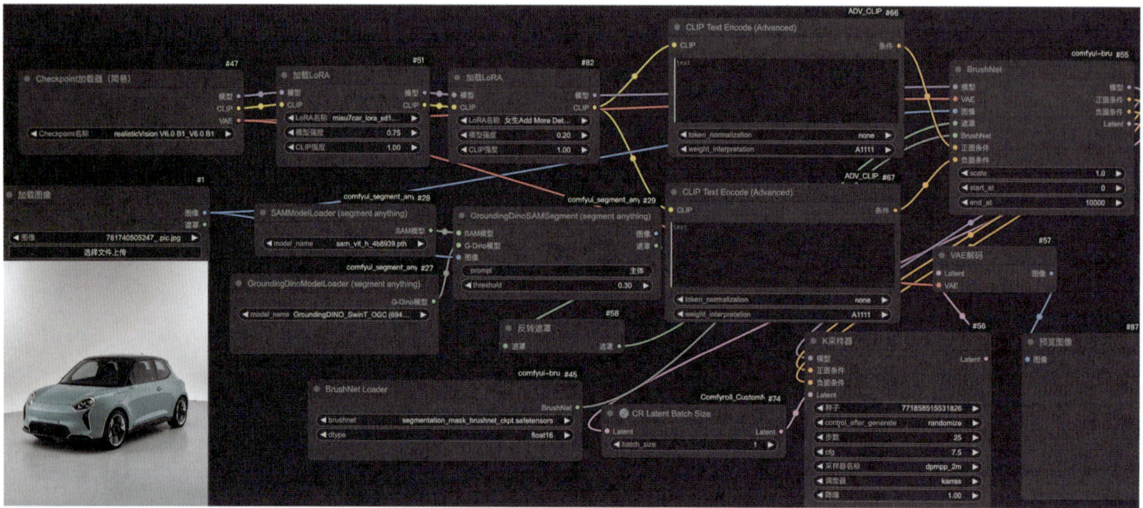

图11.4–7

11.4.2　工作流实操

完成工作流的搭建后，通过对各项参数的精准调整，可以确保海报在风格、布局和细节上符合设计要求，从而提升整体创作水平。

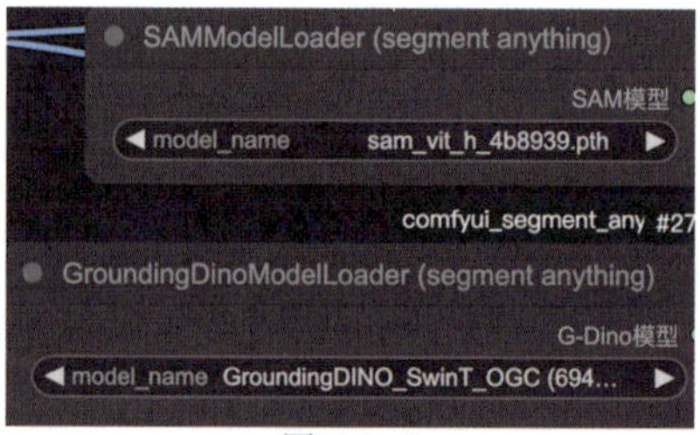

图11.4–8

步骤 01　在“SAMModelLoader (segment anything)”节点中，“model_name”选择“sam_vit_h_4b8939.pth”。在“GroundingDinoModelLoader (segment anything)”节点中，“model_name”选择“GroundingDINO_SwinT_OGC (694MB)”，如图 11.4-8 所示。

步骤 02　在“GroundingDinoSAMSegment (segment anything)”节点中，“prompt”中输入“主体”。如图 11.4-9 所示。

步骤 03　在“Checkpoint 加载器（简易）”节点中，“Checkpoint 名称”选择“realisticVision V6.0 B1_V6.0 B1”。如图 11.4-10 所示。

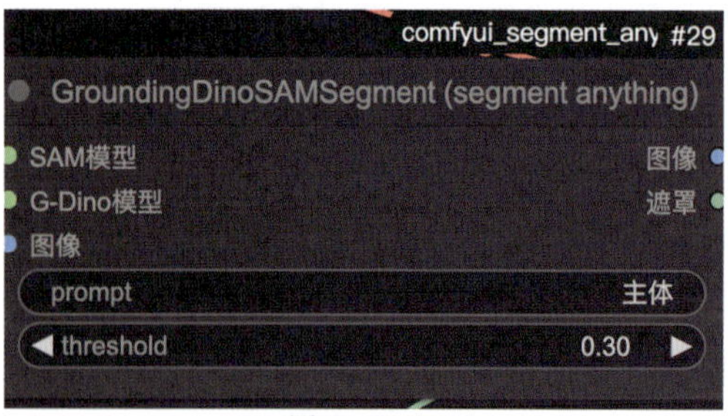

图11.4–9

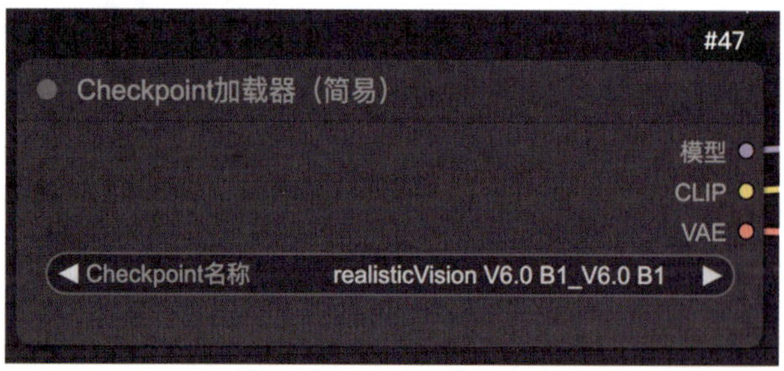

图11.4–10

步骤 04 在第一个“加载 LoRA”节点中，“LoRA 名称”选择“misu7car_lora_sd1.5_v1_1.0”；“模型强度”设为 0.75。在第二个“加载 LoRA”节点中，“LoRA 名称”选择“女生 Add More Details -Detail Enhancer/Tweaker（细节调整）LORA_v1.0”；“模型强度”设为 0.20，如图 11.4-11 所示。

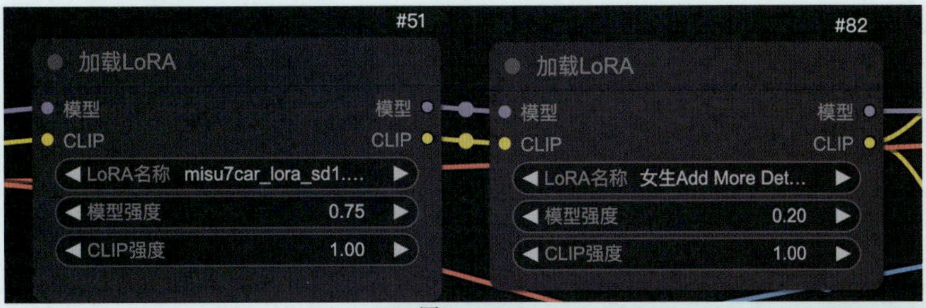

图11.4–11

步骤 05 在第一个“CLIP Text Encode（Advanced）”节点输入“ lush green grass and blooming flowers,beside a cliff,while the sun shines through the clouds in the sky.,”，在第二个“CLIP Text Encode（Advanced）”节点输入“low quality,blurry,lowres,”，且两个“CLIP Text Encode（Advanced）”节点的“weight_interpretation”均设为“A1111”，如图 11.4-12 所示。

步骤 06 在“BrushNet Loader”节点中，将“brushnet”选择为“segmentation_mask_brushnet_ckpt.safetensors”，如图 11.4-13 所示。

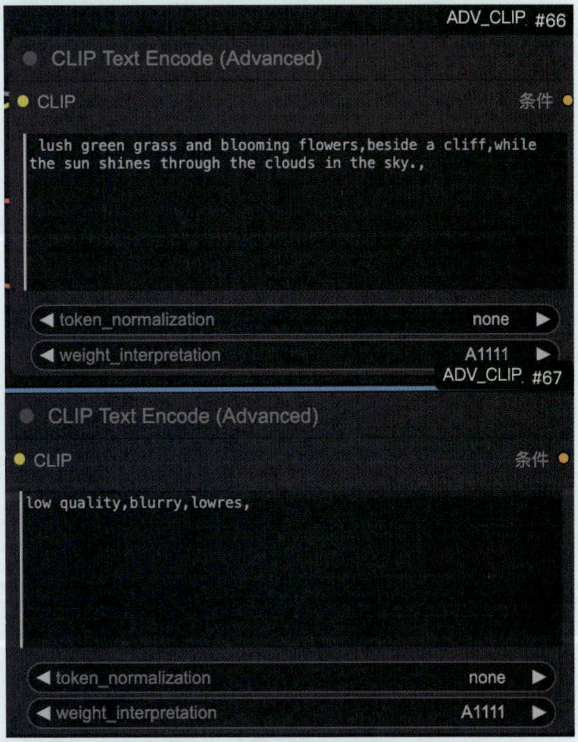

图11.4–12

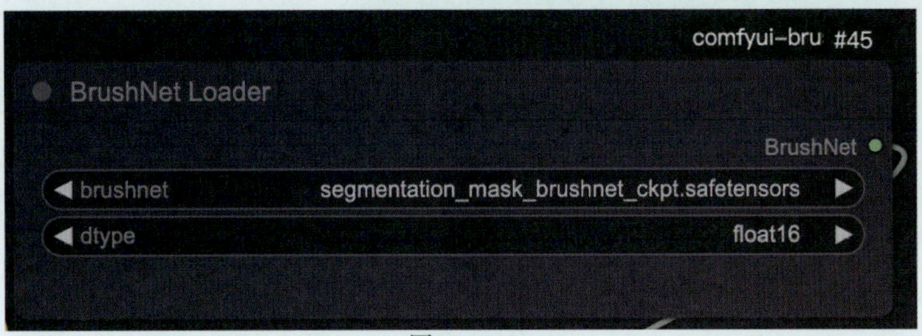

图11.4–13

步骤 07 在“CR Latent Batch Size”节点中，“batch_size”设为 1。在“K 采样器”中，“control_after_generate”设为“randomize”；“步数”设为 25；“cfg”设为 7.5；“采样器名称”设为“dpmpp_2m”；“调度器”设为“karras”；“降噪”设为 1.00，如图 11.4-14 所示。

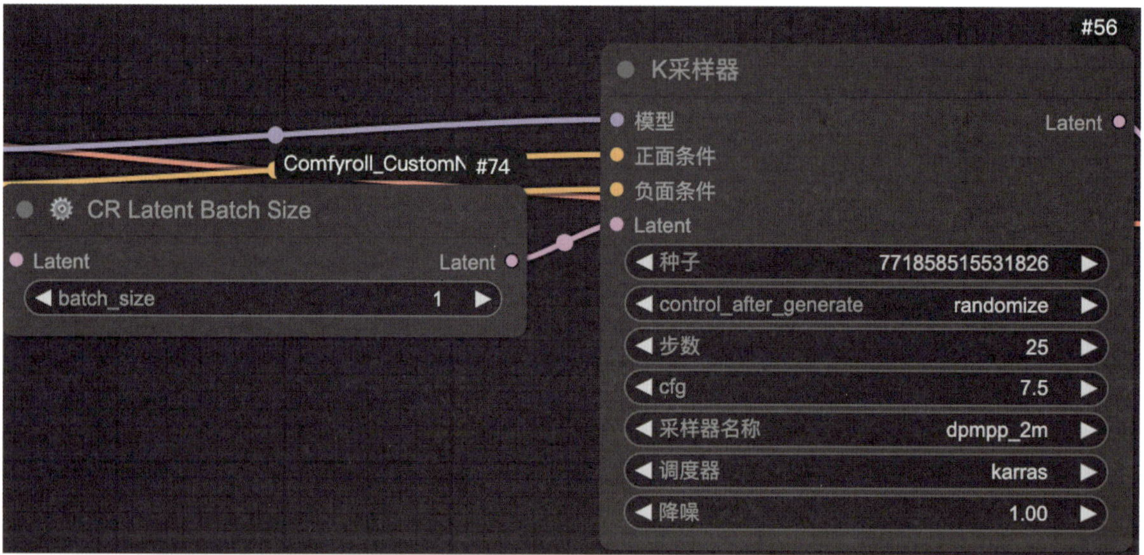

图11.4-14

步骤 08 单击“执行”按钮，一张汽车广告摄影的图像就生成了，如图 11.4-15 所示。

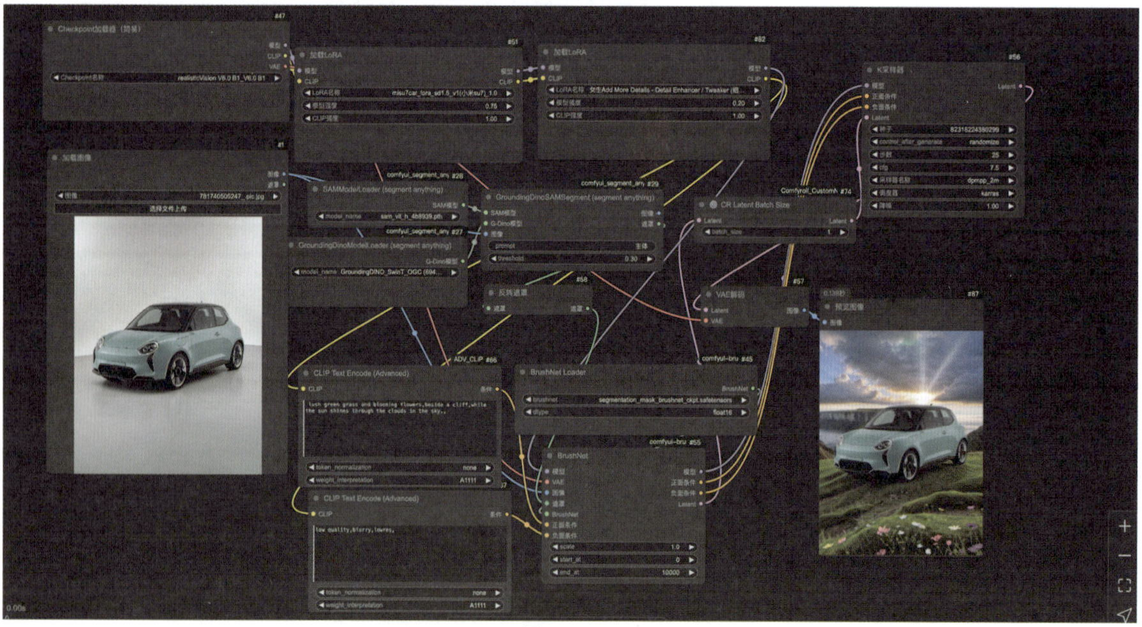

图11.4-15

12

第 12 章

视频领域

在视觉艺术的浪潮中，视频创作如同一颗璀璨的明珠，以其动态的魅力和强大的叙事能力吸引着无数创作者的目光。这一章将带你踏入视频创作的奇妙世界，解锁四个极具创新性的工作流：图片转视频、动漫小视频、跳舞视频以及 AI 特效。

从静态图片的灵动化，到动漫角色的活力演绎；从舞蹈动作的精准捕捉，再到 AI 特效的奇幻加持，ComfyUI 将为创作者们提供强大的技术支持，让创意在动态影像中肆意绽放。无论你是视频新手还是资深导演，这一章节都将为你打开一扇通往无限创意的大门，让每一次创作都成为视觉盛宴的开端。

12.1 图片转视频创作流程

在日常生活中，图片转视频是一种简单而有趣的方式来记录和分享美好瞬间。通过将静态照片转化为动态视频，可以为回忆增添更多的活力和情感表达，让珍贵的时刻变得更加生动和有趣。然而，传统的图片转视频制作往往需要一定的技术知识和大量的时间投入，对于普通用户来说可能有些困难。利用 ComfyUI 等工具可以显著简化图片转视频的过程，快速生成富有创意和情感表达的动态视频，让用户能够轻松地记录和分享生活中的点滴，同时节省大量的时间和精力。

12.1.1 图片转视频工作流搭建

图片转视频工作流搭建的操作流程如下。

步骤 01 新建“Checkpoint 加载器 (仅图像)”“SVD_ 图像到视频 _ 条件”“加载图像”节点，如图 12.1-1 所示。

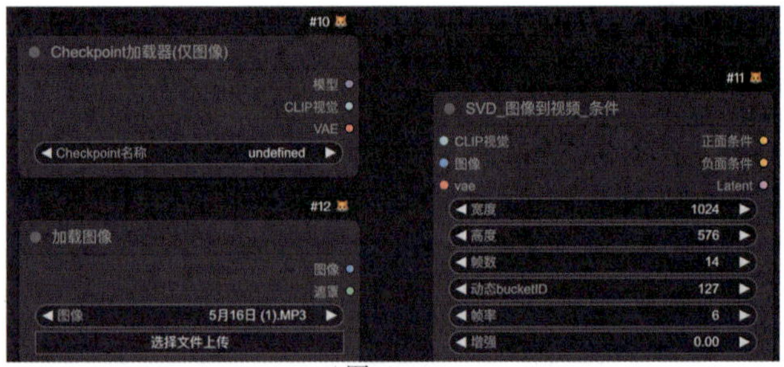

图12.1-1

步骤 02 将“Checkpoint 加载器 (仅图像)”节点的“CLIP 视觉”“vae”输出端口分别连接至“SVD_ 图像到视频 _ 条件”节点的“CLIP 视觉”“vae”输入端口。

将“加载图像”节点的“图像”输出端口连接至“SVD_ 图像到视频 _ 条件”节点的“图像”输入端口，如图 12.1-2 所示。

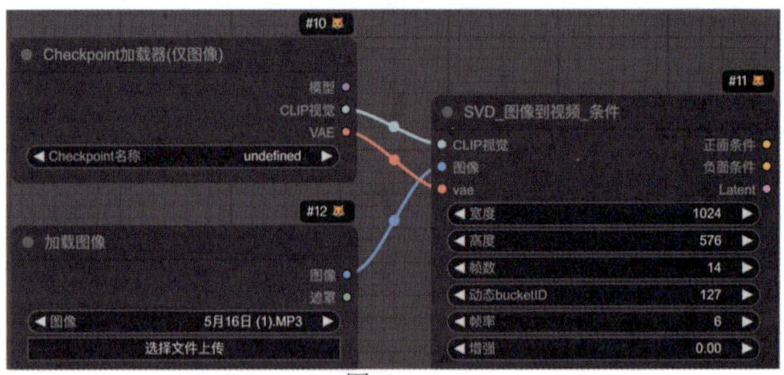

图12.1-2

步骤 03 新建“线性 CFG 引导”“K 采样器”节点。将“线性 CFG 引导”节点的“模型”输出端口连接至“K 采样器”节点的“模型”输入端口，如图 12.1-3 所示。

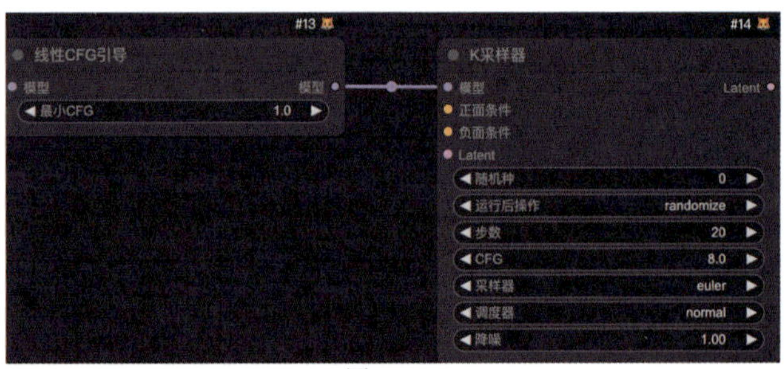

图12.1-3

步骤 04 新建“VAE 解码”“合并为视频”节点，将“VAE 解码”节点的“图像”输出端口连接至“合并为视频”节点的“图像”输入端口，如图 12.1-4 所示。

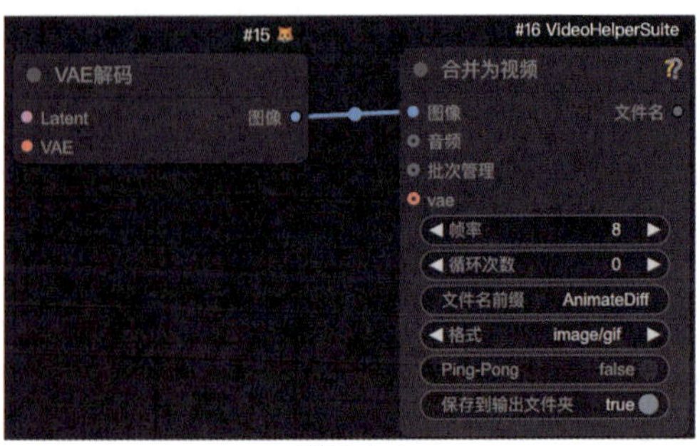

图12.1-4

步骤 05 将“Checkpoint 加载器 (仅图像)”节点的“模型”输出端口连接至“线性 CFG 引导”节点的“模型”输入端口。

将“SVD_ 图像到视频 _ 条件”节点的“正面条件”“负面条件”“Latent”输出端口连接至“K 采样器”节点的对应输入端口，如图 12.1-5 所示。

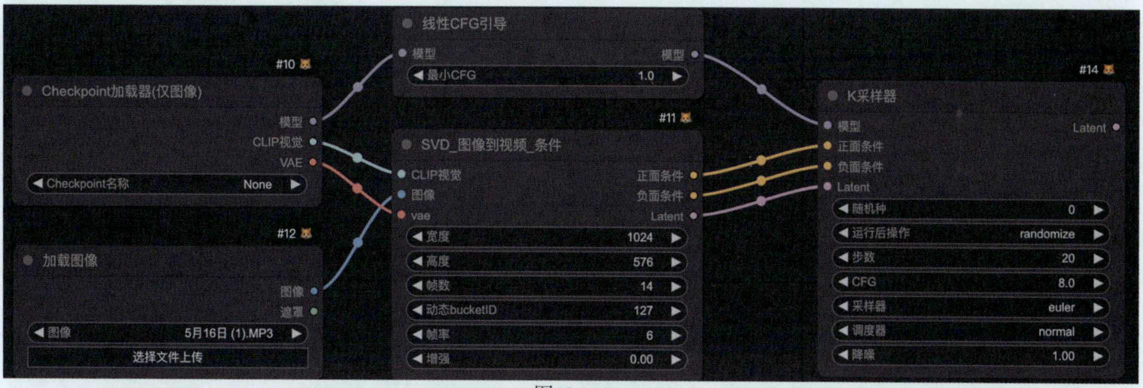

图12.1–5

步骤 06 将“K 采样器”节点的“Latent”输出端口连接至“VAE 解码”节点的“Latent”输入端口。

将“Checkpoint 加载器 (仅图像)”节点的“VAE”输出端口连接至“VAE 解码”节点的“VAE”输入端口。至此，完成图片转视频工作流的搭建，整理节点，如图 12.1-6 所示。

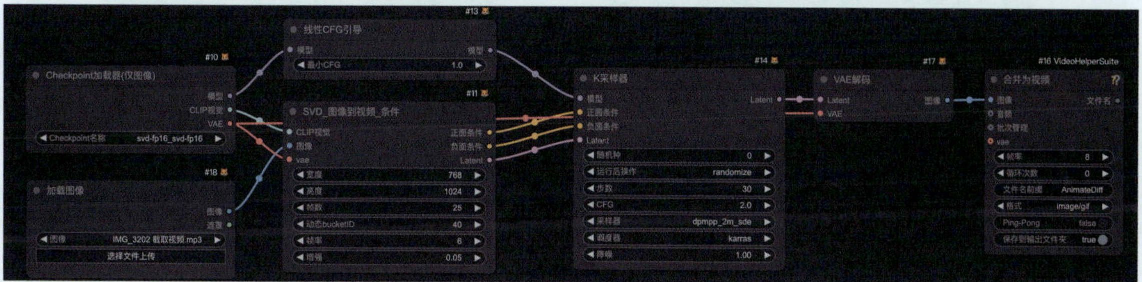

图12.1–6

12.1.2 图片转视频工作流实操

完成图片转视频工作流的搭建后，接下来进入实操环节。

步骤 01 在“Checkpoint 加载器 (仅图像)”节点加载模型“svd-fp16_svd-fp16”，如图 12.1-7 所示。

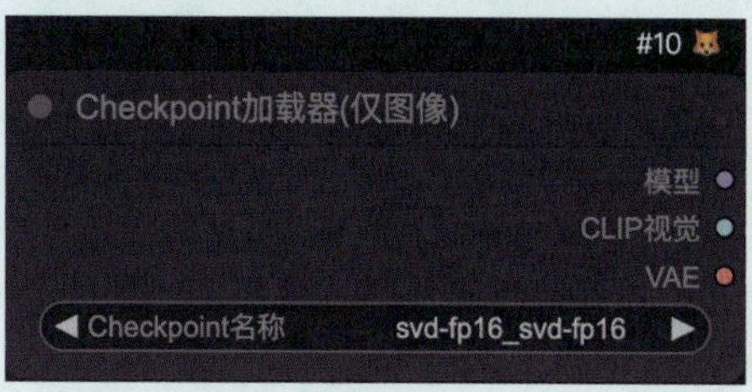

图12.1–7

步骤 02 在“SVD_图像到视频_条件”节点，设置“宽度”为 768；“高度”为 1024；帧数为 25；“动态 bucketID”为 40；“帧率”为 6；“增强”为 0.05，如图 12.1-8 所示。

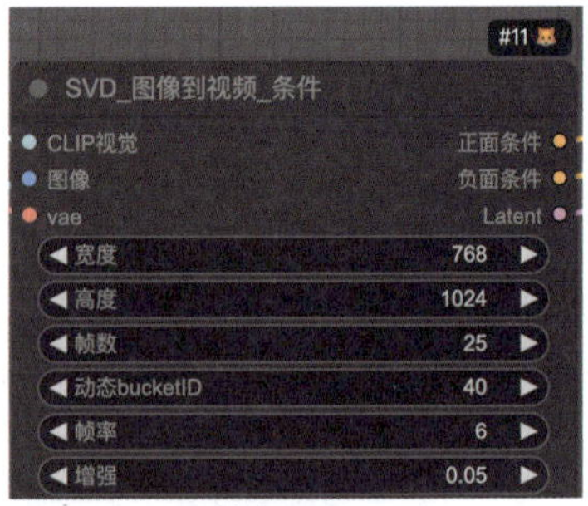

图12.1–8

步骤 03 在“K 采样器”节点，设置“步数”为 30；“CFG”为 2.0；“采样器”为“dpmpp_2m_sde”；“调度器”为“karras”；其余参数保持不变，如图 12.1-9 所示。

步骤 04 在“加载图像”节点上传图像，如图 12.1-10 所示。

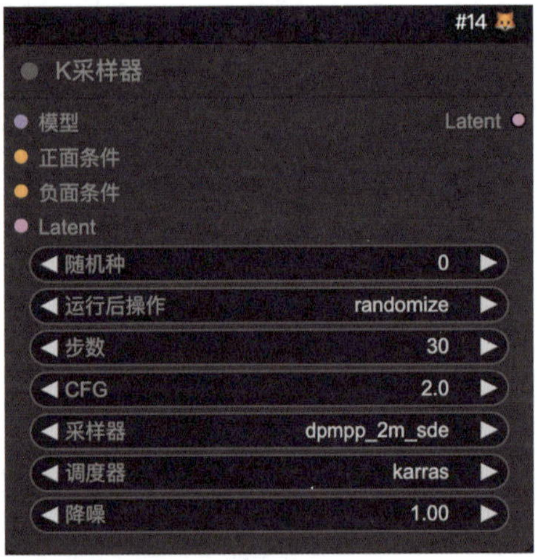

图12.1–9

图12.1–10

步骤 05 执行该工作流，等待片刻后，图片转视频生成完毕，如图 12.1-11 所示。

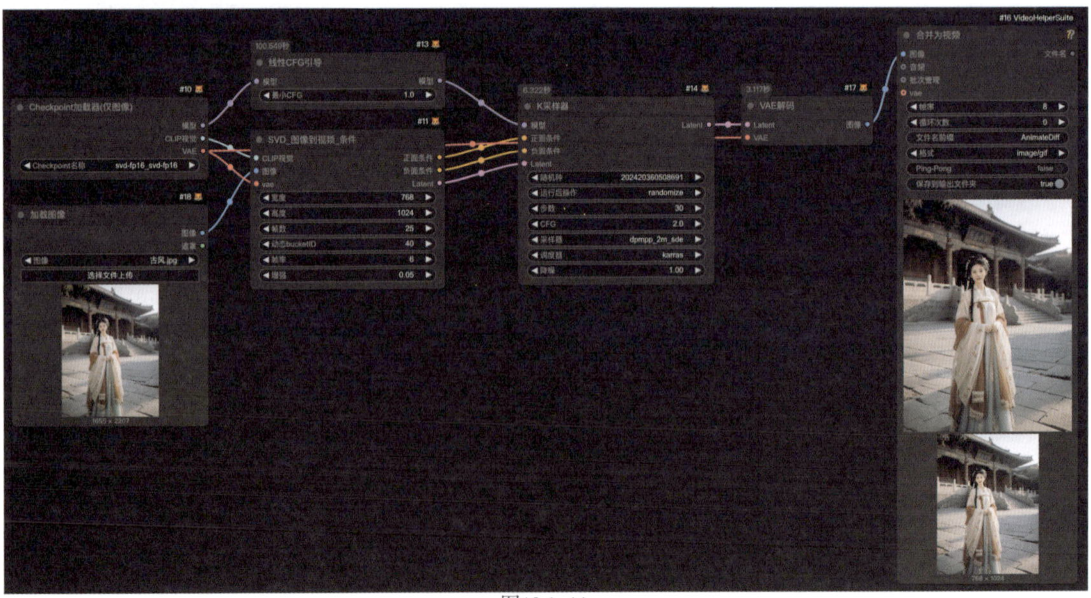

图12.1–11

12.2 动漫小视频创作流程

在日常生活中，将图片生成动漫小视频是一种充满创意的方式。它能让静态照片瞬间变得生动有趣，为分享和记录增添新体验。但传统制作需要专业技能和复杂操作，耗时耗力。借助 ComfyUI 等智能工具，普通用户也能轻松实现图片到动漫视频的快速转换，节省时间和精力，让生活记录更有趣。

12.2.1 动漫小视频工作流搭建

接下来，进行动漫小视频工作流的搭建，操作流程如下。

步骤 01 新建“Checkpoint 加载器 (简易)”“CLIP 设置停止层”“LoRA 加载器”节点，如图 12.2-1 所示。

图12.2–1

步骤 02 将“Checkpoint 加载器 (简易)”节点的“CLIP”输出端口连接至“CLIP 设置停止层”节点的“CLIP”输入端口；将“CLIP 设置停止层”节点的“CLIP”输出端口连接至“LoRA 加载器”节点的“CLIP”输入端口，如图 12.2-2 所示。

图12.2–2

步骤 03 新建“上下文设置 (循环统一)”“动态扩散加载器”节点。将“上下文设置 (循环统一)”节点的“上下文设置”输出端口连接至“动态扩散加载器”节点的“上下文设置”端口，如图 12.2-3 所示。

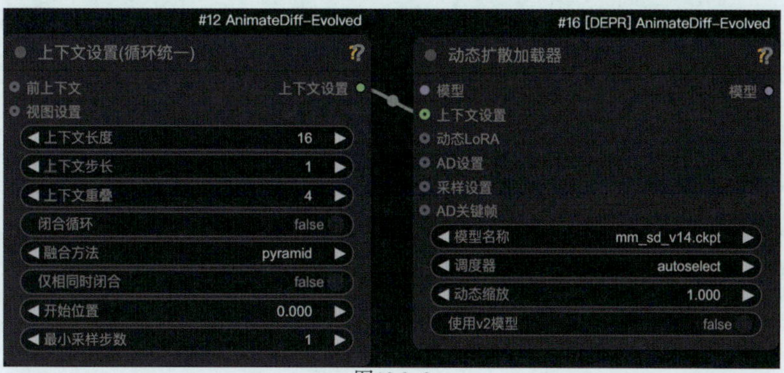

图12.2–3

步骤 04 新建“K 采样器 (Inspire)”“VAE 加载器”“VAE 解码”节点，如图 12.2-4 所示。

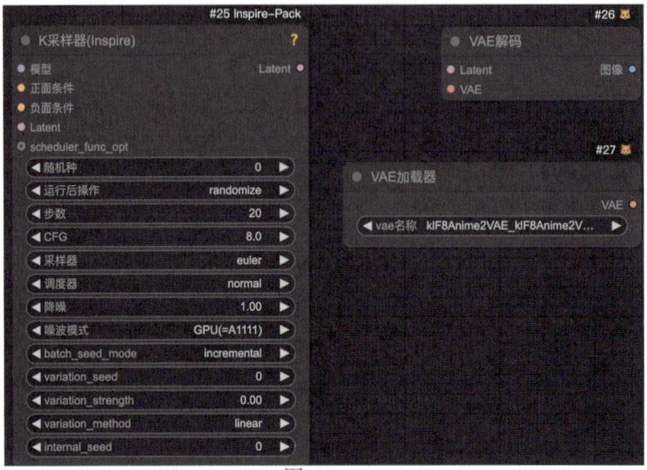

图12.2-4

步骤 05 将“K 采样器 (Inspire)”节点的“Latent”输出端口连接至“VAE 解码”节点的“Latent”输入端口；“VAE 加载器”节点的“VAE”输出端口连接至“VAE 解码”节点的“VAE”输入端口，如图 12.2-5 所示。

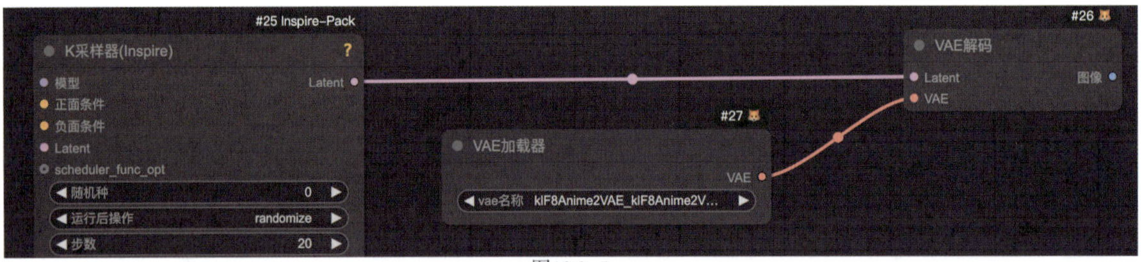

图12.2-5

步骤 06 新建 4 个“加载图像”节点，新建“图像组合批次”节点，如图 12.2-6 所示。

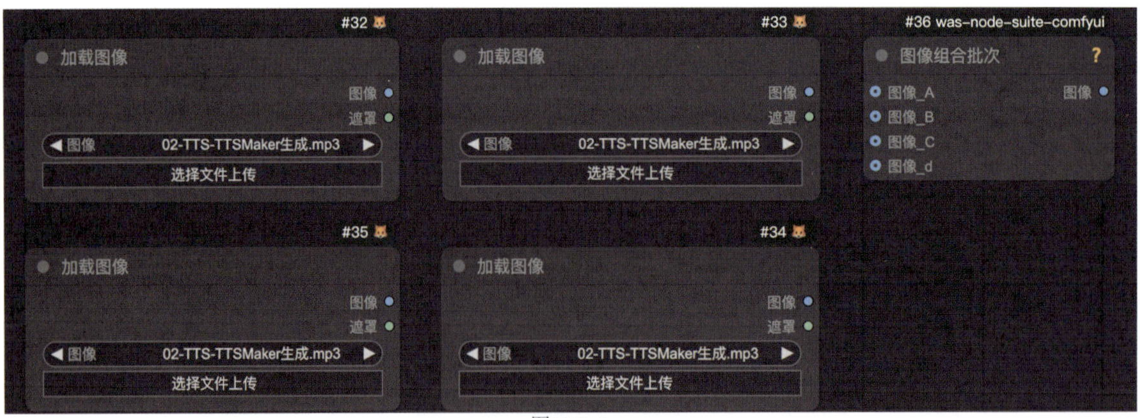

图12.2-6

步骤 07 将 4 个“加载图像”节点的“图像”输出端口连接至“图像组合批次”的“图像 _A”“图像 _B”“图像 _C”“图像 _D”输入端口，如图 12.2-7 所示。

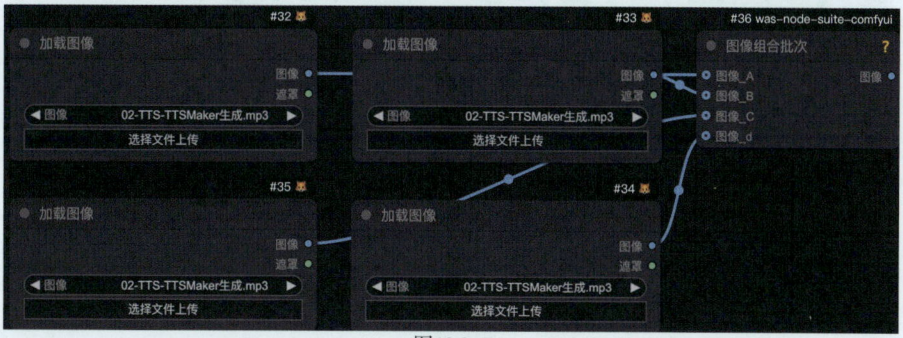

图12.2-7

步骤 08 新建“SparseCtrl 分散方法”“SparseCtrl 加载器”“SparseCtrl 预处理器”“ControlNet 应用（旧版高级）”节点，如图 12.2-8 所示。

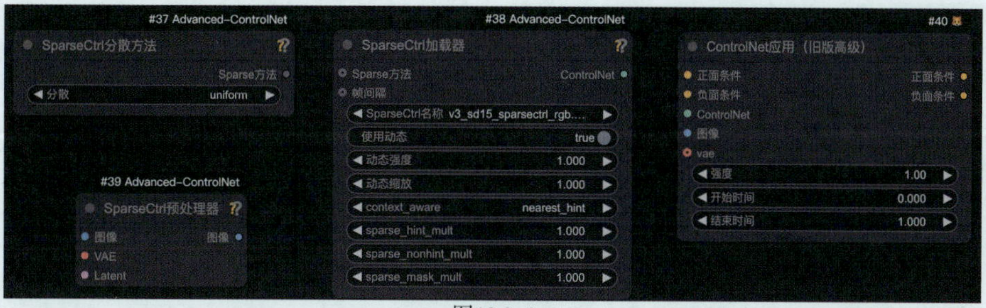

图12.2-8

步骤 09 将“SparseCtrl 分散方法”节点的“Sparse 方法”输出端口连接至“SparseCtrl 加载器”节点的“Sparse 方法”输入端口。

将“SparseCtrl 预处理器”节点的“图像”输出端口连接至“ControlNet 应用（旧版高级）”节点的“图像”输入端口。

将“SparseCtrl 加载器”节点的“ControlNet”输出端口连接至“ControlNet 应用（旧版高级）”节点的“ControlNet”输入端口，如图 12.2-9 所示。

图12.2-9

步骤 10 新建两个“CLIP 文本编码器 (BNK)”节点，如图 12.2-10 所示。

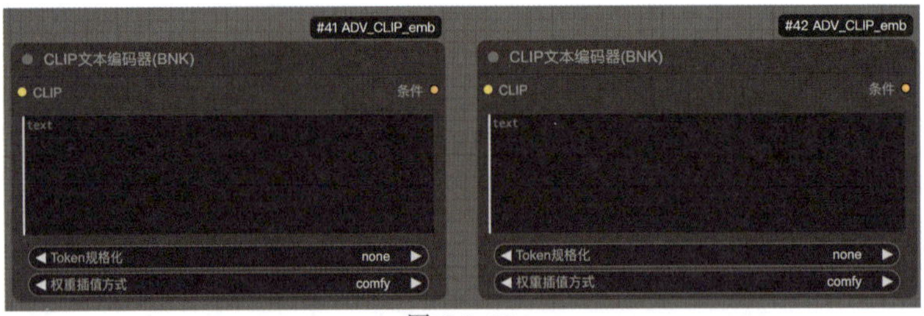

图12.2–10

步骤 11 将“LoRA 加载器”节点的“模型”输出端口连接至“动态扩散加载器”节点的“模型”输入端口。

将“LoRA 加载器”节点的“CLIP”输出端口分别连接至“CLIP 文本编码器 (BNK)”节点的“CLIP”输入端口，如图 12.2-11 所示。

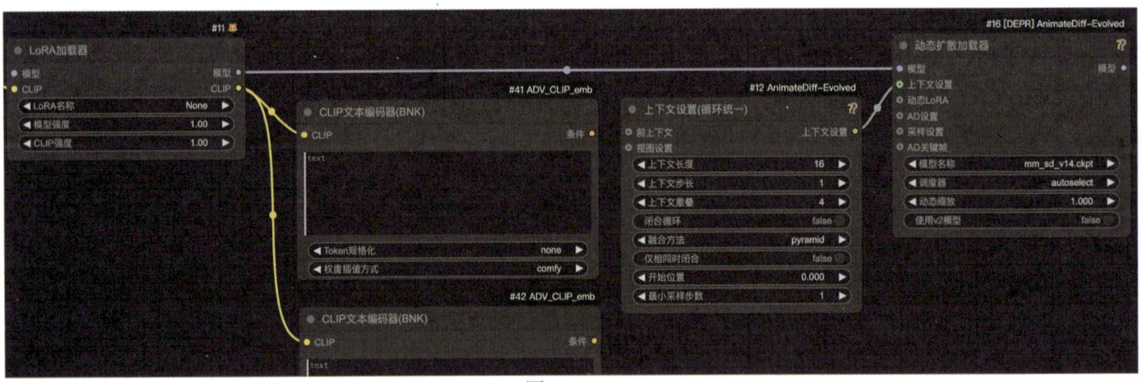

图12.2–11

步骤 12 分别将“CLIP 文本编码器 (BNK)”节点的“条件”输出端口连接至“ControlNet 应用（旧版高级）”节点的“正面条件”“负面条件”输入端口，如图 12.2-12 所示。

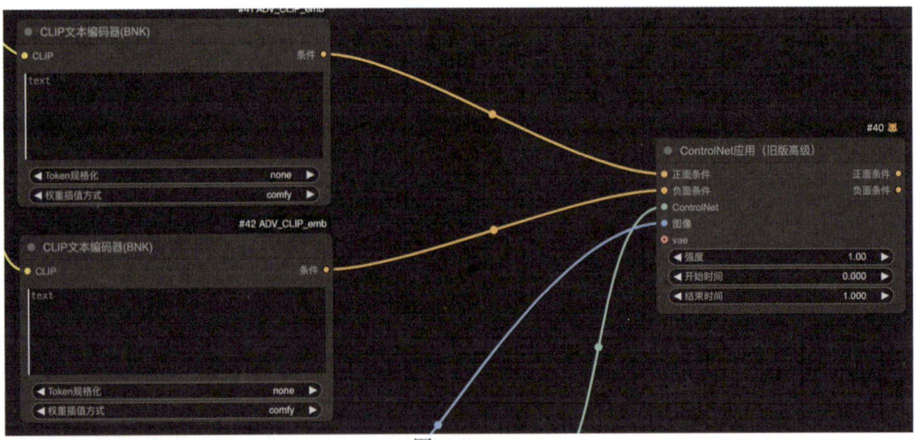

图12.2–12

步骤 13 将“动态扩散加载器”节点的“模型”输出端口连接至“K 采样器 (Inspire)”节点的“模型”输入端口。

将“ControlNet 应用（旧版高级）”节点的“正面条件”“负面条件”输出端口连接至“K 采样器 (Inspire)”节点的“正面条件”“负面条件”输入端口，如图 12.2-13 所示。

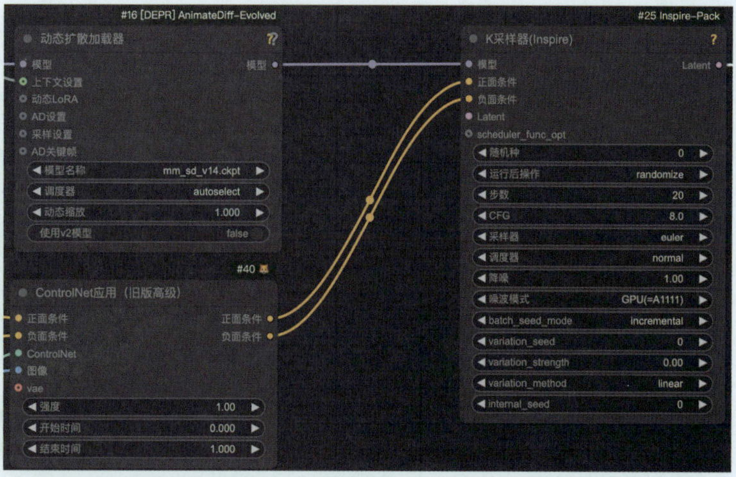

图12.2-13

步骤 14 将“Checkpoint 加载器（简易）”节点的“VAE”输出端口连接至“SparseCtrl 预处理器”节点的“VAE”输入端口。

将“空 Latent”节点的“Latent”输出端口连接至“SparseCtrl 预处理器”节点的“Latent”输入端口。

将“图像组合批次”节点的“图像”输出端口连接至“SparseCtrl 预处理器”节点的“图像”输入端口，如图 12.2-14 所示。

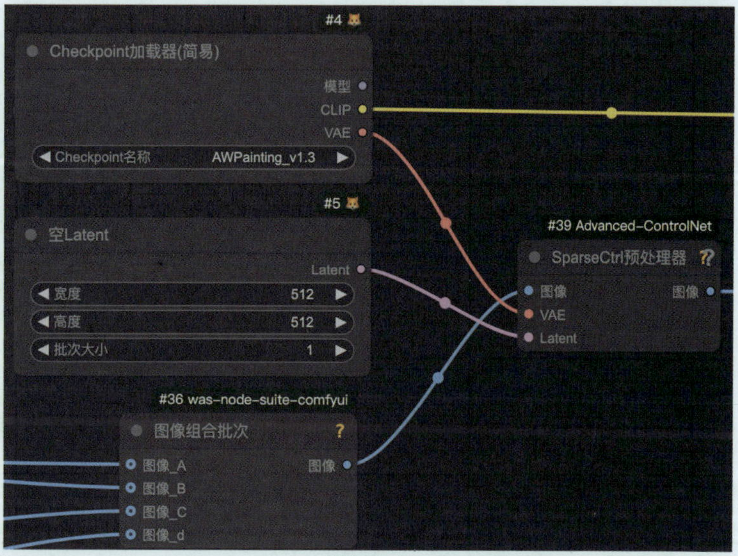

图12.2-14

步骤 15 将“空 Latent”节点的“Latent”输出端口连接至“K 采样器 (Inspire)”节点的“Latent”输入端口，如图 12.2-15 所示。

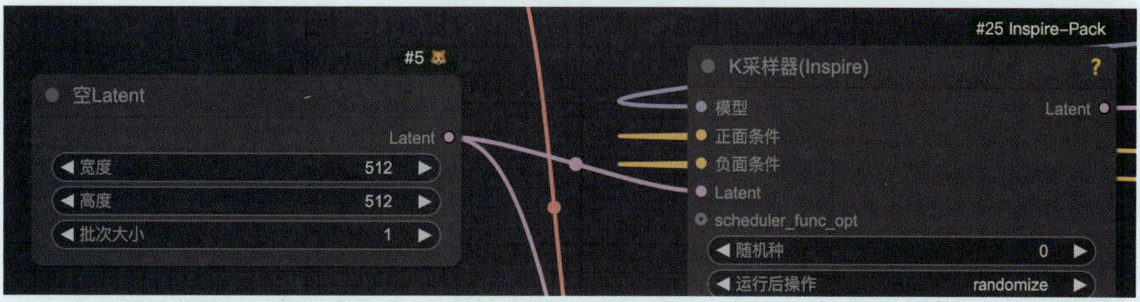

图12.2-15

步骤 16 新建“合并为视频”节点，将“VAE 解码”节点的“图像”输出端口连接至“合并为视频”节点的“图像”输入端口，如图 12.2-16 所示。

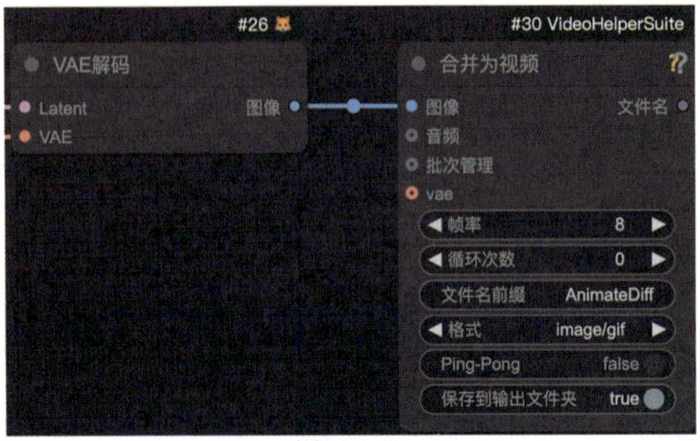

图12.2–16

步骤 17 至此，完成动漫小视频工作流的搭建，通过“组”整理节点，如图 12.2-17 所示。

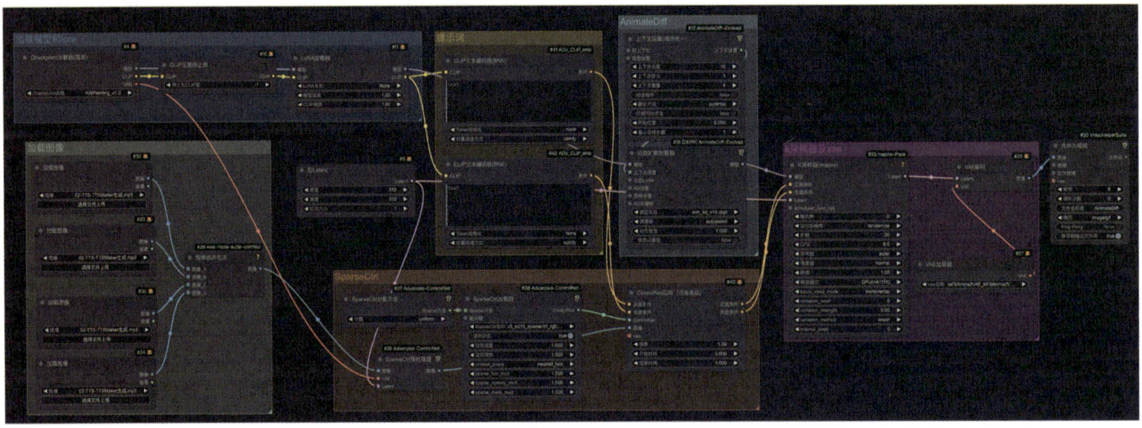
图12.2–17

12.2.2 动漫小视频工作流实操

完成动漫小视频工作流的搭建后，接下来进入实操环节。

步骤 01 在“Checkpoint 加载器 (简易)”节点选择“儿童插画绘本 Minimalism”模型；在“CLIP 设置停止层”节点，设置“停在 CLIP 层”为 -2；在“LoRA 加载器”节点，LoRA 模型选择“简约卡通风格 | Simple Cartoon Style”，如图 12.2-18 所示。

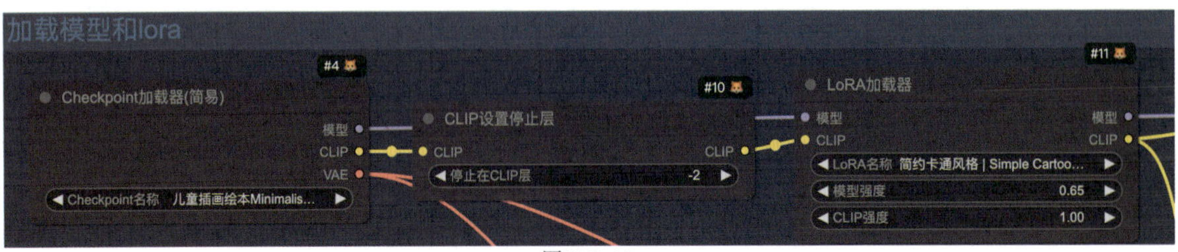

图12.2–18

步骤 02 在“加载图像”节点上传准备好的图像，在本案例中，由于只使用一张参考图像，所以停用其他三个加载图像节点，如图 12.2-19 所示。

步骤 03 在与正面条件相连接的“CLIP 文本编码器 (BNK)”文本框内填入正面提示词“Little Witch, (Masterpiece: 1.3), (8K, RAW format, best quality: 1.4), solo, little witch, glowing staff,The background is a small forest, creating a gentle atmosphere.”。

在与负面条件相连接的“CLIP 文本编码器 (BNK)”文本框内填入负面提示词“embedding:badhandv4, embedding:EasyNegativeV2,”，将两个“CLIP 文本编码器 (BNK)”节点的“权重插值方式”调整为“A1111”，如图 12.2-20 所示。

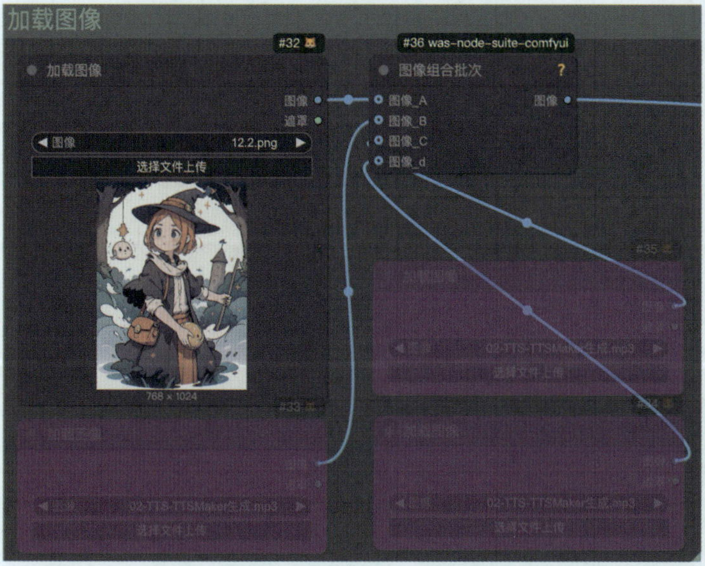

图12.2-19

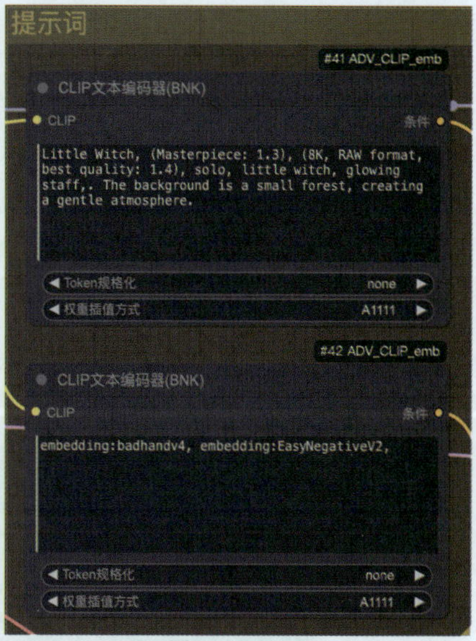

图12.2-20

步骤 04 将“SparseCtrl 分散方法”节点的“分散”选择为“starting”；将“SparseCtrl 加载器”节点的“SparseCtrl 名称”设置为“v3_sd15_sparsectrl_rgb”，其余参数保持不变，如图 12.2-21 所示。

图12.2-21

步骤 05 在“动态扩散加载器”节点，“模型名称”选择“mm_sd_v15_v2.ckpt”；“调度器”选择“sqrt_linear(AnimateDiff)”，其余参数保持不变，如图 12.2-22 所示。

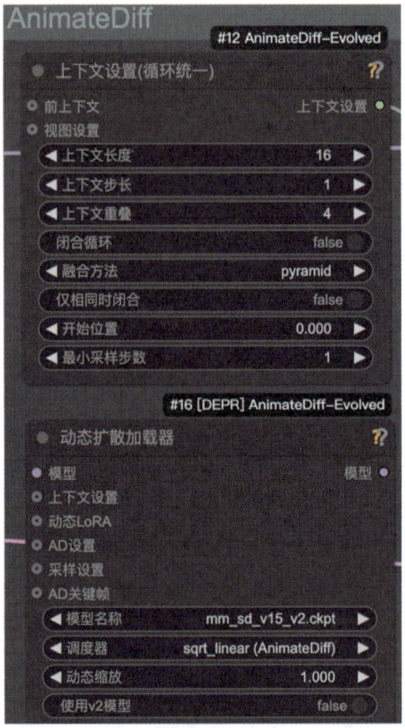

图12.2-22

步骤 06 在“K 采样器 (Inspire)”节点，“运行后操作”设置为“fixed”；“步数”设置为 20；“CFG”设置为 6.0；“采样器”选择“dpmpp_2m”；“调度器”选择“karras”，其余参数保持不变。在“VAE 加载器”节点，选择“vae-ft-mse-840000-ema-pruned”，如图 12.2-23 所示。

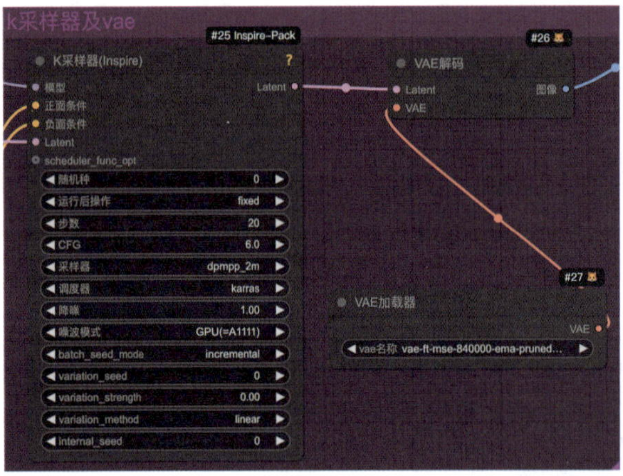

图12.2-23

图12.2-24

步骤 07 将“合成为视频”节点的“格式”设置为“video/h264-mp4”；“crf”设置为 19，其余参数保持不变，如图 12.2-24 所示。将“空 latent”节点的“宽度”设置为 768；“高度”设置为 1024；批次大小设置为 16，如图 12.2-25 所示。

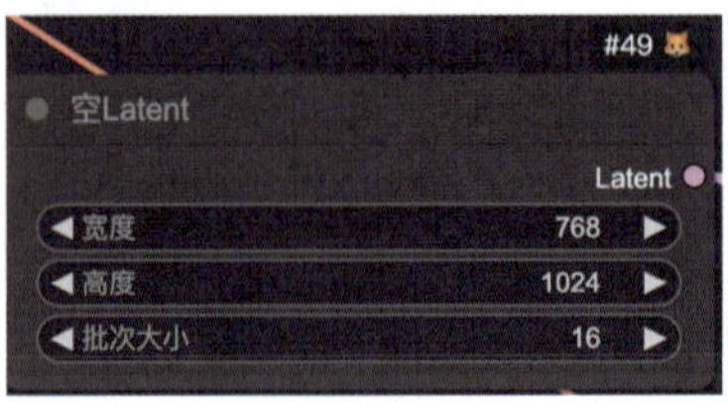

图12.2-25

步骤 08 执行该工作流，等待片刻后，动漫小视频生成完毕，如图 12.2-26 所示。

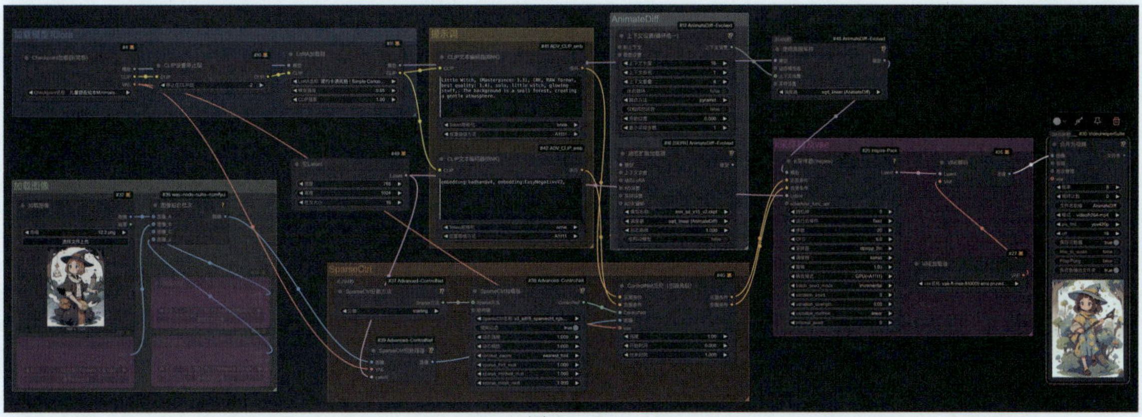

图12.2-26

12.3 跳舞视频创作流程

在日常生活中，制作跳舞短视频能将舞蹈的精彩瞬间生动呈现，为分享和记录增添欢乐。但传统制作需要专业技能和复杂操作，耗时耗力。借助智能工具，普通人也能轻松制作跳舞短视频，节省时间和精力，让生活更加精彩。

12.3.1 跳舞视频工作流搭建

接下来，进行跳舞工作流的搭建，操作流程如下。

步骤 01 新建“(Down)Load MimicMotionModel”“MimicMotion Sampler”“MimicMotion Decode”节点，如图 12.3-1 所示。

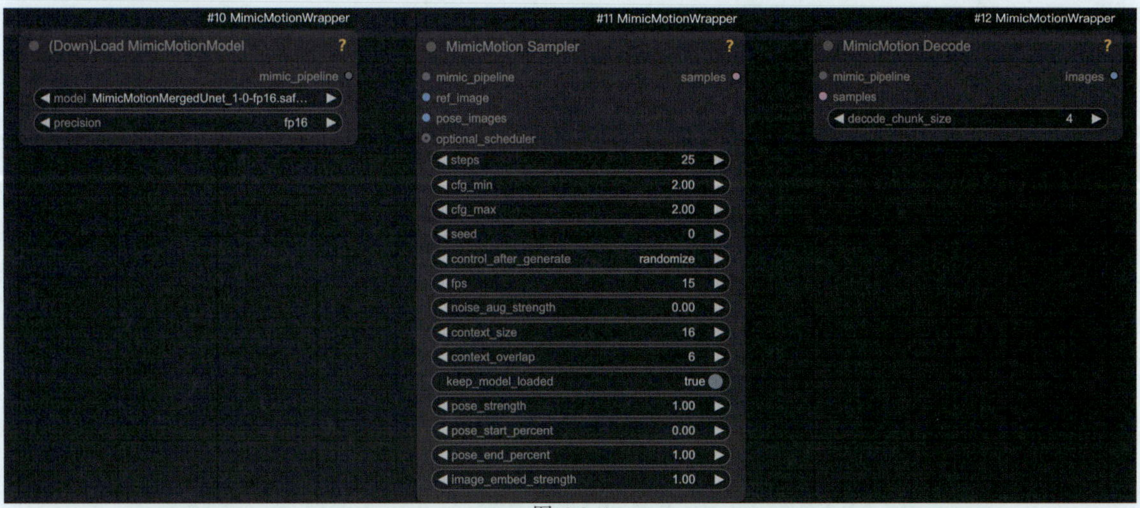

图12.3-1

步骤 02 将“(Down)Load MimicMotionModel”节点的“minic_pipeline”输出端口分别连接至“MimicMotion Sampler”节点和“MimicMotion Decode”节点的“minic_pipeline”输入端口。

将“MimicMotion Sampler”节点的“samples”输出端口连接至“MimicMotion Decode”节点的“samples”输入端口，如图 12.3-2 所示。

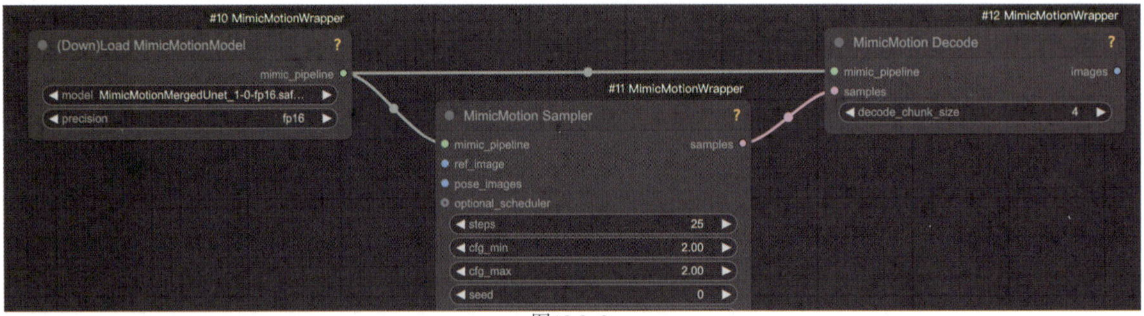

图12.3–2

步骤 03 新建“图像对比度自适应锐化”“RIFE VFI”“图像缩放”“合并为视频”节点，如图 12.3-3 所示。

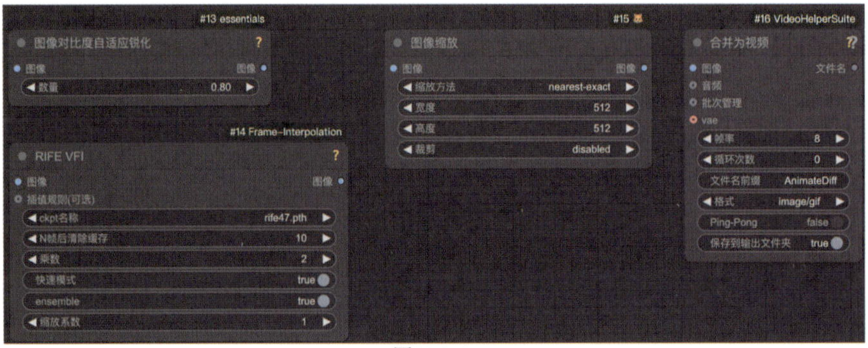

图12.3–3

步骤 04 将“图像对比度自适应锐化”节点的“图像”输出端口连接至“RIFE VFI”节点的“图像”输入端口。

将“RIFE VFI”节点的“图像”输出端口连接至“图像缩放”节点的“图像”输入端口。

将“图像缩放”节点的“图像”输出端口连接至“合并为视频”节点的“图像”输入端口，如图 12.3-4 所示。

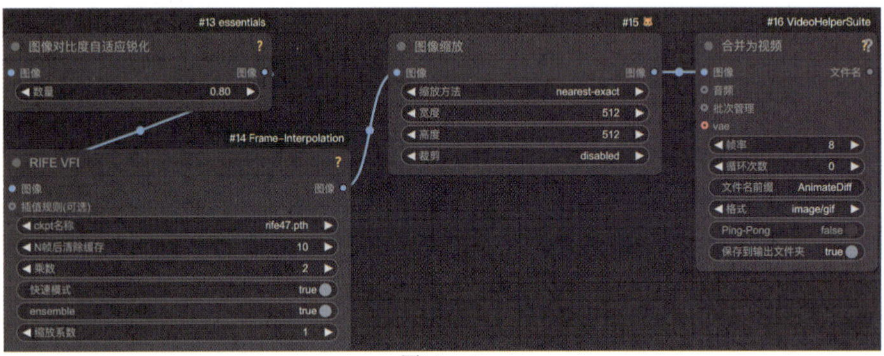

图12.3–4

步骤 05 新建两个“图像缩放（KJ）”节点；新建“MimicMotion GetPoses”“获取图像尺寸数量”节点，如图 12.3-5 所示。

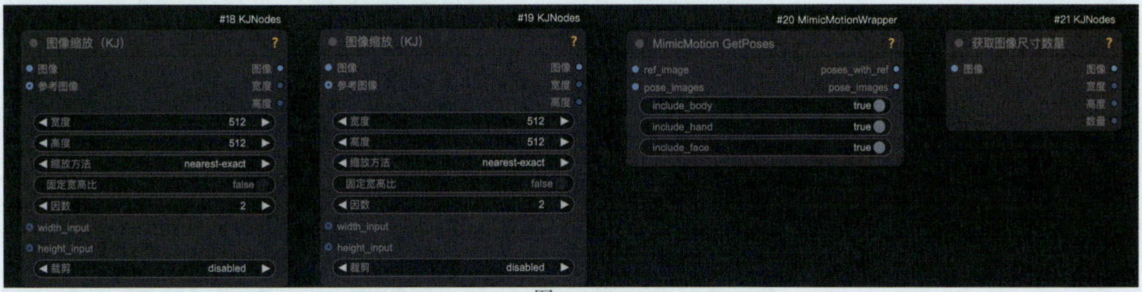

图12.3–5

步骤 06 将第一个“图像缩放（KJ）”节点的“图像”输出端口连接至“MimicMotion GetPoses”节点的“ref_image”输入端口。

将第一个“图像缩放（KJ）”节点的“宽度”和“高度”输出端口连接至第二个“图像缩放（KJ）”节点的“width_input”和“heidth_input”输入端口。

将第二个“图像缩放（KJ）”节点的“图像”输出端口连接至“MimicMotion GetPoses”节点的“pose_image”输入端口。

将“MimicMotion GetPoses”节点的“poses_with_ref”输出端口连接至“获取图像尺寸数量”节点的“图像”输入端口，如图 12.3-6 所示。

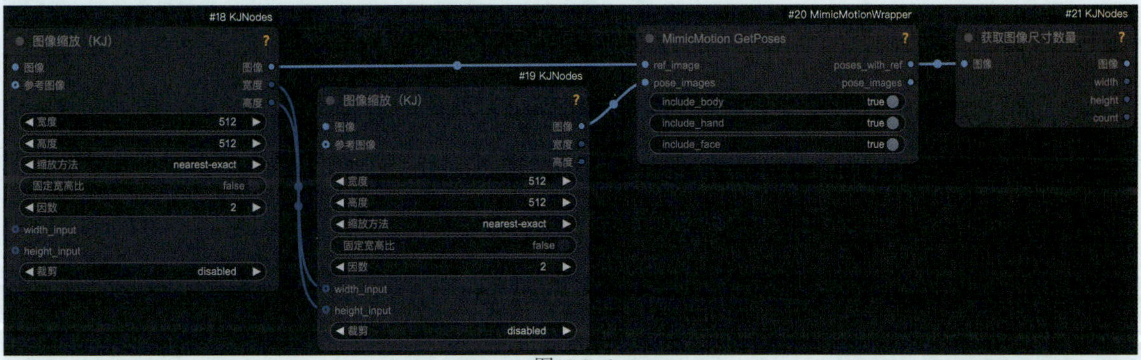

图12.3–6

步骤 07 新建“加载视频”“加载图像”节点，如图 12.3-7 所示。

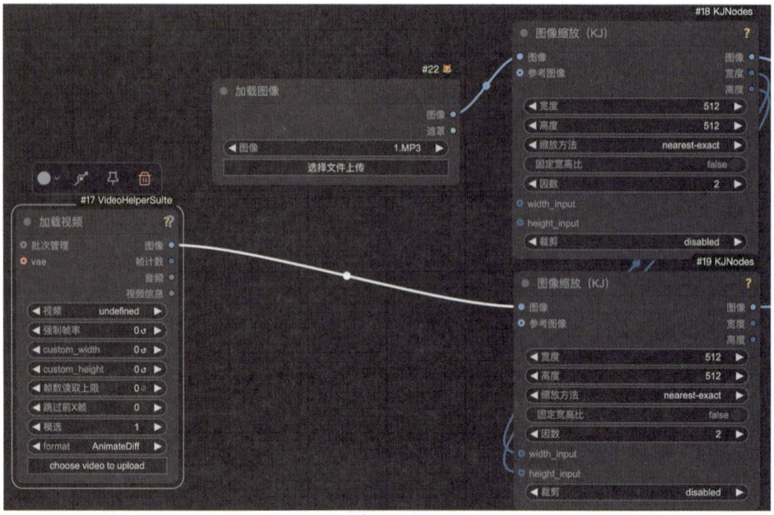

图12.3-7

步骤 08 将“加载图像”节点的“图像”输出端口连接至第一个“图像缩放（KL）”节点的“图像”输入端口；将“加载视频”节点的“图像”输出端口连接至第二个“图像缩放（KL）”节点的“图像”输入端口，如图 12.3-8 所示。

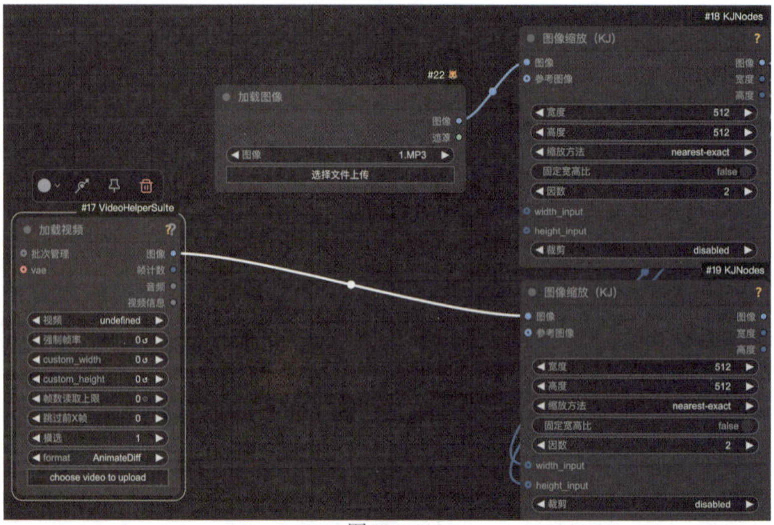

图12.3-8

步骤 09 将第一个“图像缩放（KL）”节点的“图像”输出端口连接至“MimicMotion Sampler”节点的“ref_image”输入端口；将“获取图像尺寸数量”节点的“图像”输出端口连接至“MimicMotion Sampler”节点的“pose_image”输入端口，如图 12.3-9 所示。

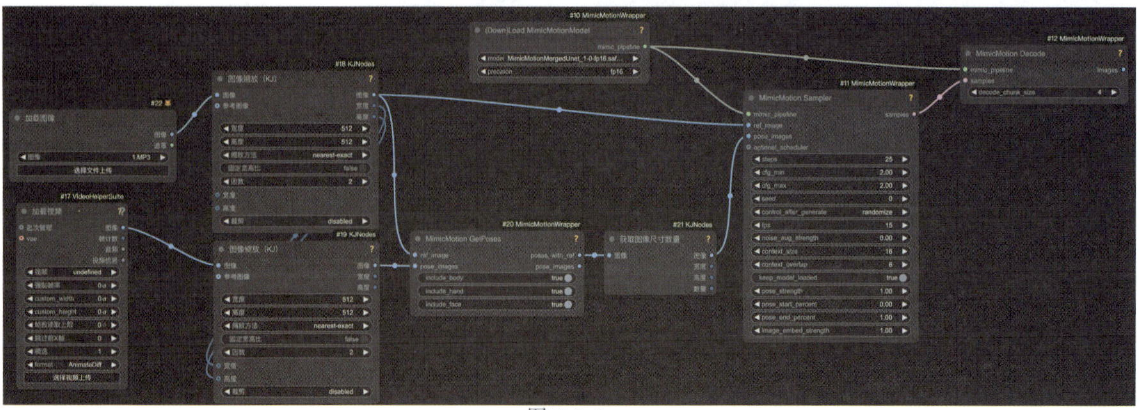

图12.3-9

步骤 10 将“MinicMotion Decode”节点的“image”输出端口连接至“图像对比度自适应锐化”节点的“图像”输入端口，如图 12.3-10 所示。

图12.3–10

步骤 11 至此，完成跳舞视频工作流的搭建，如图 12.3-11 所示。

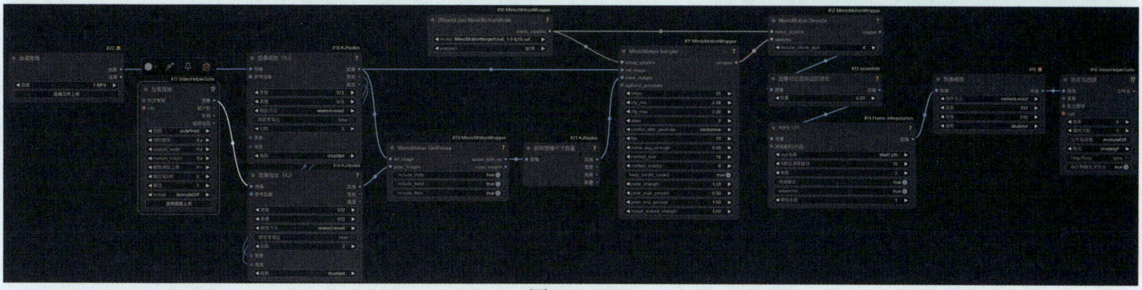

图12.3–11

12.3.2 跳舞视频工作流实操

完成跳舞视频工作流的搭建后，接下来进入实操环节。

步骤 01 在“加载图像”节点上传素材照片，在“加载视频”节点上传参考视频，如图 12.3-12 所示。

步骤 02 将两个“图像缩放（KJ）”节点的“宽度”设置为 576；“高度”设置为 1024；“因数”设置为 64。将第一个节点中的“固定宽高比”设置为“true”，如图 12.3-13 所示。

步骤 03 将“MimicMotion Sampler”节点的“seed”设置为 42；“control_after_generate” 设置为“fixed”；在“keep_model_loaded”选择“false”，如图 12.3-14 所示。

图12.3–12

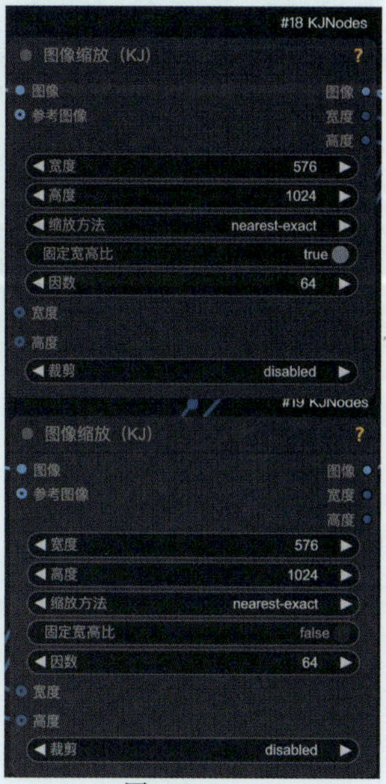

图12.3–13

步骤 04 将“图像缩放”节点的“宽度”和“高度”分别设置为 567 和 1024，将“合并为视频”节点的“帧率”设置为 30；“格式”设置为“vidue/h264-mp4”，如图 12.3-15 所示。

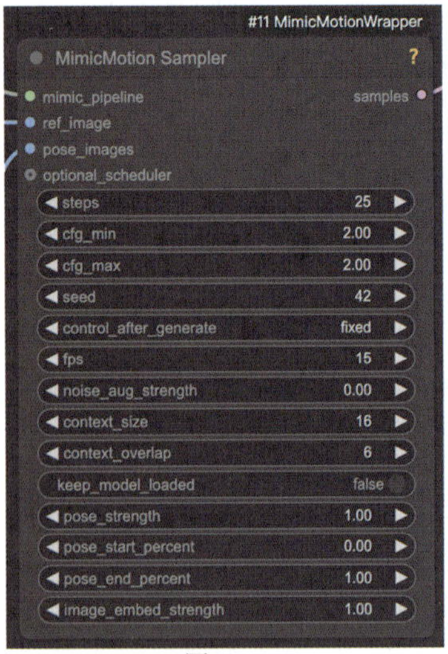

图12.3-14

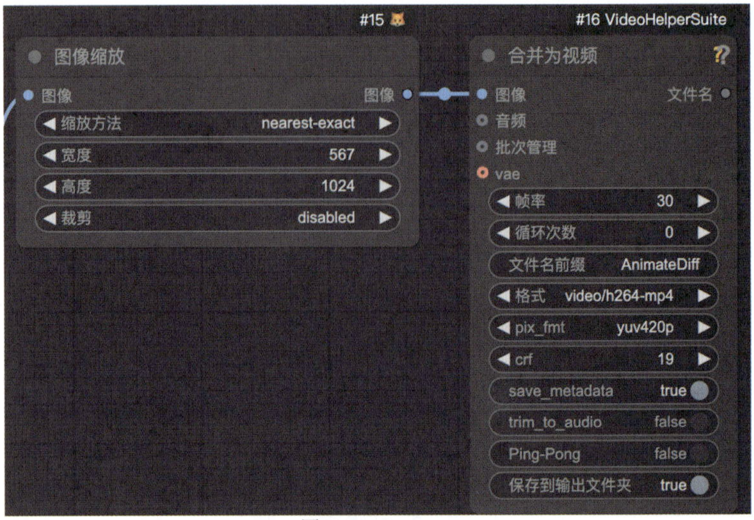

图12.3-15

步骤 05 执行该工作流，等待片刻后，跳舞视频生成完毕，如图 12.3-16 所示。

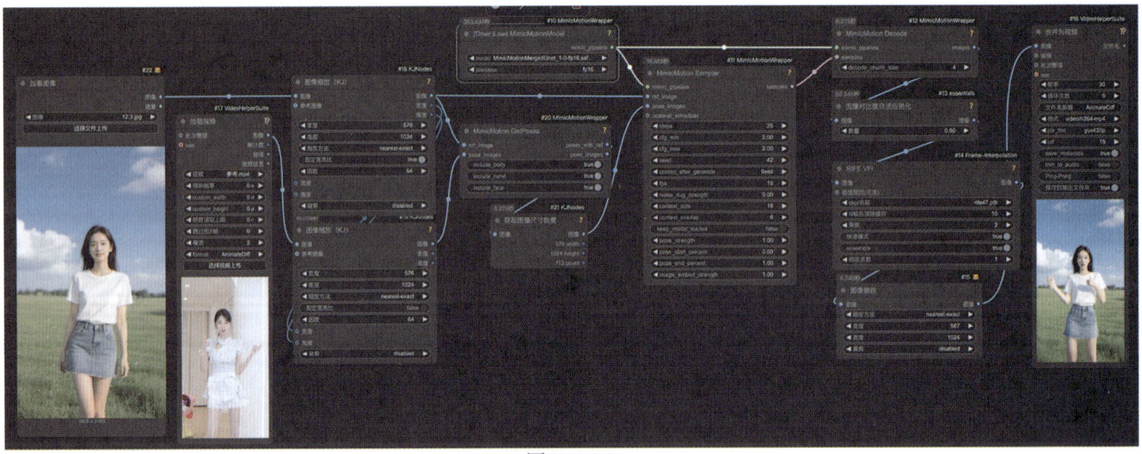

图12.3-16

12.4 AI 特效创作流程

在日常生活中,AI 特效为视频创作带来了新奇体验。它能轻松为视频添加奇幻效果,让画面更具吸引力。传统特效制作需要专业技能和大量时间，而 AI 技术简化了流程，普通用户也能快速上手，轻松为生活视频增添创意与趣味，让记录更加精彩。

12.4.1 AI特效工作流搭建

接下来，进行 AI 特效工作流的搭建，操作流程如下。

步骤 01 新建“WanVideo Torch Compile Settings”“WanVideo BlockSwap”“WanVideo Model Loader”节点，如图 12.4-1 所示。

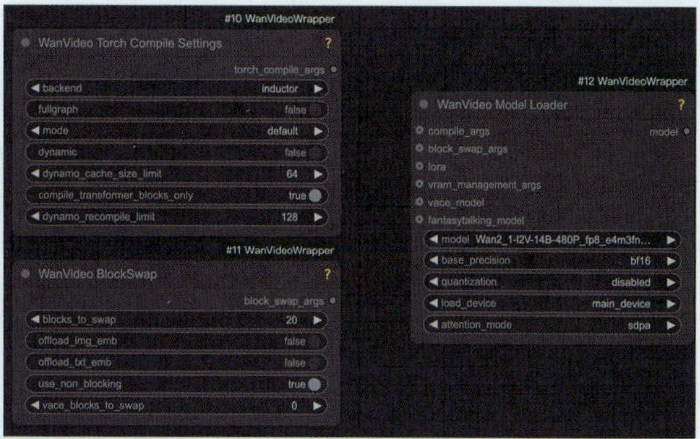

图12.4–1

步骤 02 将“WanVideo Torch Compile Settings”节点的“torch_compile_args”输出端口连接至“WanVideo Model Loader”节点的“compile_args”输入端口。

将“WanVideo BlockSwap” 节点的“block_swap_args”输出端口连接至“WanVideo Model Loader”节点的“block_swap_args”输入端口，如图 12.4-2 所示。

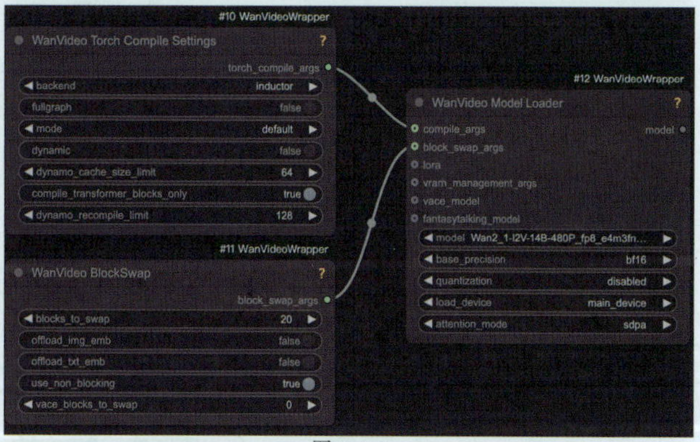

图12.4–2

步骤 03 新建“Load WanVideo T5 TextEncoder”“WanVideo TextEncode” 节点，并将“Load WanVideo T5 TextEncoder”节点的“wan_t5_model”输出端口连接至“WanVideo TextEncode”节点的“t5”输入端口，如图 12.4-3 所示。

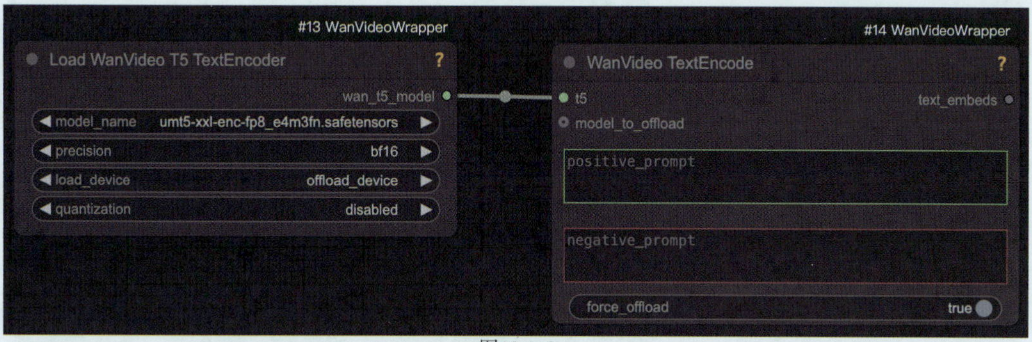

图12.4–3

步骤 04 新建“Load WanVideo Clip Encoder”“WanVideo ImageClip Encode (Deprecated)”“加载图像”节点，如图 12.4-4 所示。

图12.4-4

步骤 05 将“Load WanVideo Clip Encoder”节点的“wan_clip_vision”输出端口连接至“WanVideo ImageClip Encode (Deprecated)”节点的“clip_vision”输入端口。

将“加载图像”节点的“图像”输出端口连接至“WanVideo ImageClip Encode (Deprecated)”节点的“image”输入端口，如图 12.4-5 所示。

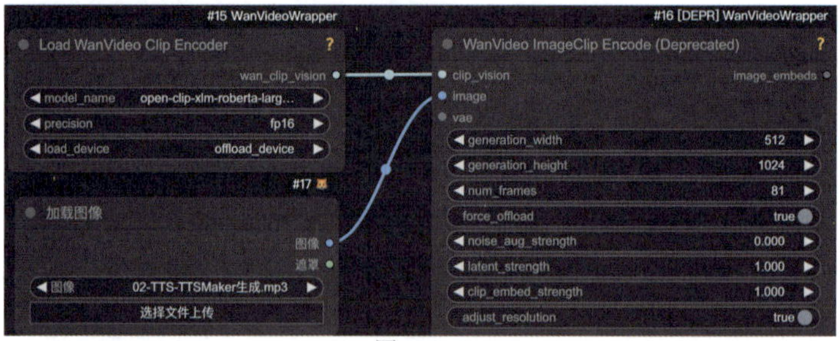

图12.4-5

步骤 06 新建“WanVideo Sampler”“WanVideo Decode”“获取图像尺寸数量”“合并为视频”节点，如图 12.4-6 所示。

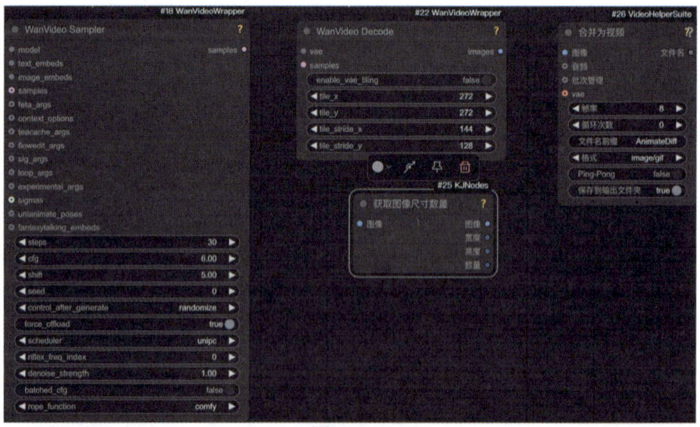

图12.4-6

步骤 07 将“WanVideo Sampler”节点的“samples”输出端口连接至“WanVideo Decode”节点的“samples”输入端口。

将“WanVideo Decode”节点的“image”输出端口连接至“获取图像尺寸数量”节点的“图像”输入端口。

将“获取图像尺寸数量”节点的“图像”输出端口连接至“合并为视频”节点的“图像”输入端口，如图 12.4-7 所示。

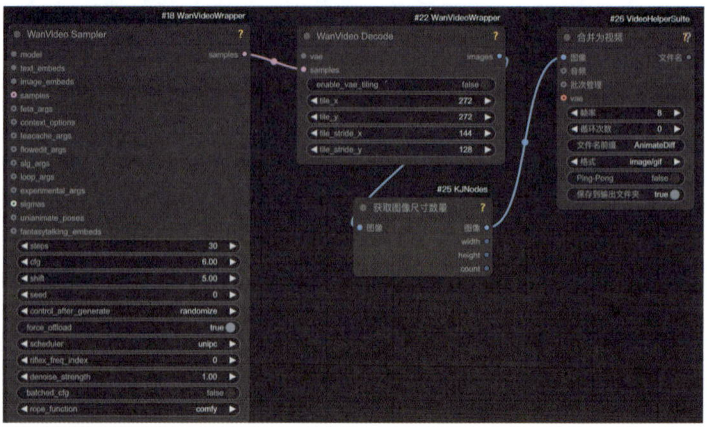

图12.4-7

步骤 08 将“WanVideo Model Loader”节点的“model”输出端口连接至“WanVideo Sampler”节点的“model”输入端口。

将“WanVideo TextEncode”节点的“text_embeds”输出端口连接至“WanVideo Sampler”节点的“text_ embeds”输入端口。

将“WanVideo ImageClip Encode (Deprecated)”节点“image_embeds”输出端口连接至“WanVideo Sampler”节点的“image_embeds”输入端口，如图 12.4-8 所示。

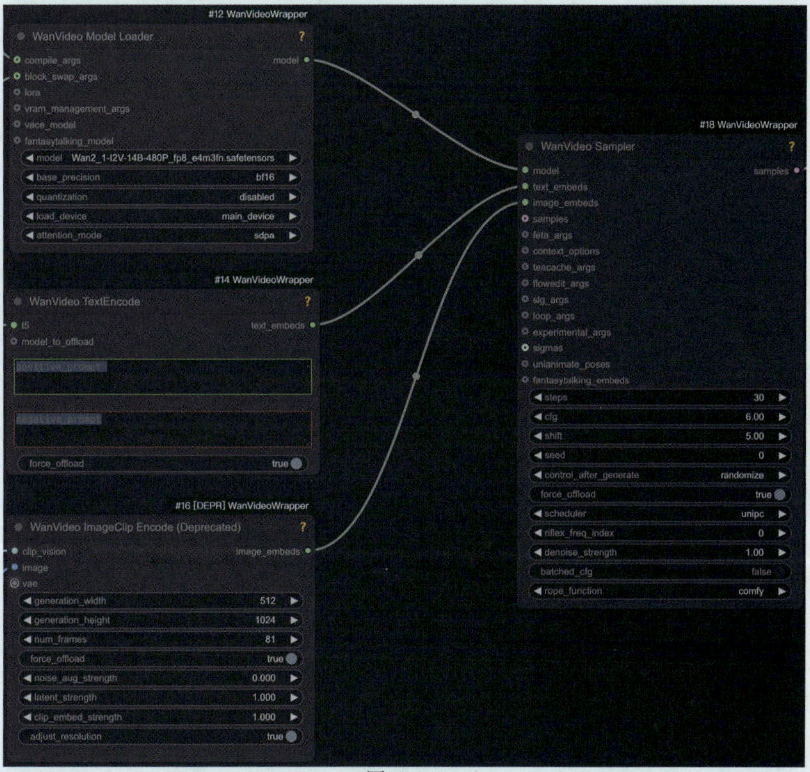

图12.4–8

步骤 09 新建“WanVideo VAE Loader”“全局输入”节点，将其连接，如图 12.4-9 所示。

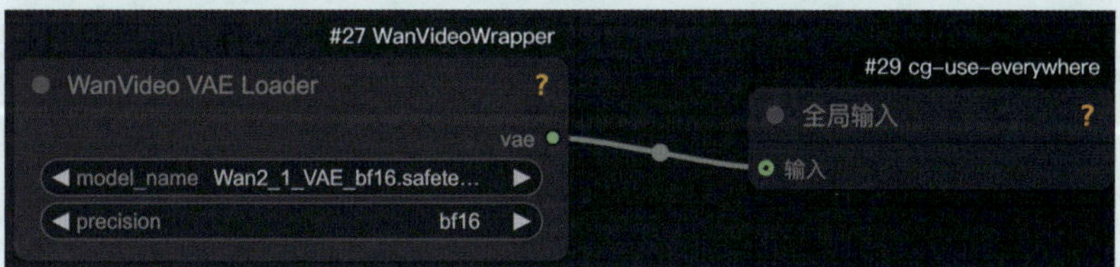

图12.4–9

步骤 10 至此，完成 AI 特效工作流的搭建，如图 12.4-10 所示。

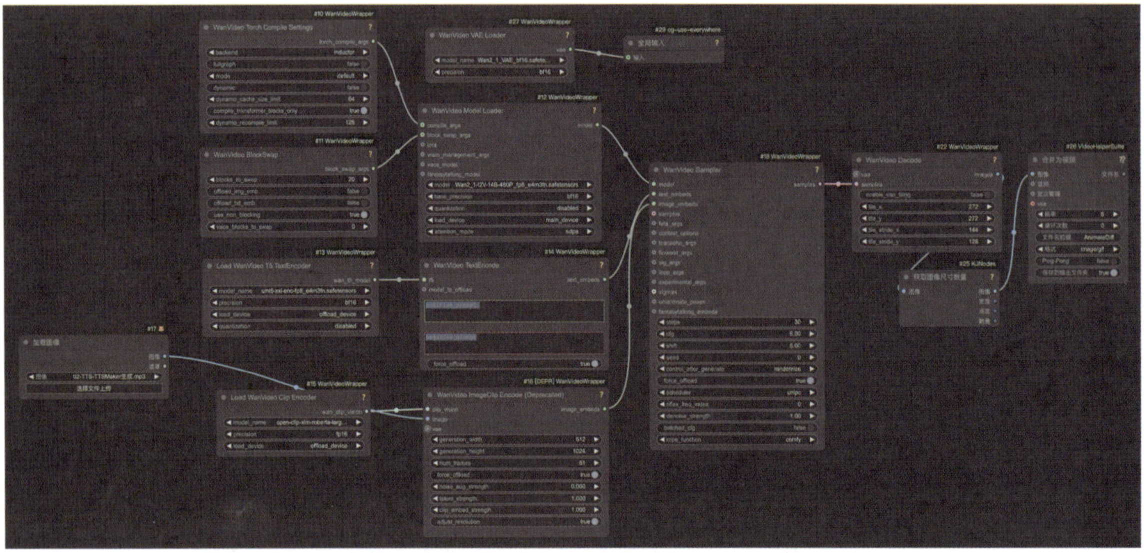

图12.4-10

12.4.2 AI特效工作流实操

完成 AI 特效工作流的搭建后，接下来进入实操环节。

步骤 01 将“WanVideo BlockSwap”节点的“blocks_to_swap”设置为 10，将“WanVideo Model Loader”节点的“model”选择“Wan2_1-I2V-14B-720P_fp8_e5m2.safetensors”；“base_precision”选择“fp16”；“quantization”选择“fp8_e4m3fn”，如图 12.4-11 所示。

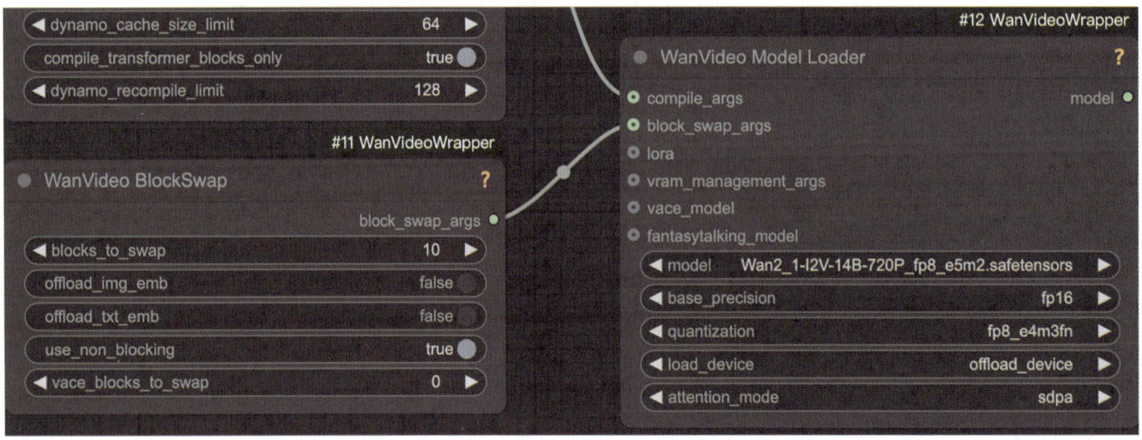

图12.4-11

步骤 02 在“Load WanVideo Clip Encoder”节点，将 model_name 设置为“open-clip-xlm-roberta-large-vit-huge-14_visual_fp16”，如图 12.4-12 所示。

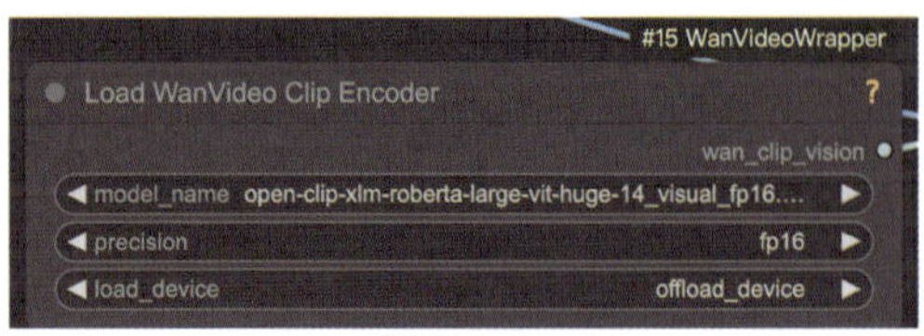

图12.4-12

步骤 03 在“WanVideo Sampler”节点的“seed”设置为 123；“control_after_generate”设置为“fixed”，如图 12.4-13 所示。

步骤 04 将“合并为视频”节点的“帧率”设置为 16；“格式”设置为“vidue/h264-mp4”，如图 12.4-14 所示。

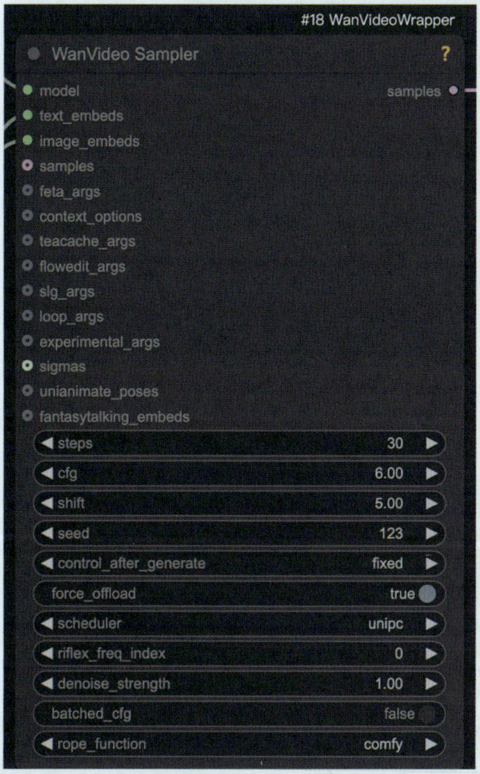

图12.4–13

图12.4–14

步骤 05 在“Load WanVideo T5 TextEncoder”节点，将“model_name”设置为“umt5-xxl-enc-bf16.safetensors”。

在“WanVideo TextEncode”节点的绿色文本框内输入“The dragon is breathing fire”；红色文本框内输入“text, watermark”，如图 12.4-15 所示。

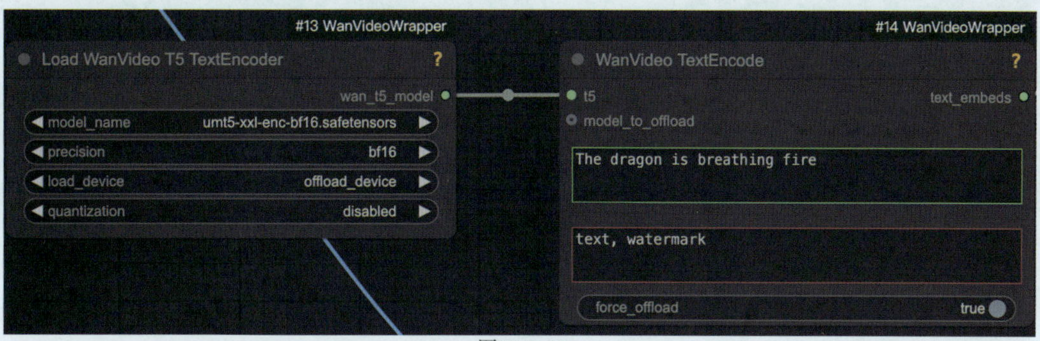

图12.4–15

步骤 06 在“加载图像”节点上传准备好的素材图片，如图 12.4-16 所示。

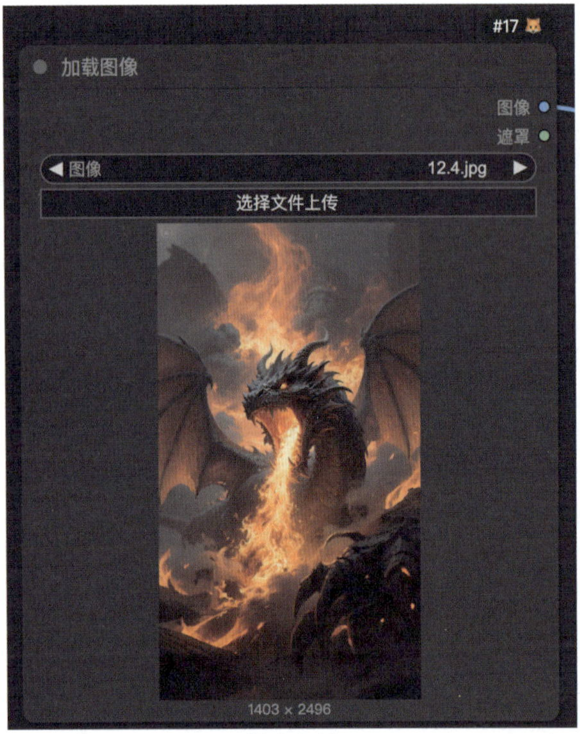

图12.4-16

步骤 07 执行该工作流，等待片刻后，AI 特效视频就完成了，如图 12.4-17 所示。

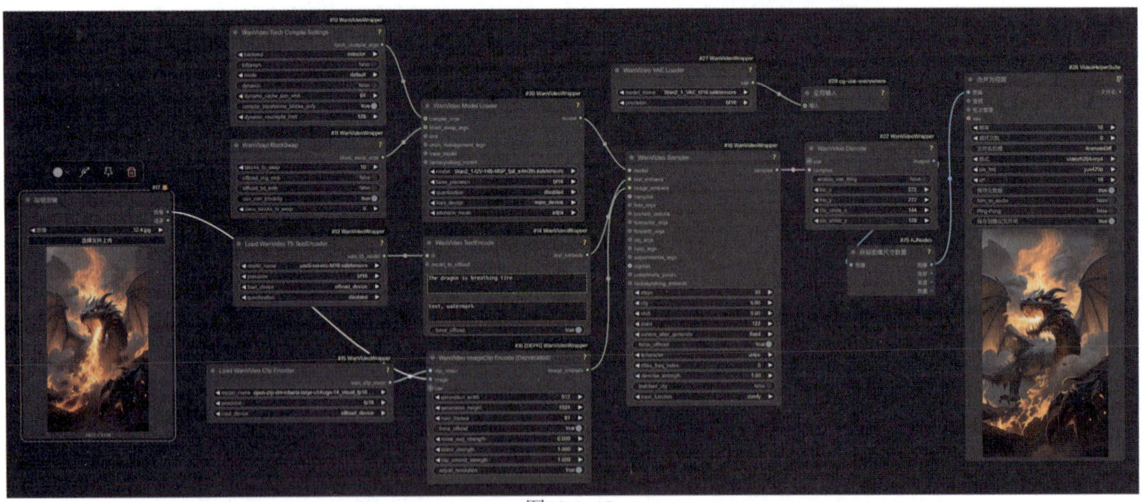

图12.4-17